模 糊 数 学

FUZZY MATHEMATICS

张博侃 ◎编著

U0206626

北京大学出版社
PEKING UNIVERSITY PRESS

图书在版编目 (CIP) 数据

模糊数学 / 张博侃编著 . 一北京：北京大学出版社，2021.7
ISBN 978-7-301-32212-3

Ⅰ.①模… Ⅱ.①张… Ⅲ.①模糊数学 Ⅳ.① O159

中国版本图书馆 CIP 数据核字 (2021) 第 101499 号

书　　　名	模糊数学	
	MOHU SHUXUE	
著作责任者	张博侃　编著	
责 任 编 辑	潘丽娜	
标 准 书 号	ISBN 978-7-301-32212-3	
出 版 发 行	北京大学出版社	
地　　　址	北京市海淀区成府路 205 号　100871	
网　　　址	http://www.pup.cn	
电 子 信 箱	zpup@pup.cn	
新 浪 微 博	@ 北京大学出版社	
电　　　话	邮购部 010-62752015　发行部 010-62750672　编辑部 010-62752021	
印 刷 者	天津中印联印务有限公司	
经 销 者	新华书店	

730 毫米 ×980 毫米　16 开本　16.5 印张　292 千字
2021 年 7 月第 1 版　2023 年 5 月第 2 次印刷

定　　　价　56.00 元

内 容 简 介

本书系统介绍了模糊理论的基本内容, 包括模糊集合的定义与运算、模糊算子、模糊性的度量、分解定理、表现定理、扩展原理、模糊数、模糊关系以及模糊关系方程等, 同时也介绍了隶属函数的确定方法、模糊模式识别、模糊聚类分析、模糊综合评判等应用方面的内容. 每章配有习题, 书末附有习题的部分答案.

本书可作为高等院校相关专业高年级本科生和研究生的教材, 也可作为科研人员的参考书.

本书配有课件, 有需要的老师请发邮件至 panlina_nana@163.com 申请.

作 者 简 介

张博侃, 北京理工大学数学与统计学院副教授. 1997 年毕业于哈尔滨工业大学数学系, 获理学博士学位. 长期从事模糊数学的教学与科研工作. 主讲的课程有模糊数学、概率论与数理统计等.

序　言

模糊数学诞生于 20 世纪 60 年代, 其标志是 Zadeh 于 1965 年发表的一篇题为《模糊集合》(*Fuzzy Sets*) 的文章. 此后的几十年里, 伴随着模糊理论在工程领域的成功应用, 越来越多的学者开始从事模糊理论的研究工作, 这又进一步促进了模糊控制、模糊神经网络等众多应用领域的发展. 需要说明的是, 由于模糊理论的创始人 Zadeh 是研究控制论的学者, 并且国际上从事模糊理论及其应用研究的学者大多隶属于工程领域, 所以他们泛指这一研究领域为模糊系统或者模糊逻辑. 而在中国, 由于模糊理论最初的倡导者以及后来的研究者多为数学工作者, 所以他们称这一研究领域为模糊数学. "模糊" 一词译自英文中的 "fuzzy", 这个单词也曾被译作不分明或者弗晰等. 20 世纪 70 年代, 国内有学者陆续开展对模糊数学理论及其应用的研究, 很快在模糊拓扑学、模糊代数学、模糊分析学等领域取得了理论方面的研究成果, 同时也有学者将模糊理论应用在医学、生物学、气象学、心理学等领域并取得了研究成果.

本书是在作者多年来讲授模糊数学课程的讲稿基础上整理并按照 48 学时的教学安排编写的. 第一章、第二章主要介绍模糊理论的基本内容, 第三章介绍模糊数, 第四章到第七章分别介绍模糊模式识别、模糊聚类分析、模糊综合评判以及模糊关系方程等内容. 各专业可以根据教学时数的要求, 有针对性地选择部分章节, 如教学时数为 32 学时, 可以选择第一章 (不含 1.4 节和 1.6 节)、第二章、第三章 (不含 3.2 节和 3.3 节)、第四章 (不含 4.3 节)、第五章 (不含 5.6 节)、第六章、第七章 (不含 7.3 节).

在本书的编写过程中, 作者参考了国内外已有的多部优秀教材, 在此向文献的作者表示诚挚的敬意. 本书由史福贵教授审阅并提出宝贵的意见, 潘丽娜编辑为本书的出版做了很多认真、细致的工作, 本书的出版得到了北京理工大学 "特立" 系列教材、教学专著立项的支持, 在此一并致谢.

书中不足之处, 欢迎读者、专家批评指正.

张博侃

2021 年 6 月

目　　录

第一章 模糊集合论的基本概念

本章重点介绍模糊集合的定义、模糊集合间的关系与运算、格及其诱导的代数系统等内容, 这些内容是学习以下各章的基础.

1.1 引　　言

自然界及人类社会中的现象多种多样, 人们在认识客观世界的过程中所形成的反映这些现象的概念也千差万别.

有一类现象具有 "非此即彼" 的特性, 反映这类现象的概念是分明的, 可以用经典的集合来表示. 在经典的集合论中, 对于一个给定的集合, 任意一个元素, 或者属于这个集合, 或者不属于这个集合, 二者必居其一, 且仅居其一. 为了加以区分, 通常将这样的集合称为分明集合、经典集合或者普通集合.

还有一类现象具有 "亦此亦彼" 的特性, 也就是具有模糊性. 比如, 谷堆悖论 —— 多少粒谷子能称为谷堆? 一粒谷子肯定不能称为谷堆, 两粒谷子也不能称为谷堆 …… 一亿粒谷子肯定能称为谷堆. 在谷堆悖论中, 谷子的粒数每增加一粒或者减少一粒, 其变化是微小的, 而在这微小的量变之中又蕴含着质的变化, 这种变化不能简单地用 "是" 或 "非" 来描述. "谷堆" 是一个模糊概念, 这样的概念可以用模糊集合来表示, 元素在属于和不属于这个集合之间没有绝对分明的界限.

长久以来, 人们在表达和传递信息时, 往往不经意间使用着模糊概念, 描述着模糊现象, 进行着模糊推理和模糊判断. 1965 年, Zadeh 提出了模糊集合的概念, 使得模糊理论形式化、数学化. 模糊数学是以数学的方法来研究和处理模糊概念、模糊现象的一门学科, 其理论在工程技术、医学、气象学、农业等众多领域有着广泛的应用.

1.2 预 备 知 识

在这一节, 我们将讨论如何应用分明集合的特征函数来刻画分明集合以及分明集合之间的关系与运算.

1.2.1 分明集合及其特征函数

设论域为非空集合 X, 称 $\mathcal{P}(X) = \{A | A \subseteq X\}$ 为 X 的幂集. 设 $A \in \mathcal{P}(X)$, 定

义

$$\chi_A : X \longrightarrow \{0,1\},$$
$$x \longmapsto \chi_A(x),$$

其中

$$\chi_A(x) = \begin{cases} 1, & x \in A, \\ 0, & x \notin A, \end{cases}$$

函数 χ_A 称为 A 的**特征函数**.

分明集合 A 可由其特征函数 χ_A 唯一确定. 对任意的 $x \in X, \chi_A(x)$ 表示 x 对 A 的属于程度. 若 $\chi_A(x) = 1$, 表示 x 对 A 的属于程度是 100%, 即 $x \in A$; 若 $\chi_A(x) = 0$, 表示 x 对 A 的属于程度是 0, 即 $x \notin A$. 对任意的 $x \in X$, 或者 $x \in A$, 或者 $x \notin A$, 二者必居其一, 且仅居其一.

1.2.2　分明集合间的关系与运算

分明集合间的包含关系、相等关系以及并、交、补运算分别定义如下.

设 $A, B \in \mathcal{P}(X)$.

(1) 若对任意的 $x \in A$, 有 $x \in B$, 则称 A **包含于** B, 或 B **包含** A, 记作 $A \subseteq B$ 或 $B \supseteq A$.

(2) 若 $A \subseteq B$, 且存在 $x_0 \in B$, 使得 $x_0 \notin A$, 则称 A **真包含于** B, 或 B **真包含** A, 记作 $A \subset B$ 或 $B \supset A$.

(3) 若 $A \subseteq B$ 且 $B \subseteq A$, 则称 A 与 B **相等**, 记 $A = B$.

(4) 称 $A \bigcup B = \{x \in X | x \in A$ 或 $x \in B\}$ 为 A 与 B 的**并集**.

(5) 称 $A \bigcap B = \{x \in X | x \in A$ 且 $x \in B\}$ 为 A 与 B 的**交集**.

(6) 称 $A^c = \{x \in X | x \notin A\}$ 为 A 的**补集**或**余集**.

分明集合间的并、交运算可以推广到任意多个分明集合的情形.

设 I 为任意指标集, $i \in I, A_i \in \mathcal{P}(X)$.

(7) 称 $\bigcup_{i \in I} A_i = \{x \in X |$ 存在 $i_0 \in I$, 使得 $x \in A_{i_0}\}$ 为 $\{A_i\}_{i \in I}$ 的**并集**.

(8) 称 $\bigcap_{i \in I} A_i = \{x \in X |$ 对任意的 $i \in I$, 有 $x \in A_i\}$ 为 $\{A_i\}_{i \in I}$ 的**交集**.

分明集合间的关系与运算可以由其特征函数来刻画.

(1) $A \subseteq B \Longleftrightarrow$ 对任意的 $x \in X$, 有 $\chi_A(x) \leqslant \chi_B(x)$.

(2) $A \subset B \Longleftrightarrow$ 对任意的 $x \in X$, 有 $\chi_A(x) \leqslant \chi_B(x)$, 且存在 $x_0 \in X$, 使得 $\chi_A(x_0) < \chi_B(x_0)$.

(3) $A = B \Longleftrightarrow$ 对任意的 $x \in X$, 有 $\chi_A(x) = \chi_B(x)$.

(4) $\chi_{A \cup B}(x) = \max\{\chi_A(x), \chi_B(x)\} = \chi_A(x) \bigvee \chi_B(x), x \in X$.

(5) $\chi_{A\cap B}(x) = \min\{\chi_A(x), \chi_B(x)\} = \chi_A(x)\bigwedge\chi_B(x), x \in X.$

(6) $\chi_{A^c}(x) = 1 - \chi_A(x), x \in X.$

(7) $\chi_{\cup_{i\in I}A_i}(x) = \sup\{\chi_{A_i}(x)|i \in I\} = \bigvee\{\chi_{A_i}(x)|i \in I\} = \bigvee_{i\in I}\chi_{A_i}(x), x \in X.$

(8) $\chi_{\cap_{i\in I}A_i}(x) = \inf\{\chi_{A_i}(x)|i \in I\} = \bigwedge\{\chi_{A_i}(x)|i \in I\} = \bigwedge_{i\in I}\chi_{A_i}(x), x \in X.$

其中 "$\bigvee$" 表示取最大值或上确界, "$\bigwedge$" 表示取最小值或下确界.

分明集合间的并、交、补运算具有下列性质.

设 $A, B, C \in \mathcal{P}(X)$, 则

(1) **幂等律** $A\bigcup A = A, A\bigcap A = A,$

(2) **交换律** $A\bigcup B = B\bigcup A, A\bigcap B = B\bigcap A,$

(3) **结合律** $(A\bigcup B)\bigcup C = A\bigcup(B\bigcup C), (A\bigcap B)\bigcap C = A\bigcap(B\bigcap C),$

(4) **吸收律** $A\bigcup(A\bigcap B) = A, A\bigcap(A\bigcup B) = A,$

(5) **分配律** $A\bigcap(B\bigcup C) = (A\bigcap B)\bigcup(A\bigcap C),$
$A\bigcup(B\bigcap C) = (A\bigcup B)\bigcap(A\bigcup C),$

(6) **两极律** $A\bigcup X = X, A\bigcap X = A, A\bigcup\varnothing = A, A\bigcap\varnothing = \varnothing,$

(7) **补余律** $A\bigcup A^c = X, A\bigcap A^c = \varnothing,$

(8) **复原律** $(A^c)^c = A,$

(9) **对偶律** $(A\bigcap B)^c = A^c\bigcup B^c, (A\bigcup B)^c = A^c\bigcap B^c.$

分配律和对偶律可以推广到如下更一般的情形.

设 I 为任意指标集, $i \in I, A_i \in \mathcal{P}(X)$, 则

(10) **无限分配律** $A\bigcap(\bigcup_{i\in I}A_i) = \bigcup_{i\in I}(A\bigcap A_i),$
$A\bigcup(\bigcap_{i\in I}A_i) = \bigcap_{i\in I}(A\bigcup A_i),$

(11) **对偶律** $(\bigcap_{i\in I}A_i)^c = \bigcup_{i\in I}(A_i)^c, (\bigcup_{i\in I}A_i)^c = \bigcap_{i\in I}(A_i)^c.$

1.3 模糊集合的定义及运算

本节我们将介绍模糊集合的定义、表示方法以及模糊集合间的关系与运算.

1.3.1 模糊集合及其隶属函数

定义 1.3.1 设论域为 X, 若对任意的 $x \in X$, 存在唯一确定的 $\mu_{\underset{\sim}{A}}(x) \in [0,1]$ 与之对应, 则称映射

$$\mu_{\underset{\sim}{A}}: X \longrightarrow [0,1],$$
$$x \longmapsto \mu_{\underset{\sim}{A}}(x),$$

确定了一个 X 上的**模糊集合** $\underset{\sim}{A}$, 对任意的 $x \in X$, $\mu_{\underset{\sim}{A}}$ 在点 x 处的函数值 $\mu_{\underset{\sim}{A}}(x)$ 称为 x 对 $\underset{\sim}{A}$ 的**隶属度**, 而映射 $\mu_{\underset{\sim}{A}}$ 称为模糊集合 $\underset{\sim}{A}$ 的**隶属函数**.

　　一个模糊集合完全由其隶属函数所刻画. 对任意的 $x \in X, \mu_A(x)$ 越接近于 1, 表示 x 对 A 的属于程度越高; $\mu_A(x)$ 越接近于 0, 表示 x 对 A 的属于程度越低. 特别地, $\mu_A(x) = 1$, 表示 x 绝对地属于 A; $\mu_A(x) = 0$, 表示 x 绝对地不属于 A.

　　由 X 上模糊集合的全体组成的集合称为 X 的模糊幂集, 记为 $\mathcal{F}(X)$. 显然, 分明集合是模糊集合的特例, 故 $\mathcal{P}(X) \subset \mathcal{F}(X)$.

　　例 1.3.1[①]　以人的年龄作为论域 X, 不妨取 $X = [0, 150]$, X 上的模糊集合 Y, O 分别表示 "年轻或年幼" 和 "年老", 其隶属函数分别为

$$\mu_Y(x) = \begin{cases} 1, & 0 \leqslant x \leqslant 25, \\ \left[1 + \left(\dfrac{x-25}{5}\right)^2\right]^{-1}, & 25 < x \leqslant 150, \end{cases}$$

$$\mu_O(x) = \begin{cases} 0, & 0 \leqslant x \leqslant 50, \\ \left[1 + \left(\dfrac{x-50}{5}\right)^{-2}\right]^{-1}, & 50 < x \leqslant 150. \end{cases}$$

计算可得

$$\mu_Y(25) = 1, \quad \mu_Y(30) = 0.5, \quad \mu_Y(40) = 0.1, \quad \mu_Y(50) = 0.04;$$

$$\mu_O(50) = 0, \quad \mu_O(60) = 0.8, \quad \mu_O(70) = 0.94, \quad \mu_O(80) = 0.97.$$

Y 和 O 的隶属函数的图形如图 1.3.1 所示:

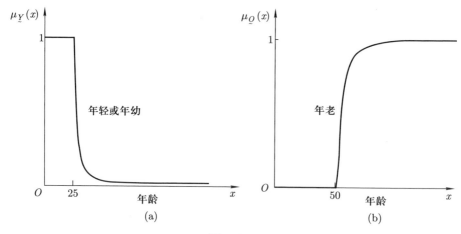

图 1.3.1

①例题来源参见文献 [9].

从图中可以看到:

当 $x \leqslant 25$ 时, $\mu_{\underset{\sim}{Y}}(x) = 1$, 表明 25 岁以下的人非常符合 "年轻或者年幼" 的概念;

当 $x > 25$ 时, 随着年龄的增加, x 对模糊集合 $\underset{\sim}{Y}$ 的隶属度迅速下降, 并趋近于 0, 表明人的年龄越大, 对模糊集合 $\underset{\sim}{Y}$ 的隶属程度越低;

当 $x \leqslant 50$ 时, $\mu_{\underset{\sim}{O}}(x) = 0$, 表明 50 岁以下的人一点也不老;

当 $x > 50$ 时, 随着年龄的增加, x 对模糊集合 $\underset{\sim}{O}$ 的隶属度迅速增加, 并趋近于 1, 表明人的年龄越大, 对模糊集合 $\underset{\sim}{O}$ 的隶属程度越高.

1.3.2 模糊集合的表示方法

设论域 $X = \{x_1, x_2, \cdots, x_n\}$, X 上的模糊集合 $\underset{\sim}{A}$ 可以表示为

$$\underset{\sim}{A} = \frac{\mu_{\underset{\sim}{A}}(x_1)}{x_1} + \frac{\mu_{\underset{\sim}{A}}(x_2)}{x_2} + \cdots + \frac{\mu_{\underset{\sim}{A}}(x_n)}{x_n},$$

上式称为 $\underset{\sim}{A}$ 的 **Zadeh 记法**. 需要注意的是上式右端并不表示一些分式求和, 仅是一种记号, $\dfrac{\mu_{\underset{\sim}{A}}(x_i)}{x_i}$ 表示元素 x_i 对 $\underset{\sim}{A}$ 的隶属度为 $\mu_{\underset{\sim}{A}}(x_i)$.

Zadeh 记法可以推广到一般的情形. 若论域 $X = \{x_1, x_2, \cdots\}$ 是可数集合, 则可记

$$\underset{\sim}{A} = \frac{\mu_{\underset{\sim}{A}}(x_1)}{x_1} + \frac{\mu_{\underset{\sim}{A}}(x_2)}{x_2} + \cdots,$$

或

$$\underset{\sim}{A} = \sum_{i=1}^{\infty} \frac{\mu_{\underset{\sim}{A}}(x_i)}{x_i}.$$

若论域 X 为无限不可数集合, 则可记

$$\underset{\sim}{A} = \int_X \frac{\mu_{\underset{\sim}{A}}(x)}{x},$$

或

$$\underset{\sim}{A} = \int \frac{\mu_{\underset{\sim}{A}}(x)}{x}.$$

需要注意的是, 符号 $\sum$ 和 $\int$ 也不是通常意义下的求和与积分, 仅表示各个元素与其隶属度之间对应关系的一个总括.

模糊集合 $\underset{\sim}{A}$ 还可以表示为

$$\underset{\sim}{A} = \left\{ (x, \mu_{\underset{\sim}{A}}(x)) \big| x \in X \right\},$$

称这种表示方法为**序对表示法**或**序偶表示法**. 若论域 $X = \{x_1, x_2, \cdots, x_n\}$, 则 $\underset{\sim}{A}$ 可以表示为

$$\underset{\sim}{A} = \{(x_1, \mu_{\underset{\sim}{A}}(x_1)), (x_2, \mu_{\underset{\sim}{A}}(x_2)), \cdots, (x_n, \mu_{\underset{\sim}{A}}(x_n))\}.$$

若论域 $X = \{x_1, x_2, \cdots, x_n\}$, 则 $\underset{\sim}{A}$ 还可以表示为

$$\underset{\sim}{A} = (\mu_{\underset{\sim}{A}}(x_1), \mu_{\underset{\sim}{A}}(x_2), \cdots, \mu_{\underset{\sim}{A}}(x_n)),$$

上式称为**向量表示法**.

在序对表示法和 Zadeh 记法中, 隶属度为 0 的元素所对应的项可以省略, 而在向量表示法中隶属度为 0 的元素所对应的项不可以省略.

1.3.3 模糊集合间的关系与运算

模糊集合间的包含关系、相等关系定义如下.

定义 1.3.2 设 $\underset{\sim}{A}, \underset{\sim}{B} \in \mathcal{F}(X)$.

(1) 若对任意的 $x \in X$, 有 $\mu_{\underset{\sim}{A}}(x) \leqslant \mu_{\underset{\sim}{B}}(x)$, 则称 $\underset{\sim}{A}$ **包含于** $\underset{\sim}{B}$, 或 $\underset{\sim}{B}$ **包含** $\underset{\sim}{A}$, 记作 $\underset{\sim}{A} \subseteq \underset{\sim}{B}$ 或 $\underset{\sim}{B} \supseteq \underset{\sim}{A}$.

(2) 若 $\underset{\sim}{A} \subseteq \underset{\sim}{B}$, 且存在 $x_0 \in X$, 使得 $\mu_{\underset{\sim}{A}}(x_0) < \mu_{\underset{\sim}{B}}(x_0)$, 则称 $\underset{\sim}{A}$ **真包含于** $\underset{\sim}{B}$, 或 $\underset{\sim}{B}$ **真包含** $\underset{\sim}{A}$, 记作 $\underset{\sim}{A} \subset \underset{\sim}{B}$ 或 $\underset{\sim}{B} \supset \underset{\sim}{A}$.

(3) 若 $\underset{\sim}{A} \subseteq \underset{\sim}{B}$ 且 $\underset{\sim}{B} \subseteq \underset{\sim}{A}$, 则称 $\underset{\sim}{A}$ 与 $\underset{\sim}{B}$ **相等**, 记作 $\underset{\sim}{A} = \underset{\sim}{B}$, 即

$$\underset{\sim}{A} = \underset{\sim}{B} \Longleftrightarrow \mu_{\underset{\sim}{A}}(x) = \mu_{\underset{\sim}{B}}(x), \quad x \in X.$$

命题 1.3.1 $\mathcal{F}(X)$ 是稠密的, 即若 $\underset{\sim}{A}, \underset{\sim}{B} \in \mathcal{F}(X)$, $\underset{\sim}{A} \subset \underset{\sim}{B}$, 则存在 $\underset{\sim}{C} \in \mathcal{F}(X)$, 使得

$$\underset{\sim}{A} \subset \underset{\sim}{C} \subset \underset{\sim}{B}.$$

事实上, 若 $\underset{\sim}{A} \subset \underset{\sim}{B}$, 则对任意的 $x \in X$, 有 $\mu_{\underset{\sim}{A}}(x) \leqslant \mu_{\underset{\sim}{B}}(x)$, 且存在 $x_0 \in X$, 使得

$$\mu_{\underset{\sim}{A}}(x_0) < \mu_{\underset{\sim}{B}}(x_0).$$

令

$$\mu_{\underset{\sim}{C}}(x) = \frac{1}{2}\big(\mu_{\underset{\sim}{A}}(x) + \mu_{\underset{\sim}{B}}(x)\big), \quad x \in X,$$

则对任意的 $x \in X$, 有

$$\mu_{\underset{\sim}{A}}(x) \leqslant \mu_{\underset{\sim}{C}}(x) \leqslant \mu_{\underset{\sim}{B}}(x),$$

且

$$\mu_{\underset{\sim}{A}}(x_0) < \mu_{\underset{\sim}{C}}(x_0) < \mu_{\underset{\sim}{B}}(x_0),$$

故
$$A \subset C \subset B.$$

模糊集合间的并、交、补运算分别定义如下.

定义 1.3.3 设 $A, B \in \mathcal{F}(X)$.

(1) 称 $A \bigcup B$ 为 A 与 B 的**并集**, 其隶属函数为

$$\mu_{A \cup B}(x) = \max\left\{\mu_A(x), \mu_B(x)\right\} = \mu_A(x) \bigvee \mu_B(x), \quad x \in X.$$

(2) 称 $A \bigcap B$ 为 A 与 B 的**交集**, 其隶属函数为

$$\mu_{A \cap B}(x) = \min\left\{\mu_A(x), \mu_B(x)\right\} = \mu_A(x) \bigwedge \mu_B(x), \quad x \in X.$$

(3) 称 A^{c} 为 A 的**补集**或**余集**, 其隶属函数为

$$\mu_{A^c}(x) = 1 - \mu_A(x), \quad x \in X.$$

例 1.3.2 (续例 1.3.1) 以人的年龄作为论域 X, $X = [0, 150]$, 设 $Y, O \in \mathcal{F}(X)$, Y 表示 "年轻或年幼", O 表示 "年老", 则 $Y \bigcup O, Y \bigcap O, Y^{c}$ 以及 O^{c} 的隶属函数分别为

$$\mu_{Y \cup O}(x) = \begin{cases} 1, & 0 \leqslant x \leqslant 25, \\ \left[1 + \left(\dfrac{x-25}{5}\right)^2\right]^{-1}, & 25 < x \leqslant 50.96, \\ \left[1 + \left(\dfrac{x-50}{5}\right)^{-2}\right]^{-1}, & 50.96 < x \leqslant 150, \end{cases}$$

$$\mu_{Y \cap O}(x) = \begin{cases} 0, & 0 \leqslant x \leqslant 50, \\ \left[1 + \left(\dfrac{x-50}{5}\right)^{-2}\right]^{-1}, & 50 < x \leqslant 50.96, \\ \left[1 + \left(\dfrac{x-25}{5}\right)^2\right]^{-1}, & 50.96 < x \leqslant 150, \end{cases}$$

$$\mu_{Y^c}(x) = \begin{cases} 0, & 0 \leqslant x \leqslant 25, \\ 1 - \left[1 + \left(\dfrac{x-25}{5}\right)^2\right]^{-1}, & 25 < x \leqslant 150, \end{cases}$$

$$\mu_{O^c}(x) = \begin{cases} 1, & 0 \leqslant x \leqslant 50, \\ 1 - \left[1 + \left(\dfrac{x-50}{5}\right)^{-2}\right]^{-1}, & 50 < x \leqslant 150. \end{cases}$$

其隶属函数图形分别如图 1.3.2 所示.

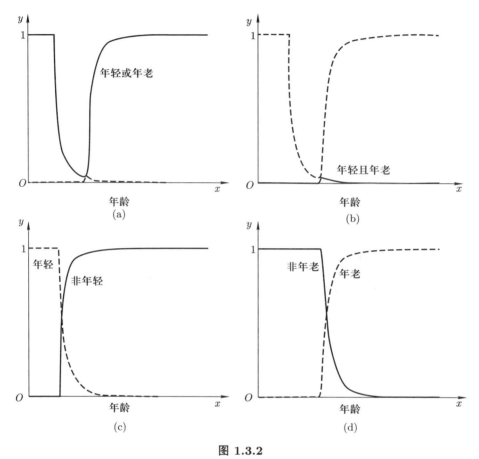

图 1.3.2

模糊集合间的并、交运算可以推广到任意的多个模糊集合的情形.

定义 1.3.4 设 I 为任意指标集, $i \in I, A_i \in \mathcal{F}(X)$.

(1) 称 $\bigcup_{i \in I} A_i$ 为 $\{A_i\}$ 的**并集**, 其隶属函数为

$$\mu_{\bigcup_{i \in I} A_i}(x) = \sup\{\mu_{A_i}(x) | i \in I\} = \bigvee\{\mu_{A_i}(x) | i \in I\} = \bigvee_{i \in I} \mu_{A_i}(x), \quad x \in X.$$

(2) 称 $\bigcap_{i \in I} A_i$ 为 $\{A_i\}$ 的**交集**, 其隶属函数为

$$\mu_{\bigcap_{i \in I} A_i}(x) = \inf\{\mu_{A_i}(x) | i \in I\} = \bigwedge\{\mu_{A_i}(x) | i \in I\} = \bigwedge_{i \in I} \mu_{A_i}(x), \quad x \in X.$$

由于一个模糊集合 A 完全由其隶属函数 $\mu_A(x)$ 所确定, 故模糊集合之间的关系与运算也完全由其隶属函数之间的关系与运算所决定. 为方便起见, 今后我们将采用记号 $A(x)$ 来代替 $\mu_A(x)$.

模糊集合间的并、交、补运算具有下列性质.

定理 1.3.1 设 $A, B, C \in \mathcal{F}(X)$, 则

(1) **幂等律** $A \underset{\sim}{\bigcup} A = A, A \underset{\sim}{\bigcap} A = A,$

(2) **交换律** $A \underset{\sim}{\bigcup} B = B \underset{\sim}{\bigcup} A, A \underset{\sim}{\bigcap} B = B \underset{\sim}{\bigcap} A,$

(3) **结合律** $(A \underset{\sim}{\bigcup} B) \underset{\sim}{\bigcup} C = A \underset{\sim}{\bigcup} (B \underset{\sim}{\bigcup} C), (A \underset{\sim}{\bigcap} B) \underset{\sim}{\bigcap} C = A \underset{\sim}{\bigcap} (B \underset{\sim}{\bigcap} C),$

(4) **吸收律** $A \underset{\sim}{\bigcap} (A \underset{\sim}{\bigcup} B) = A, A \underset{\sim}{\bigcup} (A \underset{\sim}{\bigcap} B) = A,$

(5) **分配律** $A \underset{\sim}{\bigcap} (B \underset{\sim}{\bigcup} C) = (A \underset{\sim}{\bigcap} B) \underset{\sim}{\bigcup} (A \underset{\sim}{\bigcap} C), A \underset{\sim}{\bigcup} (B \underset{\sim}{\bigcap} C) = (A \underset{\sim}{\bigcup} B) \underset{\sim}{\bigcap} (A \underset{\sim}{\bigcup} C),$

(6) **两极律** $A \underset{\sim}{\bigcup} X = X, A \underset{\sim}{\bigcap} X = A, A \underset{\sim}{\bigcup} \varnothing = A, A \underset{\sim}{\bigcap} \varnothing = \varnothing,$

(7) **复原律** $(A^c)^c = A,$

(8) **对偶律** $(A \underset{\sim}{\bigcap} B)^c = A^c \underset{\sim}{\bigcup} B^c, (A \underset{\sim}{\bigcup} B)^c = A^c \underset{\sim}{\bigcap} B^c.$

分配律和对偶律可以推广到更一般的情形.

设 I 为任意指标集, $i \in I, A_i \in \mathcal{F}(X)$, 则

(9) **无限分配律** $A \underset{\sim}{\bigcap} (\underset{\sim}{\bigcup}_{i \in I} A_i) = \underset{\sim}{\bigcup}_{i \in I} (A \underset{\sim}{\bigcap} A_i), A \underset{\sim}{\bigcup} (\underset{\sim}{\bigcap}_{i \in I} A_i) = \underset{\sim}{\bigcap}_{i \in I} (A \underset{\sim}{\bigcup} A_i),$

(10) **对偶律** $(\underset{\sim}{\bigcap}_{i \in I} A_i)^c = \underset{\sim}{\bigcup}_{i \in I} (A_i)^c, (\underset{\sim}{\bigcup}_{i \in I} A_i)^c = \underset{\sim}{\bigcap}_{i \in I} (A_i)^c.$

模糊集合间的这些运算规律可以通过其隶属函数来验证. 以无限分配律的第一式为例, 对任意的 $x \in X$, 有

$$(A \underset{\sim}{\bigcap} (\underset{\sim}{\bigcup}_{i \in I} A_i))(x) = A(x) \bigwedge (\underset{\sim}{\bigcup}_{i \in I} A_i)(x) = A(x) \bigwedge (\bigvee_{i \in I} A_i(x)),$$
$$(\underset{\sim}{\bigcup}_{i \in I} (A \underset{\sim}{\bigcap} A_i))(x) = \bigvee_{i \in I} (A \underset{\sim}{\bigcap} A_i)(x) = \bigvee_{i \in I} (A(x) \bigwedge A_i(x)).$$

故欲证 $A \underset{\sim}{\bigcap} (\underset{\sim}{\bigcup}_{i \in I} A_i) = \underset{\sim}{\bigcup}_{i \in I} (A \underset{\sim}{\bigcap} A_i)$, 只需要证明对任意的 $x \in X$, 有

$$A(x) \bigwedge (\bigvee_{i \in I} A_i(x)) = \bigvee_{i \in I} (A(x) \bigwedge A_i(x)).$$

显然, 上式成立与否由区间 $[0,1]$ 及其上的两个二元运算 $\bigvee, \bigwedge$ 所组成的代数系统 $([0,1], \bigvee, \bigwedge)$ 中无限分配律是否成立所决定.

从上面的讨论中我们还可以看出, $\mathcal{F}(X)$ 中关于并、交、补运算所满足的运算规律完全由区间 $[0,1]$ 中实数的相应运算规律所决定. 所以, 我们将在下一节集中讨论区间 $[0,1]$ 中实数的相应运算规律, 不止于此, 我们将在更一般的框架下, 讨论相关的问题.

1.4 格与代数系统

设 X, Y 是两个非空集合, 记 $X \times Y = \{(x,y)|x \in X, y \in Y\}$. 若 $R \subseteq X \times Y$, 则

称 R 是 X 到 Y 的一个**二元关系**, 简称**关系**. 若 $(x,y) \in R$, 则记 xRy. 当 $R \subseteq X \times X$ 时, 称 R 是 X 上的一个关系.

1.4.1 偏序集

设 R 是 X 上的一个关系, 若 R 具有

(1) **自反性 (反身性)** 对任意的 $x \in X$, 有 $(x,x) \in R$,

(2) **反对称性** 若 $(x,y) \in R$, $(y,x) \in R$, 则 $x = y$,

(3) **传递性** 若 $(x,y) \in R$, $(y,z) \in R$, 则 $(x,z) \in R$,

则称 R 是 X 上的一个**偏序关系**.

习惯上, 用符号 "$\leqslant$" 来表示**偏序关系**, 此时, 称 $(X, \leqslant)$ 是一个**偏序集**.

设 $(X, \leqslant)$ 是一个偏序集, 若 $x \leqslant y$ 且 $x \neq y$, 则记 $x < y$; 对任意的 $x, y \in X$, 若 $x \leqslant y$ 与 $y \leqslant x$ 至少有一个成立, 则称 x 与 y **可比**; 若 $x \leqslant y$ 与 $y \leqslant x$ 都不成立, 则称 x 与 y **不可比**; 若对任意的 $x, y \in X$, 都有 x 与 y 可比, 则称 $\leqslant$ 是一个**线性序**或**全序**, 并称 $(X, \leqslant)$ 是一个**线性序集**或**全序集**. 一个线性序集也称为一条链, 偏序集的线性序子集 (在原偏序关系下) 构成一条链.

设 $(X, \leqslant)$ 是一个偏序集. 若存在 $u \in X$, 使得对任意的 $x \in X$, 有 $x \leqslant u$, 则称 u 是 $(X, \leqslant)$ 的**最大元**; 若存在 $l \in X$, 使得对任意的 $x \in X$, 有 $l \leqslant x$, 则称 l 是 $(X, \leqslant)$ 的**最小元**.

设 $(X, \leqslant)$ 是一个偏序集, $A \subseteq X$. 若存在 $\alpha \in X$, 对任意的 $x \in A$, 有 $x \leqslant \alpha$, 则称 α 是 A 的一个**上界**; 若存在 $\beta \in X$, 对任意的 $x \in A$, 有 $\beta \leqslant x$, 则称 β 是 A 的一个**下界**.

设 $(X, \leqslant)$ 是一个偏序集, $A \subseteq X$. 若 α 是 A 的一个上界, 且对 A 的任意上界 u, 都有 $\alpha \leqslant u$, 则称 α 是 A 的**最小上界**或**上确界**, 记 $\alpha = \sup\{x|x \in A\}$; 若 β 是 A 的一个下界, 且对 A 的任意下界 l, 都有 $l \leqslant \beta$, 则称 β 是 A 的**最大下界**或**下确界**, 记 $\beta = \inf\{x|x \in A\}$.

设 $(X, \leqslant)$ 是一个偏序集, $A \subseteq X$. 若 A 的上、下确界都存在, 则记

$$\bigvee A = \bigvee \{x|x \in A\} = \sup A = \sup\{x|x \in A\},$$

$$\bigwedge A = \bigwedge \{x|x \in A\} = \inf A = \inf\{x|x \in A\}.$$

1.4.2 格

定义 1.4.1 设 $(X, \leqslant)$ 是一个偏序集, 若对任意的 $x, y \in X$, $\{x, y\}$ 的上、下确界都存在, 则称 $(X, \leqslant)$ 是一个**格**, 通常用 $(L, \leqslant)$ 表示格.

若 $(L, \leqslant)$ 是格, 则对任意的 $a, b \in L$, $\sup\{a, b\}$ 与 $\inf\{a, b\}$ 都存在, 故可在 L

上定义两个二元运算. 令

$$\bigvee : L \times L \longrightarrow L,$$
$$(a, b) \longmapsto a \bigvee b = \sup\{a, b\},$$
$$\bigwedge : L \times L \longrightarrow L,$$
$$(a, b) \longmapsto a \bigwedge b = \inf\{a, b\},$$

则 L 及其上的两个二元运算 $\bigvee, \bigwedge$ 一起构成一个代数系统 $(L, \bigvee, \bigwedge)$, 称之为由格 $(L, \leqslant)$ 诱导的代数系统.

下面我们将讨论由格 $(L, \leqslant)$ 诱导的代数系统 $(L, \bigvee, \bigwedge)$ 具有哪些性质.

定理 1.4.1 设 $(L, \bigvee, \bigwedge)$ 是由格 $(L, \leqslant)$ 诱导的代数系统, 则其上的两个二元运算满足

(1) **幂等律** $a \bigvee a = a, a \bigwedge a = a,$

(2) **交换律** $a \bigvee b = b \bigvee a, a \bigwedge b = b \bigwedge a.$

证明 (1) 由偏序关系的自反性以及上确界的定义可知

$$a \leqslant a \Longrightarrow a \bigvee a = \sup\{a, a\} = a.$$

同理

$$a \bigwedge a = \inf\{a, a\} = a.$$

(2)

$$a \bigvee b = \sup\{a, b\} = \sup\{b, a\} = b \bigvee a,$$
$$a \bigwedge b = \inf\{a, b\} = \inf\{b, a\} = b \bigwedge a. \qquad \blacksquare$$

引理 1.4.1 设 $(L, \bigvee, \bigwedge)$ 是由格 $(L, \leqslant)$ 诱导的代数系统. 对任意的 $a, b, c, d \in L$, 若 $a \leqslant b, c \leqslant d$, 则

$$a \bigvee c \leqslant b \bigvee d, \quad a \bigwedge c \leqslant b \bigwedge d.$$

特别地, 若 $a \leqslant b$, 则

$$a \bigvee c \leqslant b \bigvee c, \quad a \bigwedge c \leqslant b \bigwedge c.$$

证明 由偏序关系的传递性及上确界的定义可知

$$\left. \begin{array}{l} a \leqslant b, b \leqslant b \bigvee d \Longrightarrow a \leqslant b \bigvee d \\ c \leqslant d, d \leqslant b \bigvee d \Longrightarrow c \leqslant b \bigvee d \end{array} \right\} \Longrightarrow \sup\{a, c\} \leqslant b \bigvee d \Longrightarrow a \bigvee c \leqslant b \bigvee d.$$

同理

$$a \bigwedge c \leqslant b \bigwedge d. \qquad \blacksquare$$

引理 1.4.2 设 $(L, \bigvee, \bigwedge)$ 是由格 $(L, \leqslant)$ 诱导的代数系统, I 为任意指标集, $i \in I, a_i, b_i \in L, a_i \leqslant b_i$. 若 $\bigvee_{i \in I} a_i, \bigwedge_{i \in I} a_i, \bigvee_{i \in I} b_i, \bigwedge_{i \in I} b_i$ 都存在, 则

$$\bigvee_{i \in I} a_i \leqslant \bigvee_{i \in I} b_i, \quad \bigwedge_{i \in I} a_i \leqslant \bigwedge_{i \in I} b_i.$$

证明 仅证第一式. 对任意的 $i \in I$, 有 $a_i \leqslant b_i, b_i \leqslant \bigvee_{j \in I} b_j$, 故

$$a_i \leqslant \bigvee_{j \in I} b_j,$$

再由 a_i 的任意性,

$$\bigvee_{i \in I} a_i \leqslant \bigvee_{j \in I} b_j. \qquad \blacksquare$$

定理 1.4.2 设 $(L, \bigvee, \bigwedge)$ 是由格 $(L, \leqslant)$ 诱导的代数系统, 若 $a, b \in L$, 则

$$a \leqslant b \Longleftrightarrow a \bigvee b = b \Longleftrightarrow a \bigwedge b = a.$$

证明 仅证 $a \leqslant b \Longleftrightarrow a \bigvee b = b$.

若 $a \leqslant b$, 由引理 1.4.1、幂等律、上确界的定义以及偏序关系的反对称性, 有

$$\left. \begin{array}{r} a \leqslant b \Longrightarrow a \bigvee b \leqslant b \bigvee b \\ b \bigvee b = b \end{array} \right\} \Longrightarrow \left. \begin{array}{r} a \bigvee b \leqslant b \\ \\ b \leqslant a \bigvee b \end{array} \right\} \Longrightarrow a \bigvee b = b.$$

反过来, 若 $a \bigvee b = b$, 结合上确界的定义, 有

$$\left. \begin{array}{r} a \bigvee b = b \\ a \leqslant a \bigvee b \end{array} \right\} \Longrightarrow a \leqslant b.$$

因此

$$a \leqslant b \Longleftrightarrow a \bigvee b = b. \qquad \blacksquare$$

上面的讨论更多地说明了格中元素之间的序关系, 而下面的讨论将更多地体现由格 $(L, \leqslant)$ 诱导的代数系统 $(L, \bigvee, \bigwedge)$ 中两种二元运算所具有的性质.

定理 1.4.3 设 $(L, \bigvee, \bigwedge)$ 是由格 $(L, \leqslant)$ 诱导的代数系统, 则其上的两个二元运算满足

(1) **结合律** $(a \bigvee b) \bigvee c = a \bigvee (b \bigvee c), (a \bigwedge b) \bigwedge c = a \bigwedge (b \bigwedge c)$,

(2) **吸收律** $a \bigvee (a \bigwedge b) = a, a \bigwedge (a \bigvee b) = a.$

证明　(1) 由上确界的定义及偏序关系的传递性可知

$$\left.\begin{array}{l}\left.\begin{array}{l}\left.\begin{array}{l}a\leqslant a\bigvee b\\a\bigvee b\leqslant(a\bigvee b)\bigvee c\end{array}\right\}\Longrightarrow a\leqslant(a\bigvee b)\bigvee c\\\left.\begin{array}{l}\left.\begin{array}{l}b\leqslant a\bigvee b\\a\bigvee b\leqslant(a\bigvee b)\bigvee c\end{array}\right\}\Longrightarrow b\leqslant(a\bigvee b)\bigvee c\\c\leqslant(a\bigvee b)\bigvee c\end{array}\right\}\Longrightarrow b\bigvee c\leqslant(a\bigvee b)\bigvee c\end{array}\right\}$$

$$\Longrightarrow a\bigvee(b\bigvee c)\leqslant(a\bigvee b)\bigvee c.$$

类似地, 可以证明

$$(a\bigvee b)\bigvee c\leqslant a\bigvee(b\bigvee c).$$

再由偏序关系的反对称性可得

$$a\bigvee(b\bigvee c)=(a\bigvee b)\bigvee c,$$

即代数系统 $(L,\bigvee,\bigwedge)$ 关于运算 $\bigvee$ 满足结合律.

同理, 代数系统 $(L,\bigvee,\bigwedge)$ 关于运算 $\bigwedge$ 满足结合律.

(2) 由偏序关系的自反性、反对称性, 引理 1.4.1, 幂等律以及上、下确界的定义可知

$$\left.\begin{array}{l}\left.\begin{array}{l}\left.\begin{array}{l}a\leqslant a\\a\bigwedge b\leqslant a\end{array}\right\}\Longrightarrow a\bigvee(a\bigwedge b)\leqslant a\bigvee a\\a\bigvee a=a\end{array}\right\}\Longrightarrow a\bigvee(a\bigwedge b)\leqslant a\\a\leqslant a\bigvee(a\bigwedge b)\end{array}\right\}\Longrightarrow a\bigvee(a\bigwedge b)=a.$$

同理可证 $a\bigwedge(a\bigvee b)=a$ 成立.　　　■

引理 1.4.3　若代数系统 $(L,\bigvee,\bigwedge)$ 中的两个二元运算满足吸收律, 则幂等律成立.

证明　若

$$a\bigvee(a\bigwedge b)=a,\quad a\bigwedge(a\bigvee b)=a,$$

则

$$a\bigvee a=a\bigvee(a\bigwedge(a\bigvee b))=a,$$

$$a\bigwedge a=a\bigwedge(a\bigvee(a\bigwedge b))=a.\qquad\blacksquare$$

通过上面的讨论, 我们知道, 由格 $(L,\leqslant)$ 诱导的代数系统 $(L,\bigvee,\bigwedge)$ 中的两个二元运算满足幂等律、交换律、结合律、吸收律. 我们自然要问, 一个代数系统 $(L,\bigvee,\bigwedge)$ 满足什么样的条件就可以确定一个格, 使得其诱导的代数系统就是 $(L,\bigvee,\bigwedge)$? 下面的定理回答了这个问题.

定理 1.4.4 若代数系统 $(L, \bigvee, \bigwedge)$ 中的两个二元运算满足交换律、结合律、吸收律, 则存在一个格 $(L, \leqslant)$, 使得其诱导的代数系统就是 $(L, \bigvee, \bigwedge)$.

分析 证明的关键是要在 L 中构造一个偏序关系 "$\leqslant$", 使得在偏序集 $(L, \leqslant)$ 中, 对任意的 $a, b \in L$, $\sup\{a, b\}$ 与 $\inf\{a, b\}$ 都存在, 且

$$\sup\{a, b\} = a \bigvee b, \quad \inf\{a, b\} = a \bigwedge b.$$

证明 在 L 中定义关系 "$\leqslant$":

$$a \leqslant b \Longleftrightarrow a \bigvee b = b.$$

首先证明 "$\leqslant$" 是 L 上的偏序关系.

(1) 由引理 1.4.3 可知, 若一个代数系统中吸收律成立, 则幂等律也成立, 于是对任意的 $a \in L$, 有 $a \bigvee a = a$, 故 $a \leqslant a$, 即自反性成立.

(2) 若 $a \leqslant b, b \leqslant a$, 则 $a \bigvee b = b, b \bigvee a = a$, 再由 $(L, \bigvee, \bigwedge)$ 中交换律成立, 得 $a = b$, 即反对称性成立.

(3) 若 $a \leqslant b, b \leqslant c$, 则 $a \bigvee b = b, b \bigvee c = c$, 再由 $(L, \bigvee, \bigwedge)$ 中结合律成立, 得

$$a \bigvee c = a \bigvee (b \bigvee c) = (a \bigvee b) \bigvee c = b \bigvee c = c,$$

所以 $a \leqslant c$, 即传递性成立.

因此, "$\leqslant$" 是 L 上的偏序关系.

其次证明 $a \bigvee b = b \Longleftrightarrow a \bigwedge b = a$. 若 $a \bigvee b = b$, 由吸收律, 有

$$a \bigwedge b = a \bigwedge (a \bigvee b) = a;$$

若 $a \bigwedge b = a$, 由交换律、吸收律, 有

$$a \bigvee b = (a \bigwedge b) \bigvee b = b \bigvee (b \bigwedge a) = b.$$

因此

$$a \bigvee b = b \Longleftrightarrow a \bigwedge b = a.$$

最后证明偏序集 $(L, \leqslant)$ 中, $\sup\{a, b\} = a \bigvee b, \inf\{a, b\} = a \bigwedge b$. 因为

$$a \bigvee (a \bigvee b) = (a \bigvee a) \bigvee b = a \bigvee b,$$

所以

$$a \leqslant a \bigvee b.$$

同理

$$b \leqslant a \bigvee b.$$

因此, $a \bigvee b$ 是 $\{a, b\}$ 的一个上界.

再设 c 是 $\{a, b\}$ 的任意一个上界, 则

$$a \leqslant c, \quad b \leqslant c,$$

即

$$a \bigvee c = c, \quad b \bigvee c = c,$$

所以

$$(a \bigvee b) \bigvee c = a \bigvee (b \bigvee c) = a \bigvee c = c,$$

故 $a \bigvee b \leqslant c$. 由上确界的定义,

$$\sup\{a, b\} = a \bigvee b.$$

又因为代数系统 $(L, \bigvee, \bigwedge)$ 中的两个二元运算满足交换律、结合律、幂等律, 故

$$(a \bigwedge b) \bigwedge a = a \bigwedge (a \bigwedge b) = (a \bigwedge a) \bigwedge b = a \bigwedge b,$$

所以

$$a \bigwedge b \leqslant a.$$

同理可证

$$a \bigwedge b \leqslant b.$$

因此, $a \bigwedge b$ 是 $\{a, b\}$ 的一个下界.

再设 c 是 $\{a, b\}$ 的任意一个下界, 则

$$c \leqslant a, \quad c \leqslant b.$$

由于 $a \leqslant b \Longleftrightarrow a \bigvee b = b$, 而已经证明 $a \bigvee b = b \Longleftrightarrow a \bigwedge b = a$, 故

$$c \bigwedge a = c, \quad c \bigwedge b = c,$$

所以

$$c \bigwedge (a \bigwedge b) = (c \bigwedge a) \bigwedge b = c \bigwedge b = c,$$

因此

$$c \leqslant a \bigwedge b.$$

于是

$$\inf\{a, b\} = a \bigwedge b.$$

在偏序集 $(L, \leqslant)$ 中, 对任意的 $a, b \in L$, $\sup\{a, b\}$ 与 $\inf\{a, b\}$ 都存在, 所以 $(L, \leqslant)$ 是格, 其诱导的代数系统就是 $(L, \bigvee, \bigwedge)$, 而且

$$\sup\{a, b\} = a \bigvee b, \quad \inf\{a, b\} = a \bigwedge b,$$

$$a \leqslant b \Longleftrightarrow a \bigvee b = b \Longleftrightarrow a \bigwedge b = a. \qquad \blacksquare$$

根据上述定理, 我们可以将格 $(L, \leqslant)$ 与其诱导的代数系统 $(L, \bigvee, \bigwedge)$ 看作是格的两种表现形式, 或者说格有两个等价的定义, 其一: 一个偏序集, 若其中任意两个元素的上、下确界都存在, 则称之为**偏序格**; 其二: 一个具有两个二元运算的代数系统, 若其上的两个运算满足交换律、结合律、吸收律, 则称之为**代数格**. 今后我们会根据需要, 采用格的两个定义中的某一个.

1.4.3 特殊的格

定义 1.4.2 设 $(L, \bigvee, \bigwedge)$ 是格, 若其上的两个二元运算满足分配律, 即对任意的 $a, b, c \in L$, 有

$$a \bigwedge (b \bigvee c) = (a \bigwedge b) \bigvee (a \bigwedge c), \quad a \bigvee (b \bigwedge c) = (a \bigvee b) \bigwedge (a \bigvee c),$$

则称 $(L, \bigvee, \bigwedge)$ 是**分配格**.

定义 1.4.3 设 $(L, \leqslant)$ 是格, 若 L 既有最大元, 又有最小元, 则称 $(L, \leqslant)$ 是**有界格**.

定理 1.4.5 设 $(L, \leqslant)$ 是有界格, 1 和 0 分别表示最大元和最小元, 则对任意的 $a \in L$, 有 $0 \leqslant a \leqslant 1$, 且

$$a \bigvee 1 = 1, \quad a \bigwedge 1 = a, \quad a \bigvee 0 = a, \quad a \bigwedge 0 = 0.$$

证明 由有界格的定义及定理 1.4.2, 可知结论成立. ◼

定义 1.4.4 设 $(L, \leqslant)$ 是有界格, 1 和 0 分别表示其最大元和最小元. 设 $a \in L$, 若存在 $b \in L$, 使得

$$a \bigvee b = 1, \quad a \bigwedge b = 0,$$

则称 b 是 a 的一个**补元**. 若 L 中每一个元素都有补元, 则称 $(L, \leqslant)$ 是**有补格**.

定义 1.4.5 若 $(L, \bigvee, \bigwedge)$ 既是有补格, 又是分配格, 则称之为**布尔代数**或**布尔格**.

定理 1.4.6 若 $(L, \bigvee, \bigwedge)$ 是布尔代数, 则 L 中每一个元素都有唯一的补元.

证明 设 $a \in L$, 假设 b 和 c 都是 a 的补元, 则

$$a \bigvee b = 1, \quad a \bigwedge b = 0, \quad a \bigvee c = 1, \quad a \bigwedge c = 0.$$

于是

$$b \bigwedge c = 0 \bigvee (b \bigwedge c) = (a \bigwedge b) \bigvee (b \bigwedge c) = (b \bigwedge a) \bigvee (b \bigwedge c) = b \bigwedge (a \bigvee c) = b \bigwedge 1 = b,$$
$$b \bigwedge c = 0 \bigvee (b \bigwedge c) = (a \bigwedge c) \bigvee (b \bigwedge c) = (c \bigwedge a) \bigvee (c \bigwedge b) = c \bigwedge (a \bigvee b) = c \bigwedge 1 = c,$$

故

$$b = c. \qquad \blacksquare$$

上述定理表明在布尔代数 $(L, \bigvee, \bigwedge)$ 中, 对任意的 $a \in L$, a 都有唯一的补元, 故可用 a^c 来表示 a 的补元. 这样, 在一个布尔代数中实际上有三种运算, 其中两个是二元运算: $\bigvee$ 和 $\bigwedge$, 此外, 还有一个一元运算 —— 补运算 (也称余运算), 就是求补元的运算: ^{c}. 因此, 一个布尔代数常常记为 $(L, \bigvee, \bigwedge, {}^c)$.

例 1.4.1 由格 $(\{0,1\}, \leqslant)$ 诱导的代数系统为 $(\{0,1\}, \bigvee, \bigwedge)$, 其中

$$a \bigvee b = \max\{a,b\}, \quad a \bigwedge b = \min\{a,b\}.$$

设任意的 $a \in \{0,1\}$, 定义 $a^c = 1 - a$, 则代数系统 $(\{0,1\}, \bigvee, \bigwedge, {}^c)$ 是布尔代数.

例 1.4.2 代数系统 $(\mathcal{P}(X), \bigcup, \bigcap, {}^c)$ 是布尔代数, 且可视其为由格 $(\mathcal{P}(X), \subseteq)$ 诱导的代数系统, 其中

$$A \bigcup B = \sup\{A, B\}, \quad A \bigcap B = \inf\{A, B\}.$$

定理 1.4.7 若 $(L, \bigvee, \bigwedge, {}^c)$ 是布尔代数, 则其上的运算满足

(1) **复原律** $(a^c)^c = a$,

(2) **补余律** $a \bigvee a^c = 1, a \bigwedge a^c = 0$,

(3) **对偶律** $(a \bigvee b)^c = a^c \bigwedge b^c, (a \bigwedge b)^c = a^c \bigvee b^c$.

证明 由补元的定义易知 (1), (2) 成立. 下面证明 (3), 仅证第一个等式. 设 $a, b \in L$, 则

$$\begin{aligned}
(a \bigvee b) \bigvee (a^c \bigwedge b^c) &= ((a \bigvee b) \bigvee a^c) \bigwedge ((a \bigvee b) \bigvee b^c) \\
&= ((b \bigvee a) \bigvee a^c) \bigwedge ((a \bigvee b) \bigvee b^c) \\
&= (b \bigvee (a \bigvee a^c)) \bigwedge (a \bigvee (b \bigvee b^c)) \\
&= (b \bigvee 1) \bigwedge (a \bigvee 1) \\
&= 1 \bigwedge 1 \\
&= 1, \\
(a \bigvee b) \bigwedge (a^c \bigwedge b^c) &= (a \bigwedge (a^c \bigwedge b^c)) \bigvee (b \bigwedge (a^c \bigwedge b^c)) \\
&= (a \bigwedge (a^c \bigwedge b^c)) \bigvee (b \bigwedge (b^c \bigwedge a^c)) \\
&= ((a \bigwedge a^c) \bigwedge b^c) \bigvee ((b \bigwedge b^c) \bigwedge a^c)
\end{aligned}$$

$$= (0 \bigwedge b^{\mathrm{c}}) \bigvee (0 \bigwedge a^{\mathrm{c}})$$
$$= 0 \bigvee 0$$
$$= 0,$$

即

$$(a \bigvee b)^{\mathrm{c}} = a^{\mathrm{c}} \bigwedge b^{\mathrm{c}}. \qquad \blacksquare$$

定义 1.4.6   设 $(L, \bigvee, \bigwedge)$ 是格, 在其上定义一种补运算, 即对任意的 $a \in L$, 存在唯一的 a^{c} 与之对应. 若满足

(1) **复原律** $(a^{\mathrm{c}})^{\mathrm{c}} = a$,

(2) **对偶律** $(a \bigvee b)^{\mathrm{c}} = a^{\mathrm{c}} \bigwedge b^{\mathrm{c}}, (a \bigwedge b)^{\mathrm{c}} = a^{\mathrm{c}} \bigvee b^{\mathrm{c}}$,

则称 $(L, \bigvee, \bigwedge, \ ^{\mathrm{c}})$ 是**对偶格**.

定义 1.4.7   若代数系统 $(L, \bigvee, \bigwedge, \ ^{\mathrm{c}})$ 既是有界格, 又是对偶格、分配格, 则称 $(L, \bigvee, \bigwedge, \ ^{\mathrm{c}})$ 是**软代数**.

由定理 1.4.7 可知, 若 $(L, \bigvee, \bigwedge, \ ^{\mathrm{c}})$ 是布尔代数, 则它一定是软代数.

定义 1.4.8   设 $(L, \leqslant)$ 是格, 若 L 的任意非空子集的上、下确界都存在, 则称 $(L, \leqslant)$ 是**完全格**或**完备格**.

定理 1.4.8   若 $(L, \leqslant)$ 是完全格, 则它是有界格.

证明   若 $(L, \leqslant)$ 是完全格 $, L \subseteq L$, 记

$$1 = \bigvee L = \sup\{x | x \in L\},$$
$$0 = \bigwedge L = \inf\{x | x \in L\}.$$

对任意的 $a \in L$, 有 $0 \leqslant a \leqslant 1$, 所以 1 和 0 分别是 L 的最大元和最小元, 即 L 是有界格. $\qquad \blacksquare$

定理 1.4.9   设 $(L, \leqslant)$ 是完全格, 若 A, B 是 L 的两个非空子集, $A \subseteq B$, 则

$$\bigvee A \leqslant \bigvee B, \quad \bigwedge B \leqslant \bigwedge A.$$

证明   仅证第一个不等式. 对任意的 $x \in A$, 由 $A \subseteq B$, 有 $x \in B$, 于是

$$x \leqslant \bigvee B.$$

再由 x 的任意性, 可得

$$\bigvee A \leqslant \bigvee B. \qquad \blacksquare$$

设 $(L, \leqslant)$ 是完全格, 对任意的 $A \subseteq L$, 有 $\varnothing \subseteq A$, 受定理 1.4.9 的启发, 应有 $\bigvee \varnothing \leqslant \bigvee A, \bigwedge A \leqslant \bigwedge \varnothing$, 故约定 $\varnothing$ 的上确界为 L 的最小元, $\varnothing$ 的下确界为 L 的最大元, 即

$$\bigvee \varnothing = 0, \quad \bigwedge \varnothing = 1.$$

定理 1.4.10 设 $(L, \leqslant)$ 是完全格, $A, B \subseteq L$, 则

(1) $\bigvee(A \bigcup B) = (\bigvee A) \bigvee (\bigvee B)$,

(2) $\bigwedge(A \bigcup B) = (\bigwedge A) \bigwedge (\bigwedge B)$.

证明 仅证 (1) 式. 若 $A \bigcup B = \varnothing$, 则 $A = B = \varnothing$, 易知结论成立, 故不妨设 $A \bigcup B \neq \varnothing$.

一方面, $A \subseteq A \bigcup B$, $B \subseteq A \bigcup B$, 由定理 1.4.9 可知

$$\bigvee A \leqslant \bigvee(A \bigcup B),$$

$$\bigvee B \leqslant \bigvee(A \bigcup B),$$

故

$$(\bigvee A) \bigvee (\bigvee B) \leqslant \bigvee(A \bigcup B).$$

另一方面, 对任意的 $x \in A \bigcup B$, 则 $x \in A$ 或 $x \in B$, 不妨设 $x \in A$, 于是

$$x \leqslant \bigvee A,$$

而

$$\bigvee A \leqslant (\bigvee A) \bigvee (\bigvee B),$$

故

$$x \leqslant (\bigvee A) \bigvee (\bigvee B).$$

再由 x 的任意性, 可得

$$\bigvee(A \bigcup B) \leqslant (\bigvee A) \bigvee (\bigvee B).$$

因此

$$\bigvee(A \bigcup B) = (\bigvee A) \bigvee (\bigvee B).$$ ∎

一般地, 若 $(L, \leqslant)$ 是完全格, I 是任意指标集, $i \in I$, $A_i \subseteq L$, 则

$$\bigvee(\bigcup_{i \in I} A_i) = \bigvee \{\bigvee A_i | i \in I\},$$

$$\bigwedge(\bigcup_{i \in I} A_i) = \bigwedge \{\bigwedge A_i | i \in I\}.$$

证明留作习题.

设 $(L, \leqslant)$ 是完全格, $(L, \bigvee, \bigwedge)$ 是 $(L, \leqslant)$ 诱导的代数系统, 若对任意的 $a \in L$, 任意的指标集 $I, i \in I, b_i \in L$, 都有

$$a \bigwedge (\bigvee_{i \in I} b_i) = \bigvee_{i \in I} (a \bigwedge b_i),$$

$$a \bigvee (\bigwedge_{i \in I} b_i) = \bigwedge_{i \in I} (a \bigvee b_i),$$

则称 $(L, \bigvee, \bigwedge)$ 满足无限分配律.

定义 1.4.9 设 $(L, \leqslant)$ 是格, 若对任意的 $a, b \in L, a < b$, 都存在 $c \in L$, 使得 $a < c < b$, 则称 $(L, \leqslant)$ 是**稠密的**.

定义 1.4.10 若代数系统 $(L, \bigvee, \bigwedge, ^{\mathrm{c}})$ 是稠密的对偶格, 且满足完全分配律, 则称 $(L, \bigvee, \bigwedge, ^{\mathrm{c}})$ 是**优软代数**.

若 $(L, \bigvee, \bigwedge, ^{\mathrm{c}})$ 是优软代数, 则它一定是软代数.

1.4.4 两个常用的代数系统

实数集上的小于等于关系 "$\leqslant$" 是 $[0, 1]$ 上的一个偏序关系, $([0, 1], \leqslant)$ 是一个偏序集. 对任意的 $a, b \in [0, 1]$, $\sup\{a, b\}$ 与 $\inf\{a, b\}$ 存在, 即 $([0, 1], \leqslant)$ 是格. 对任意的 $A \subseteq [0, 1]$, 若 $A \neq \varnothing$, 则 $\bigvee A, \bigwedge A$ 都存在, 故 $([0, 1], \leqslant)$ 是完全格. 约定 $\bigvee \varnothing = 0$, $\bigwedge \varnothing = 1$.

设 $([0, 1], \bigwedge, \bigvee)$ 是由格 $([0, 1], \leqslant)$ 所诱导的代数系统, 其中

$$a \bigvee b = \sup\{a, b\} = \max\{a, b\},$$

$$a \bigwedge b = \inf\{a, b\} = \min\{a, b\}.$$

下面证明 $([0, 1], \bigwedge, \bigvee)$ 不是有补格.

显然, $([0, 1], \leqslant)$ 是一个有界格, 1 是最大元, 0 是最小元. 对任意的 $a \in (0, 1)$, 往证 a 的补元不存在. 采用反证法, 假设存在 $b \in [0, 1]$, 使得 b 是 a 的补元, 即 $a \bigvee b = 1, a \bigwedge b = 0$, 而 $a \in (0, 1)$, 故 $b = 1, b = 0$, 矛盾.

一般地, 如果一个线性序集中的元素多于两个, 那它一定不是有补格.

尽管如此, 我们还是可以在 $[0, 1]$ 中定义一个补运算 ^{c}: 对任意的 $a \in [0, 1]$, 令

$$a^{\mathrm{c}} = 1 - a.$$

容易证明这样定义的补运算满足复原律, 即

$$(a^{\mathrm{c}})^{\mathrm{c}} = a,$$

而且代数系统 $([0, 1], \bigvee, \bigwedge, ^{\mathrm{c}})$ 满足对偶律, 即

$$(a \bigvee b)^{\mathrm{c}} = a^{\mathrm{c}} \bigwedge b^{\mathrm{c}}, \quad (a \bigwedge b)^{\mathrm{c}} = a^{\mathrm{c}} \bigvee b^{\mathrm{c}}.$$

因此, $([0, 1], \bigvee, \bigwedge, ^{\mathrm{c}})$ 是对偶格. 在此基础上, 我们还有更进一步的结论.

定理 1.4.11 代数系统 $([0, 1], \bigvee, \bigwedge, ^{\mathrm{c}})$ 是优软代数.

证明 由前面的讨论, 代数系统 $([0, 1], \bigvee, \bigwedge, ^{\mathrm{c}})$ 是对偶格, 由实数集的性质可知它是稠密的完全格. 下面证明 $([0, 1], \bigvee, \bigwedge, ^{\mathrm{c}})$ 中无限分配律成立, 即若 $a \in [0, 1]$, I 是任意指标集, $i \in I, b_i \in [0, 1]$, 则

$$a \bigwedge \left(\bigvee_{i \in I} b_i \right) = \bigvee_{i \in I} (a \bigwedge b_i), \quad a \bigvee \left(\bigwedge_{i \in I} b_i \right) = \bigwedge_{i \in I} (a \bigvee b_i).$$

仅证无限分配律的第一个表达式. 一方面, 对任意的 $i \in I, b_i \leqslant \bigvee_{j \in I} b_j$, 故对任意的 $i \in I$,

$$a \bigwedge b_i \leqslant a \bigwedge (\bigvee_{j \in I} b_j),$$

因此

$$\bigvee_{i \in I}(a \bigwedge b_i) \leqslant a \bigwedge (\bigvee_{j \in I} b_j).$$

另一方面, 分两种情况讨论:

(1) 若存在 $i_0 \in I$, 使得 $b_{i_0} > a$, 则 $a \bigwedge b_{i_0} = a$. 此时,

$$a \bigwedge (\bigvee_{i \in I} b_i) \leqslant a = a \bigwedge b_{i_0} \leqslant \bigvee_{i \in I}(a \bigwedge b_i);$$

(2) 若对任意的 $i \in I, b_i \leqslant a$, 则 $a \bigwedge b_i = b_i$, 且 $\bigvee_{i \in I} b_i \leqslant a$. 此时,

$$a \bigwedge (\bigvee_{i \in I} b_i) = \bigvee_{i \in I} b_i = \bigvee_{i \in I}(a \bigwedge b_i).$$

因此, 第一个表达式成立.

同理可证无限分配律的另一表达式成立, 故代数系统 $([0,1], \bigvee, \bigwedge, {}^{\mathrm{c}})$ 中无限分配律成立. 因此, 代数系统 $([0,1], \bigvee, \bigwedge, {}^{\mathrm{c}})$ 是优软代数. ■

代数系统 $([0,1], \bigvee, \bigwedge, {}^{\mathrm{c}})$ 中的对偶律还可以推广到如下更一般的形式.

定理 1.4.12 设 I 是任意指标集, $i \in I, a_i \in [0,1]$, 则

(1) $(\bigvee_{i \in I} a_i)^{\mathrm{c}} = \bigwedge_{i \in I} a_i^{\mathrm{c}}$,

(2) $(\bigwedge_{i \in I} a_i)^{\mathrm{c}} = \bigvee_{i \in I} a_i^{\mathrm{c}}$.

证明 仅证 (1) 式. 一方面, 对任意的 $i \in I, a_i \leqslant \bigvee_{j \in I} a_j$, 故 $a_i^{\mathrm{c}} \geqslant (\bigvee_{j \in I} a_j)^{\mathrm{c}}$, 再由下确界的定义可知

$$\bigwedge_{i \in I} a_i^{\mathrm{c}} \geqslant (\bigvee_{j \in I} a_j)^{\mathrm{c}}.$$

另一方面, 对任意的 $i \in I$, $\bigwedge_{j \in I} a_j^{\mathrm{c}} \leqslant a_i^{\mathrm{c}} = 1 - a_i$, 即

$$a_i \leqslant 1 - \bigwedge_{j \in I} a_j^{\mathrm{c}},$$

故

$$\bigvee_{i \in I} a_i \leqslant 1 - \bigwedge_{j \in I} a_j^{\mathrm{c}},$$

即

$$\bigwedge_{j \in I} a_j^{\mathrm{c}} \leqslant 1 - \bigvee_{i \in I} a_i,$$

也就是

$$\bigwedge_{j \in I} a_j^{\mathrm{c}} \leqslant (\bigvee_{i \in I} a_i)^{\mathrm{c}}.$$

因此

$$(\bigvee_{i \in I} a_i)^{\mathrm{c}} = \bigwedge_{i \in I} a_i^{\mathrm{c}}. \qquad ■$$

在 1.3 节, 我们介绍了模糊集合间的关系与运算, 并指出模糊幂集 $\mathcal{F}(X)$ 中关于并、交、补运算满足的运算规律由区间 $[0,1]$ 中实数相应的运算规律所决定.

本节, 我们在更一般的理论框架下讨论了相关的问题, 且已经得到了代数系统 $([0,1], \bigvee, \bigwedge,\ ^{c})$ 是优软代数的结论. 现在我们再来讨论模糊集合间的关系与运算.

一方面, 包含关系 "$\subseteq$" 是模糊幂集 $\mathcal{F}(X)$ 上的一个偏序关系, $(\mathcal{F}(X), \subseteq)$ 是一个偏序集, 对任意的 $\underset{\sim}{A}, \underset{\sim}{B} \in \mathcal{F}(X)$, 有 $\sup\{\underset{\sim}{A}, \underset{\sim}{B}\}$ 与 $\inf\{\underset{\sim}{A}, \underset{\sim}{B}\}$ 存在, 且

$$\sup\{\underset{\sim}{A}, \underset{\sim}{B}\} = \underset{\sim}{A} \bigcup \underset{\sim}{B},$$
$$\inf\{\underset{\sim}{A}, \underset{\sim}{B}\} = \underset{\sim}{A} \bigcap \underset{\sim}{B},$$

故 $(\mathcal{F}(X), \subseteq)$ 是一个格.

另一方面, 模糊幂集 $\mathcal{F}(X)$ 连同其上的并、交运算一起构成的代数系统 $(\mathcal{F}(X), \bigcup, \bigcap)$ 满足幂等律、交换律、结合律、吸收律.

因此, 可将 $(\mathcal{F}(X), \bigcup, \bigcap)$ 视为由格 $(\mathcal{F}(X), \subseteq)$ 诱导的代数系统, 且

$$\underset{\sim}{A} \subseteq \underset{\sim}{B} \Longleftrightarrow \underset{\sim}{A} \bigcup \underset{\sim}{B} = \underset{\sim}{B} \Longleftrightarrow \underset{\sim}{A} \bigcap \underset{\sim}{B} = \underset{\sim}{A}.$$

定理 1.4.13 代数系统 $(\mathcal{F}(X), \bigcup, \bigcap,\ ^{c})$ 是优软代数.

证明 由代数系统 $([0,1], \bigvee, \bigwedge,\ ^{c})$ 是优软代数, 可知结论成立. ∎

需要说明的是, 代数系统 $(\mathcal{F}(X), \bigcup, \bigcap,\ ^{c})$ 中补余律并不成立. 事实上, 若 $\underset{\sim}{A} \in \mathcal{F}(X)$, 且 $\underset{\sim}{A} \notin \mathcal{P}(X)$, 则存在 $x_0 \in X$, 使得

$$0 < \underset{\sim}{A}(x_0) < 1,$$

故

$$0 < 1 - \underset{\sim}{A}(x_0) < 1,$$

即

$$0 < \underset{\sim}{A}^{c}(x_0) < 1.$$

因此

$$0 < \underset{\sim}{A}(x_0) \bigvee \underset{\sim}{A}^{c}(x_0) < 1, \quad 0 < \underset{\sim}{A}(x_0) \bigwedge \underset{\sim}{A}^{c}(x_0) < 1,$$

也就是

$$0 < (\underset{\sim}{A} \bigcup \underset{\sim}{A}^{c})(x_0) < 1, \quad 0 < (\underset{\sim}{A} \bigcap \underset{\sim}{A}^{c})(x_0) < 1.$$

因此

$$\underset{\sim}{A} \bigcup \underset{\sim}{A}^{c} \neq X, \quad \underset{\sim}{A} \bigcap \underset{\sim}{A}^{c} \neq \varnothing. ∎$$

1.5　模 糊 算 子

在 1.3 节, 我们利用 Zadeh 算子 ($\bigvee, \bigwedge$), 将分明集合间的并、交运算推广为模糊集合间的并、交运算. 然而, 这种推广方式并不是唯一的. 在应用中, 我们可以根据不同的问题选择不同的模糊算子来定义模糊集合间不同的模并与模交运算.

1.5.1　模糊算子的定义与性质

首先介绍模糊算子的定义.

定义 1.5.1　设映射 $*: [0,1] \times [0,1] \longrightarrow [0,1]$, 若满足

(1) **交换律**　$a * b = b * a$,

(2) **结合律**　$(a * b) * c = a * (b * c)$,

(3) **单调性**　若 $a \leqslant b, c \leqslant d$, 则 $a * c \leqslant b * d$,

(4) **边界条件**　$0 * 0 = 0, 1 * 1 = 1$,

则称 $*$ 为**模糊算子**.

定义 1.5.2　设映射 $T: [0,1] \times [0,1] \longrightarrow [0,1]$, 若 T 满足交换律、结合律、单调性, 以及边界条件:

$$T(a, 1) = a,$$

则称 T 为 t **模**或**三角模**.

定义 1.5.3　设映射 $S: [0,1] \times [0,1] \longrightarrow [0,1]$, 若 S 满足交换律、结合律、单调性, 以及边界条件:

$$S(a, 0) = a,$$

则称 S 为 s **模**或**三角余模**.

定理 1.5.1　若 T 为 t 模, S 为 s 模, 则 T 与 S 都是模糊算子.

证明　设 T 为 t 模, 由 t 模的边界条件, $T(1,1) = 1, T(0,1) = 0$, 又由单调性可知 $T(0,0) \leqslant T(0,1)$, 而 $T(0,0) \geqslant 0$, 故 $T(0,0) = 0$, 因此, T 是模糊算子.

同理可证, 若 S 为 s 模, 则 S 是模糊算子.　　　　　　■

定义 1.5.4　设 T_1, T_2 为模糊算子, 若对任意的 $a, b \in [0,1]$, 有

$$T_1(a, b) \leqslant T_2(a, b),$$

则称 T_1 **弱于** T_2, 记为 $T_1 \leqslant T_2$.

定理 1.5.2　设 T 为 t 模, S 为 s 模, 则

$$T \leqslant \bigwedge \leqslant \bigvee \leqslant S.$$

证明 设 T 为 t 模, 对任意的 $a, b \in [0, 1]$, 由 t 模的单调性, 得 $T(a, b) \leqslant T(a, 1)$, 而 $T(a, 1) = a$, 故

$$T(a, b) \leqslant a.$$

同理

$$T(a, b) \leqslant b.$$

因此

$$T(a, b) \leqslant a \bigwedge b.$$

设 S 为 s 模, 对任意的 $a, b \in [0, 1]$, 由 s 模的单调性, 得 $S(a, 0) \leqslant S(a, b)$, 而 $S(a, 0) = a$, 故

$$a \leqslant S(a, b).$$

同理

$$b \leqslant S(a, b).$$

因此

$$a \bigvee b \leqslant S(a, b).$$

显然

$$a \bigwedge b \leqslant a \bigvee b.$$

故

$$T(a, b) \leqslant a \bigwedge b \leqslant a \bigvee b \leqslant S(a, b). \qquad \blacksquare$$

推论 1.5.1 若 T 为 t 模, S 为 s 模, 则

$$T(a, 0) = 0, \quad S(a, 1) = 1.$$

证明 设 T 为 t 模, 由定理 1.5.2 可知, 对任意的 $a \in [0, 1]$, 有

$$0 \leqslant T(a, 0) \leqslant a \bigwedge 0 = 0,$$

故

$$T(a, 0) = 0.$$

若 S 为 s 模, 则对任意的 $a \in [0, 1]$, 有

$$1 = a \bigvee 1 \leqslant S(a, 1) \leqslant 1,$$

故

$$S(a, 1) = 1. \qquad \blacksquare$$

1.5.2 常见的模糊算子

(1) Zadeh 算子 ($\bigvee$, $\bigwedge$):

$$a \bigvee b = \max\{a,b\}, \quad a \bigwedge b = \min\{a,b\}.$$

(2) 概率和与实数乘法 ($\widehat{+}$, $\cdot$):

$$a \widehat{+} b = a + b - ab, \quad a \cdot b = ab.$$

(3) 有界和与有界积算子 ($\oplus$, $\odot$):

$$a \oplus b = \min\{a+b, 1\}, \quad a \odot b = \max\{a+b-1, 0\}.$$

(4) Einstein 算子 ($\overset{+}{\varepsilon}$, $\dot{\varepsilon}$):

$$a \overset{+}{\varepsilon} b = \frac{a+b}{1+ab}, \quad a \dot{\varepsilon} b = \frac{ab}{1+(1-a)(1-b)}.$$

(5) Hamacher 算子 ($\overset{+}{\gamma}$, $\dot{\gamma}$):

$$a \overset{+}{\gamma} b = \frac{a+b-ab-(1-\gamma)ab}{\gamma+(1-\gamma)(1-ab)}, \quad a \dot{\gamma} b = \frac{ab}{\gamma+(1-\gamma)(a+b-ab)}, \quad \text{其中 } \gamma > 0.$$

当 $\gamma = 1$ 时, $(\overset{+}{\gamma}, \dot{\gamma})$ 化为 $(\widehat{+}, \cdot)$; 当 $\gamma = 2$ 时, $(\overset{+}{\gamma}, \dot{\gamma})$ 化为 $(\overset{+}{\varepsilon}, \dot{\varepsilon})$.

此外, 还有一对特殊的模糊算子 $(\overset{\smile}{\infty}, \overset{\frown}{\infty})$,

$$a \overset{\smile}{\infty} b = \begin{cases} a, & \text{若} b = 0, \\ b, & \text{若} a = 0, \\ 1, & \text{其他}, \end{cases} \quad a \overset{\frown}{\infty} b = \begin{cases} a, & \text{若} b = 1, \\ b, & \text{若} a = 1, \\ 0, & \text{其他}. \end{cases}$$

上述映射都是模糊算子, 且 $\bigvee, \widehat{+}, \oplus, \overset{+}{\varepsilon}, \overset{+}{\gamma}, \overset{\smile}{\infty}$ 为 s 模, $\bigwedge, \cdot, \odot, \dot{\varepsilon}, \dot{\gamma}, \overset{\frown}{\infty}$ 为 t 模.

定义 1.5.5 设 T 为 t 模, S 为 s 模, 若对任意的 $a, b \in [0,1]$, 有

$$S(a,b)^c = T(a^c, b^c),$$

则称 T 与 S 为**对偶模**或**对偶算子**.

定理 1.5.3 设 T, S 为模糊算子, 则对任意的 $a, b \in [0,1]$, 有

$$S(a,b)^c = T(a^c, b^c) \Longleftrightarrow T(a,b)^c = S(a^c, b^c).$$

证明 若对任意的 $a, b \in [0,1]$, 有 $S(a,b)^c = T(a^c, b^c)$, 则

$$S(a^c, b^c)^c = T((a^c)^c, (b^c)^c) = T(a,b),$$

即

$$T(a,b)^{\mathrm{c}} = S(a^{\mathrm{c}},b^{\mathrm{c}}).$$

同理, 若 $T(a,b)^{\mathrm{c}} = S(a^{\mathrm{c}},b^{\mathrm{c}})$, 则

$$S(a,b)^{\mathrm{c}} = T(a^{\mathrm{c}},b^{\mathrm{c}}). \qquad \blacksquare$$

推论 1.5.2 若 T 为 t 模, S 为 s 模, 则 T 与 S 为对偶模当且仅当

$$T(a,b)^{\mathrm{c}} = S(a^{\mathrm{c}},b^{\mathrm{c}}).$$

我们可以证明, Zadeh 算子 $(\bigvee, \bigwedge)$, 概率和与实数乘法 $(\hat{+}, \cdot)$, 有界和与有界积算子 $(\oplus, \odot)$, Einstein 算子 $(\hat{\varepsilon}, \dot{\varepsilon})$, Hamacher 算子 $(\hat{\gamma}, \dot{\gamma})$, 以及 $(\hat{\infty}, \dot{\infty})$ 都是对偶模.

1.5.3 模并与模交运算

我们利用 t 模与 s 模来定义模糊集合间的模并与模交运算.

定义 1.5.6 设 T 为 t 模, S 为 s 模, 且 T 与 S 为对偶模. 若 $A, B \in \mathcal{F}(X)$,

(1) 称模糊集合 $\underset{\sim}{A} \bigcup_S \underset{\sim}{B}$ 为 $\underset{\sim}{A}$ 与 $\underset{\sim}{B}$ 的**模并**, 其隶属函数为

$$(\underset{\sim}{A} \bigcup_S \underset{\sim}{B})(x) = S(\underset{\sim}{A}(x), \underset{\sim}{B}(x)), \quad x \in X;$$

(2) 称模糊集合 $\underset{\sim}{A} \bigcap_T \underset{\sim}{B}$ 为 $\underset{\sim}{A}$ 与 $\underset{\sim}{B}$ 的**模交**, 其隶属函数为

$$(\underset{\sim}{A} \bigcap_T \underset{\sim}{B})(x) = T(\underset{\sim}{A}(x), \underset{\sim}{B}(x)), \quad x \in X.$$

模糊集合间的模并、模交运算可以推广到任意多个模糊集合的情形, 此处从略. 模并与模交运算具有下述性质.

定理 1.5.4 设 $A, B, C \in \mathcal{F}(X)$, 则

(1) **交换律** $\underset{\sim}{A} \bigcup_S \underset{\sim}{B} = \underset{\sim}{B} \bigcup_S \underset{\sim}{A}, \underset{\sim}{A} \bigcap_T \underset{\sim}{B} = \underset{\sim}{B} \bigcap_T \underset{\sim}{A}$,

(2) **结合律** $(\underset{\sim}{A} \bigcup_S \underset{\sim}{B}) \bigcup_S \underset{\sim}{C} = \underset{\sim}{A} \bigcup_S (\underset{\sim}{B} \bigcup_S \underset{\sim}{C}), (\underset{\sim}{A} \bigcap_T \underset{\sim}{B}) \bigcap_T \underset{\sim}{C} = \underset{\sim}{A} \bigcap_T (\underset{\sim}{B} \bigcap_T \underset{\sim}{C})$,

(3) **对偶律** $(\underset{\sim}{A} \bigcup_S \underset{\sim}{B})^{\mathrm{c}} = \underset{\sim}{A}^{\mathrm{c}} \bigcap_T \underset{\sim}{B}^{\mathrm{c}}, (\underset{\sim}{A} \bigcap_T \underset{\sim}{B})^{\mathrm{c}} = \underset{\sim}{A}^{\mathrm{c}} \bigcup_S \underset{\sim}{B}^{\mathrm{c}}$,

(4) **两极律** $\underset{\sim}{A} \bigcup_S X = X, \underset{\sim}{A} \bigcap_T X = \underset{\sim}{A}, \underset{\sim}{A} \bigcup_S \varnothing = \underset{\sim}{A}, \underset{\sim}{A} \bigcap_T \varnothing = \varnothing$,

(5) 若 $A_1 \subseteq A_2, B_1 \subseteq B_2$, 则 $A_1 \cup_S A_2 \subseteq B_1 \cup_S B_2, A_1 \cap_T A_2 \subseteq B_1 \cap_T B_2$.

证明 由 t 模与 s 模的定义及性质可得. $\qquad \blacksquare$

若 $a, b \in \{0,1\}$, 则概率和与实数乘法 $(\hat{+}, \cdot)$、有界和与有界积算子 $(\oplus, \odot)$、Einstein 算子 $(\hat{\varepsilon}, \dot{\varepsilon})$、Hamacher 算子 $(\hat{\gamma}, \dot{\gamma})$, 以及 $(\hat{\infty}, \dot{\infty})$ 都化为 Zadeh 算子 $(\bigvee, \bigwedge)$, 即当 $A, B \in \mathcal{P}(X)$ 时, 由上述几对算子定义的模并、模交运算 $(\bigcup_S, \bigcap_T)$ 都化

为分明集合间的并、交运算 ($\bigcup, \bigcap$), 这也进一步说明了它们都有其合理性. 若 $a, b \in [0, 1]$, 则除算子 ($\bigvee, \bigwedge$) 外, 上述几对算子都不满足幂等律, 相应的代数系统 $(\mathcal{F}(X), \bigcup_S, \bigcap_T)$ 都不是格.

1.6 模糊性的度量

本节将介绍刻画模糊算子和模糊集合的模糊程度的度量指标.

1.6.1 模糊算子的清晰域

定义 1.6.1 设 $*$ 是一个模糊算子, 称集合

$$\sigma(*) = \{(a, b) \in [0, 1]^2 | a * b = 0 \text{ 或 } 1\}$$

为算子 $*$ 的**清晰域**.

从上述定义可以知道, 清晰域内的点, 对应的运算结果是 0 或 1. 模糊算子的清晰域是刻画一个模糊算子模糊程度的一种度量, 清晰域越小, 对应的算子就越模糊.

例 1.6.1 求算子 $\oplus$ 与 $\odot$ 的清晰域.

解
$$\begin{aligned}
\sigma(\oplus) &= \{(a, b) \in [0, 1]^2 | a \oplus b = 0 \text{ 或 } 1\} \\
&= \{(a, b) \in [0, 1]^2 | (a + b) \bigwedge 1 = 0 \text{ 或 } 1\} \\
&= \{(a, b) \in [0, 1]^2 | a + b \geqslant 1\} \bigcup \{(0, 0)\}.
\end{aligned}$$

$$\begin{aligned}
\sigma(\odot) &= \{(a, b) \in [0, 1]^2 | a \odot b = 0 \text{ 或 } 1\} \\
&= \{(a, b) \in [0, 1]^2 | (a + b - 1) \bigvee 0 = 0 \text{ 或 } 1\} \\
&= \{(a, b) \in [0, 1]^2 | a + b \leqslant 1\} \bigcup \{(1, 1)\}.
\end{aligned}$$

例1.6.1 中算子 $\oplus$ 与 $\odot$ 的清晰域参见图 1.6.1.

1.6.2 模糊集合的模糊度

下面我们来讨论如何定量地刻画一个模糊集合的模糊程度.

设 $\underset{\sim}{A} \in \mathcal{F}(X)$, 以 $d(\underset{\sim}{A})$ 表示模糊集合 $\underset{\sim}{A}$ 的模糊程度, 则 $d(\underset{\sim}{A})$ 应当满足下列条件:

(1) 分明集合的模糊程度为 0, 即若 $\underset{\sim}{A} \in \mathcal{P}(X)$, 则 $d(\underset{\sim}{A}) = 0$.

(2) 若 $\underset{\sim}{A}(x)$ 的值都比较接近 0 或 1, 则 $\underset{\sim}{A}$ 的模糊程度就比较小; 若 $\underset{\sim}{A}(x)$ 的值都在 0.5 附近, 则 $\underset{\sim}{A}$ 的模糊程度就比较大.

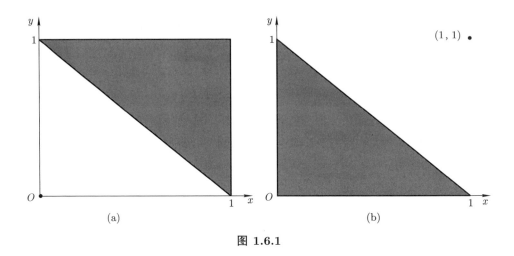

图 1.6.1

(3) 若对任意的 $x \in X$, 有 $\underset{\sim}{A}(x) \equiv 0.5$, 则 $\underset{\sim}{A}^c(x) = 1 - \underset{\sim}{A}(x) \equiv 0.5$, 此时 $\underset{\sim}{A}$ 的模糊程度最大, $d(\underset{\sim}{A}) = 1$.

(4) 对任意的 $x \in X$, 有 $|\underset{\sim}{A}(x) - 0.5| = |\underset{\sim}{A}^c(x) - 0.5|$, 因此, $\underset{\sim}{A}$ 与 $\underset{\sim}{A}^c$ 的模糊程度相同.

由此, 我们引出模糊度函数公理化的定义.

定义 1.6.2 设映射 $d : \mathcal{F}(X) \longrightarrow [0,1]$, 若 d 满足下列条件:

(1) $d(\underset{\sim}{A}) = 0$ 当且仅当 $\underset{\sim}{A} \in \mathcal{P}(X)$,

(2) $d(\underset{\sim}{A}) = 1$ 当且仅当对任意的 $x \in X, \underset{\sim}{A}(x) \equiv 0.5$,

(3) 若对任意的 $x \in X$, 有 $\underset{\sim}{A}(x) \leqslant \underset{\sim}{B}(x) \leqslant 0.5$, 则 $d(\underset{\sim}{A}) \leqslant d(\underset{\sim}{B})$,

(4) $d(\underset{\sim}{A}) = d(\underset{\sim}{A}^c)$,

则称 d 为定义在 $\mathcal{F}(X)$ 上的**模糊度函数**, $d(\underset{\sim}{A})$ 为模糊集合 $\underset{\sim}{A}$ 的**模糊度**.

设 d 为定义在 $\mathcal{F}(X)$ 上的模糊度函数, 若对任意的 $x \in X$, 有 $\underset{\sim}{A}(x) \geqslant \underset{\sim}{B}(x) \geqslant 0.5$, 则

$$1 - \underset{\sim}{A}(x) \leqslant 1 - \underset{\sim}{B}(x) \leqslant 1 - 0.5,$$

即

$$\underset{\sim}{A}^c(x) \leqslant \underset{\sim}{B}^c(x) \leqslant 0.5,$$

于是

$$d(\underset{\sim}{A}^c) \leqslant d(\underset{\sim}{B}^c).$$

而

$$d(\underset{\sim}{A}) = d(\underset{\sim}{A}^c), \quad d(\underset{\sim}{B}) = d(\underset{\sim}{B}^c),$$

于是

$$d(\underset{\sim}{A}) \leqslant d(\underset{\sim}{B}).$$

定理 1.6.1 设 $X = \{x_1, x_2, \cdots, x_n\}$, 映射

$$d : \mathcal{F}(X) \longrightarrow [0,1],$$

$$\underset{\sim}{A} \longmapsto d(\underset{\sim}{A}) = g\left(\sum_{i=1}^{n} c_i f_i(\underset{\sim}{A}(x_i))\right),$$

其中 c_i 为正实数, $f_i : [0,1] \longrightarrow [0,+\infty), i = 1,2,\cdots,n$, 满足

(1) $f_i(0) = 0$,

(2) $f_i(t)$ 在 $[0,0.5]$ 上严格递增,

(3) $f_i(t) = f_i(1-t), t \in [0,1]$.

记 $a = \sum_{i=1}^{n} c_i f_i(0.5)$, 函数 $g : [0,a] \longrightarrow [0,1]$ 严格递增, $g(0) = 0, g(a) = 1$, 则 d 为定义在 $\mathcal{F}(X)$ 上的模糊度函数.

证明 (1) 若 $\underset{\sim}{A} \in \mathcal{P}(X)$, 则对任意的 $i \in \{1,2,\cdots,n\}$, 有 $\underset{\sim}{A}(x_i) = 0$ 或 1. 由已知条件, 对任意的 $i \in \{1,2,\cdots,n\}$, 有 $f_i(1) = f_i(0) = 0$, 故

$$d(\underset{\sim}{A}) = g\left(\sum_{i=1}^{n} c_i f_i(\underset{\sim}{A}(x_i))\right) = g(0) = 0.$$

若 $\underset{\sim}{A} \in \mathcal{F}(X), d(\underset{\sim}{A}) = g\left(\sum_{i=1}^{n} c_i f_i(\underset{\sim}{A}(x_i))\right) = 0$, 则 $\sum_{i=1}^{n} c_i f_i(\underset{\sim}{A}(x_i)) = 0$, 故对任意的 $i \in \{1,2,\cdots,n\}$, 有 $f_i(\underset{\sim}{A}(x_i)) = 0$, 则 $\underset{\sim}{A}(x_i) = 0$ 或 1, 即 $\underset{\sim}{A} \in \mathcal{P}(X)$.

(2) 设 $\underset{\sim}{A} \in \mathcal{F}(X)$, 且对任意的 $x_i \in X$, 有 $\underset{\sim}{A}(x_i) \equiv 0.5$, 则

$$d(\underset{\sim}{A}) = g\left(\sum_{i=1}^{n} c_i f_i(0.5)\right) = g(a) = 1.$$

反之, 若 $\underset{\sim}{A} \in \mathcal{F}(X), d(\underset{\sim}{A}) = g\left(\sum_{i=1}^{n} c_i f_i(\underset{\sim}{A}(x_i))\right) = 1$, 则 $\sum_{i=1}^{n} c_i f_i(\underset{\sim}{A}(x_i)) = a$, 而 $a = \sum_{i=1}^{n} c_i f_i(0.5)$, 于是

$$\sum_{i=1}^{n} c_i(f_i(0.5) - f_i(\underset{\sim}{A}(x_i))) = 0.$$

故对任意的 $i \in \{1, 2, \cdots, n\}$, 有 $\underset{\sim}{A}(x_i) = 0.5$.

(3) 若对任意的 $i \in \{1, 2, \cdots, n\}$, 有 $\underset{\sim}{A}(x_i) \leqslant \underset{\sim}{B}(x_i) \leqslant 0.5$, 则

$$f_i(\underset{\sim}{A}(x_i)) \leqslant f_i(\underset{\sim}{B}(x_i)) \leqslant f_i(0.5).$$

而 $c_i > 0$, 故

$$\sum_{i=1}^{n} c_i f_i(\underset{\sim}{A}(x_i)) \leqslant \sum_{i=1}^{n} c_i f_i(\underset{\sim}{B}(x_i)) \leqslant \sum_{i=1}^{n} c_i f_i(0.5) = a.$$

因此

$$g\left(\sum_{i=1}^{n} c_i f_i(\underset{\sim}{A}(x_i))\right) \leqslant g\left(\sum_{i=1}^{n} c_i f_i(\underset{\sim}{B}(x_i))\right) \leqslant g(a) = 1,$$

即

$$d(\underset{\sim}{A}) \leqslant d(\underset{\sim}{B}).$$

(4)
$$\begin{aligned}
d(\underset{\sim}{A}^{\mathrm{c}}) &= g\left(\sum_{i=1}^{n} c_i f_i(\underset{\sim}{A}^{\mathrm{c}}(x_i))\right) \\
&= g\left(\sum_{i=1}^{n} c_i f_i(1 - \underset{\sim}{A}(x_i))\right) \\
&= g\left(\sum_{i=1}^{n} c_i f_i(\underset{\sim}{A}(x_i))\right) \\
&= d(\underset{\sim}{A}).
\end{aligned}$$

综上所述, d 为定义在 $\mathcal{F}(X)$ 上的模糊度函数. ■

例 1.6.2　设 $X = \{x_1, x_2, \cdots, x_n\}, \underset{\sim}{A} \in \mathcal{F}(X)$, 令

$$A_{0.5}(x_i) = \begin{cases} 0, & \underset{\sim}{A}(x_i) < 0.5, \\ 1, & \underset{\sim}{A}(x_i) \geqslant 0.5, \end{cases}$$

定义

$$d_p(\underset{\sim}{A}) = \frac{2}{n^{\frac{1}{p}}} \left(\sum_{i=1}^{n} \left|\underset{\sim}{A}(x_i) - A_{0.5}(x_i)\right|^p\right)^{\frac{1}{p}},$$

其中 $p > 0$, 则 $d_p(\underset{\sim}{A})$ 是 $\underset{\sim}{A}$ 的模糊度.

证明 对任意的 $i \in \{1, 2, \cdots, n\}$, 令

$$f_i(t) = \begin{cases} t^p, & 0 \leqslant t \leqslant 0.5, \\ (1-t)^p, & 0.5 < t \leqslant 1, \end{cases}$$

则 $f_i(0) = 0, f_i(t)$ 在 $[0,0.5]$ 上严格递增, 且 $f_i(1-t) = f_i(t), t \in [0,1]$. 又 $f_i(0.5) = \dfrac{1}{2^p}$,
取 $c_i = 1$, 有

$$a = \sum_{i=1}^{n} c_i f_i(0.5) = \frac{n}{2^p}.$$

令 $g(x) = 2\left(\dfrac{x}{n}\right)^{\frac{1}{p}}$, 则 $g(x)$ 严格递增, 且 $g(0) = 0, g(a) = 1$.

对任意的 $i \in \{1, 2, \cdots, n\}$, $c_i, f_i(t), g(x)$ 满足定理 1.6.1 的条件, 故 d_p 是 $\mathcal{F}(X)$
上的模糊度函数, 且

$$d_p(\underset{\sim}{A}) = g\left(\sum_{i=1}^{n} c_i f_i(\underset{\sim}{A}(x_i))\right) = 2\left(\frac{1}{n}\sum_{i=1}^{n} f_i(\underset{\sim}{A}(x_i))\right)^{\frac{1}{p}}$$

是模糊集合 $\underset{\sim}{A}$ 的模糊度.

因为

$$f_i(\underset{\sim}{A}(x_i)) = \begin{cases} \underset{\sim}{A}(x_i)^p, & \underset{\sim}{A}(x_i) \leqslant 0.5, \\ (1 - \underset{\sim}{A}(x_i))^p, & \underset{\sim}{A}(x_i) > 0.5, \end{cases}$$

所以

$$d_p(\underset{\sim}{A}) = \frac{2}{n^{\frac{1}{p}}}\left(\sum_{i=1}^{n}\left|\underset{\sim}{A}(x_i) - A_{0.5}(x_i)\right|^p\right)^{\frac{1}{p}}. \qquad \blacksquare$$

我们称 $d_p(\underset{\sim}{A}) = \dfrac{2}{n^{\frac{1}{p}}}\left(\sum\limits_{i=1}^{n}\left|\underset{\sim}{A}(x_i) - A_{0.5}(x_i)\right|^p\right)^{\frac{1}{p}}$ 为 $\underset{\sim}{A}$ 的 **Minkowski 模糊度**.
特别地, 当 $p = 1$ 时, 称 $d_1(\underset{\sim}{A})$ 为 $\underset{\sim}{A}$ 的 **Hamming 模糊度**, 即

$$d_1(\underset{\sim}{A}) = \frac{2}{n}\sum_{i=1}^{n}\left|\underset{\sim}{A}(x_i) - A_{0.5}(x_i)\right|;$$

当 $p = 2$ 时, 称 $d_2(\underset{\sim}{A})$ 为 $\underset{\sim}{A}$ 的 **Euclid 模糊度**, 即

$$d_2(\underset{\sim}{A}) = \frac{2}{n^{\frac{1}{2}}}\left(\sum_{i=1}^{n}\left|\underset{\sim}{A}(x_i) - A_{0.5}(x_i)\right|^2\right)^{\frac{1}{2}}.$$

例 1.6.3 设 $X = \{x_1, x_2, x_3, x_4\}$, $\underset{\sim}{A}, \underset{\sim}{B} \in \mathcal{F}(X)$,

$$\underset{\sim}{A} = \frac{0.2}{x_2} + \frac{0.2}{x_3}, \quad \underset{\sim}{B} = \frac{0.9}{x_1} + \frac{0.9}{x_2} + \frac{0.1}{x_3} + \frac{0.1}{x_4}.$$

分别计算 $\underset{\sim}{A}, \underset{\sim}{B}$ 的 Hamming 模糊度与 Euclid 模糊度.

解 $\qquad A_{0.5} = \dfrac{0}{x_1} + \dfrac{0}{x_2} + \dfrac{0}{x_3} + \dfrac{0}{x_4}, \quad B_{0.5} = \dfrac{1}{x_1} + \dfrac{1}{x_2} + \dfrac{0}{x_3} + \dfrac{0}{x_4}.$

$$d_1(\underset{\sim}{A}) = \frac{2}{4}\big(|0-0| + |0.2-0| + |0.2-0| + |0-0|\big) = 0.2,$$

$$d_2(\underset{\sim}{A}) = \frac{2}{\sqrt{4}}\big(|0-0|^2 + |0.2-0|^2 + |0.2-0|^2 + |0-0|^2\big)^{\frac{1}{2}}$$

$$= \sqrt{0.08} \approx 0.2828,$$

$$d_1(\underset{\sim}{B}) = \frac{2}{4}\big(|0.9-1| + |0.9-1| + |0.1-0| + |0.1-0|\big) = 0.2,$$

$$d_2(\underset{\sim}{B}) = \frac{2}{\sqrt{4}}\big(|0.9-1|^2 + |0.9-1|^2 + |0.1-0|^2 + |0.1-0|^2\big)^{\frac{1}{2}}$$

$$= \sqrt{0.04} = 0.2. \qquad\blacksquare$$

上例中, $d_1(\underset{\sim}{A}) = d_1(\underset{\sim}{B})$, $d_2(\underset{\sim}{A}) > d_2(\underset{\sim}{B})$.

例 1.6.4 设 $X = \{x_1, x_2, \cdots, x_n\}$, $\underset{\sim}{A} \in \mathcal{F}(X)$, 令

$$H(\underset{\sim}{A}) = \frac{1}{n\ln 2} \sum_{i=1}^{n} S(\underset{\sim}{A}(u_i)),$$

其中

$$S(x) = \begin{cases} -x\ln x - (1-x)\ln(1-x), & x \in (0,1), \\ 0, & x = 0 \text{ 或 } 1. \end{cases}$$

则 $H(\underset{\sim}{A})$ 是 $\underset{\sim}{A}$ 的模糊度, 称之为 $\underset{\sim}{A}$ 的**模糊熵**.

证明 对任意的 $i \in \{1, 2, \cdots, n\}$, 令 $c_i = 1, f_i(t) = S(t), t \in [0, 1], g(x) = \dfrac{x}{n\ln 2}$, 并注意当 $x \in \left(0, \dfrac{1}{2}\right)$ 时,

$$S'(x) = \ln \frac{1-x}{x} > 0,$$

由定理 1.6.1 即得 $H(\underset{\sim}{A})$ 是 $\underset{\sim}{A}$ 的模糊度. $\qquad\blacksquare$

习　题　一

1. 设论域为整数集 **Z**, $\underset{\sim}{A}, \underset{\sim}{B} \in \mathcal{F}(\mathbf{Z})$, $\underset{\sim}{A}$ 表示 "接近 5 的数", $\underset{\sim}{B}$ 表示 "绝对值小的数". 试写出你认为合理的 $\underset{\sim}{A}$ 与 $\underset{\sim}{B}$ 的隶属函数.

2. 设论域为实数集 **R**, $\underset{\sim}{A}, \underset{\sim}{B} \in \mathcal{F}(\mathbf{R})$, $\underset{\sim}{A}$ 表示 "比 10 大得多的数", $\underset{\sim}{B}$ 表示 "远远小于 10 的数". 试写出你认为合理的 $\underset{\sim}{A}$ 与 $\underset{\sim}{B}$ 的隶属函数.

3. 设论域 $X = \{1, 2, 3, 4, 5, 6, 7, 8, 9, 10\}$, $\underset{\sim}{A}, \underset{\sim}{B} \in \mathcal{F}(X)$,

$$\underset{\sim}{A} = \frac{0.4}{1} + \frac{0.6}{2} + \frac{0.8}{3} + \frac{1}{4} + \frac{0.8}{5} + \frac{0.6}{6} + \frac{0.4}{7} + \frac{0.2}{8},$$

$$\underset{\sim}{B} = \frac{0.2}{1} + \frac{0.4}{2} + \frac{0.6}{3} + \frac{0.8}{4} + \frac{1}{5} + \frac{0.8}{6} + \frac{0.6}{7} + \frac{0.4}{8} + \frac{0.2}{9}.$$

计算 $\underset{\sim}{A} \bigcup \underset{\sim}{B}$, $\underset{\sim}{A} \bigcap \underset{\sim}{B}$, $\underset{\sim}{A}^{\mathrm{c}} \bigcup \underset{\sim}{B}^{\mathrm{c}}$, $\underset{\sim}{A}^{\mathrm{c}} \bigcap \underset{\sim}{B}^{\mathrm{c}}$.

4. 设 $(L, \leqslant)$ 是完全格, $A, B \subseteq L$. 证明:

$$\bigwedge(A \bigcup B) = \left(\bigwedge A\right) \bigwedge \left(\bigwedge B\right).$$

5. 设 $(L, \leqslant)$ 是完全格, I 是任意指标集, $i \in I, A_i \subseteq L$. 证明:

(1) $\bigvee \left(\bigcup_{i \in I} A_i\right) = \bigvee \{\bigvee A_i | i \in I\}$,

(2) $\bigwedge \left(\bigcup_{i \in I} A_i\right) = \bigwedge \{\bigwedge A_i | i \in I\}$.

6. 设 $(L, \leqslant)$ 是完全格.

(1) 设 I 是任意指标集, $i \in I, a_i, b_i \in L, a_i \leqslant b_i$. 证明:

$$\bigvee_{i \in I} a_i \leqslant \bigvee_{i \in I} b_i, \quad \bigwedge_{i \in I} a_i \leqslant \bigwedge_{i \in I} b_i.$$

(2) 设 I, J 是任意指标集, $i \in I, j \in J, a_{ij} \in L$. 证明:

$$\bigvee_{j \in J} \left(\bigvee_{i \in I} a_{ij}\right) = \bigvee_{i \in I} \left(\bigvee_{j \in J} a_{ij}\right), \quad \bigwedge_{j \in J} \left(\bigwedge_{i \in I} a_{ij}\right) = \bigwedge_{i \in I} \left(\bigwedge_{j \in J} a_{ij}\right).$$

(3) 设 $a \in L, I$ 是任意指标集, $i \in I, b_i \in L$. 证明:

$$a \bigvee \left(\bigvee_{i \in I} b_i\right) = \bigvee_{i \in I} (a \bigvee b_i), \quad a \bigwedge \left(\bigwedge_{i \in I} b_i\right) = \bigwedge_{i \in I} (a \bigwedge b_i).$$

7. 证明:

(1) 设 T 为 t 模, 则存在 s 模 S, 使得 T 与 S 为对偶模;

(2) 设 S 为 s 模, 则存在 t 模 T, 使得 S 与 T 为对偶模.

8. 设映射 $*: [0, 1] \times [0, 1] \longrightarrow [0, 1]$, $a * b = \dfrac{ab}{2 - a - b + ab}$, 证明 $*$ 为 t 模, 并求出与之对偶的 s 模.

9. 设映射 $*: [0, 1] \times [0, 1] \longrightarrow [0, 1]$, $a * b = \dfrac{a + b}{1 + ab}$, 证明 $*$ 为 s 模, 并求出与之对偶的 t 模.

10. 设 T 为 t 模, S 为 s 模, 证明:

$$\hat{\infty} \leqslant T \leqslant \bigwedge \leqslant \bigvee \leqslant S \leqslant \check{\infty}.$$

11. 求算子 $\bigvee$ 与 $\bigwedge$ 的清晰域.

12. 求算子 $\overset{+}{\varepsilon}$ 与 $\dot{\varepsilon}$ 的清晰域.

13. 设 $X = \{x_1, x_2, x_3, x_4, x_5, x_6\}$, $\underset{\sim}{A}, \underset{\sim}{B} \in \mathcal{F}(X)$,

$$\underset{\sim}{A} = \frac{0.2}{x_1} + \frac{0.2}{x_3} + \frac{0.1}{x_4} + \frac{1}{x_5} + \frac{1}{x_6}, \quad \underset{\sim}{B} = \frac{0.2}{x_1} + \frac{0.3}{x_2} + \frac{0.6}{x_3} + \frac{0.6}{x_4} + \frac{0.4}{x_5} + \frac{0.1}{x_6}.$$

分别计算 $\underset{\sim}{A}, \underset{\sim}{B}$ 的 Hamming 模糊度与 Euclid 模糊度.

第二章　分解定理、表现定理与扩展原理

本章将要介绍模糊理论的三个基本原理 —— 分解定理、表现定理与扩展原理,它们是模糊集合论与经典集合论之间的桥梁.

2.1　截集与分解定理

我们首先引入截集与强截集的概念.

2.1.1　截集与强截集

定义 2.1.1　设 $\underset{\sim}{A} \in \mathcal{F}(X), \lambda \in [0,1]$. 称

$$A_\lambda = \{x \in X | \underset{\sim}{A}(x) \geqslant \lambda\}$$

为 $\underset{\sim}{A}$ 的 λ **截集**, 或 $\underset{\sim}{A}$ 的 λ **水平集**; 称

$$A_{\underset{\bullet}{\lambda}} = \{x \in X | \underset{\sim}{A}(x) > \lambda\}$$

为 $\underset{\sim}{A}$ 的 λ **强截集**, 或 $\underset{\sim}{A}$ 的 λ **强水平集**, 其中 λ 称为**阈值**或**水平**.

由定义可知, 对任意的 $\lambda \in [0,1]$, $\underset{\sim}{A}$ 的 λ 截集与 λ 强截集都是分明集合. 对给定的水平 $\lambda \in [0,1]$, 若 $x \in A_\lambda$, 则 $\underset{\sim}{A}(x) \geqslant \lambda$, 表示在 λ 水平上, x 属于模糊集合 $\underset{\sim}{A}$; 若 $x \notin A_\lambda$, 则 $\underset{\sim}{A}(x) < \lambda$, 表示在 λ 水平上, x 不属于模糊集合 $\underset{\sim}{A}$.

由定义 2.1.1 易知, 对任意的 $A \in \mathcal{F}(X), \lambda \in [0,1]$, 有 $A_{\underset{\bullet}{\lambda}} \subseteq A_\lambda$.

性质 2.1.1　设 $\underset{\sim}{A}, \underset{\sim}{B} \in \mathcal{F}(X), \lambda \in [0,1]$. 若 $\underset{\sim}{A} \subseteq \underset{\sim}{B}$, 则

$$A_\lambda \subseteq B_\lambda, \quad A_{\underset{\bullet}{\lambda}} \subseteq B_{\underset{\bullet}{\lambda}}.$$

性质 2.1.2　设 $A, B \in \mathcal{F}(X), \lambda \in [0,1]$, 则
(1) $(\underset{\sim}{A} \bigcup \underset{\sim}{B})_\lambda = \underset{\sim}{A}_\lambda \bigcup B_\lambda$,
(2) $(\underset{\sim}{A} \bigcap \underset{\sim}{B})_\lambda = A_\lambda \bigcap B_\lambda$,
(3) $(\underset{\sim}{A} \bigcup \underset{\sim}{B})_{\underset{\bullet}{\lambda}} = A_{\underset{\bullet}{\lambda}} \bigcup B_{\underset{\bullet}{\lambda}}$,
(4) $(\underset{\sim}{A} \bigcap \underset{\sim}{B})_{\underset{\bullet}{\lambda}} = A_{\underset{\bullet}{\lambda}} \bigcap B_{\underset{\bullet}{\lambda}}$.
证明留作习题.

推论 2.1.1　设 $A_1, A_2, \cdots, A_n \in \mathcal{F}(X), \lambda \in [0,1]$, 则

(1) $(\bigcup_{i=1}^{n} \underset{\sim}{A_i})_\lambda = \bigcup_{i=1}^{n} (\underset{\sim}{A_i})_\lambda,$

(2) $(\bigcap_{i=1}^{n} \underset{\sim}{A_i})_\lambda = \bigcap_{i=1}^{n} (\underset{\sim}{A_i})_\lambda,$

(3) $(\bigcup_{i=1}^{n} \underset{\sim}{A_i})_{\overset{\lambda}{\cdot}} = \bigcup_{i=1}^{n} (\underset{\sim}{A_i})_{\overset{\lambda}{\cdot}},$

(4) $(\bigcap_{i=1}^{n} \underset{\sim}{A_i})_{\overset{\lambda}{\cdot}} = \bigcap_{i=1}^{n} (\underset{\sim}{A_i})_{\overset{\lambda}{\cdot}}.$

一般地, 有如下结论.

性质 2.1.3　设 I 为任意指标集, $i \in I, \underset{\sim}{A_i} \in \mathcal{F}(X), \lambda \in [0,1]$, 则

(1) $(\bigcap_{i \in I} A_i)_\lambda = \bigcap_{i \in I} (\underset{\sim}{A_i})_\lambda,$

(2) $(\bigcup_{i \in I} \underset{\sim}{A_i})_{\overset{\lambda}{\cdot}} = \bigcup_{i \in I} (\underset{\sim}{A_i})_{\overset{\lambda}{\cdot}}.$

证明　仅证 (2) 式. 一方面, 若 $x \in (\bigcup_{i \in I} \underset{\sim}{A_i})_{\overset{\lambda}{\cdot}}$, 则 $(\bigcup_{i \in I} \underset{\sim}{A_i})(x) > \lambda$, 即 $\bigvee_{i \in I} \underset{\sim}{A_i}(x) > \lambda$, 故存在 $i_0 \in I, \underset{\sim}{A_{i_0}}(x) > \lambda$, 也就是 $x \in (\underset{\sim}{A_{i_0}})_{\overset{\lambda}{\cdot}}$, 因此 $x \in \bigcup_{i \in I} (\underset{\sim}{A_i})_{\overset{\lambda}{\cdot}}$, 于是

$$(\bigcup_{i \in I} \underset{\sim}{A_i})_{\overset{\lambda}{\cdot}} \subseteq \bigcup_{i \in I} (\underset{\sim}{A_i})_{\overset{\lambda}{\cdot}}.$$

另一方面, 对任意的 $i \in I$, 有 $\underset{\sim}{A_i} \subseteq \bigcup_{j \in I} \underset{\sim}{A_j}$, 故 $(\underset{\sim}{A_i})_{\overset{\lambda}{\cdot}} \subseteq (\bigcup_{j \in I} \underset{\sim}{A_j})_{\overset{\lambda}{\cdot}}$, 于是

$$\bigcup_{i \in I} (\underset{\sim}{A_i})_{\overset{\lambda}{\cdot}} \subseteq (\bigcup_{j \in I} \underset{\sim}{A_j})_{\overset{\lambda}{\cdot}}.$$

从而

$$(\bigcup_{i \in I} \underset{\sim}{A_i})_{\overset{\lambda}{\cdot}} = \bigcup_{i \in I} (\underset{\sim}{A_i})_{\overset{\lambda}{\cdot}}. \qquad \blacksquare$$

性质 2.1.4　设 $\underset{\sim}{A} \in \mathcal{F}(X), \lambda_1, \lambda_2 \in [0,1]$, 若 $\lambda_1 < \lambda_2$, 则

$$A_{\lambda_2} \subseteq A_{\lambda_2} \subseteq A_{\overset{}{\underset{\cdot}{\lambda_1}}} \subseteq A_{\lambda_1}.$$

证明　由截集、强截集的定义可得. $\qquad \blacksquare$

性质 2.1.5　设 $\underset{\sim}{A} \in \mathcal{F}(X), I$ 为任意指标集, $i \in I, \lambda_i \in [0,1]$, 且 $\alpha = \bigvee_{i \in I} \lambda_i, \beta = \bigwedge_{i \in I} \lambda_i$, 则

(1) $A_\alpha = \bigcap_{i \in I} A_{\lambda_i},$

(2) $A_{\overset{}{\underset{\cdot}{\beta}}} = \bigcup_{i \in I} A_{\overset{}{\underset{\cdot}{\lambda_i}}}.$

证明　仅证 (1) 式.

$$
\begin{aligned}
x \in A_\alpha &\iff \underset{\sim}{A}(x) \geqslant \alpha = \bigvee_{i \in I} \lambda_i \\
&\iff \forall i \in I, \underset{\sim}{A}(x) \geqslant \lambda_i \\
&\iff \forall i \in I, x \in A_{\lambda_i} \\
&\iff x \in \bigcap_{i \in I} A_{\lambda_i}. \qquad \blacksquare
\end{aligned}
$$

推论 2.1.2 设 $\underset{\sim}{A} \in \mathcal{F}(X)$.

(1) 若 $\lambda \in (0,1]$, 则 $A_\lambda = \bigcap_{\alpha < \lambda} A_\alpha$,

(2) 若 $\lambda \in [0,1)$, 则 $\overset{\bullet}{A_\lambda} = \bigcup_{\alpha > \lambda} \overset{\bullet}{A_\alpha}$.

推论 2.1.3 设 $\underset{\sim}{A} \in \mathcal{F}(X), \lambda_n \in [0,1]$.

(1) 若 $\lambda \in (0,1], \lambda_1 < \lambda_2 < \cdots < \lambda_n < \cdots < \lambda$, 且 $\lim_{n\to\infty} \lambda_n = \lambda$, 则

$$A_\lambda = \bigcap_{n=1}^\infty A_{\lambda_n}.$$

(2) 若 $\lambda \in [0,1), \lambda < \cdots < \lambda_n < \cdots < \lambda_2 < \lambda_1$, 且 $\lim_{n\to\infty} \lambda_n = \lambda$, 则

$$\overset{\bullet}{A_\lambda} = \bigcup_{n=1}^\infty \overset{\bullet}{A_{\lambda_n}}.$$

下面的定理给出了截集与强截集之间的一种关系.

性质 2.1.6 设 $\underset{\sim}{A} \in \mathcal{F}(X), \lambda \in [0,1]$, 则

(1) $(\underset{\sim}{A^c})_\lambda = (\overset{\bullet}{A}_{1-\lambda})^c$,

(2) $(\underset{\sim}{A^c})_\lambda^{\bullet} = (A_{1-\lambda})^c$.

证明 (1) $\quad x \in (\underset{\sim}{A^c})_\lambda \iff (\underset{\sim}{A^c})(x) \geqslant \lambda \iff 1 - \underset{\sim}{A}(x) \geqslant \lambda$

$$\iff \underset{\sim}{A}(x) \leqslant 1 - \lambda \iff x \notin \overset{\bullet}{A}_{1-\lambda}$$

$$\iff x \in (\overset{\bullet}{A}_{1-\lambda})^c.$$

同理可证 (2) 式成立. ■

对任意的 $\underset{\sim}{A} \in \mathcal{F}(X)$, 都有 $A_0 = X, A_1 = \varnothing$, 因此, 我们不关注 A_0 与 $\overset{\bullet}{A_1}$, 而是关注 $\overset{\bullet}{A_0}$ 与 A_1, 因为它们能带给我们更多的信息.

定义 2.1.2 设 $\underset{\sim}{A} \in \mathcal{F}(X)$, 称 $\overset{\bullet}{A_0}$ 为 $\underset{\sim}{A}$ 的**支集**, 记为 $\text{Supp}\,\underset{\sim}{A}$, 即

$$\text{Supp}\,\underset{\sim}{A} = \overset{\bullet}{A_0} = \{x \in X | \underset{\sim}{A}(x) > 0\};$$

称 A_1 为 $\underset{\sim}{A}$ 的**核**, 记为 $\ker \underset{\sim}{A}$, 即

$$\ker \underset{\sim}{A} = A_1 = \{x \in X | \underset{\sim}{A}(x) = 1\}.$$

当 λ 的取值从 1 逐渐下降趋于 0 时, 相应的 A_λ (或 $\overset{\bullet}{A_\lambda}$) 逐渐扩展. 若 λ 遍历区间 $[0,1]$, 则可得到 X 中的两个分明集合族 $\{A_\lambda\}_{\lambda \in [0,1]}$ 与 $\{\overset{\bullet}{A_\lambda}\}_{\lambda \in [0,1]}$, 参见图 2.1.1.

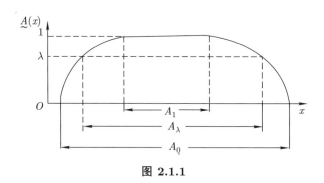

图 2.1.1

2.1.2 数积

定义 2.1.3 设 $\underset{\sim}{A} \in \mathcal{F}(X), \lambda \in [0,1]$, 称 $\lambda \underset{\sim}{A}$ 为数 λ 与模糊集合 $\underset{\sim}{A}$ 的**数积**或**数乘**, 其隶属函数为

$$(\lambda \underset{\sim}{A})(x) = \lambda \bigwedge \underset{\sim}{A}(x), \quad x \in X.$$

例如, 设论域 $X = \{x_1, x_2, \cdots, x_n\}, \underset{\sim}{A} \in \mathcal{F}(X), \lambda \in [0,1]$, 若

$$\underset{\sim}{A} = \frac{\underset{\sim}{A}(x_1)}{x_1} + \frac{\underset{\sim}{A}(x_2)}{x_2} + \cdots + \frac{\underset{\sim}{A}(x_n)}{x_n},$$

则

$$\lambda \underset{\sim}{A} = \frac{\lambda \bigwedge \underset{\sim}{A}(x_1)}{x_1} + \frac{\lambda \bigwedge \underset{\sim}{A}(x_2)}{x_2} + \cdots + \frac{\lambda \bigwedge \underset{\sim}{A}(x_n)}{x_n}.$$

又如, 若 $A \in \mathcal{P}(X), \lambda \in [0,1]$, 则

$$(\lambda A)(x) = \begin{cases} \lambda, & x \in A, \\ 0, & x \notin A. \end{cases}$$

数与模糊集合的数积运算具有以下性质.

性质 2.1.7 设 $\underset{\sim}{A} \in \mathcal{F}(X), \lambda_1, \lambda_2 \in [0,1]$, 若 $\lambda_1 < \lambda_2$, 则

$$\lambda_1 \underset{\sim}{A} \subseteq \lambda_2 \underset{\sim}{A}.$$

性质 2.1.8 设 $\underset{\sim}{A}, \underset{\sim}{B} \in \mathcal{F}(X), \lambda \in [0,1]$, 若 $\underset{\sim}{A} \subseteq \underset{\sim}{B}$, 则

$$\lambda \underset{\sim}{A} \subseteq \lambda \underset{\sim}{B}.$$

2.1.3 分解定理

分解定理是模糊理论的基本原理之一, 它反映了模糊集合与分明集合之间的一种相互转化关系, 即对任意的 $\lambda \in [0,1]$, 可将模糊集合 $\underset{\sim}{A}$ "切片" 分解得到分明集合 A_λ; 而将所有的 $\lambda A_\lambda (\lambda \in [0,1])$ "拼粘" 在一起, 又可得到模糊集合 $\underset{\sim}{A}$.

我们先来看一个例子.

例 2.1.1 设 $X = \{a,b,c,d\}, \underset{\sim}{A} \in \mathcal{F}(X)$,

$$\underset{\sim}{A} = \frac{0.5}{a} + \frac{0.8}{b} + \frac{1}{c}.$$

则

$$A_\lambda = \begin{cases} \{a,b,c,d\}, & \lambda = 0, \\ \{a,b,c\}, & 0 < \lambda \leqslant 0.5, \\ \{b,c\}, & 0.5 < \lambda \leqslant 0.8, \\ \{c\}, & 0.8 < \lambda \leqslant 1. \end{cases}$$

先将截集 $A_\lambda (\lambda \in [0,1])$ 按照 Zadeh 记法写成模糊集合的形式.

当 $\lambda = 0$ 时,

$$A_\lambda = \{a,b,c,d\} = \frac{1}{a} + \frac{1}{b} + \frac{1}{c} + \frac{1}{d};$$

当 $0 < \lambda \leqslant 0.5$ 时,

$$A_\lambda = \{a,b,c\} = \frac{1}{a} + \frac{1}{b} + \frac{1}{c} + \frac{0}{d};$$

当 $0.5 < \lambda \leqslant 0.8$ 时,

$$A_\lambda = \{b,c\} = \frac{0}{a} + \frac{1}{b} + \frac{1}{c} + \frac{0}{d};$$

当 $0.8 < \lambda \leqslant 1$ 时,

$$A_\lambda = \{c\} = \frac{0}{a} + \frac{0}{b} + \frac{1}{c} + \frac{0}{d}.$$

再应用数与模糊集合的数积运算求出 λA_λ, 最后将这些 λA_λ "拼粘" 在一起, 即

$$\bigcup\nolimits_{\lambda\in[0,1]}\lambda A_\lambda$$

$$= \left(\bigcup\nolimits_{\lambda=0}\lambda\left(\frac{1}{a}+\frac{1}{b}+\frac{1}{c}+\frac{1}{d}\right)\right) \cup \left(\bigcup\nolimits_{0<\lambda\leqslant0.5}\lambda\left(\frac{1}{a}+\frac{1}{b}+\frac{1}{c}+\frac{0}{d}\right)\right)$$

$$\cup \left(\bigcup\nolimits_{0.5<\lambda\leqslant0.8}\lambda\left(\frac{0}{a}+\frac{1}{b}+\frac{1}{c}+\frac{0}{d}\right)\right) \cup \left(\bigcup\nolimits_{0.8<\lambda\leqslant1}\lambda\left(\frac{0}{a}+\frac{0}{b}+\frac{1}{c}+\frac{0}{d}\right)\right)$$

$$= \left(\bigcup\nolimits_{\lambda=0}\left(\frac{\lambda}{a}+\frac{\lambda}{b}+\frac{\lambda}{c}+\frac{\lambda}{d}\right)\right) \cup \left(\bigcup\nolimits_{0<\lambda\leqslant0.5}\left(\frac{\lambda}{a}+\frac{\lambda}{b}+\frac{\lambda}{c}+\frac{0}{d}\right)\right)$$

$$\cup \left(\bigcup\nolimits_{0.5<\lambda\leqslant0.8}\left(\frac{0}{a}+\frac{\lambda}{b}+\frac{\lambda}{c}+\frac{0}{d}\right)\right) \cup \left(\bigcup\nolimits_{0.8<\lambda\leqslant1}\left(\frac{0}{a}+\frac{0}{b}+\frac{\lambda}{c}+\frac{0}{d}\right)\right)$$

$$= \left(\frac{0}{a}+\frac{0}{b}+\frac{0}{c}+\frac{0}{d}\right) \cup \left(\frac{0.5}{a}+\frac{0.5}{b}+\frac{0.5}{c}+\frac{0}{d}\right) \cup \left(\frac{0}{a}+\frac{0.8}{b}+\frac{0.8}{c}++\frac{0}{d}\right)$$

$$\cup \left(\frac{0}{a}+\frac{0}{b}+\frac{1}{c}+\frac{0}{d}\right)$$

$$= \frac{0.5}{a}+\frac{0.8}{b}+\frac{1}{c}+\frac{0}{d}$$

$$= \underset{\sim}{A}.$$

将上例一般化, 就得到分解定理 I.

定理 2.1.1 (分解定理 I) 设 $\underset{\sim}{A}\in\mathcal{F}(X)$, 则

$$\underset{\sim}{A} = \bigcup\nolimits_{\lambda\in[0,1]}\lambda A_\lambda.$$

证明 对任意的 $x\in X$, 有

$$\left(\bigcup\nolimits_{\lambda\in[0,1]}\lambda A_\lambda\right)(x) = \bigvee\nolimits_{\lambda\in[0,1]}(\lambda\bigwedge A_\lambda(x))$$

$$= \left(\bigvee\nolimits_{0\leqslant\lambda\leqslant\underset{\sim}{A}(x)}(\lambda\bigwedge A_\lambda(x))\right) \vee \left(\bigvee\nolimits_{\underset{\sim}{A}(x)<\lambda\leqslant1}(\lambda\bigwedge A_\lambda(x))\right)$$

$$= \left(\bigvee\nolimits_{0\leqslant\lambda\leqslant\underset{\sim}{A}(x)}\lambda\right)\vee 0$$

$$= \underset{\sim}{A}(x).$$

推论 2.1.4 设 $\underset{\sim}{A}\in\mathcal{F}(X)$, 则

$$\underset{\sim}{A}(x) = \bigvee\{\lambda\in[0,1]\,|\,x\in A_\lambda\},\quad x\in X.$$

例 2.1.2 设 $X=\{a,b,c,d\}, \underset{\sim}{A}\in\mathcal{F}(X)$, 已知

$$A_\lambda = \begin{cases} \{a,b,c,d\}, & \lambda=0, \\ \{a,b,c\}, & 0<\lambda\leqslant0.5, \\ \{b,c\}, & 0.5<\lambda\leqslant0.8, \\ \{c\}, & 0.8<\lambda\leqslant1. \end{cases}$$

求模糊集合 $A\limits_{\sim}$ (用 Zadeh 记法表示).

解 由推论 2.1.4, 有

$$A\limits_{\sim}(a) = \bigvee \{\lambda \in [0,1] | a \in A_\lambda\} = 0.5,$$
$$A\limits_{\sim}(b) = \bigvee \{\lambda \in [0,1] | b \in A_\lambda\} = 0.8,$$
$$A\limits_{\sim}(c) = \bigvee \{\lambda \in [0,1] | c \in A_\lambda\} = 1,$$
$$A\limits_{\sim}(d) = \bigvee \{\lambda \in [0,1] | d \in A_\lambda\} = 0,$$

因此

$$A\limits_{\sim} = \frac{0.5}{a} + \frac{0.8}{b} + \frac{1}{c} + \frac{0}{d} = \frac{0.5}{a} + \frac{0.8}{b} + \frac{1}{c}.$$

类似地, 我们可以得到分解定理 II 及其推论.

定理 2.1.2 (分解定理 II) 设 $A\limits_{\sim} \in \mathcal{F}(X)$, 则

$$A\limits_{\sim} = \bigcup_{\lambda \in [0,1]} \lambda A\limits_{\cdot}_\lambda.$$

推论 2.1.5 设 $A\limits_{\sim} \in \mathcal{F}(X)$, 则

$$A\limits_{\sim}(x) = \bigvee \{\lambda \in [0,1] | x \in A\limits_{\cdot}_\lambda\}, \quad x \in X.$$

定理 2.1.3 (分解定理 III) 设 $A\limits_{\sim} \in \mathcal{F}(X)$, 集值映射

$$H : [0,1] \longrightarrow \mathcal{P}(X),$$
$$\lambda \longmapsto H(\lambda),$$

且对任意的 $\lambda \in [0,1]$, 有 $A\limits_{\cdot}_\lambda \subseteq H(\lambda) \subseteq A_\lambda$, 则

(1) $A\limits_{\sim} = \bigcup_{\lambda \in [0,1]} \lambda H(\lambda)$,
(2) 设 $\lambda_1, \lambda_2 \in [0,1]$, 若 $\lambda_1 < \lambda_2$, 则 $H(\lambda_2) \subseteq H(\lambda_1)$,
(3) 设 $\lambda \in (0,1]$, 则 $A_\lambda = \bigcap_{\alpha < \lambda} H(\alpha)$; 设 $\lambda \in [0,1)$, 则 $A\limits_{\cdot}_\lambda = \bigcup_{\alpha > \lambda} H(\alpha)$.

证明 (1) 因为对任意的 $\lambda \in [0,1]$, 有 $A\limits_{\cdot}_\lambda \subseteq H(\lambda) \subseteq A_\lambda$, 所以

$$\lambda A\limits_{\cdot}_\lambda \subseteq \lambda H(\lambda) \subseteq \lambda A_\lambda.$$

再结合分解定理 I, II, 可得

$$A\limits_{\sim} = \bigcup_{\lambda \in [0,1]} \lambda A\limits_{\cdot}_\lambda \subseteq \bigcup_{\lambda \in [0,1]} \lambda H(\lambda) \subseteq \bigcup_{\lambda \in [0,1]} \lambda A_\lambda = A\limits_{\sim}.$$

因此

$$A\limits_{\sim} = \bigcup_{\lambda \in [0,1]} \lambda H(\lambda).$$

(2) 设 $\lambda_1, \lambda_2 \in [0, 1]$, 若 $\lambda_1 < \lambda_2$, 则 $A_{\lambda_2} \subseteq A_{\lambda_1}$, 而 $H(\lambda_2) \subseteq A_{\lambda_2}$, $A_{\lambda_1} \subseteq H(\lambda_1)$, 故

$$H(\lambda_2) \subseteq H(\lambda_1).$$

(3) 若 $\lambda \in (0, 1]$, 对任意的 $\alpha, \alpha < \lambda$, 有 $A_\lambda \subseteq A_\alpha \subseteq H(\alpha) \subseteq A_\alpha$, 因此

$$A_\lambda \subseteq \bigcap_{\alpha < \lambda} H(\alpha) \subseteq \bigcap_{\alpha < \lambda} A_\alpha.$$

又由推论 2.1.2, $A_\lambda = \bigcap_{\alpha < \lambda} A_\alpha$, 故

$$A_\lambda = \bigcap_{\alpha < \lambda} H(\alpha).$$

若 $\lambda \in [0, 1)$, 对任意的 $\alpha, \alpha > \lambda$, 有 $A_\alpha \subseteq H(\alpha) \subseteq A_\alpha \subseteq A_\lambda$, 因此

$$\bigcup_{\alpha > \lambda} A_\alpha \subseteq \bigcup_{\alpha > \lambda} H(\alpha) \subseteq A_\lambda.$$

由推论 2.1.2, $A_\lambda = \bigcup_{\alpha > \lambda} A_\alpha$, 故

$$A_\lambda = \bigcup_{\alpha > \lambda} H(\alpha). \qquad \blacksquare$$

注　定理 2.1.3 中的结论 (3) 亦可改写为如下形式:

(3.1) 若 $\lambda \in (0, 1], \lambda_1 < \lambda_2 < \cdots < \lambda_n < \cdots < \lambda$, 且 $\lim\limits_{n \to \infty} \lambda_n = \lambda$, 则

$$A_\lambda = \bigcap_{n=1}^{\infty} H(\lambda_n);$$

(3.2) 若 $\lambda \in [0, 1), \lambda < \cdots < \lambda_n < \cdots < \lambda_2 < \lambda_1$, 且 $\lim\limits_{n \to \infty} \lambda_n = \lambda$, 则

$$A_\lambda = \bigcup_{n=1}^{\infty} H(\lambda_n).$$

原因如下: 设 $\lambda \in (0, 1], \lambda_1 < \lambda_2 < \cdots < \lambda_n < \cdots < \lambda$, 且 $\lim\limits_{n \to \infty} \lambda_n = \lambda$. 一方面,

$$A_\lambda = \bigcap_{\alpha < \lambda} H(\alpha) \subseteq \bigcap_{n=1}^{\infty} H(\lambda_n).$$

另一方面, $H(\lambda_n) \subseteq A_{\lambda_n}$, 于是

$$\bigcap_{n=1}^{\infty} H(\lambda_n) \subseteq \bigcap_{n=1}^{\infty} A_{\lambda_n}.$$

由推论 2.1.3, $A_\lambda = \bigcap_{n=1}^{\infty} A_{\lambda_n}$, 于是

$$\bigcap_{n=1}^{\infty} H(\lambda_n) \subseteq A_\lambda.$$

因此

$$A_\lambda = \bigcap_{n=1}^{\infty} H(\lambda_n).$$

同理可证结论 (3.2).

推论 2.1.6 设 $\underset{\sim}{A} \in \mathcal{F}(X)$, 映射

$$H : [0,1] \longrightarrow \mathcal{P}(X),$$

$$\lambda \longmapsto H(\lambda),$$

且对任意的 $\lambda \in [0,1]$, 有 $A_{\dot{\lambda}} \subseteq H(\lambda) \subseteq A_\lambda$. 则

$$\underset{\sim}{A}(x) = \bigvee \{\lambda \in [0,1] | x \in H(\lambda)\}, \quad x \in X.$$

分解定理 I 说明模糊集合 $\underset{\sim}{A}$ 可以由其截集族 $\{A_\lambda\}_{\lambda \in [0,1]}$ 所确定; 分解定理 II 说明模糊集合 $\underset{\sim}{A}$ 可以由其强截集族 $\{A_{\dot{\lambda}}\}_{\lambda \in [0,1]}$ 所确定; 分解定理 III 说明模糊集合 $\underset{\sim}{A}$ 还可以由集合族 $\{H(\lambda) | A_{\dot{\lambda}} \subseteq H(\lambda) \subseteq A_\lambda\}_{\lambda \in [0,1]}$ 所确定, 其中 $H(\lambda)$ 不一定是 A_λ 或者 $A_{\dot{\lambda}}$, 还可以介于它们之间.

在本节最后, 我们介绍分解定理的另外一种形式.

定理 2.1.4 设 $\underset{\sim}{A} \in \mathcal{F}(X)$, 记 $\lambda_x = \underset{\sim}{A}(x), x \in X$, 则

$$\underset{\sim}{A} = \bigcup_{x \in X} \lambda_x \{x\}.$$

证明 对任意的 $x' \in X$, 有

$$\left(\bigcup_{x \in X} \lambda_x \{x\}\right)(x') = \bigvee_{x \in X} (\lambda_x \bigwedge \{x\}(x')) = \lambda_{x'} \bigwedge 1 = \underset{\sim}{A}(x'). \qquad \blacksquare$$

设 $\underset{\sim}{A} \in \mathcal{F}(X)$, 对任意的 $x \in X$, 记 $\lambda_x = \underset{\sim}{A}(x)$, 再应用数 λ_x 与集合 $\{x\}$ 的数积的定义求出 $\lambda_x \{x\}$, 最后将这些 $\lambda_x \{x\}$ "拼粘" 在一起, 得到 $\bigcup_{x \in X} \lambda_x \{x\}$, 此即模糊集合 $\underset{\sim}{A}$. 参见图 2.1.2.

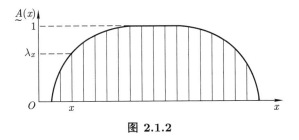

图 2.1.2

2.2 集合套与表现定理

2.2.1 集合套

在分解定理 III 中, 由集值映射 $H : [0,1] \longrightarrow \mathcal{P}(X)$ 所确定的集合族 $\{H(\lambda)\}_{\lambda \in [0,1]}$

随着 λ 的取值从 1 逐渐下降趋于 0, 相应的 $H(\lambda)$ 逐渐扩展, 这样的集合族就是一个集合套.

定义 2.2.1　设集值映射

$$H : [0,1] \longrightarrow \mathcal{P}(X),$$

$$\lambda \longmapsto H(\lambda).$$

对任意的 $\lambda_1, \lambda_2 \in [0,1]$, 若

$$\lambda_1 < \lambda_2 \Longrightarrow H(\lambda_2) \subseteq H(\lambda_1),$$

则称集值映射 H 是 X 上的一个**集合套**, 也称集合族 $\{H(\lambda)\}_{\lambda \in [0,1]}$ 是 X 上的一个集合套. X 上集合套的全体组成的集合记为 $\mathcal{U}(X)$.

设 $A \in \mathcal{F}(X)$, 则 A 的截集族 $\{A_\lambda\}_{\lambda \in [0,1]}$ 和强截集族 $\{A_{\underset{\cdot}{\lambda}}\}_{\lambda \in [0,1]}$ 都是 X 上的集合套, 若集值映射 $\tilde{H} : [0,1] \longrightarrow \mathcal{P}(X)$, 满足对任意的 $\lambda \in [0,1]$, 有

$$A_{\underset{\cdot}{\lambda}} \subseteq H(\lambda) \subseteq A_\lambda,$$

则由分解定理 **III**, 集合族 $\{H(\lambda)\}_{\lambda \in [0,1]}$ 也是 X 上的集合套.

$\mathcal{U}(X)$ 中集合套的并、交、补运算分别定义如下.

定义 2.2.2　设 X 为论域, $H_1, H_2, H \in \mathcal{U}(X)$.

(1) 称 $H_1 \bigcup H_2$ 为 H_1 与 H_2 的**并**, 其中

$$(H_1 \bigcup H_2)(\lambda) = H_1(\lambda) \bigcup H_2(\lambda), \quad \lambda \in [0,1].$$

(2) 称 $H_1 \bigcap H_2$ 为 H_1 与 H_2 的**交**, 其中

$$(H_1 \bigcap H_2)(\lambda) = H_1(\lambda) \bigcap H_2(\lambda), \quad \lambda \in [0,1].$$

(3) 称 H^c 为 H 的**补**, 其中

$$H^c(\lambda) = (H(1-\lambda))^c, \quad \lambda \in [0,1].$$

集合套的并、交运算还可以推广到任意多个集合套的情形.

定义 2.2.3　设 I 为任意指标集, $i \in I, H_i \in \mathcal{U}(X)$.

(1) 称 $\bigcup_{i \in I} H_i$ 为 $\{H_i\}$ 的**并**, 其中

$$\left(\bigcup_{i \in I} H_i\right)(\lambda) = \bigcup_{i \in I} H_i(\lambda), \quad \lambda \in [0,1].$$

(2) 称 $\bigcap_{i \in I} H_i$ 为 $\{H_i\}$ 的**交**, 其中

$$\left(\bigcap_{i \in I} H_i\right)(\lambda) = \bigcap_{i \in I} H_i(\lambda), \quad \lambda \in [0,1].$$

可以证明: 若 $H_1, H_2, H \in \mathcal{U}(X)$, 则 $H_1 \bigcup H_2$, $H_1 \bigcap H_2$, $H^c \in \mathcal{U}(X)$; 设 I 为任意指标集, $i \in I, H_i \in \mathcal{U}(X)$, 则 $\bigcup_{i \in I} H_i$, $\bigcap_{i \in I} H_i \in \mathcal{U}(X)$, 即 $\mathcal{U}(X)$ 对上述并、交、补运算封闭.

2.2.2 表现定理

分解定理表明, 一个模糊集合可以由其自身分解出的集合套 "拼粘" 而成, 那么, 是否任意一个集合套都能确定一个模糊集合呢? 表现定理对此给出了肯定的回答.

定理 2.2.1 (表现定理) 令

$$T : \mathcal{U}(X) \longrightarrow \mathcal{F}(X),$$
$$H \longmapsto T(H) = \bigcup\nolimits_{\lambda \in [0,1]} \lambda H(\lambda),$$

则 T 是从 $(\mathcal{U}(X), \bigcup, \bigcap, {}^c)$ 到 $(\mathcal{F}(X), \bigcup, \bigcap, {}^c)$ 的同态满射, 且

(1) 对任意的 $\lambda \in [0,1]$, 有 $T(H)_{\overset{\lambda}{\cdot}} \subseteq H(\lambda) \subseteq T(H)_\lambda$,

(2) 若 $\lambda \in (0,1]$, 则 $T(H)_\lambda = \bigcap_{\alpha < \lambda} H(\alpha)$; 若 $\lambda \in [0,1)$, 则 $T(H)_{\overset{\lambda}{\cdot}} = \bigcup_{\alpha > \lambda} H(\alpha)$.

证明 设 $H \in \mathcal{U}(X)$. 对 $\lambda \in [0,1]$, $H(\lambda) \in \mathcal{P}(X)$, $\lambda H(\lambda) \in \mathcal{F}(X)$, 故

$$T(H) = \bigcup\nolimits_{\lambda \in [0,1]} \lambda H(\lambda) \in \mathcal{F}(X),$$

即对任意的 $H \in \mathcal{U}(X)$, 存在唯一确定的 $T(H) \in \mathcal{F}(X)$ 与之对应, 故 T 是从 $\mathcal{U}(X)$ 到 $\mathcal{F}(X)$ 的映射.

对任意的 $\underset{\sim}{A} \in \mathcal{F}(X)$, 令 $H(\lambda) = A_\lambda$, $\lambda \in [0,1]$, 则 $H \in \mathcal{U}(X)$, 且

$$T(H) = \bigcup\nolimits_{\lambda \in [0,1]} \lambda H(\lambda) = \bigcup\nolimits_{\lambda \in [0,1]} \lambda A_\lambda = \underset{\sim}{A},$$

故 T 是从 $\mathcal{U}(X)$ 到 $\mathcal{F}(X)$ 的满射.

对 $\lambda \in [0,1]$, 若 $\lambda = 1$, 则 $T(H)_{\overset{1}{\cdot}} = \varnothing$, 此时显然有 $T(H)_{\overset{\lambda}{\cdot}} \subseteq H(\lambda)$; 若 $\lambda \in [0,1)$, 且 $x \in T(H)_{\overset{\lambda}{\cdot}}$, 即

$$T(H)(x) = \left(\bigcup\nolimits_{\alpha \in [0,1]} \alpha H(\alpha) \right)(x) = \bigvee\nolimits_{\alpha \in [0,1]} (\alpha \bigwedge H(\alpha)(x)) > \lambda,$$

故存在 $\alpha_0 \in [0,1]$, 使得 $\alpha_0 \bigwedge H(\alpha_0)(x) > \lambda$, 也就是存在 $\alpha_0 \in [0,1]$, 使得 $\alpha_0 > \lambda$ 且 $H(\alpha_0)(x) = 1$, 即 $x \in H(\alpha_0)$, 而 $H(\alpha_0) \subseteq H(\lambda)$, 故 $x \in H(\lambda)$, 即 $T(H)_{\overset{\lambda}{\cdot}} \subseteq H(\lambda)$.

设 $\lambda \in [0,1]$, 若 $x \in H(\lambda)$, 即 $H(\lambda)(x) = 1$, 则

$$
\begin{aligned}
T(H)(x) &= \left(\bigcup_{\alpha \in [0,1]} \alpha H(\alpha) \right)(x) \\
&= \bigvee_{\alpha \in [0,1]} (\alpha \bigwedge H(\alpha)(x)) \\
&\geqslant \lambda \bigwedge H(\lambda)(x) \\
&= \lambda \bigwedge 1 \\
&= \lambda,
\end{aligned}
$$

即 $x \in T(H)_\lambda$, 故 $H(\lambda) \subseteq T(H)_\lambda$.

因此, 对任意的 $\lambda \in [0,1]$, 有

$$
T(H)_{\underset{\bullet}{\lambda}} \subseteq H(\lambda) \subseteq T(H)_\lambda,
$$

根据分解定理 Ⅲ, (2) 成立.

最后证明 T 保持运算. 由 (2) 及性质 2.1.3, 对任意的 $\lambda \in [0,1)$, 有

$$
\begin{aligned}
\left(T\left(\bigcup_{i \in I} H_i \right) \right)_{\underset{\bullet}{\lambda}} &= \bigcup_{\alpha > \lambda} \left(\bigcup_{i \in I} H_i \right)(\alpha) \\
&= \bigcup_{\alpha > \lambda} \left(\bigcup_{i \in I} H_i(\alpha) \right) \\
&= \bigcup_{i \in I} \left(\bigcup_{\alpha > \lambda} H_i(\alpha) \right) \\
&= \bigcup_{i \in I} T(H_i)_{\underset{\bullet}{\lambda}} \\
&= \left(\bigcup_{i \in I} T(H_i) \right)_{\underset{\bullet}{\lambda}}.
\end{aligned}
$$

当 $\lambda = 1$ 时, 上述等式显然成立. 由分解定理 Ⅱ,

$$
T\left(\bigcup_{i \in I} H_i \right) = \bigcup_{i \in I} T(H_i).
$$

同理可证

$$
\begin{aligned}
T\left(\bigcap_{i \in I} H_i \right) &= \bigcap_{i \in I} T(H_i), \\
T(H^c) &= (T(H))^c.
\end{aligned}
$$

因此, 映射 T 保持运算.

综上所述, T 是从 $(\mathcal{U}(X), \bigcup, \bigcap, {}^c)$ 到 $(\mathcal{F}(X), \bigcup, \bigcap, {}^c)$ 的同态满射. ∎

定理 2.2.1 中的结论 (2) 亦可写作如下形式:

(2.1) 若 $\lambda \in (0,1], \lambda_1 < \lambda_2 < \cdots < \lambda_n < \cdots < \lambda$, 且 $\lim\limits_{n \to \infty} \lambda_n = \lambda$, 则

$$
T(H)_\lambda = \bigcap_{n=1}^\infty H(\lambda_n);
$$

(2.2) 若 $\lambda \in [0,1), \lambda < \cdots < \lambda_n < \cdots < \lambda_2 < \lambda_1$, 且 $\lim\limits_{n\to\infty} \lambda_n = \lambda$, 则

$$T(H)_{\underset{\centerdot}{\lambda}} = \bigcup_{n=1}^{\infty} H(\lambda_n).$$

表现定理提供了一种构造模糊集合的方法, 即若 H 是 X 上的一个集合套, 则 $T(H) = \bigcup_{\lambda \in [0,1]} \lambda H(\lambda)$ 是 X 上的一个模糊集合, 其隶属函数为

$$T(H)(x) = \bigvee \{\lambda \in [0,1] | x \in H(\lambda)\}, \quad x \in X.$$

此时也称 $T(H) = \bigcup_{\lambda \in [0,1]} \lambda H(\lambda)$ 是由集合套 H 所确定的模糊集合. 由于

$$\bigcup_{\lambda \in [0,1]} \lambda H(\lambda) = \bigcup_{\lambda \in (0,1]} \lambda H(\lambda),$$

故在表现定理中, $T(H) = \bigcup_{\lambda \in [0,1]} \lambda H(\lambda)$ 也可以写成

$$T(H) = \bigcup_{\lambda \in (0,1]} \lambda H(\lambda).$$

例 2.2.1 设 $X = \{x_1, x_2, x_3, x_4, x_5\}$, $H \in \mathcal{U}(X)$, 已知

$$H(\lambda) = \begin{cases} \{x_1, x_2, x_3, x_4, x_5\}, & \lambda = 0, \\ \{x_1, x_2, x_3, x_4\}, & 0 < \lambda < 0.3, \\ \{x_2, x_3, x_4\}, & 0.3 \leqslant \lambda < 0.6, \\ \{x_3, x_4\}, & 0.6 \leqslant \lambda < 0.9, \\ \varnothing, & 0.9 \leqslant \lambda \leqslant 1. \end{cases}$$

记 $\underset{\sim}{A} = \bigcup_{\lambda \in [0,1]} \lambda H(\lambda)$, 求 $\underset{\sim}{A}$ (用 Zadeh 记法表示).

解 由表现定理, $\underset{\sim}{A} \in \mathcal{F}(X)$, 且

$$\underset{\sim}{A}(x_1) = \bigvee \{\lambda \in [0,1] | x_1 \in H(\lambda)\} = \bigvee \{\lambda \in [0,1] | 0 \leqslant \lambda < 0.3\} = 0.3.$$

同理

$$\underset{\sim}{A}(x_2) = 0.6, \quad \underset{\sim}{A}(x_3) = 0.9, \quad \underset{\sim}{A}(x_4) = 0.9, \quad \underset{\sim}{A}(x_5) = 0.$$

因此

$$\underset{\sim}{A} = \frac{0.3}{x_1} + \frac{0.6}{x_2} + \frac{0.9}{x_3} + \frac{0.9}{x_4} + \frac{0}{x_5} = \frac{0.3}{x_1} + \frac{0.6}{x_2} + \frac{0.9}{x_3} + \frac{0.9}{x_4}. \quad \blacksquare$$

例 2.2.2 设 H 是实数集 $\mathbf{R}$ 上的集合套, 已知 $H(\lambda) = [\lambda - 1, 2 - \lambda]$, $\lambda \in (0,1)$, 记 $\underset{\sim}{A} = \bigcup_{\lambda \in [0,1]} \lambda H(\lambda)$, 求 A_1, $A_{\underset{\centerdot}{0}}$, 及 $\underset{\sim}{A}$ 的隶属函数 $\underset{\sim}{A}(x)$.

解　由表现定理, $\underset{\sim}{A} \in \mathcal{F}(\mathbf{R})$, 且

$$A_1 = \bigcap_{\alpha<1}H(\alpha) = \bigcap_{\alpha<1}[\alpha-1, 2-\alpha] = [0,1],$$
$$A_0 = \bigcup_{\alpha>0}H(\alpha) = \bigcup_{\alpha>0}[\alpha-1, 2-\alpha] = (-1,2).$$

于是

$$\underset{\sim}{A}(x) = 1 \Longleftrightarrow x \in [0,1]; \quad \underset{\sim}{A}(x) > 0 \Longleftrightarrow x \in (-1,2).$$

若 $x \in (-1,0)$, 则

$$\underset{\sim}{A}(x) = \bigvee\{\lambda \in [0,1] | x \in [\lambda-1, 2-\lambda]\} = 1+x;$$

若 $x \in (1,2)$, 则

$$\underset{\sim}{A}(x) = \bigvee\{\lambda \in [0,1] | x \in [\lambda-1, 2-\lambda]\} = 2-x.$$

因此

$$\underset{\sim}{A}(x) = \begin{cases} 1+x, & -1 < x < 0, \\ 1, & 0 \leqslant x \leqslant 1, \\ 2-x, & 1 < x < 2, \\ 0, & \text{其他}. \end{cases}$$

有关实数集上的模糊集合, 我们将在下一章作进一步的讨论.

2.2.3　集合套的等价类

由于 T 是满射, 不是单射, 存在着不同的集合套都对应同一个模糊集合, 若将对应着同一个模糊集合的集合套组成一类, 则可在 $\mathcal{U}(X)$ 中定义一个关系 "$\sim$":

$$H' \sim H \Longleftrightarrow T(H') = T(H).$$

易知关系 "$\sim$" 具有
　　(1) **自反性**　$H \sim H$,
　　(2) **对称性**　$H \sim H' \Longrightarrow H' \sim H$,
　　(3) **传递性**　$H \sim H', H' \sim H'' \Longrightarrow H \sim H''$,
所以, "$\sim$" 是 $\mathcal{U}(X)$ 上的一个等价关系.

　　定理 2.2.2　设 $H_1, H_2 \in \mathcal{U}(X)$, 则下列条件等价:
　　(1) $H_1 \sim H_2$,
　　(2) $\bigcap_{\alpha<\lambda}H_1(\alpha) = \bigcap_{\alpha<\lambda}H_2(\alpha), \lambda \in (0,1]$,
　　(3) $\bigcup_{\alpha>\lambda}H_1(\alpha) = \bigcup_{\alpha>\lambda}H_2(\alpha), \lambda \in [0,1)$.

证明 $(1) \Longleftrightarrow (2)$

$$H_1 \sim H_2 \Longleftrightarrow T(H_1) = T(H_2)$$
$$\Longleftrightarrow T(H_1)_\lambda = T(H_2)_\lambda, \lambda \in (0, 1]$$
$$\Longleftrightarrow \bigcap_{\alpha < \lambda} H_1(\alpha) = \bigcap_{\alpha < \lambda} H_2(\alpha), \lambda \in (0, 1].$$

$(1) \Longleftrightarrow (3)$

$$H_1 \sim H_2 \Longleftrightarrow T(H_1) = T(H_2)$$
$$\Longleftrightarrow T(H_1)_{\dot\lambda} = T(H_2)_{\dot\lambda}, \lambda \in [0, 1)$$
$$\Longleftrightarrow \bigcup_{\alpha > \lambda} H_1(\alpha) = \bigcup_{\alpha > \lambda} H_2(\alpha), \lambda \in [0, 1).$$ ∎

依据等价关系 "$\sim$" 可将 $\mathcal{U}(X)$ 分类. 称

$$\{H\} = \{H' | T(H') = T(H)\}$$

为集合套 H 所在的**等价类**, H 为其代表元.

再以这些集合套的等价类作为元素组成一个类的集合, 记

$$\mathcal{F}'(X) = \{\{H\} | H \in \mathcal{U}(X)\},$$

则 $\mathcal{F}'(X)$ 为 $\mathcal{U}(X)$ 关于 $\sim$ 的**商集**, 即

$$\mathcal{F}'(X) = \mathcal{U}(X)/\sim .$$

在 $\mathcal{F}'(X)$ 中分别定义并、交、补运算如下:

$$\{H_1\} \bigcup \{H_2\} \triangleq \{H_1 \bigcup H_2\},$$
$$\{H_1\} \bigcap \{H_2\} \triangleq \{H_1 \bigcap H_2\},$$
$$\{H\}^c \triangleq \{H^c\},$$
$$\bigcup_{i \in I} \{H_i\} \triangleq \{\bigcup_{i \in I} H_i\},$$
$$\bigcap_{i \in I} \{H_i\} \triangleq \{\bigcap_{i \in I} H_i\},$$

其中 $\{H_1\}, \{H_2\}, \{H\} \in \mathcal{F}'(X), I$ 为任意指标集, $i \in I, H_i \in \mathcal{U}(X)$.

下面以 $\{H_1\} \bigcup \{H_2\}$ 为例来说明这样定义的运算与代表元的选取无关. 若 $H_1' \in \{H_1\}, H_2' \in \{H_2\}$, 则 $H_1' \sim H_1, H_2' \sim H_2$, 即 $T(H_1') = T(H_1), T(H_2') = T(H_2)$, 再由 T 保持运算,

$$T(H_1' \bigcup H_2') = T(H_1') \bigcup T(H_2') = T(H_1) \bigcup T(H_2) = T(H_1 \bigcup H_2),$$

也就是 $H_1' \bigcup H_2' \sim H_1 \bigcup H_2$, 因此 $\{H_1' \bigcup H_2'\} = \{H_1 \bigcup H_2\}$.

集合套等价类的并、交、补运算实质上就是集合套的并、交、补运算.

易知如下命题成立.

命题 2.2.1 令

$$T' : \mathcal{F}'(X) \longrightarrow \mathcal{F}(X),$$

$$\{H\} \longmapsto T(H) = \bigcup\nolimits_{\lambda \in [0,1]} \lambda H(\lambda),$$

则 T' 是从 $(\mathcal{F}'(X), \bigcup, \bigcap, \ {}^c)$ 到 $(\mathcal{F}(X), \bigcup, \bigcap, \ {}^c)$ 的同构映射.

每一个模糊集合都可以视为集合套的等价类, 也可以视为某个集合套在同态满射 T 下的像, 这也为研究 $(\mathcal{F}(X), \bigcup, \bigcap, \ {}^c)$ 的性质提供了一种新的方法.

2.3 扩 展 原 理

扩展原理, 也称扩张原理, 是模糊集合论的一个基本原理. 本节我们将利用扩展原理将 X 到 Y 的映射扩展成为 $\mathcal{F}(X)$ 到 $\mathcal{F}(Y)$ 的映射.

2.3.1 经典扩展原理

设映射 $f : X \longrightarrow Y$, 若 $A \in \mathcal{P}(X)$, 则

$$f(A) = \{y \in Y | 存在 x \in A, \ 使得 f(x) = y\},$$

称 $f(A)$ 为分明集合 A 在 f 下的**像**. 由 $A \longmapsto f(A)$ 确定了一个 $\mathcal{P}(X)$ 到 $\mathcal{P}(Y)$ 的集值映射, 仍记之为 f. 若 $B \in \mathcal{P}(Y)$, 则

$$f^{-1}(B) = \{x \in X | f(x) \in B\},$$

称 $f^{-1}(B)$ 为分明集合 B 在 f 下的**原像**或**逆像**. 由 $B \longmapsto f^{-1}(B)$ 确定了一个 $\mathcal{P}(Y)$ 到 $\mathcal{P}(X)$ 的集值映射, 仍记之为 f^{-1}.

若 $x \in X$, 则 $f(\{x\}) = \{f(x)\}$. 若 $y \in Y$, 也将 $f^{-1}(\{y\})$ 记为 $\{f^{-1}(y)\}$ 或 $f^{-1}(y)$.

由经典扩展原理可知, 像及原像具有以下性质:

(1) 设 $A \in \mathcal{P}(X)$, 则 $f(A) = \varnothing \Longleftrightarrow A = \varnothing$,

(2) $f^{-1}(\varnothing) = \varnothing$, 且当 f 是满射时, 有 $f^{-1}(B) = \varnothing \Longrightarrow B = \varnothing$, 其中 $B \in \mathcal{P}(Y)$,

(3) 设 $A_1, A_2 \in \mathcal{P}(X)$, 若 $A_1 \subseteq A_2$, 则 $f(A_1) \subseteq f(A_2)$,

(4) 设 $B_1, B_2 \in \mathcal{P}(Y)$, 若 $B_1 \subseteq B_2$, 则 $f^{-1}(B_1) \subseteq f^{-1}(B_2)$,

(5) 设 I 为任意指标集, $i \in I, A_i \in \mathcal{P}(X)$, 则

$$f(\bigcup\nolimits_{i \in I} A_i) = \bigcup\nolimits_{i \in I} f(A_i), \quad f(\bigcap\nolimits_{i \in I} A_i) \subseteq \bigcap\nolimits_{i \in I} f(A_i),$$

(6) 设 I 为任意指标集, $i \in I, B_i \in \mathcal{P}(Y)$, 则

$$f^{-1}(\bigcup_{i \in I} B_i) = \bigcup_{i \in I} f^{-1}(B_i), \quad f^{-1}(\bigcap_{i \in I} B_i) = \bigcap_{i \in I} f^{-1}(B_i),$$
$$f^{-1}(B^c) = (f^{-1}(B))^c,$$

(7) 若 $A \in \mathcal{P}(X)$, 则 $A \subseteq f^{-1}(f(A))$, 特别地, f 为单射时, 等号成立,

(8) 若 $B \in \mathcal{P}(Y)$, 则 $f(f^{-1}(B)) \subseteq B$, 特别地, f 为满射时, 等号成立.

引理 2.3.1 设映射 $f : X \longrightarrow Y$.

(1) 若 $A \in \mathcal{P}(X)$, 则

$$f(A)(y) = \bigvee_{f(x)=y} A(x), \quad y \in Y;$$

(2) 若 $B \in \mathcal{P}(Y)$, 则

$$f^{-1}(B)(x) = B(f(x)), \quad x \in X.$$

证明 (1) 设 $y \in Y$, 分两种情况讨论.

情况 1 若 $y \notin f(X)$, 则 $y \notin f(A)$, 故 $f(A)(y) = 0$. 此时, 对任意的 $x \in X$, 有 $f(x) \neq y$, 从而

$$\bigvee_{f(x)=y} A(x) = \bigvee \varnothing = 0.$$

情况 2 若 $y \in f(X)$, 则存在 $x \in X$, 使得 $f(x) = y$, 再分两种情况讨论.

(i) 存在 $x_0 \in A$, 使得 $f(x_0) = y$, 则 $y \in f(A)$, $f(A)(y) = 1$, 此时

$$1 \geqslant \bigvee_{f(x)=y} A(x) \geqslant A(x_0) = 1,$$

故

$$\bigvee_{f(x)=y} A(x) = 1.$$

(ii) 对任意的 $x \in A$, 有 $f(x) \neq y$, 即 $y \notin f(A)$, 从而 $f(A)(y) = 0$. 也就是, 若 $f(x) = y$, 则 $x \notin A$, 故

$$\bigvee_{f(x)=y} A(x) = 0.$$

因此

$$f(A)(y) = \bigvee_{f(x)=y} A(x).$$

(2) 设 $x \in X$, 分两种情况讨论.

情况 1 若 $f(x) \in B$, 则 $x \in f^{-1}(B)$, 此时

$$f^{-1}(B)(x) = 1 = B(f(x)).$$

情况 2 若 $f(x) \notin B$, 则 $x \notin f^{-1}(B)$, 此时

$$f^{-1}(B)(x) = 0 = B(f(x)). \quad \blacksquare$$

2.3.2　模糊扩展原理

将引理 2.3.1 中的特征函数推广为隶属函数即得模糊扩展原理.

定义 2.3.1　设映射 $f : X \longrightarrow Y$, 则由 f 可以诱导出如下两个映射:

(1)
$$f : \mathcal{F}(X) \longrightarrow \mathcal{F}(Y),$$
$$\underset{\sim}{A} \longmapsto f(\underset{\sim}{A}),$$

其中 $f(\underset{\sim}{A})$ 的隶属函数为

$$f(\underset{\sim}{A})(y) = \bigvee\nolimits_{f(x)=y} \underset{\sim}{A}(x), \quad y \in Y,$$

称 $f(\underset{\sim}{A})$ 为模糊集合 $\underset{\sim}{A}$ 在 f 下的**像**;

(2)
$$f^{-1} : \mathcal{F}(Y) \longrightarrow \mathcal{F}(X),$$
$$\underset{\sim}{B} \longmapsto f^{-1}(\underset{\sim}{B}),$$

其中 $f^{-1}(\underset{\sim}{B})$ 的隶属函数为

$$f^{-1}(\underset{\sim}{B})(x) = \underset{\sim}{B}(f(x)), \quad x \in X,$$

称 $f^{-1}(\underset{\sim}{B})$ 为模糊集合 $\underset{\sim}{B}$ 在 f 下的**原像**或**逆像**.

经典扩展原理将映射 $f : X \longrightarrow Y$ 扩展为映射 $f : \mathcal{P}(X) \longrightarrow \mathcal{P}(Y)$; 扩展原理将映射 $f : X \longrightarrow Y$ 扩展为映射 $f : \mathcal{F}(X) \longrightarrow \mathcal{F}(Y)$.

例 2.3.1　设论域为实数集 $\mathbf{R}$, 映射 $f : \mathbf{R} \longrightarrow \mathbf{R}$, $x \longmapsto f(x) = x^2$, 已知 $\underset{\sim}{A} \in \mathcal{F}(\mathbf{R})$, 且

$$\underset{\sim}{A}(x) = \begin{cases} 1 + x, & -1 < x \leqslant 0, \\ 1 - x, & 0 < x < 1, \\ 0, & \text{其他}. \end{cases}$$

试求 $f(\underset{\sim}{A})$ 的隶属函数.

解　由定义 2.3.1, 有

$$f(\underset{\sim}{A})(y) = \bigvee\nolimits_{f(x)=y} \underset{\sim}{A}(x) = \bigvee\nolimits_{x^2=y} \underset{\sim}{A}(x).$$

分两种情况讨论:

(1) 若 $y < 0$, 则 $f(\underset{\sim}{A})(y) = \bigvee \varnothing = 0$,

(2) 若 $y \geqslant 0$, 则 $f(\underset{\sim}{A})(y) = \bigvee\nolimits_{x^2=y} \underset{\sim}{A}(x) = \underset{\sim}{A}(\sqrt{y}) \bigvee \underset{\sim}{A}(-\sqrt{y})$.

此时再分两种情况讨论.

(i) 若 $y \geqslant 1$, 则

$$f(\underset{\sim}{A})(y) = 0 \bigvee 0 = 0;$$

(ii) 若 $0 \leqslant y < 1$, 则

$$f(\underset{\sim}{A})(y) = \underset{\sim}{A}(\sqrt{y}) \bigvee \underset{\sim}{A}(-\sqrt{y}) = (1 - \sqrt{y}) \bigvee (1 - \sqrt{y}) = 1 - \sqrt{y}.$$

因此

$$f(\underset{\sim}{A})(y) = \begin{cases} 1 - \sqrt{y}, & 0 \leqslant y < 1, \\ 0, & \text{其他}. \end{cases}$$ ∎

下面给出集合套形式的扩展原理.

设映射 $f : X \longrightarrow Y$, $x \longmapsto f(x) = y$. 再设 $\underset{\sim}{A} \in \mathcal{F}(X)$, 对任意的 $\lambda \in [0,1]$, 由经典扩展原理,

$$f(A_\lambda) = \big\{ y \in Y \big| \text{存在} x \in A_\lambda, \text{ 使得} f(x) = y \big\} = \{ f(x) | x \in A_\lambda \}.$$

若 $\lambda_1 < \lambda_2$, 则 $A_{\lambda_2} \subseteq A_{\lambda_1}$, 于是 $f(A_{\lambda_2}) \subseteq f(A_{\lambda_1})$, 故 $\{ f(A_\lambda) \}_{\lambda \in [0,1]}$ 是 Y 上的集合套. 根据表现定理, $\{ f(A_\lambda) \}_{\lambda \in [0,1]}$ 唯一确定一个 Y 上的模糊集合 $\bigcup_{\lambda \in [0,1]} \lambda f(A_\lambda)$.

设 $\underset{\sim}{B} \in \mathcal{F}(Y)$, 对任意的 $\lambda \in [0,1]$, 由经典扩展原理,

$$f^{-1}(B_\lambda) = \big\{ x \in X \big| f(x) \in B_\lambda \big\}.$$

若 $\lambda_1 < \lambda_2$, 则 $B_{\lambda_2} \subseteq B_{\lambda_1}$, 于是 $f^{-1}(B_{\lambda_2}) \subseteq f^{-1}(B_{\lambda_1})$, 故 $\{ f^{-1}(B_\lambda) \}_{\lambda \in [0,1]}$ 是 X 上的集合套. 根据表现定理, $\{ f^{-1}(B_\lambda) \}_{\lambda \in [0,1]}$ 唯一确定一个 X 上的模糊集合 $\bigcup_{\lambda \in [0,1]} \lambda f^{-1}(B_\lambda)$.

定理 2.3.1 (扩展原理 I) 设映射 $f : X \longrightarrow Y$.

(1) 若 $\underset{\sim}{A} \in \mathcal{F}(X)$, 则

$$f(\underset{\sim}{A}) = \bigcup_{\lambda \in [0,1]} \lambda f(A_\lambda).$$

(2) 若 $\underset{\sim}{B} \in \mathcal{F}(Y)$, 则

$$f^{-1}(\underset{\sim}{B}) = \bigcup_{\lambda \in [0,1]} \lambda f^{-1}(B_\lambda).$$

证明 (1) 设 $\underset{\sim}{A} \in \mathcal{F}(X)$. 对任意的 $y \in Y$, 由引理 2.3.1, 并结合分解定理有

$$
\begin{aligned}
(\textstyle\bigcup_{\lambda \in [0,1]} \lambda f(A_\lambda))(y) &= \textstyle\bigvee_{\lambda \in [0,1]} (\lambda \bigwedge f(A_\lambda)(y)) \\
&= \textstyle\bigvee_{\lambda \in [0,1]} (\lambda \bigwedge (\bigvee_{f(x)=y} A_\lambda(x))) \\
&= \textstyle\bigvee_{\lambda \in [0,1]} (\bigvee_{f(x)=y} (\lambda \bigwedge A_\lambda(x))) \\
&= \textstyle\bigvee_{f(x)=y} (\bigvee_{\lambda \in [0,1]} (\lambda \bigwedge A_\lambda(x))) \\
&= \textstyle\bigvee_{f(x)=y} (\bigcup_{\lambda \in [0,1]} \lambda A_\lambda)(x) \\
&= \textstyle\bigvee_{f(x)=y} \underset{\sim}{A}(x) \\
&= f(\underset{\sim}{A})(y).
\end{aligned}
$$

(2) 设 $\underset{\sim}{B} \in \mathcal{P}(Y)$, 则对任意的 $x \in X$, 由引理 2.3.1, 并结合分解定理有

$$
\begin{aligned}
(\textstyle\bigcup_{\lambda \in [0,1]} \lambda f^{-1}(B_\lambda))(x) &= \textstyle\bigvee_{\lambda \in [0,1]} (\lambda \bigwedge f^{-1}(B_\lambda)(x)) \\
&= \textstyle\bigvee_{\lambda \in [0,1]} (\lambda \bigwedge B_\lambda(f(x))) \\
&= (\textstyle\bigcup_{\lambda \in [0,1]} \lambda B_\lambda)(f(x)) \\
&= \underset{\sim}{B}(f(x)) \\
&= f^{-1}(\underset{\sim}{B})(x).
\end{aligned}
$$
∎

推论 2.3.1 设映射 $f : X \longrightarrow Y$.
(1) 若 $\underset{\sim}{A} \in \mathcal{F}(X)$, 则

$$
f(\underset{\sim}{A})(y) = \bigvee \{\lambda \in [0,1] \,|\, y \in f(A_\lambda)\}, \quad y \in Y.
$$

(2) 若 $\underset{\sim}{B} \in \mathcal{F}(Y)$, 则

$$
f^{-1}(\underset{\sim}{B})(x) = \bigvee \{\lambda \in [0,1] \,|\, x \in f^{-1}(B_\lambda)\}, \quad x \in X.
$$

定理 2.3.2 (扩展原理 II) 设映射 $f : X \longrightarrow Y$.
(1) 若 $\underset{\sim}{A} \in \mathcal{F}(X)$, 则

$$
f(\underset{\sim}{A}) = \bigcup_{\lambda \in [0,1]} \lambda f(A_{\underset{\bullet}{\lambda}}).
$$

(2) 若 $\underset{\sim}{B} \in \mathcal{F}(Y)$, 则

$$
f^{-1}(\underset{\sim}{B}) = \bigcup_{\lambda \in [0,1]} \lambda f^{-1}(B_{\underset{\bullet}{\lambda}}).
$$

证明 类似于定理 2.3.1 的证明, 从略. ∎

推论 2.3.2 设映射 $f : X \longrightarrow Y$.

(1) 若 $\underset{\sim}{A} \in \mathcal{F}(X)$, 则

$$f(\underset{\sim}{A})(y) = \bigvee \{\lambda \in [0,1] | y \in f(A_{\underset{\bullet}{\lambda}})\}, \quad y \in Y.$$

(2) 若 $\underset{\sim}{B} \in \mathcal{F}(Y)$, 则

$$f^{-1}(\underset{\sim}{B})(x) = \bigvee \{\lambda \in [0,1] | x \in f^{-1}(B_{\underset{\bullet}{\lambda}})\}, \quad x \in X.$$

定理 2.3.3 (扩展原理 III) 设映射 $f : X \longrightarrow Y$.

(1) 若 $\underset{\sim}{A} \in \mathcal{F}(X)$, 对任意的 $\lambda \in [0,1]$, 有 $A_{\underset{\bullet}{\lambda}} \subseteq H_A(\lambda) \subseteq A_\lambda$, 则

$$f(\underset{\sim}{A}) = \bigcup_{\lambda \in [0,1]} \lambda f(H_A(\lambda)),$$

且

(i) 对任意的 $\lambda \in [0,1]$, 有 $f(\underset{\sim}{A})_{\underset{\bullet}{\lambda}} \subseteq f(H_A(\lambda)) \subseteq f(\underset{\sim}{A})_\lambda$,

(ii) 若 $\lambda \in (0,1]$, 则 $f(\underset{\sim}{A})_\lambda = \bigcap_{\alpha < \lambda} f(H_A(\alpha))$,

(iii) 若 $\lambda \in [0,1)$, 则 $f(\underset{\sim}{A})_{\underset{\bullet}{\lambda}} = \bigcup_{\alpha > \lambda} f(H_A(\alpha))$.

(2) 若 $\underset{\sim}{B} \in \mathcal{F}(Y)$, 对任意的 $\lambda \in [0,1]$, 有 $B_{\underset{\bullet}{\lambda}} \subseteq H_B(\lambda) \subseteq B_\lambda$, 则

$$f^{-1}(\underset{\sim}{B}) = \bigcup_{\lambda \in [0,1]} \lambda f^{-1}(H_B(\lambda)),$$

且

(i) 对任意的 $\lambda \in [0,1]$, 有 $f^{-1}(\underset{\sim}{B})_{\underset{\bullet}{\lambda}} \subseteq f^{-1}(H_B(\lambda)) \subseteq f^{-1}(\underset{\sim}{B})_\lambda$,

(ii) 若 $\lambda \in (0,1]$, 则 $f^{-1}(\underset{\sim}{B})_\lambda = \bigcap_{\alpha < \lambda} f^{-1}(H_B(\alpha))$,

(iii) 若 $\lambda \in [0,1)$, 则 $f^{-1}(\underset{\sim}{B})_{\underset{\bullet}{\lambda}} = \bigcup_{\alpha > \lambda} f^{-1}(H_B(\alpha))$.

证明 由扩展原理 I, II, 并结合表现定理即得. ∎

推论 2.3.3 设映射 $f : X \longrightarrow Y$.

(1) 若 $\underset{\sim}{A} \in \mathcal{F}(X)$, $A_{\underset{\bullet}{\lambda}} \subseteq H_A(\lambda) \subseteq A_\lambda, \lambda \in [0,1]$, 则

$$f(\underset{\sim}{A})(y) = \bigvee \{\lambda \in [0,1] | y \in f(H_A(\lambda))\}, \quad y \in Y.$$

(2) 若 $\underset{\sim}{B} \in \mathcal{F}(Y)$, $B_{\underset{\bullet}{\lambda}} \subseteq H_B(\lambda) \subseteq B_\lambda, \lambda \in [0,1]$, 则

$$f^{-1}(\underset{\sim}{B})(x) = \bigvee \{\lambda \in [0,1] | x \in f^{-1}(H_B(\lambda))\}, \quad x \in X.$$

关于 $f(\underset{\sim}{A})$ 与 $f^{-1}(\underset{\sim}{B})$ 的截集与强截集有如下结论.

定理 2.3.4 设映射 $f : X \longrightarrow Y, \underset{\sim}{A} \in \mathcal{F}(X), \underset{\sim}{B} \in \mathcal{F}(Y), \lambda \in [0,1]$, 则

(1) $f(\underset{\sim}{A}_\lambda) \subseteq f(\underset{\sim}{A})_\lambda$,

(2) $f(\underset{\sim}{A}_{\overset{\lambda}{\bullet}}) = f(\underset{\sim}{A})_{\overset{\lambda}{\bullet}}$,

(3) $f^{-1}(\underset{\sim}{B})_\lambda = f^{-1}(\underset{\sim}{B}_\lambda)$,

(4) $f^{-1}(\underset{\sim}{B})_{\overset{\lambda}{\bullet}} = f^{-1}(\underset{\sim}{B}_{\overset{\lambda}{\bullet}})$.

证明 仅证 (1) 式, 其余留作习题.

法 1 $\quad y \in f(\underset{\sim}{A}_\lambda) \Longrightarrow$ 存在 $x_0 \in \underset{\sim}{A}_\lambda,$ 使得 $f(x_0) = y$

$\Longrightarrow$ 存在 $x_0 \in X,$ 使得 $f(x_0) = y, \underset{\sim}{A}(x_0) \geqslant \lambda$

$\Longrightarrow f(\underset{\sim}{A})(y) = \bigvee_{f(x)=y} \underset{\sim}{A}(x) \geqslant \underset{\sim}{A}(x_0) \geqslant \lambda$

$\Longrightarrow y \in f(\underset{\sim}{A})_\lambda.$

法 2 (1) 由扩展原理 I, 并结合经典扩展原理的性质可得, 对任意的 $\lambda \in (0,1]$, 有

$$f(\underset{\sim}{A}_\lambda) = f(\bigcap_{\alpha < \lambda} \underset{\sim}{A}_\alpha) \subseteq \bigcap_{\alpha < \lambda} f(\underset{\sim}{A}_\alpha) = f(\underset{\sim}{A})_\lambda.$$

当 $\lambda = 0$ 时,

$$f(\underset{\sim}{A}_0) \subseteq f(X) \subseteq Y = f(\underset{\sim}{A})_0. \qquad \blacksquare$$

需要注意的是 $f(\underset{\sim}{A}_\lambda) = f(\underset{\sim}{A})_\lambda$ 不一定成立, 参见下例.

例 2.3.2 设 $\underset{\sim}{A} \in \mathcal{F}([0,1]), \underset{\sim}{A}(x) = 1 - x, x \in [0,1].$ 再设 $f : [0,1] \longrightarrow [0,1],$

$$f(x) = \begin{cases} 1, & x = 1, \dfrac{1}{2}, \cdots, \dfrac{1}{n}, \cdots, \\ 0, & \text{其他.} \end{cases}$$

求 $f(\underset{\sim}{A}), f(\underset{\sim}{A})_1$ 与 $f(\underset{\sim}{A}_1).$

解 由扩展原理可得

$$f(\underset{\sim}{A})(y) = \bigvee_{f(x)=y} \underset{\sim}{A}(x)$$

$$= \begin{cases} \bigvee_{f(x)=1}(1-x), & y = 1, \\ \bigvee_{f(x)=0}(1-x), & y = 0, \\ 0, & 0 < y < 1 \end{cases}$$

$$= \begin{cases} 1, & y = 0 \text{ 或 } 1, \\ 0, & 0 < y < 1. \end{cases}$$

故

$$f(\underset{\sim}{A})_1 = \{0,1\}.$$

而

$$f(A_1) = f(\{0\}) = \{0\}. \qquad \blacksquare$$

定义 2.3.2 设映射 $f : X \longrightarrow Y$. 若对任意的集合序列 $\{A_n\}, A_n \in \mathcal{P}(X)$, $A_n \supseteq A_{n+1}, n = 1, 2, \cdots$, 有

$$f\big(\lim_{n\to\infty} A_n\big) = \lim_{n\to\infty} f(A_n),$$

则称 f 具有**上连续性**.

定理 2.3.5 设映射 $f : X \longrightarrow Y$. f 具有上连续性当且仅当对任意的 $\underset{\sim}{A} \in \mathcal{F}(X)$, 任意的 $\lambda \in (0, 1]$, 有

$$f(A_\lambda) = f(\underset{\sim}{A})_\lambda.$$

证明　必要性　设 f 具有上连续性, $\underset{\sim}{A} \in \mathcal{F}(X)$, $\lambda \in (0, 1]$, 令 $\lambda_n = \dfrac{n}{n+1}\lambda$, 于是 $A_{\lambda_n} \supseteq A_{\lambda_{n+1}}, n = 1, 2, \cdots$, 且 $\bigvee_{n=1}^{\infty} \lambda_n = \lambda$, $A_\lambda = \bigcap_{n=1}^{\infty} A_{\lambda_n}$. 由扩展原理 I,

$$f(\underset{\sim}{A}) = \bigcup_{\lambda \in [0,1]} \lambda f(A_\lambda).$$

再由表现定理以及 f 的上连续性可得

$$f(\underset{\sim}{A})_\lambda = \bigcap_{n=1}^{\infty} f(A_{\lambda_n}) = \lim_{n\to\infty} f(A_{\lambda_n}) = f(\lim_{n\to\infty} A_{\lambda_n}) = f(\bigcap_{n=1}^{\infty} A_{\lambda_n}) = f(A_\lambda).$$

充分性　设对任意的 $\underset{\sim}{A} \in \mathcal{F}(X)$, 任意的 $\lambda \in (0, 1]$, 有 $f(A_\lambda) = f(\underset{\sim}{A})_\lambda$, 特别地, 当 $\lambda = 1$ 时,

$$f(A_1) = f(\underset{\sim}{A})_1.$$

对任意的集合序列 $\{B_n\}, B_n \in \mathcal{P}(X), B_n \supseteq B_{n+1}, n = 1, 2, \cdots$, 令 $\lambda_n = \dfrac{n-1}{n}$, 再令

$$H(\lambda) = \begin{cases} B_n, & \lambda_n \leqslant \lambda < \lambda_{n+1}, n = 1, 2, \cdots, \\ \varnothing, & \lambda = 1. \end{cases}$$

易知 $\{H(\lambda)\}_{\lambda \in [0,1]}$ 是 X 上的一个集合套. 令 $\underset{\sim}{A} = \bigcup_{\lambda \in [0,1]} \lambda H(\lambda)$, 则

$$A_\lambda \subseteq H(\lambda) \subseteq A_\lambda, \quad \lambda \in [0, 1],$$

且

$$A_1 = \bigcap_{n=1}^{\infty} H(\lambda_n) = \bigcap_{n=1}^{\infty} B_n,$$

$$f(\underset{\sim}{A}) = \bigcup_{\lambda \in [0,1]} \lambda f(H(\lambda)),$$

$$f(\underset{\sim}{A})_1 = \bigcap_{n=1}^{\infty} f(H(\lambda_n)) = \bigcap_{n=1}^{\infty} f(B_n).$$

而

$$f(\bigcap_{n=1}^{\infty} B_n) = f(A_1) = f(\underset{\sim}{A})_1,$$

故

$$f(\bigcap_{n=1}^{\infty} B_n) = \bigcap_{n=1}^{\infty} f(B_n),$$

即

$$f(\lim_{n\to\infty} B_n) = \lim_{n\to\infty} f(B_n). \qquad \blacksquare$$

定义 2.3.3 设映射 $f : X \longrightarrow Y$. 若对任意的 $\underset{\sim}{A} \in \mathcal{F}(X), y \in Y$, 存在 $x_0 \in f^{-1}(y)$, 使得

$$f(\underset{\sim}{A})(y) = \underset{\sim}{A}(x_0),$$

则称 f **可达**.

定理 2.3.6 设映射 $f : X \longrightarrow Y$. f 可达当且仅当对任意的 $\underset{\sim}{A} \in \mathcal{F}(X)$, 任意的 $\lambda \in [0, 1]$, 有

$$f(A_\lambda) = f(\underset{\sim}{A})_\lambda.$$

证明 必要性 设 f 可达, 对任意的 $\underset{\sim}{A} \in \mathcal{F}(X), y \in Y$, 存在 $x_0 \in f^{-1}(y)$, 使得

$$f(\underset{\sim}{A})(y) = \underset{\sim}{A}(x_0).$$

故对任意的 $\lambda \in [0, 1]$,

$$y \in f(\underset{\sim}{A})_\lambda \Longrightarrow f(\underset{\sim}{A})(y) \geqslant \lambda$$
$$\Longrightarrow 存在 \ x_0 \in f^{-1}(y), \ 使得 \ \underset{\sim}{A}(x_0) = f(\underset{\sim}{A})(y) \geqslant \lambda$$
$$\Longrightarrow 存在 \ x_0 \in A_\lambda, \ 使得 \ f(x_0) = y$$
$$\Longrightarrow y \in f(A_\lambda).$$

所以

$$f(\underset{\sim}{A})_\lambda \subseteq f(A_\lambda).$$

由定理 2.3.4 可知相反的包含关系成立. 于是

$$f(A_\lambda) = f(\underset{\sim}{A})_\lambda.$$

充分性 设对任意的 $\underset{\sim}{A} \in \mathcal{F}(X)$, 任意的 $\lambda \in [0, 1]$, 有 $f(A_\lambda) = f(\underset{\sim}{A})_\lambda$. 设 $y \in Y$, 记 $\lambda_0 = f(\underset{\sim}{A})(y)$, 则 $\lambda_0 \in [0, 1]$, 且 $y \in f(\underset{\sim}{A})_{\lambda_0}$, 而 $f(A_{\lambda_0}) = f(\underset{\sim}{A})_{\lambda_0}$, 故 $y \in f(A_{\lambda_0})$,

即存在 $x_0 \in A_{\lambda_0}$, 使得 $y = f(x_0)$, 也就是存在 $x_0 \in f^{-1}(y)$, 且 $\underset{\sim}{A}(x_0) \geqslant \lambda_0$. 因此

$$\underset{\sim}{A}(x_0) \geqslant \lambda_0 = f(\underset{\sim}{A})(y) = \bigvee\nolimits_{f(x)=y} \underset{\sim}{A}(x) \geqslant \underset{\sim}{A}(x_0),$$

即

$$f(\underset{\sim}{A})(y) = \underset{\sim}{A}(x_0). \qquad \blacksquare$$

由扩展原理可知, 像及原像具有以下性质.

定理 2.3.7 设映射 $f : X \longrightarrow Y$.

(1) 设 $\underset{\sim}{A} \in \mathcal{F}(X)$, 则 $f(\underset{\sim}{A}) = \varnothing \Longleftrightarrow \underset{\sim}{A} = \varnothing$.

(2) $f^{-1}(\varnothing) = \varnothing$, 且当 f 是满射时, 有 $f^{-1}(\underset{\sim}{B}) = \varnothing \Longrightarrow \underset{\sim}{B} = \varnothing$, 其中 $\underset{\sim}{B} \in \mathcal{F}(Y)$.

(3) 设 $\underset{\sim}{A_1}, \underset{\sim}{A_2} \in \mathcal{F}(X)$, 若 $\underset{\sim}{A_1} \subseteq \underset{\sim}{A_2}$, 则 $f(\underset{\sim}{A_1}) \subseteq f(\underset{\sim}{A_2})$.

(4) 设 $\underset{\sim}{B_1}, \underset{\sim}{B_2} \in \mathcal{F}(Y)$, 若 $\underset{\sim}{B_1} \subseteq \underset{\sim}{B_2}$, 则 $f^{-1}(\underset{\sim}{B_1}) \subseteq f^{-1}(\underset{\sim}{B_2})$.

(5) 设 I 为任意指标集, $i \in I, \underset{\sim}{A_i} \in \mathcal{F}(X)$, 则

$$f(\bigcup\nolimits_{i \in I} \underset{\sim}{A_i}) = \bigcup\nolimits_{i \in I} f(\underset{\sim}{A_i}), \quad f(\bigcap\nolimits_{i \in I} \underset{\sim}{A_i}) \subseteq \bigcap\nolimits_{i \in I} f(\underset{\sim}{A_i}).$$

(6) 设 $\underset{\sim}{B} \in \mathcal{F}(Y)$, I 为任意指标集, $i \in I, \underset{\sim}{B_i} \in \mathcal{F}(Y)$, 则

$$f^{-1}(\bigcup\nolimits_{i \in I} \underset{\sim}{B_i}) = \bigcup\nolimits_{i \in I} f^{-1}(\underset{\sim}{B_i}), \quad f^{-1}(\bigcap\nolimits_{i \in I} \underset{\sim}{B_i}) = \bigcap\nolimits_{i \in I} f^{-1}(\underset{\sim}{B_i}),$$
$$f^{-1}(\underset{\sim}{B}^c) = (f^{-1}(\underset{\sim}{B}))^c.$$

(7) 若 $\underset{\sim}{A} \in \mathcal{F}(X)$, 则 $\underset{\sim}{A} \subseteq f^{-1}(f(\underset{\sim}{A}))$, 特别地, f 为单射时, 等号成立.

(8) 若 $\underset{\sim}{B} \in \mathcal{F}(Y)$, 则 $f(f^{-1}(\underset{\sim}{B})) \subseteq \underset{\sim}{B}$, 特别地, f 为满射时, 等号成立.

证明 仅证 (7) 式.

法 1 设 $\underset{\sim}{A} \in \mathcal{F}(X)$, 由扩展原理 I, 有

$$f(\underset{\sim}{A}) = \bigcup\nolimits_{\lambda \in [0,1]} \lambda f(A_\lambda),$$

且

$$f(\underset{\sim}{A})_{\dot{\lambda}} \subseteq f(A_\lambda) \subseteq f(\underset{\sim}{A})_\lambda, \quad \lambda \in [0,1].$$

再由扩展原理 Ⅲ, 并结合经典扩展原理的性质可得

$$f^{-1}(f(\underset{\sim}{A})) = \bigcup\nolimits_{\lambda \in [0,1]} \lambda f^{-1}(f(A_\lambda)) \supseteq \bigcup\nolimits_{\lambda \in [0,1]} \lambda A_\lambda = \underset{\sim}{A}.$$

特别地, f 为单射时, 等号成立.

法 2　对任意的 $x \in X$, 有

$$f^{-1}(f(\underset{\sim}{A}))(x) = f(\underset{\sim}{A})(f(x)) = \bigvee_{f(x')=f(x)} \underset{\sim}{A}(x') \geqslant \underset{\sim}{A}(x).$$

特别地, f 为单射时, 等号成立.　　　　　　　　　　　　　　　■

例 2.3.3　设 $X = \{x_1, x_2, x_3\}$, $Y = \{y_1, y_2, y_3\}$, 映射 $f : X \longrightarrow Y$, $f(x_1) = f(x_2) = y_1$, $f(x_3) = y_3$. 已知 $\underset{\sim}{A} \in \mathcal{F}(X)$, $\underset{\sim}{B} \in \mathcal{F}(Y)$, 且

$$\underset{\sim}{A} = \frac{0.4}{x_1} + \frac{1}{x_2} + \frac{0.4}{x_3}, \quad \underset{\sim}{B} = \frac{0.6}{y_1} + \frac{0.9}{y_2} + \frac{0.6}{y_3}.$$

求 $f(\underset{\sim}{A})$ 与 $f^{-1}(\underset{\sim}{B})$.

解　法 1　(1) 由

$$A_\lambda = \begin{cases} \{x_1, x_2, x_3\}, & 0 \leqslant \lambda \leqslant 0.4, \\ \{x_2\}, & 0.4 < \lambda \leqslant 1 \end{cases}$$

可知,

$$f(A_\lambda) = \begin{cases} \{y_1, y_3\}, & 0 \leqslant \lambda \leqslant 0.4, \\ \{y_1\}, & 0.4 < \lambda \leqslant 1. \end{cases}$$

由扩展原理 I, 有 $f(\underset{\sim}{A}) = \bigcup_{\lambda \in [0,1]} \lambda f(A_\lambda)$, 且

$$f(\underset{\sim}{A})(y_k) = \bigvee \{\lambda \in [0,1] | y_k \in f(A_\lambda)\}, \quad k = 1, 2, 3.$$

于是

$$f(\underset{\sim}{A}) = \frac{1}{y_1} + \frac{0}{y_2} + \frac{0.4}{y_3} = \frac{1}{y_1} + \frac{0.4}{y_3}.$$

(2) 由

$$B_\lambda = \begin{cases} \{y_1, y_2, y_3\}, & 0 \leqslant \lambda \leqslant 0.6, \\ \{y_2\}, & 0.6 < \lambda \leqslant 0.9, \\ \varnothing, & 0.9 < \lambda \leqslant 1 \end{cases}$$

可知,

$$f^{-1}(B_\lambda) = \begin{cases} \{x_1, x_2, x_3\}, & 0 \leqslant \lambda \leqslant 0.6, \\ \varnothing, & 0.6 < \lambda \leqslant 1. \end{cases}$$

由扩展原理 I, 有 $f^{-1}(\underset{\sim}{B}) = \bigcup_{\lambda \in [0,1]} \lambda f^{-1}(B_\lambda)$, 且

$$f^{-1}(\underset{\sim}{B})(x_k) = \bigvee \{\lambda \in [0,1] | x_k \in f^{-1}(B_\lambda)\}, \quad k = 1, 2, 3.$$

于是
$$f^{-1}(\underset{\sim}{B}) = \frac{0.6}{x_1} + \frac{0.6}{x_2} + \frac{0.6}{x_3}.$$

法 2 (1) 设 $y \in Y$, $f(\underset{\sim}{A})(y) = \bigvee_{f(x)=y} \underset{\sim}{A}(x)$, 得

$$f(\underset{\sim}{A})(y_1) = \underset{\sim}{A}(x_1) \bigvee \underset{\sim}{A}(x_2) = 0.4 \bigvee 1 = 1,$$
$$f(\underset{\sim}{A})(y_2) = \bigvee \varnothing = 0,$$
$$f(\underset{\sim}{A})(y_3) = \underset{\sim}{A}(x_3) = 0.4.$$

于是

$$f(\underset{\sim}{A}) = \frac{1}{y_1} + \frac{0}{y_2} + \frac{0.4}{y_3} = \frac{1}{y_1} + \frac{0.4}{y_3}.$$

(2) 设 $x \in X$, 由 $f^{-1}(\underset{\sim}{B})(x) = \underset{\sim}{B}(f(x))$, 得

$$f^{-1}(\underset{\sim}{B})(x_1) = \underset{\sim}{B}(f(x_1)) = \underset{\sim}{B}(y_1) = 0.6,$$
$$f^{-1}(\underset{\sim}{B})(x_2) = \underset{\sim}{B}(f(x_2)) = \underset{\sim}{B}(y_1) = 0.6,$$
$$f^{-1}(\underset{\sim}{B})(x_3) = \underset{\sim}{B}(f(x_3)) = \underset{\sim}{B}(y_3) = 0.6.$$

于是

$$f^{-1}(\underset{\sim}{B}) = \frac{0.6}{x_1} + \frac{0.6}{x_2} + \frac{0.6}{x_3}. \qquad \blacksquare$$

本节最后给出复合映射的扩展原理.

定理 2.3.8 设映射 $f : X \longrightarrow Y, g : Y \longrightarrow Z$.

$$g \circ f : X \longrightarrow Z,$$
$$x \longmapsto (g \circ f)(x) = g(f(x)).$$

(1) 若 $\underset{\sim}{A} \in \mathcal{F}(X)$, 则 $(g \circ f)(\underset{\sim}{A}) = g(f(\underset{\sim}{A})) = \bigcup_{\lambda \in [0,1]} \lambda g(f(A_\lambda))$.

(2) 若 $\underset{\sim}{C} \in \mathcal{F}(Z)$, 则 $(g \circ f)^{-1}(\underset{\sim}{C}) = f^{-1}(g^{-1}(\underset{\sim}{C})) = \bigcup_{\lambda \in [0,1]} \lambda f^{-1}(g^{-1}(C_\lambda))$.

证明 仅证结论 (1). 对任意的 $\lambda \in [0,1]$, 有

$$g(f(A_\lambda)) = \{z \in Z | 存在 \ y \in f(A_\lambda), \ 使得 \ z = g(y)\}$$
$$= \{z \in Z | 存在 \ x \in A_\lambda, \ 使得 \ f(x) = y, z = g(y)\}$$
$$= \{z \in Z | 存在 \ x \in A_\lambda, \ 使得 \ z = g(f(x))\},$$

而

$$(g \circ f)(A_\lambda) = \{z \in Z | 存在 x \in A_\lambda, \ 使得 z = (g \circ f)(x) = g(f(x))\},$$

故

$$(g \circ f)(A_\lambda) = g(f(A_\lambda)).$$

由扩展原理 I, 有

$$(g \circ f)(\underset{\sim}{A}) = \bigcup_{\lambda \in [0,1]} \lambda (g \circ f)(A_\lambda) = \bigcup_{\lambda \in [0,1]} \lambda g(f(A_\lambda)).$$

再由扩展原理 I 及表现定理, 有

$$f(\underset{\sim}{A}) = \bigcup_{\lambda \in [0,1]} \lambda f(A_\lambda),$$

且

$$f(\underset{\sim}{A})_\lambda \subseteq f(A_\lambda) \subseteq f(\underset{\sim}{A})_\lambda, \quad \lambda \in [0,1].$$

又由扩展原理 III, 有

$$g(f(\underset{\sim}{A})) = \bigcup_{\lambda \in [0,1]} \lambda g(f(A_\lambda)).$$

因此

$$(g \circ f)(\underset{\sim}{A}) = g(f(\underset{\sim}{A})) = \bigcup_{\lambda \in [0,1]} \lambda g(f(A_\lambda)). \qquad \blacksquare$$

2.4　二元扩展原理

本节我们将扩展原理推广到二元的情形, 与之相应地, 我们将 2.3 节中的扩展原理称为一元扩展原理.

2.4.1　二元经典扩展原理

设 $A \in \mathcal{P}(X), B \in \mathcal{P}(Y)$, 称集合

$$A \times B = \{(x,y)|x \in A, y \in B\}$$

为 A 与 B 的**直积**, 也称**Cartesian 积**.

直积具有以下性质:

(1) 设 $A_1, A_2 \in \mathcal{P}(X), B_1, B_2 \in \mathcal{P}(Y)$, 若 $A_1 \subseteq A_2$, $B_1 \subseteq B_2$, 则

$$A_1 \times B_1 \subseteq A_2 \times B_2;$$

(2) 设 $A \in \mathcal{P}(X), B \in \mathcal{P}(Y)$, 则 $A \times B$ 的特征函数为

$$(A \times B)(x,y) = A(x) \bigwedge B(y), \quad (x,y) \in X \times Y.$$

将上面的讨论推广到模糊集合的情形.

定义 2.4.1 设 $\underset{\sim}{A} \in \mathcal{F}(X), \underset{\sim}{B} \in \mathcal{F}(Y)$, 称 $\underset{\sim}{A} \times \underset{\sim}{B}$ 为 $\underset{\sim}{A}$ 与 $\underset{\sim}{B}$ 的**直积**, 其隶属函数为

$$(\underset{\sim}{A} \times \underset{\sim}{B})(x,y) = \underset{\sim}{A}(x) \bigwedge \underset{\sim}{B}(y).$$

引理 2.4.1 设 $\underset{\sim}{A} \in \mathcal{F}(X), \underset{\sim}{B} \in \mathcal{F}(Y), \lambda \in [0,1]$, 则

(1) $(\underset{\sim}{A} \times \underset{\sim}{B})_\lambda = \underset{\sim}{A}_\lambda \times \underset{\sim}{B}_\lambda$,

(2) $(\underset{\sim}{A} \times \underset{\sim}{B})_{\dot\lambda} = A_{\dot\lambda} \times B_{\dot\lambda}$.

证明 仅证 (1) 式. 对任意的 $(x,y) \in X \times Y$, 有

$$(x,y) \in (\underset{\sim}{A} \times \underset{\sim}{B})_\lambda \Longleftrightarrow (\underset{\sim}{A} \times \underset{\sim}{B})(x,y) = \underset{\sim}{A}(x) \bigwedge \underset{\sim}{B}(y) \geqslant \lambda$$
$$\Longleftrightarrow \underset{\sim}{A}(x) \geqslant \lambda, \underset{\sim}{B}(y) \geqslant \lambda$$
$$\Longleftrightarrow x \in A_\lambda, y \in B_\lambda$$
$$\Longleftrightarrow (x,y) \in A_\lambda \times B_\lambda. \qquad \blacksquare$$

定理 2.4.1 设 $\underset{\sim}{A} \in \mathcal{F}(X), \underset{\sim}{B} \in \mathcal{F}(Y)$, 则

$$\underset{\sim}{A} \times \underset{\sim}{B} = \bigcup_{\lambda \in [0,1]} \lambda(A_\lambda \times B_\lambda).$$

证明 由分解定理 I 及引理 2.4.1, 得

$$\underset{\sim}{A} \times \underset{\sim}{B} = \bigcup_{\lambda \in [0,1]} \lambda(\underset{\sim}{A} \times \underset{\sim}{B})_\lambda = \bigcup_{\lambda \in [0,1]} \lambda(A_\lambda \times B_\lambda). \qquad \blacksquare$$

定理 2.4.2 设 $\underset{\sim}{A} \in \mathcal{F}(X), \underset{\sim}{B} \in \mathcal{F}(Y)$, 则

$$\underset{\sim}{A} \times \underset{\sim}{B} = \bigcup_{\lambda \in [0,1]} \lambda(A_{\dot\lambda} \times B_{\dot\lambda}).$$

证明 与定理 2.4.1 证明类似, 从略. $\qquad \blacksquare$

定理 2.4.3 设 $\underset{\sim}{A} \in \mathcal{F}(X), \underset{\sim}{B} \in \mathcal{F}(Y)$. 若对任意的 $\lambda \in [0,1]$, $A_{\dot\lambda} \subseteq H_A(\lambda) \subseteq A_\lambda$, $B_{\dot\lambda} \subseteq H_B(\lambda) \subseteq B_\lambda$, 则

$$\underset{\sim}{A} \times \underset{\sim}{B} = \bigcup_{\lambda \in [0,1]} \lambda(H_A(\lambda) \times H_B(\lambda)),$$

且

(1) $(\underset{\sim}{A} \times \underset{\sim}{B})_\lambda = \bigcap_{\alpha < \lambda}(H_A(\alpha) \times H_B(\alpha)), \lambda \in (0,1]$,

(2) $(\underset{\sim}{A} \times \underset{\sim}{B})_{\dot\lambda} = \bigcup_{\alpha > \lambda}(H_A(\alpha) \times H_B(\alpha)), \lambda \in [0,1)$.

证明 若对任意的 $\lambda \in [0,1]$, 有 $A_{\dot\lambda} \subseteq H_A(\lambda) \subseteq A_\lambda, B_{\dot\lambda} \subseteq H_B(\lambda) \subseteq B_\lambda$, 则由引理 2.4.1 可得

$$(\underset{\sim}{A} \times \underset{\sim}{B})_{\dot\lambda} = A_{\dot\lambda} \times B_{\dot\lambda} \subseteq H_A(\lambda) \times H_B(\lambda) \subseteq A_\lambda \times B_\lambda = (\underset{\sim}{A} \times \underset{\sim}{B})_\lambda, \quad \lambda \in [0,1].$$

由分解定理 Ⅲ, 有

$$A \underset{\sim}{\times} B = \bigcup_{\lambda \in [0,1]} \lambda(H_A(\lambda) \times H_B(\lambda)),$$

且 (1), (2) 成立.   ∎

2.4.2 二元模糊扩展原理

我们先来讨论二元经典扩展原理. 设映射 $f : X \times Y \longrightarrow Z$, 可将其扩展为 $\mathcal{P}(X) \times \mathcal{P}(Y)$ 到 $\mathcal{P}(Z)$ 的映射, 即

$$f : \mathcal{P}(X) \times \mathcal{P}(Y) \longrightarrow \mathcal{P}(Z),$$
$$(A, B) \longmapsto f(A, B),$$

其中

$$f(A, B) = \{z \in Z | \text{存在 } x \in A,\ y \in B,\ \text{使得 } f(x, y) = z\}$$
$$= \{z \in Z | \text{存在 } (x, y) \in A \times B,\ \text{使得 } f(x, y) = z\}$$
$$= f(A \times B).$$

令

$$\times : \mathcal{P}(X) \times \mathcal{P}(Y) \longrightarrow \mathcal{P}(X \times Y),$$
$$(A, B) \longmapsto A \times B.$$

这样, 一方面, 可将求两个分明集合的直积看作是一种映射; 另一方面, 亦可将分明集合的序偶 (A, B) 视为 $X \times Y$ 的子集, 定义其特征函数为

$$(A, B)(x, y) = (A \times B)(x, y) = A(x) \bigwedge B(y), \quad (x, y) \in X \times Y.$$

故可将 (A, B) 与 $A \times B$ 视为同一. 显然有 $\mathcal{P}(X) \times \mathcal{P}(Y) \subset \mathcal{P}(X \times Y)$.

下面我们将二元经典扩展原理推广到模糊的情形. 令

$$\times : \mathcal{F}(X) \times \mathcal{F}(Y) \longrightarrow \mathcal{F}(X \times Y),$$
$$(\underset{\sim}{A}, \underset{\sim}{B}) \longmapsto \underset{\sim}{A} \times \underset{\sim}{B}.$$

同样地, 一方面, 可将求两个模糊集合的直积看作是一种映射; 另一方面, 亦可将模糊集合的序偶 $(\underset{\sim}{A}, \underset{\sim}{B})$ 视为 $X \times Y$ 上的模糊集合, 定义其隶属函数为

$$(\underset{\sim}{A}, \underset{\sim}{B})(x, y) = (\underset{\sim}{A} \times \underset{\sim}{B})(x, y) = \underset{\sim}{A}(x) \bigwedge \underset{\sim}{B}(y), \quad (x, y) \in X \times Y.$$

故可将 (A, B) 与 $A \times B$ 视为同一. 显然有 $\mathcal{F}(X) \times \mathcal{F}(Y) \subset \mathcal{F}(X \times Y)$.

设 $f : X \times Y \longrightarrow Z$, 由一元扩展原理, 可将其扩展为 $\mathcal{F}(X \times Y)$ 到 $\mathcal{F}(Z)$ 的映射, 这样我们就得到了二元模糊扩展原理.

定义 2.4.2 (二元模糊扩展原理) 设映射 $f : X \times Y \longrightarrow Z$, 则由 f 可以诱导出如下映射:

$$f : \mathcal{F}(X) \times \mathcal{F}(Y) \longrightarrow \mathcal{F}(Z),$$
$$(\underset{\sim}{A}, \underset{\sim}{B}) \longmapsto f(\underset{\sim}{A}, \underset{\sim}{B}) = f(\underset{\sim}{A} \times \underset{\sim}{B}),$$

其中 $f(\underset{\sim}{A}, \underset{\sim}{B})$ 的隶属函数为

$$\begin{aligned} f(\underset{\sim}{A}, \underset{\sim}{B})(z) &= f(\underset{\sim}{A} \times \underset{\sim}{B})(z) \\ &= \bigvee\nolimits_{f(x,y)=z} (\underset{\sim}{A} \times \underset{\sim}{B})(x, y) \\ &= \bigvee\nolimits_{f(x,y)=z} (\underset{\sim}{A}(x) \wedge \underset{\sim}{B}(y)), \quad z \in Z. \end{aligned}$$

二元经典扩展原理将映射 $f : X \times Y \longrightarrow Z$ 扩展为映射

$$f : \mathcal{P}(X) \times \mathcal{P}(Y) \longrightarrow \mathcal{P}(Z);$$

二元模糊扩展原理将映射 $f : X \times Y \longrightarrow Z$ 扩展为映射

$$f : \mathcal{F}(X) \times \mathcal{F}(Y) \longrightarrow \mathcal{F}(Z).$$

定理 2.4.4 设映射 $f : X \times Y \longrightarrow Z$. 若 $\underset{\sim}{A} \in \mathcal{F}(X)$, $\underset{\sim}{B} \in \mathcal{F}(Y)$, 则对任意的 $\lambda \in [0, 1]$, 有

(1) $f(\underset{\sim}{A}, \underset{\sim}{B})_{\dot{\lambda}} = f(A_{\dot{\lambda}}, B_{\dot{\lambda}})$,

(2) $f(A_\lambda, B_\lambda) \subseteq f(\underset{\sim}{A}, \underset{\sim}{B})_\lambda$, 且 $f(\underset{\sim}{A}, \underset{\sim}{B})_\lambda = f(A_\lambda, B_\lambda)$ 当且仅当对任意的 $z \in Z$, 存在 $(x_0, y_0) \in f^{-1}(z)$, 使得

$$f(\underset{\sim}{A}, \underset{\sim}{B})(z) = \underset{\sim}{A}(x_0) \wedge \underset{\sim}{B}(y_0).$$

证明 (1) 设 $z \in Z$.

$$\begin{aligned} z \in f(\underset{\sim}{A}, \underset{\sim}{B})_{\dot{\lambda}} &\Longleftrightarrow f(\underset{\sim}{A}, \underset{\sim}{B})(z) > \lambda \\ &\Longleftrightarrow \bigvee\nolimits_{f(x,y)=z} \big(\underset{\sim}{A}(x) \wedge \underset{\sim}{B}(y)\big) > \lambda \\ &\Longleftrightarrow \text{存在 } (x, y) \in X \times Y, \text{ 使得 } f(x, y) = z, \text{ 且 } \underset{\sim}{A}(x) \wedge \underset{\sim}{B}(y) > \lambda \\ &\Longleftrightarrow \text{存在 } x \in A_{\dot{\lambda}}, y \in B_{\dot{\lambda}}, \text{ 使得 } f(x, y) = z \\ &\Longleftrightarrow z \in f(A_{\dot{\lambda}}, B_{\dot{\lambda}}). \end{aligned}$$

故 $f(\underset{\sim}{A}, \underset{\sim}{B})_{\dot{\lambda}} = f(\underset{\sim}{A}_{\dot{\lambda}}, \underset{\sim}{B}_{\dot{\lambda}})$.

(2) 设 $z \in Z$.

$$z \in f(A_\lambda, B_\lambda) \Longrightarrow 存在 \ x \in A_\lambda, y \in B_\lambda, \ 使得 \ f(x, y) = z$$
$$\Longrightarrow 存在 \ (x, y) \in X \times Y, \ 使得 \ \underset{\sim}{A}(x) \geqslant \lambda, \underset{\sim}{B}(y) \geqslant \lambda, \ 且 f(x, y) = z$$
$$\Longrightarrow 存在 \ (x, y) \in X \times Y, 使得 \ \underset{\sim}{A}(x) \bigwedge \underset{\sim}{B}(y) \geqslant \lambda, \ 且 f(x, y) = z$$
$$\Longrightarrow \bigvee_{f(x,y)=z}(\underset{\sim}{A}(x) \bigwedge \underset{\sim}{B}(y)) \geqslant \lambda$$
$$\Longrightarrow f(\underset{\sim}{A}, \underset{\sim}{B})(z) \geqslant \lambda$$
$$\Longrightarrow z \in f(\underset{\sim}{A}, \underset{\sim}{B})_\lambda.$$

故

$$f(A_\lambda, B_\lambda) \subseteq f(\underset{\sim}{A}, \underset{\sim}{B})_\lambda.$$

若对任意的 $z \in Z$, 存在 $(x_0, y_0) \in f^{-1}(z)$, 使得

$$f(\underset{\sim}{A}, \underset{\sim}{B})(z) = \underset{\sim}{A}(x_0) \bigwedge \underset{\sim}{B}(y_0),$$

则

$$z \in f(\underset{\sim}{A}, \underset{\sim}{B})_\lambda \Longrightarrow f(\underset{\sim}{A}, \underset{\sim}{B})(z) \geqslant \lambda$$
$$\Longrightarrow 存在 \ (x_0, y_0) \in f^{-1}(z), \ 使得 \ f(\underset{\sim}{A}, \underset{\sim}{B})(z) = \underset{\sim}{A}(x_0) \bigwedge \underset{\sim}{B}(y_0) \geqslant \lambda$$
$$\Longrightarrow 存在 \ x_0 \in A_\lambda, \ y_0 \in B_\lambda, \ 使得 \ f(x_0, y_0) = z$$
$$\Longrightarrow z \in f(A_\lambda, B_\lambda),$$

故

$$f(\underset{\sim}{A}, \underset{\sim}{B})_\lambda \subseteq f(A_\lambda, B_\lambda).$$

因此

$$f(\underset{\sim}{A}, \underset{\sim}{B})_\lambda = f(A_\lambda, B_\lambda). \qquad \blacksquare$$

下面给出集合套形式的二元扩展原理.

设 $\underset{\sim}{A} \in \mathcal{F}(X), \underset{\sim}{B} \in \mathcal{F}(Y)$. 若 $\lambda_1 < \lambda_2$, 则 $(\underset{\sim}{A} \times \underset{\sim}{B})_{\lambda_2} \subseteq (\underset{\sim}{A} \times \underset{\sim}{B})_{\lambda_1}$, 进而

$$f((\underset{\sim}{A} \times \underset{\sim}{B})_{\lambda_2}) \subseteq f((\underset{\sim}{A} \times \underset{\sim}{B})_{\lambda_1}),$$

所以 $\{f((\underset{\sim}{A} \times \underset{\sim}{B})_\lambda)\}_{\lambda \in [0,1]}$ 是集合 Z 上的集合套. 由引理 2.4.1, 对任意的 $\lambda \in [0, 1]$, 有

$$f((\underset{\sim}{A} \times \underset{\sim}{B})_\lambda) = f(A_\lambda \times B_\lambda).$$

因此, $\{f(A_\lambda \times B_\lambda)\}_{\lambda \in [0,1]}$ 是集合 Z 上的集合套, 由表现定理, $\{f(A_\lambda \times B_\lambda)\}_{\lambda \in [0,1]}$ 唯一确定一个 Z 上的模糊集合 $\bigcup_{\lambda \in [0,1]} \lambda f(A_\lambda \times B_\lambda)$.

定理 2.4.5 (二元扩展原理 I) 设映射 $f : X \times Y \longrightarrow Z$. 若 $\underset{\sim}{A} \in \mathcal{F}(X), \underset{\sim}{B} \in \mathcal{F}(Y)$, 则

$$f(\underset{\sim}{A}, \underset{\sim}{B}) = \bigcup_{\lambda \in [0,1]} \lambda f(A_\lambda, B_\lambda).$$

证明 由一元扩展原理 I, 有

$$\begin{aligned}
f(\underset{\sim}{A}, \underset{\sim}{B}) &= f(\underset{\sim}{A} \times \underset{\sim}{B}) \\
&= \bigcup_{\lambda \in [0,1]} \lambda f((\underset{\sim}{A} \times \underset{\sim}{B})_\lambda) \\
&= \bigcup_{\lambda \in [0,1]} \lambda f(A_\lambda \times B_\lambda) \\
&= \bigcup_{\lambda \in [0,1]} \lambda f(A_\lambda, B_\lambda).
\end{aligned}$$
∎

推论 2.4.1 设映射 $f : X \times Y \longrightarrow Z$. 若 $\underset{\sim}{A} \in \mathcal{F}(X), \underset{\sim}{B} \in \mathcal{F}(Y)$, 则

$$f(\underset{\sim}{A}, \underset{\sim}{B})(z) = \bigvee \{\lambda \in [0,1] | z \in f(A_\lambda, B_\lambda)\}, \quad z \in Z.$$

定理 2.4.6 (二元扩展原理 II) 设映射 $f : X \times Y \longrightarrow Z$. 若 $\underset{\sim}{A} \in \mathcal{F}(X), \underset{\sim}{B} \in \mathcal{F}(Y)$, 则

$$f(\underset{\sim}{A}, \underset{\sim}{B}) = \bigcup_{\lambda \in [0,1]} \lambda f(A_{\overset{\bullet}{\lambda}}, B_{\overset{\bullet}{\lambda}}).$$

证明 与定理 2.4.5 的证明类似, 从略. ∎

推论 2.4.2 设映射 $f : X \times Y \longrightarrow Z$. 若 $\underset{\sim}{A} \in \mathcal{F}(X), \underset{\sim}{B} \in \mathcal{F}(Y)$, 则

$$f(\underset{\sim}{A}, \underset{\sim}{B})(z) = \bigvee \{\lambda \in [0,1] | z \in f(A_{\overset{\bullet}{\lambda}}, B_{\overset{\bullet}{\lambda}})\}, \quad z \in Z.$$

定理 2.4.7 (二元扩展原理 III) 设映射 $f : X \times Y \longrightarrow Z$. 若 $\underset{\sim}{A} \in \mathcal{F}(X), \underset{\sim}{B} \in \mathcal{F}(Y)$, 且对任意的 $\lambda \in [0,1]$, 有 $A_{\overset{\bullet}{\lambda}} \subseteq H_A(\lambda) \subseteq A_\lambda$, $B_{\overset{\bullet}{\lambda}} \subseteq H_B(\lambda) \subseteq B_\lambda$, 则

$$f(\underset{\sim}{A}, \underset{\sim}{B}) = \bigcup_{\lambda \in [0,1]} \lambda f(H_A(\lambda), H_B(\lambda)),$$

且

(1) 对任意的 $\lambda \in [0,1]$, 有 $f(\underset{\sim}{A}, \underset{\sim}{B})_{\overset{\bullet}{\lambda}} \subseteq f(H_A(\lambda), H_B(\lambda)) \subseteq f(\underset{\sim}{A}, \underset{\sim}{B})_\lambda$,

(2) 若 $\lambda \in (0,1]$, 则 $f(\underset{\sim}{A}, \underset{\sim}{B})_\lambda = \bigcap_{\alpha < \lambda} f(H_A(\alpha), H_B(\alpha))$,

(3) 若 $\lambda \in [0,1)$, 则 $f(\underset{\sim}{A}, \underset{\sim}{B})_{\overset{\bullet}{\lambda}} = \bigcup_{\alpha > \lambda} f(H_A(\alpha), H_B(\alpha))$.

证明　由 $A_{\underset{\bullet}{\lambda}} \subseteq H_A(\lambda) \subseteq A_\lambda$, $B_{\underset{\bullet}{\lambda}} \subseteq H_B(\lambda) \subseteq B_\lambda$ 可得

$$A_{\underset{\bullet}{\lambda}} \times B_{\underset{\bullet}{\lambda}} \subseteq H_A(\lambda) \times H_B(\lambda) \subseteq A_\lambda \times B_\lambda,$$

即

$$(A_{\underset{\bullet}{\lambda}}, B_{\underset{\bullet}{\lambda}}) \subseteq (H_A(\lambda), H_B(\lambda)) \subseteq (A_\lambda, B_\lambda),$$

所以

$$f(A_{\underset{\bullet}{\lambda}}, B_{\underset{\bullet}{\lambda}}) \subseteq f(H_A(\lambda), H_B(\lambda)) \subseteq f(A_\lambda, B_\lambda).$$

因此

$$\bigcup_{\lambda \in [0,1]} \lambda f(A_{\underset{\bullet}{\lambda}}, B_{\underset{\bullet}{\lambda}}) \subseteq \bigcup_{\lambda \in [0,1]} \lambda f(H_A(\lambda), H_B(\lambda)) \subseteq \bigcup_{\lambda \in [0,1]} \lambda f(A_\lambda, B_\lambda),$$

由二元扩展原理 I, II, 并结合表现定理可得结论成立.　　■

推论 2.4.3　设映射 $f : X \times Y \longrightarrow Z$. 若 $A \in \mathcal{F}(X), B \in \mathcal{F}(Y)$, 且对任意的 $\lambda \in [0,1]$, 有 $A_{\underset{\bullet}{\lambda}} \subseteq H_A(\lambda) \subseteq A_\lambda$, $B_{\underset{\bullet}{\lambda}} \subseteq H_B(\lambda) \subseteq \widetilde{B}_\lambda$, 则

$$f(\underset{\sim}{A}, \underset{\sim}{B})(z) = \bigvee \big\{ \lambda \in [0,1] \big| z \in f(H_A(\lambda), H_B(\lambda)) \big\}, \quad z \in Z.$$

例 2.4.1　设论域为整数集 $\mathbf{Z}$, 映射 $f : \mathbf{Z} \times \mathbf{Z} \longrightarrow \mathbf{Z}$, $(x, y) \longmapsto f(x, y) = x + y$. 已知

$$\underset{\sim}{A} = \frac{0.5}{0} + \frac{1}{1} + \frac{0.5}{2}, \quad \underset{\sim}{B} = \frac{0.6}{1} + \frac{1}{2} + \frac{0.6}{3}.$$

求 $\underset{\sim}{A} + \underset{\sim}{B}$.

解　**法 1**　由截集的定义可知

$$A_\lambda = \begin{cases} \{\cdots, -1, 0, 1, \cdots\}, & \lambda = 0, \\ \{0, 1, 2\}, & 0 < \lambda \leqslant 0.5, \\ \{1\}, & 0.5 < \lambda \leqslant 1, \end{cases}$$

$$B_\lambda = \begin{cases} \{\cdots, -1, 0, 1, \cdots\}, & \lambda = 0, \\ \{1, 2, 3\}, & 0 < \lambda \leqslant 0.6, \\ \{2\}, & 0.6 < \lambda \leqslant 1, \end{cases}$$

于是

$$A_\lambda + B_\lambda = \begin{cases} \{\cdots, -1, 0, 1, \cdots\}, & \lambda = 0, \\ \{1, 2, 3, 4, 5\}, & 0 < \lambda \leqslant 0.5, \\ \{2, 3, 4\}, & 0.5 < \lambda \leqslant 0.6, \\ \{3\}, & 0.6 < \lambda \leqslant 1. \end{cases}$$

由二元扩展原理, 有

$$\underset{\sim}{A} + \underset{\sim}{B} = \bigcup_{\lambda \in [0,1]} \lambda(A_\lambda + B_\lambda),$$

且

$$(\underset{\sim}{A} + \underset{\sim}{B})_0 = \bigcup_{\alpha > 0}(A_\alpha + B_\alpha) = \{1, 2, 3, 4, 5\},$$

故

$$z \notin \{1, 2, 3, 4, 5\} \Longleftrightarrow (\underset{\sim}{A} + \underset{\sim}{B})(z) = 0.$$

又

$$(\underset{\sim}{A} + \underset{\sim}{B})_1 = \bigcap_{\alpha < 1}(A_\alpha + B_\alpha) = \{3\},$$

即

$$z \in \{3\} \Longleftrightarrow (\underset{\sim}{A} + \underset{\sim}{B})(z) = 1.$$

由二元扩展原理的推论, 有

$$(\underset{\sim}{A} + \underset{\sim}{B})(z) = \bigvee \{\lambda \in [0,1] | z \in A_\lambda + B_\lambda\}.$$

于是

$$(\underset{\sim}{A} + \underset{\sim}{B})(1) = 0.5, \quad (\underset{\sim}{A} + \underset{\sim}{B})(2) = 0.6,$$
$$(\underset{\sim}{A} + \underset{\sim}{B})(4) = 0.6, \quad (\underset{\sim}{A} + \underset{\sim}{B})(5) = 0.5.$$

因此

$$\underset{\sim}{A} + \underset{\sim}{B} = \frac{0.5}{1} + \frac{0.6}{2} + \frac{1}{3} + \frac{0.6}{4} + \frac{0.5}{5}.$$

法 2 由

$$(\underset{\sim}{A} + \underset{\sim}{B})(z) = \bigvee_{x+y=z}(\underset{\sim}{A}(x) \bigwedge \underset{\sim}{B}(y)), \quad z \in Z$$

可知,

$$(\underset{\sim}{A} + \underset{\sim}{B})(z) > 0 \Longleftrightarrow z \in \{1, 2, 3, 4, 5\},$$

且

$$
\begin{aligned}
(\underset{\sim}{A} + \underset{\sim}{B})(1) &= \bigvee\nolimits_{x+y=1}(\underset{\sim}{A}(x) \bigwedge \underset{\sim}{B}(y)) \\
&= \underset{\sim}{A}(0) \bigwedge \underset{\sim}{B}(1) \\
&= 0.5 \bigwedge 0.6 \\
&= 0.5, \\
(\underset{\sim}{A} + \underset{\sim}{B})(2) &= \bigvee\nolimits_{x+y=2}(\underset{\sim}{A}(x) \bigwedge \underset{\sim}{B}(y)) \\
&= (\underset{\sim}{A}(0) \bigwedge \underset{\sim}{B}(2)) \bigvee (\underset{\sim}{A}(1) \bigwedge \underset{\sim}{B}(1)) \\
&= (0.5 \bigwedge 1) \bigvee (1 \bigwedge 0.6) \\
&= 0.6, \\
(\underset{\sim}{A} + \underset{\sim}{B})(3) &= \bigvee\nolimits_{x+y=3}(\underset{\sim}{A}(x) \bigwedge \underset{\sim}{B}(y)) \\
&= (\underset{\sim}{A}(0) \bigwedge \underset{\sim}{B}(3)) \bigvee (\underset{\sim}{A}(1) \bigwedge \underset{\sim}{B}(2)) \bigvee (\underset{\sim}{A}(2) \bigwedge \underset{\sim}{B}(1)) \\
&= (0.5 \bigwedge 0.6) \bigvee (1 \bigwedge 1) \bigvee (0.5 \bigwedge 0.6) \\
&= 1, \\
(\underset{\sim}{A} + \underset{\sim}{B})(4) &= \bigvee\nolimits_{x+y=4}(\underset{\sim}{A}(x) \bigwedge \underset{\sim}{B}(y)) \\
&= (\underset{\sim}{A}(1) \bigwedge \underset{\sim}{B}(3)) \bigvee (\underset{\sim}{A}(2) \bigwedge \underset{\sim}{B}(2)) \\
&= (1 \bigwedge 0.6) \bigvee (0.5 \bigwedge 1) \\
&= 0.6, \\
(\underset{\sim}{A} + \underset{\sim}{B})(5) &= \bigvee\nolimits_{x+y=5}(\underset{\sim}{A}(x) \bigwedge \underset{\sim}{B}(y)) \\
&= \underset{\sim}{A}(2) \bigwedge \underset{\sim}{B}(3) \\
&= 0.5 \bigwedge 0.6 \\
&= 0.5.
\end{aligned}
$$

于是

$$
\underset{\sim}{A} + \underset{\sim}{B} = \frac{0.5}{1} + \frac{0.6}{2} + \frac{1}{3} + \frac{0.6}{4} + \frac{0.5}{5}.
$$

注 1　由定理 2.4.4 可知, 对任意的 $\lambda \in [0,1]$, 有

$$
f(\underset{\sim}{A}, \underset{\sim}{B})_\lambda = f(\underset{\bullet}{A}_\lambda, \underset{\bullet}{B}_\lambda).
$$

此例中, $\underset{\bullet}{A}_0 = \{0,1,2\}$, $\underset{\bullet}{B}_0 = \{1,2,3\}$, 而 $\underset{\bullet}{A}_0 + \underset{\bullet}{B}_0 = \{1,2,3,4,5\}$, 故

$$
z \notin \{1,2,3,4,5\} \Longleftrightarrow (\underset{\sim}{A} + \underset{\sim}{B})(z) = 0.
$$

注 2 此例中模糊集合 $A\!\!\sim$ 表示接近 1 的整数 $\underset{\sim}{1}$, $B\!\!\sim$ 表示接近 2 的整数 $\underset{\sim}{2}$, $A\!\!\sim + B\!\!\sim$ 表示接近 3 的整数 $\underset{\sim}{3}$, 即 $\underset{\sim}{1} + \underset{\sim}{2} = \underset{\sim}{3}$.

习　题　二

1. 设 $A, B \in \mathcal{F}(X), \lambda \in [0,1]$. 证明:

(1) $(A \underset{\sim}{\bigcup} B)_\lambda = A_\lambda \bigcup B_\lambda$;　(2) $(A \underset{\sim}{\bigcap} B)_\lambda = A_\lambda \bigcap B_\lambda$;

(3) $(A \underset{\sim}{\bigcup} B)_{\overset{\lambda}{\cdot}} = A_{\overset{\lambda}{\cdot}} \bigcup B_{\overset{\lambda}{\cdot}}$;　(4) $(A \underset{\sim}{\bigcap} B)_{\overset{\lambda}{\cdot}} = A_{\overset{\lambda}{\cdot}} \bigcap B_{\overset{\lambda}{\cdot}}$.

2. 设 $A\!\!\sim \in \mathcal{F}(X), \lambda \in [0,1]$, I 为任意指标集, $i \in I, A_i \in \mathcal{F}(X)$. 证明:

(1) $(\underset{\sim}{\bigcup}_{i \in I} A_i)_\lambda \supseteq \bigcup_{i \in I}(A_i)_\lambda$;　(2) $(\bigcap_{i \in I} A_i)_{\overset{\lambda}{\cdot}} \subseteq \underset{\sim}{\bigcap}_{i \in I}(A_i)_{\overset{\lambda}{\cdot}}$.

3. 设 $A\!\!\sim \in \mathcal{F}(X)$, I 为任意指标集, $i \in I, \lambda_i \in [0,1], \alpha = \bigvee_{i \in I} \lambda_i, \beta = \bigwedge_{i \in I} \lambda_i$. 证明:

(1) $A_\alpha \subseteq \bigcap_{i \in I} A_{\lambda_i}$;　(2) $A_{\overset{\beta}{\cdot}} \supseteq \bigcup_{i \in I} A_{\overset{\lambda_i}{\cdot}}$.

4. 设论域 $X = \{x_1, x_2, x_3, x_4, x_5, x_6\}, A\!\!\sim \in \mathcal{F}(X)$, 已知

$$A\!\!\sim = \frac{0.3}{x_1} + \frac{0.6}{x_2} + \frac{0.5}{x_3} + \frac{1}{x_4} + \frac{0.4}{x_5} + \frac{0.7}{x_6}.$$

(1) 求 $A\!\!\sim$ 的 λ 截集 $A_\lambda, \lambda \in [0,1]$.　(2) 求 $A\!\!\sim$ 的 λ 强截集 $A_{\overset{\lambda}{\cdot}}, \lambda \in [0,1]$.

5. 设 $I\!\!\sim$ 为任意指标集, $i \in I, A_i \in \mathcal{F}(X), \lambda \in [0,1]$. 证明:

(1) $\lambda(\bigcup_{i \in I} A_i) = \bigcup_{i \in I} \lambda A_i$;　(2) $\lambda(\bigcap_{i \in I} A_i) = \bigcap_{i \in I} \lambda A_i$.

6. 设 $X = \{x_1, x_2, x_3, x_4, x_5\}, A\!\!\sim \in \mathcal{F}(X)$, 已知

$$A_\lambda = \begin{cases} \{x_1, x_2, x_3, x_4, x_5\}, & 0 \leqslant \lambda \leqslant 0.3, \\ \{x_2, x_3, x_4\}, & 0.3 < \lambda \leqslant 0.7, \\ \{x_3, x_4\}, & 0.7 < \lambda \leqslant 0.8, \\ \varnothing, & 0.8 < \lambda \leqslant 1. \end{cases}$$

求 $A\!\!\sim$ (用 Zadeh 记法表示).

7. 设 $X = \{x_1, x_2, x_3, x_4, x_5\}, H \in \mathcal{U}(X)$, 且

$$H(\lambda) = \begin{cases} \{x_1, x_2, x_3, x_4, x_5\}, & 0 \leqslant \lambda \leqslant 0.2, \\ \{x_2, x_3, x_4\}, & 0.2 < \lambda < 0.6, \\ \{x_3, x_4\}, & 0.6 \leqslant \lambda \leqslant 0.9, \\ \varnothing, & 0.9 < \lambda \leqslant 1. \end{cases}$$

记 $\underset{\sim}{A} = \bigcup_{\lambda \in [0,1]} \lambda H(\lambda)$, 求 $\underset{\sim}{A}$ (用 Zadeh 记法表示).

8. 设 I 为任意指标集, $i \in I, A_i \in \mathcal{P}(X)$. 证明:

(1) $f(\bigcup_{i \in I} A_i) = \bigcup_{i \in I} f(A_i)$;   (2) $f(\bigcap_{i \in I} A_i) \subseteq \bigcap_{i \in I} f(A_i)$.

举例说明 (2) 式中等号不一定成立.

9. 设论域为实数集 $\mathbf{R}$, 映射 $f: \mathbf{R} \longrightarrow \mathbf{R}, x \longmapsto f(x) = x^2$, 已知 $\underset{\sim}{A} \in \mathcal{F}(\mathbf{R})$, 且

$$\underset{\sim}{A}(x) = \begin{cases} x, & 0 < x \leqslant 1, \\ 2 - x, & 1 < x < 2, \\ 0, & \text{其他}. \end{cases}$$

试求 $f(\underset{\sim}{A})$ 的隶属函数.

10. 设论域为实数集 $\mathbf{R}$, 映射 $f: \mathbf{R} \longrightarrow \mathbf{R}, x \longmapsto f(x) = x^2$. 已知 $\underset{\sim}{B} \in \mathcal{F}(\mathbf{R})$,

$$\underset{\sim}{B}(y) = \begin{cases} 1 - \sqrt{y}, & 0 \leqslant y < 1, \\ 0, & \text{其他}. \end{cases}$$

试求 $f^{-1}(\underset{\sim}{B})$ 的隶属函数.

11. 设映射 $f: X \longrightarrow Y, x \longmapsto f(x) = y$. 证明: 对任意的 $\underset{\sim}{A} \in \mathcal{F}(X)$ 和 $\lambda \in [0,1]$, 有

(1) $f(\underset{\sim}{A}_\lambda) = f(\underset{\sim}{A})_\lambda$;   (2) $f^{-1}(\underset{\sim}{B})_\lambda = f^{-1}(\underset{\sim}{B}_\lambda)$;   (3) $f^{-1}(\underset{\sim}{B})_\lambda = f^{-1}(\underset{\sim}{B}_\lambda)$.

12. 设 I 为任意指标集, $i \in I, \underset{\sim}{A}_i \in \mathcal{F}(X), \underset{\sim}{B}_i \in \mathcal{F}(Y)$, 再设 $\underset{\sim}{B} \in \mathcal{F}(Y)$. 证明:

(1) $f(\bigcup_{i \in I} \underset{\sim}{A}_i) = \bigcup_{i \in I} f(\underset{\sim}{A}_i)$;   (2) $f(\bigcap_{i \in I} \underset{\sim}{A}_i) \subseteq \bigcap_{i \in I} f(\underset{\sim}{A}_i)$;

(3) $f^{-1}(\bigcup_{i \in I} \underset{\sim}{B}_i) = \bigcup_{i \in I} f^{-1}(\underset{\sim}{B}_i)$;   (4) $f^{-1}(\bigcap_{i \in I} \underset{\sim}{B}_i) = \bigcap_{i \in I} f^{-1}(\underset{\sim}{B}_i)$;

(5) $f^{-1}(\underset{\sim}{B}^c) = (f^{-1}(\underset{\sim}{B}))^c$.

13. 设 $X = \{x_1, x_2, x_3, x_4, x_5\}, Y = \{y_1, y_2, y_3\}$, 映射 $f: X \longrightarrow Y$, 已知

$$f(x_1) = f(x_2) = f(x_3) = y_1, \quad f(x_4) = f(x_5) = y_2.$$

已知 $\underset{\sim}{A} \in \mathcal{F}(X), \underset{\sim}{B} \in \mathcal{F}(Y)$, 且

$$\underset{\sim}{A} = \frac{0.3}{x_1} + \frac{0.6}{x_2} + \frac{0.9}{x_3} + \frac{0.6}{x_4} + \frac{0.3}{x_5}, \quad \underset{\sim}{B} = \frac{0.2}{y_1} + \frac{0.8}{y_2} + \frac{0.5}{y_3}.$$

分别求 $f(\underset{\sim}{A})$ 与 $f^{-1}(\underset{\sim}{B})$ 的隶属函数.

14. 设论域为正整数集 $\mathbf{N}$, 映射 $f: \mathbf{N} \times \mathbf{N} \longrightarrow \mathbf{N}, f(x, y) = x + y$. 已知 $\underset{\sim}{A} \in \mathcal{F}(\mathbf{N})$, 且

$$\underset{\sim}{A} = \frac{0.3}{1} + \frac{0.7}{2} + \frac{1}{3} + \frac{0.7}{4} + \frac{0.3}{5}.$$

试求 $\underset{\sim}{A} + \underset{\sim}{A}$ 的隶属函数.

第三章　模　糊　数

模糊数是实数集上的一类特殊的模糊集, 本章将要介绍模糊数的定义、模糊数的表现定理, 以及模糊数的运算, 着重讨论有界闭模糊数的性质及其代数运算.

3.1　区间数与模糊数

有这样一类模糊集合, 其论域为实数集 $\mathbf{R}$, 且对任意的水平 $\lambda(0 < \lambda \leqslant 1)$, 其 λ 截集为有限区间. 根据扩展原理, 我们可以将实数集中的四则运算扩展为这些模糊集合之间的四则运算, 可以计算 $\underset{\sim}{A} + \underset{\sim}{B}, \underset{\sim}{A} - \underset{\sim}{B}, \underset{\sim}{A} \times \underset{\sim}{B}, \underset{\sim}{A} \div \underset{\sim}{B} \, (0 \notin \mathrm{Supp}\, \underset{\sim}{B})$, 于是, 人们就称这类模糊集合为模糊数. 在对两个模糊数进行四则运算时, 比如, 求 $\underset{\sim}{A} + \underset{\sim}{B}$, 根据扩展原理, 有

$$\underset{\sim}{A} + \underset{\sim}{B} = \bigcup_{\lambda \in [0,1]} \lambda(A_\lambda + B_\lambda).$$

我们注意到其中关键的一步是计算 $A_\lambda + B_\lambda$, 要对 $\underset{\sim}{A}$ 与 $\underset{\sim}{B}$ 的 λ 截集, 也就是这些有限区间进行相应的计算, 这就提示我们在关注模糊数的四则运算之前, 首先要关注这些有限区间及其上的四则运算.

3.1.1　区间数

将 $\mathbf{R}$ 中的非空有限闭区间 $[a, b]$ 称为**闭区间数**, 其中 $a, b \in \mathbf{R}, a \leqslant b$. 若 $a = b$, 则 $[a, a] = \{a\}$. $\mathbf{R}$ 中全体闭区间数组成的集合用 $\bar{\mathbf{R}}$ 表示.

设 $*$ 是实数集上的代数运算,

$$* : \mathbf{R} \times \mathbf{R} \longrightarrow \mathbf{R},$$
$$(x, y) \longmapsto x * y.$$

由经典扩展原理, 有

$$[a, b] * [c, d] = \{z \in Z |\ \text{存在}\ x \in [a, b], y \in [c, d],\ \text{使得}\ x * y = z\}.$$

若所得结果仍为闭区间数, 则称上式给出了闭区间数之间的一个运算 $*$, 也就是可将实数集之间的代数运算 $*$ 扩展为闭区间数之间的代数运算 $*$.

闭区间数的四则运算公式为

$$[a,b] + [c,d] = [a+c, b+d],$$

$$[a,b] - [c,d] = [a-d, b-c],$$

$$[a,b]\cdot[c,d] = [ac \bigwedge ad \bigwedge bc \bigwedge bd, ac \bigvee ad \bigvee bc \bigvee bd],$$

$$[a,b]\div[c,d]$$

$$= [(a/c) \bigwedge (a/d) \bigwedge (b/c) \bigwedge (b/d), (a/c) \bigvee (a/d) \bigvee (b/c) \bigvee (b/d)], \quad 0 \notin [c,d].$$

闭区间数的概念可以推广. 通常人们将实数集 $\mathbf{R}$ 中的有限区间称为**区间数**, 包括闭区间、开区间、半开半闭区间.

在学习模糊数的概念之前, 我们还需要介绍实数集 $\mathbf{R}$ 中的闭集与凸集的定义及性质.

设 $A \subseteq \mathbf{R}$, 若对任意的数列 $\{x_n\}_{n \in \mathbf{N}}, x_n \in A, \lim\limits_{n\to\infty} x_n = x_0$, 有 $x_0 \in A$, 则称 A 为**闭集**. 设 $x, y \in A$, 若对任意的 $k \in [0,1]$, 有 $kx + (1-k)y \in A$, 则称 A 为**凸集**. 若集合 A 既是闭集又是凸集, 则称 A 为**闭凸集**. 约定空集既是闭集也是凸集.

非空集合 A 是凸集当且仅当对任意的 $x, y \in A$, 连接 x, y 之间的线段上的点,

$$kx + (1-k)y, \quad k \in [0,1],$$

都在 A 中. 因此, 实数集 $\mathbf{R}$ 中的非空凸集就是区间 (可能是有限区间, 也可能是无限区间).

一般地, 我们有如下结论:

命题 3.1.1 设 I 为任意指标集, $i \in I, A_i$ 是闭集, 则 $\bigcap_{i \in I} A_i$ 是闭集.

证明 设数列 $\{x_n\}_{n \in \mathbf{N}}, x_n \in \bigcap_{i \in I} A_i, \lim\limits_{n\to\infty} x_n = x_0$, 则对任意的 $i \in I$, 任意的 $n \in \mathbf{N}$, 有 $x_n \in A_i$, 由 A_i 是闭集可得, 对任意的 $i \in I$, 有 $x_0 \in A_i$, 故 $x_0 \in \bigcap_{i \in I} A_i$, 即 $\bigcap_{i \in I} A_i$ 是闭集. ∎

命题 3.1.2 设 I 为任意指标集, $i \in I, A_i$ 是凸集, 则 $\bigcap_{i \in I} A_i$ 是凸集.

证明 设 $x, y \in \bigcap_{i \in I} A_i$, 则对任意的 $i \in I, x, y \in A_i$, 对任意的 $k \in [0,1]$, 由 A_i 是凸集可得

$$kx + (1-k)y \in A_i, \quad i \in I,$$

故

$$kx + (1-k)y \in \bigcap_{i \in I} A_i.$$

因此, $\bigcap_{i \in I} A_i$ 是凸集. ∎

推论 3.1.1 设 I 为任意指标集, $i \in I, A_i$ 是闭凸集, 则 $\bigcap_{i \in I} A_i$ 是闭凸集.

命题 3.1.3 设 $A \subseteq \mathbf{R}$. A 是凸集当且仅当对任意的 $k \in [0, 1]$, 有

$$A(kx + (1-k)y) \geqslant A(x) \bigwedge A(y), \quad x, y \in \mathbf{R}.$$

证明 必要性 设 $x, y \in \mathbf{R}$, 考虑到特征函数仅在 $\{0, 1\}$ 中取值, 分两种情形讨论.

情形 1 若 $A(x) \bigwedge A(y) = 0$, 则对任意的 $k \in [0, 1]$, 有

$$A(kx + (1-k)y) \geqslant A(x) \bigwedge A(y).$$

情形 2 若 $A(x) \bigwedge A(y) = 1$, 则 $A(x) = A(y) = 1$, 也就是 $x, y \in A$, 于是对任意的 $k \in [0, 1]$, 由 A 是凸集得

$$kx + (1-k)y \in A,$$

即

$$A(kx + (1-k)y) = 1,$$

故

$$A(kx + (1-k)y) \geqslant A(x) \bigwedge A(y).$$

充分性 对任意的 $x, y \in A$, 任意的 $k \in [0, 1]$, 由 $A(kx+(1-k)y) \geqslant A(x) \bigwedge A(y)$, 并注意到 $A(x) = A(y) = 1$ 可得

$$1 \geqslant A(kx + (1-k)y) \geqslant A(x) \bigwedge A(y) = 1,$$

即

$$A(kx + (1-k)y) = 1,$$

则

$$kx + (1-k)y \in A. \quad \blacksquare$$

推论 3.1.2 设 $A \subseteq \mathbf{R}$. A 是凸集当且仅当对任意的 $x_1, x_2, x_3 \in \mathbf{R}$, 若

$$x_1 \leqslant x_2 \leqslant x_3,$$

则

$$A(x_2) \geqslant A(x_1) \bigwedge A(x_3).$$

命题 3.1.4 设 $A \subseteq \mathbf{R}, A \neq \varnothing$, 则 A 是有界闭凸集当且仅当 A 是有限闭区间.

证明 必要性 由 A 非空有界可知, A 的上、下确界存在, 记 $a = \bigwedge A, b = \bigvee A$, 显然 $a \leqslant b$. 往证 $A = [a, b]$.

若 $a = b$, 即 $\bigwedge A = \bigvee A = a$, 则 $A = \{a\} = [a, a]$.

若 $a < b$, 则

(1) 由 $a = \bigwedge A$ 可知, 对任意的 $n \in \mathbf{N}$, 存在 $x_n \in A$, 使得 $a \leqslant x_n < a + \dfrac{1}{n}$, 即存在数列 $\{x_n\} \subseteq A$, 使得 $\lim\limits_{n \to \infty} x_n = a$, 又由 A 是闭集, 可得 $a \in A$.

(2) 由 $b = \bigvee A$ 可知, 对任意的 $n \in \mathbf{N}$, 存在 $y_n \in A$, 使得 $b - \dfrac{1}{n} < y_n \leqslant b$, 即存在数列 $\{y_n\} \subseteq A$, 使得 $\lim\limits_{n \to \infty} y_n = b$, 又由 A 是闭集, 可得 $b \in A$.

对任意的 $x \in [a, b]$, 令 $k = \dfrac{b - x}{b - a}$, 则 $x = ka + (1 - k)b$, 由 $a, b \in A$ 及 A 是凸集可得 $x \in A$, 即 $[a, b] \subseteq A$.

对任意的 $x \in A$, 显然有 $\bigwedge A \leqslant x \leqslant \bigvee A$, 即 $a \leqslant x \leqslant b$, 故 $x \in [a, b]$, 也就是 $A \subseteq [a, b]$.

这样就证明了 $A = [a, b]$.

充分性 设 A 是非空有限闭区间, 即存在 $a, b \in \mathbf{R}, a \leqslant b$, 使得 $A = [a, b]$, 显然, A 是有界集合.

若 $a = b$, 则 $A = [a, a] = \{a\}$, A 是闭凸集. 以下考虑 $a < b$ 的情形.

若数列 $\{x_n\}_{n \in \mathbf{N}} \subseteq [a, b]$, 且 $\lim\limits_{n \to \infty} x_n = x_0$, 则对任意的 $n \in \mathbf{N}$, 有 $a \leqslant x_n \leqslant b$, 所以 $a \leqslant \lim\limits_{n \to \infty} x_n \leqslant b$, 即 $x_0 \in [a, b]$, 因此, A 是闭集.

若 $x, y \in [a, b]$, 即 $a \leqslant x \leqslant b, a \leqslant y \leqslant b$, 则对任意的 $k \in [0, 1]$, 有

$$a \leqslant kx + (1 - k)y \leqslant b,$$

也就是 $kx + (1 - k)y \in [a, b]$, 因此, A 是凸集. ∎

3.1.2 实数集上的特殊模糊集

定义 3.1.1 设 $\underset{\sim}{A} \in \mathcal{F}(\mathbf{R})$.

(1) 若对任意的 $\lambda \in (0, 1]$, 有 A_λ 是闭集, 则称 $\underset{\sim}{A}$ 是**闭模糊集**.

(2) 若对任意的 $\lambda \in (0, 1]$, 有 A_λ 是凸集, 则称 $\underset{\sim}{A}$ 是**凸模糊集**.

(3) 若对任意的 $\lambda \in (0, 1]$, 有 A_λ 是闭凸集, 则称 $\underset{\sim}{A}$ 是**闭凸模糊集**.

(4) 若存在 $x_0 \in \mathbf{R}$, 使得 $\underset{\sim}{A}(x_0) = 1$, 则称 $\underset{\sim}{A}$ 是**正则模糊集**.

(5) 若对任意的 $\lambda \in (0, 1]$, 有 A_λ 有界, 则称 $\underset{\sim}{A}$ 是**有界模糊集**.

(6) 若 $\mathrm{Supp}\,\underset{\sim}{A}$ 有界, 则称 $\underset{\sim}{A}$ 是**有限模糊集**.

定理 3.1.1 设 $\underset{\sim}{A} \in \mathcal{F}(\mathbf{R})$. $\underset{\sim}{A}$ 是凸模糊集当且仅当对任意的 $k \in [0,1]$, 有

$$\underset{\sim}{A}(kx + (1-k)y) \geqslant \underset{\sim}{A}(x) \bigwedge \underset{\sim}{A}(y), \quad x, y \in \mathbf{R}.$$

证明 必要性 令 $\lambda = \underset{\sim}{A}(x) \bigwedge \underset{\sim}{A}(y)$, 若 $\lambda = 0$, 则

$$\underset{\sim}{A}(kx + (1-k)y) \geqslant 0 = \lambda = \underset{\sim}{A}(x) \bigwedge \underset{\sim}{A}(y).$$

不妨设 $\lambda > 0$, 由 $\underset{\sim}{A}(x) \geqslant \underset{\sim}{A}(x) \bigwedge \underset{\sim}{A}(y) = \lambda$ 可知 $x \in A_\lambda$, 同理 $y \in A_\lambda$. 又由 $\underset{\sim}{A}$ 是凸模糊集, 可知 A_λ 是凸集, 所以, 对任意的 $k \in [0,1]$, 有 $kx + (1-k)y \in A_\lambda$, 即

$$\underset{\sim}{A}(kx + (1-k)y) \geqslant \lambda = \underset{\sim}{A}(x) \bigwedge \underset{\sim}{A}(y).$$

充分性 设 $\lambda \in (0,1]$.

若 $A_\lambda = \varnothing$, 则 A_λ 是凸集.

若 $A_\lambda \neq \varnothing$, 设 $x, y \in A_\lambda$, 即 $\underset{\sim}{A}(x) \geqslant \lambda$, $\underset{\sim}{A}(y) \geqslant \lambda$, 对任意的 $k \in [0,1]$, 有

$$\underset{\sim}{A}(kx + (1-k)y) \geqslant \underset{\sim}{A}(x) \bigwedge \underset{\sim}{A}(y) \geqslant \lambda,$$

即 $kx + (1-k)y \in A_\lambda$, 故 A_λ 是凸集. 由 λ 的任意性可知, $\underset{\sim}{A}$ 是凸模糊集. ∎

推论 3.1.3 设 $\underset{\sim}{A} \in \mathcal{F}(\mathbf{R})$. $\underset{\sim}{A}$ 是凸模糊集当且仅当对任意的 $x_1, x_2, x_3 \in \mathbf{R}$, 若 $x_1 \leqslant x_2 \leqslant x_3$, 则

$$\underset{\sim}{A}(x_2) \geqslant \underset{\sim}{A}(x_1) \bigwedge \underset{\sim}{A}(x_3).$$

定理 3.1.2 设 $\underset{\sim}{A} \in \mathcal{F}(\mathbf{R})$, 则

$$\underset{\sim}{A} \text{ 是正则模糊集} \iff \ker \underset{\sim}{A} \neq \varnothing \iff \text{对任意的 } \lambda \in [0,1], \text{ 有 } A_\lambda \neq \varnothing.$$

证明 由正则模糊集的定义易得. ∎

3.1.3 模糊数

定义 3.1.2 设 $\underset{\sim}{A} \in \mathcal{F}(\mathbf{R})$.

(1) 若 $\underset{\sim}{A}$ 是正则的凸模糊集, 则称 $\underset{\sim}{A}$ 是**模糊数**.

(2) 若 $\underset{\sim}{A}$ 是正则的闭凸模糊集, 则称 $\underset{\sim}{A}$ 是**闭模糊数**.

(3) 若 $\underset{\sim}{A}$ 是正则的有界闭凸模糊集, 则称 $\underset{\sim}{A}$ 是**有界闭模糊数**.

(4) 若 $\underset{\sim}{A}$ 是正则的有限闭凸模糊集, 则称 $\underset{\sim}{A}$ 是**有限闭模糊数**.

由前面的讨论可知,

(1) $\underset{\sim}{A}$ 是模糊数 $\iff$ 对任意的 $\lambda \in (0,1]$, 有 A_λ 是非空区间.

(2) A 是闭模糊数 $\Longleftrightarrow$ 对任意的 $\lambda \in (0,1]$, 有 A_λ 是非空闭区间.

(3) A 是有界闭模糊数 $\Longleftrightarrow$ 对任意的 $\lambda \in (0,1]$, 有 A_λ 是非空有限闭区间.

(4) A 是有限闭模糊数 $\Longleftrightarrow$ 对任意的 $\lambda \in (0,1]$, 有 A_λ 是非空闭区间, 且 Supp A 有界.

由于有界闭模糊数的截集 $A_\lambda(\lambda \in (0,1])$ 都是非空有限闭区间 (闭区间数), 在运算时比较方便, 所以, 以下我们将着重讨论有界闭模糊数及其运算. 由有界闭模糊数的全体组成的集合记为 $\widetilde{\mathbf{R}}$.

定理 3.1.3 设 $A \in \mathcal{F}(\mathbf{R})$, 则 $A \in \widetilde{\mathbf{R}}$ 当且仅当存在有限闭区间 $[a,b]$, 使得 $\ker A = [a,b]$, 且

(1) 在 $(-\infty, a)$ 中, $A(x)$ 是单调不减、右连续的函数, $\lim\limits_{x \to -\infty} A(x) = 0$,

(2) 在 (b, ∞) 中, $A(x)$ 是单调不增、左连续的函数, $\lim\limits_{x \to \infty} A(x) = 0$.

证明　必要性　设 $A \in \widetilde{\mathbf{R}}$, 则对任意的 $\lambda \in (0,1]$, 有 A_λ 是非空有限闭区间, 特别地, 设 $\ker A = [a,b]$, 则

$$A(x) = 1 \Longleftrightarrow x \in [a,b],$$
$$x \notin [a,b] \Longleftrightarrow 0 \leqslant A(x) < 1.$$

(1) 设 $x, y \in (-\infty, a)$, 且 $x < y$, 由 $A \in \widetilde{\mathbf{R}}$, A 是凸模糊集, 故

$$A(y) \geqslant A(x) \bigwedge A(a) = A(x) \bigwedge 1 = A(x).$$

所以, 在 $(-\infty, a)$ 中, $A(x)$ 是单调不减的函数.

设 $x_0 \in (-\infty, a)$, 由 $A(x)$ 是单调不减的有界函数, 可知 $\lim\limits_{x \to x_0^+} A(x)$ 存在, 记 $\lim\limits_{x \to x_0^+} A(x) = \alpha$. 因此, 对任意严格单调递减数列 $\{x_n\}_{n \in \mathbf{N}}$, 若 $x_n \in (-\infty, a)$, $n \in \mathbf{N}, \lim\limits_{n \to \infty} x_n = x_0$, 则 $\lim\limits_{n \to \infty} A(x_n) = \alpha$. 由 $A(x)$ 是单调不减的函数, 可得

$$A(x_1) \geqslant A(x_2) \geqslant \cdots \geqslant A(x_n) \geqslant \cdots \geqslant A(x_0),$$

故 $A(x_n) \geqslant \alpha \geqslant A(x_0)$, 即 $x_n \in A_\alpha$. 由 A 是闭模糊集可知 A_α 是闭集, 而 $\lim\limits_{n \to \infty} x_n = x_0$, 故 $x_0 \in A_\alpha$, $A(x_0) \geqslant \alpha$, 于是 $A(x_0) = \alpha$, 即在 $(-\infty, a)$ 中, $A(x)$ 右连续.

由于在 $(-\infty, a)$ 中, $A(x)$ 是单调不减的有界函数, 极限 $\lim\limits_{x \to -\infty} A(x)$ 存在, 记 $\lim\limits_{x \to -\infty} A(x) = \beta$, 易知 $\beta \geqslant 0$. 对任意的 $x \in (-\infty, a)$, 有 $A(x) \geqslant \beta$, 即 $x \in A_\beta$. 若 $\beta > 0$, 则 A_β 无界, 与 $A \in \widetilde{\mathbf{R}}$ 矛盾, 因此 $\lim\limits_{x \to -\infty} A(x) = \beta = 0$.

同理可证 (2) 成立.

充分性　设 $A \in \mathcal{F}(\mathbf{R})$, 且存在有限闭区间 $[a,b]$, 使得 $\ker A = [a,b]$, 故 A 是正则模糊集.

对任意的 $\lambda \in (0,1)$, 记

$$a_\lambda = \bigwedge \{x \in \mathbf{R} | A(x) \geqslant \lambda\},$$
$$b_\lambda = \bigvee \{x \in \mathbf{R} | A(x) \geqslant \lambda\}.$$

由于 $\lim\limits_{x \to -\infty} A(x) = \lim\limits_{x \to \infty} A(x) = 0$, 所以, a_λ, b_λ 均为有限数, 且 $a_\lambda \leqslant a \leqslant b \leqslant b_\lambda$.

往证 $A_\lambda = [a_\lambda, b_\lambda]$, 先证 $[a_\lambda, b_\lambda] \subseteq A_\lambda$. 对任意的 $x \in [a_\lambda, b_\lambda]$, 分如下几种情形:

(1) 若 $x \in [a,b]$, 则 $A(x) = 1 \geqslant \lambda$, 所以 $x \in A_\lambda$, 即 $[a,b] \subseteq A_\lambda$,

(2) 若 $x \in (a_\lambda, a)$, 则

$$a_\lambda = \bigwedge \{x \in \mathbf{R} | A(x) \geqslant \lambda\} < x < a.$$

故存在 $x_0 < x$, 且 $A(x_0) \geqslant \lambda$, 由 $A(x)$ 在 $(-\infty, a)$ 中单调不减可知, $A(x) \geqslant A(x_0) \geqslant \lambda$, 从而 $x \in A_\lambda$. 又 $A(x)$ 在 $(-\infty, a)$ 中右连续, 所以 $A(a_\lambda) = \lim\limits_{x \to a_\lambda^+} A(x) \geqslant \lambda$, 故 $a_\lambda \in A_\lambda$. 因此 $[a_\lambda, a) \subseteq A_\lambda$.

同理可证, $(b, b_\lambda] \subseteq A_\lambda$. 于是 $[a_\lambda, b_\lambda] \subseteq A_\lambda$.

再证 $A_\lambda \subseteq [a_\lambda, b_\lambda]$. 若 $x \in A_\lambda$, 则 $A(x) \geqslant \lambda$, 于是

$$\bigwedge \{x \in \mathbf{R} | A(x) \geqslant \lambda |\} \leqslant x \leqslant \bigvee \{x \in \mathbf{R} | A(x) \geqslant \lambda\},$$

即

$$a_\lambda \leqslant x \leqslant b_\lambda,$$

也就是 $A_\lambda \subseteq [a_\lambda, b_\lambda]$.

这样 $A_\lambda = [a_\lambda, b_\lambda]$, 也就是对任意的 $\lambda \in (0,1]$, A_λ 都是非空有限闭区间, 所以 A 是有界闭模糊数, 即 $A \in \widetilde{\mathbf{R}}$. ■

利用定理 3.1.3, 可以很方便地判别一个实数集上的模糊集是否是有界闭模糊数, 故有时也将其称为**有界闭模糊数的判别定理**. 由定理 3.1.3 及其证明可知, 设 $A \in \widetilde{\mathbf{R}}$, 若记 $A_\lambda = [A_\lambda^-, A_\lambda^+], \lambda \in (0,1]$, 则 $\ker A = [A_1^-, A_1^+]$, 且对任意的 $\lambda \in (0,1)$, 有

$$A_\lambda^- = \bigwedge \{x \in (-\infty, A_1^-] | A(x) \geqslant \lambda\},$$
$$A_\lambda^+ = \bigvee \{x \in [A_1^+, \infty) | A(x) \geqslant \lambda\}.$$

若记

$$L_A(x) = \underset{\sim}{A}(x), \quad x \in (-\infty, A_1^-),$$

$$R_A(x) = \underset{\sim}{A}(x), \quad x \in (A_1^+, \infty),$$

则 $\underset{\sim}{A}$ 可以表示为

$$\underset{\sim}{A} = ([A_1^-, A_1^+], L_A, R_A).$$

例 3.1.1　设 $\underset{\sim}{A} \in \mathcal{F}(\mathbf{R})$, $\underset{\sim}{A}$ 的隶属函数为

$$\underset{\sim}{A}(x) = \mathrm{e}^{-\left(\frac{x-a}{\sigma}\right)^2}, \quad -\infty < x < \infty,$$

其中 $a, \sigma (\sigma > 0)$ 为常数, 称 $\underset{\sim}{A}$ 为正态型模糊集, 也称正态模糊分布. 判断 $\underset{\sim}{A}$ 是否是有界闭模糊数, 并求 $\underset{\sim}{A}$ 的 λ 截集, $\lambda \in (0, 1]$.

解　由 $\underset{\sim}{A}$ 的隶属函数可知, $\ker \underset{\sim}{A} = \{a\}$. $\underset{\sim}{A}(x)$ 在 $(-\infty, \infty)$ 中是连续函数, 在 $(-\infty, a)$ 中单调不减, 在 (a, ∞) 中单调不增, 且 $\lim\limits_{x \to -\infty} \underset{\sim}{A}(x) = \lim\limits_{x \to \infty} \underset{\sim}{A}(x) = 0$, 根据定理 3.1.3, $\underset{\sim}{A}$ 是有界闭模糊数, 即 $\underset{\sim}{A} \in \widetilde{\mathbf{R}}$.

对任意的 $\lambda \in (0, 1)$, $A_\lambda = [A_\lambda^-, A_\lambda^+]$, 且

$$A_\lambda^- = \bigwedge \{x \in (-\infty, A_1^-] | \underset{\sim}{A}(x) \geqslant \lambda\} = a - \sigma\sqrt{-\ln\lambda},$$

$$A_\lambda^+ = \bigvee \{x \in [A_1^+, \infty) | \underset{\sim}{A}(x) \geqslant \lambda\} = a + \sigma\sqrt{-\ln\lambda}.$$

于是

$$A_\lambda = [a - \sigma\sqrt{-\ln\lambda}, a + \sigma\sqrt{-\ln\lambda}], \quad 0 < \lambda \leqslant 1. \quad \blacksquare$$

3.2　模糊数的表现定理

本节我们将讨论模糊数的表现定理, 需要说明的是, 模糊数是特殊的模糊集合, 因此, 我们在前面的章节中对一般的模糊集合得出的结论依然成立.

定义 3.2.1　设映射

$$H : [0, 1] \longrightarrow \mathcal{P}(\mathbf{R}),$$

$$\lambda \longmapsto H(\lambda).$$

若

(1) 对任意的 $\lambda \in [0, 1]$, $H(\lambda)$ 是 $\mathbf{R}$ 中的凸集;

(2) 对任意的 $\lambda_1, \lambda_2 \in [0, 1]$, 若 $\lambda_1 < \lambda_2$, 则 $H(\lambda_2) \subseteq H(\lambda_1)$,

则称映射 H 是 $\mathbf{R}$ 上的区间套, 此时也称 $\{H(\lambda)\}_{\lambda \in [0,1]}$ 是 $\mathbf{R}$ 上的区间套.

定理 3.2.1(凸模糊集的表现定理) 设 $\underset{\sim}{A}$ 是由实数集 $\mathbf{R}$ 上的区间套 H 所确定的模糊集合, 即 $\underset{\sim}{A} = \bigcup_{\lambda \in [0,1]} \lambda H(\lambda)$, 则 $\underset{\sim}{A}$ 是凸模糊集.

证明 设 $\lambda \in (0,1]$, 对任意的 $\alpha \in [0,1]$, $H(\alpha)$ 是 $\mathbf{R}$ 上的凸集, 于是, $\bigcap_{\alpha < \lambda} H(\alpha)$ 也是 $\mathbf{R}$ 上的凸集, 而 $\mathbf{R}$ 上的区间套必是 $\mathbf{R}$ 上的集合套, 由表现定理可知, $\underset{\sim}{A} \in \mathcal{F}(\mathbf{R})$, 且 $A_\lambda = \bigcap_{\alpha < \lambda} H(\alpha)$ 是 $\mathbf{R}$ 上的凸集, 故 $\underset{\sim}{A}$ 是凸模糊集. ∎

例 3.2.1 设 $\underset{\sim}{A}$ 是由实数集 $\mathbf{R}$ 上的区间套 H 所确定的模糊集合, 且已知

$$H(\lambda) = \begin{cases} (2\lambda, 3 - 2\lambda], & 0 \leqslant \lambda \leqslant 0.5, \\ \varnothing, & 0.5 < \lambda \leqslant 1. \end{cases}$$

求 $\underset{\sim}{A}$ 的隶属函数.

解 因为 H 是实数集 $\mathbf{R}$ 上的区间套, 由凸模糊集的表现定理,

$$\underset{\sim}{A} = \bigcup_{\lambda \in [0,1]} \lambda H(\lambda) \in \mathcal{F}(\mathbf{R})$$

是凸模糊集, 且

$$A_0 = \bigcup_{\alpha > 0} H(\alpha) = \bigcup_{0 < \alpha \leqslant 0.5} (2\lambda, 3 - 2\lambda] = (0, 3),$$

因此

$$x \notin (0, 3) \iff \underset{\sim}{A}(x) = 0.$$

又因为

$$A_{0.5} = \bigcap_{\alpha < 0.5} H(\alpha) = \bigcap_{\alpha < 0.5} (2\lambda, 3 - 2\lambda] = [1, 2],$$

而

$$A_{0.5} = \bigcup_{\alpha > 0.5} H(\alpha) = \varnothing,$$

故 $x \in [1, 2] \iff \underset{\sim}{A}(x) = 0.5$, 且对任意的 $x \in \mathbf{R}$, 有 $\underset{\sim}{A}(x) \leqslant 0.5$. 而当 $x \in (0, 1)$ 或 $x \in (2, 3)$ 时,

$$\begin{aligned} \underset{\sim}{A}(x) &= \bigvee \{\lambda \in [0,1] | x \in H(\lambda)\} \\ &= \bigvee \{\lambda \in [0,1] | x \in (2\lambda, 3 - 2\lambda]\} \\ &= \bigvee \{\lambda \in [0,1] | 2\lambda < x \leqslant 3 - 2\lambda\}. \end{aligned}$$

若 $x \in (0, 1)$, 则

$$\underset{\sim}{A}(x) = \frac{x}{2};$$

若 $x \in (2,3)$, 则

$$\underset{\sim}{A}(x) = \frac{3-x}{2}.$$

因此

$$\underset{\sim}{A}(x) = \begin{cases} \dfrac{x}{2}, & 0 < x < 1, \\ \dfrac{1}{2}, & 1 \leqslant x \leqslant 2, \\ \dfrac{3-x}{2}, & 2 < x < 3, \\ 0, & \text{其他}. \end{cases}$$

定义 3.2.2 设 H 是实数集 $\mathbf{R}$ 上的区间套, 若对任意的 $\lambda \in (0,1]$, $H(\lambda) \in \bar{\mathbf{R}}$, 即 $H(\lambda)$ 是 $\mathbf{R}$ 中的非空有限闭区间, 则称 H 是 $\mathbf{R}$ 上的**有界闭区间套**.

定理 3.2.2(有界闭模糊数的表现定理) 设 H 是实数集 $\mathbf{R}$ 上的有界闭区间套, $H(\lambda) = [H(\lambda)^-, H(\lambda)^+], \lambda \in (0,1]$, 则

$$\underset{\sim}{A} = \bigcup_{\lambda \in [0,1]} \lambda H(\lambda) \in \widetilde{\mathbf{R}},$$

且

$$A_\lambda = [A_\lambda^-, A_\lambda^+] = [\bigvee_{\alpha < \lambda} H(\alpha)^-, \bigwedge_{\alpha < \lambda} H(\alpha)^+], \quad \lambda \in (0,1].$$

证明 由定理 3.2.1 知, $\underset{\sim}{A} = \bigcup_{\lambda \in (0,1)} \lambda H(\lambda) \in \mathcal{F}(\mathbf{R})$ 是凸模糊集, 且对任意的 $\lambda \in [0,1]$, 有

$$A_\lambda \subseteq H(\lambda) \subseteq A_\lambda.$$

又 H 是实数集 $\mathbf{R}$ 上的有界闭区间套, $H(1) = [H(1)^-, H(1)^+] \neq \varnothing$, 而 $H(1) \subseteq A_1$, 于是 $A_1 \neq \varnothing$, 进而 A_λ 非空, $\lambda \in (0,1]$, 故 $\underset{\sim}{A}$ 是正则模糊集, 因此, $\underset{\sim}{A}$ 是模糊数.

又由于闭集的交仍为闭集, 凸集的交仍为凸集, 因此

$$A_\lambda = \bigcap_{\alpha < \lambda} H(\alpha) = \bigcap_{\alpha < \lambda} [H(\alpha)^-, H(\alpha)^+]$$

是 $\mathbf{R}$ 上的闭凸集, 易知 A_λ 有界. 因此, A_λ 是 $\mathbf{R}$ 上的非空有界闭凸集, 故 $\underset{\sim}{A} \in \widetilde{\mathbf{R}}$.

记 $A_\lambda = [A_\lambda^-, A_\lambda^+], \lambda \in (0,1]$, 由 H 是 $\mathbf{R}$ 上的有界闭区间套可知, 若 $\alpha \in (0,\lambda)$, 则 $H(\lambda) \subseteq H(\alpha)$, 即 $[H(\lambda)^-, H(\lambda)^+] \subseteq [H(\alpha)^-, H(\alpha)^+]$, 也就是

$$H(\alpha)^- \leqslant H(\lambda)^- \leqslant H(\lambda)^+ \leqslant H(\alpha)^+.$$

集合 $\{H(\alpha)^- | \alpha \in (0,\lambda)\}$ 有上界, $\{H(\alpha)^+ | \alpha \in (0,\lambda)\}$ 有下界, 因此, $\bigvee_{\alpha < \lambda} H(\alpha)^-$ 与 $\bigwedge_{\alpha < \lambda} H(\alpha)^+$ 存在, 且

$$\bigvee_{\alpha < \lambda} H(\alpha)^- \leqslant H(\lambda)^- \leqslant H(\lambda)^+ \leqslant \bigwedge_{\alpha < \lambda} H(\alpha)^+.$$

往证 $A_\lambda = [\bigvee_{\alpha<\lambda} H(\alpha)^-, \bigwedge_{\alpha<\lambda} H(\alpha)^+]$. 因为 $A_\lambda = \bigcap_{\alpha<\lambda} H(\alpha)$, 故

$$
\begin{aligned}
x \in A_\lambda &\Longleftrightarrow \text{任意的 } \alpha(\alpha<\lambda), x \in H(\alpha) \\
&\Longleftrightarrow \text{任意的 } \alpha(\alpha<\lambda), x \in [H(\alpha)^-, H(\alpha)^+] \\
&\Longleftrightarrow \text{任意的 } \alpha(\alpha<\lambda), H(\alpha)^- \leqslant x \leqslant H(\alpha)^+ \\
&\Longleftrightarrow \bigvee_{\alpha<\lambda} H(\alpha)^- \leqslant x \leqslant \bigwedge_{\alpha<\lambda} H(\alpha)^+ \\
&\Longleftrightarrow x \in [\bigvee_{\alpha<\lambda} H(\alpha)^-, \bigwedge_{\alpha<\lambda} H(\alpha)^+].
\end{aligned}
$$

因此,

$$
A_\lambda = [\bigvee_{\alpha<\lambda} H(\alpha)^-, \bigwedge_{\alpha<\lambda} H(\alpha)^+]. \qquad \blacksquare
$$

注 1 在定理 3.2.2 的条件下, 有

$$
A_1 = [A_1^-, A_1^+] = [\bigvee_{\alpha<1} H(\alpha)^-, \bigwedge_{\alpha<1} H(\alpha)^+].
$$

而

$$
\underset{\sim}{A}(x) = \bigvee\{\lambda \in [0,1] | x \in H(\lambda)\} = \bigvee\{\lambda \in [0,1] | H(\lambda)^- \leqslant x \leqslant H(\lambda)^+\}.
$$

当 $x < A_1^-$, 记 $L_A(x) = \underset{\sim}{A}(x)$, 则

$$
L_A(x) = \bigvee\{\lambda \in [0,1] | H(\lambda)^- \leqslant x\};
$$

当 $x > A_1^+$, 记 $R_A(x) = \underset{\sim}{A}(x)$, 则

$$
R_A(x) = \bigvee\{\lambda \in [0,1] | x \leqslant H(\lambda)^+\}.
$$

因此

$$
\underset{\sim}{A} = ([A_1^-, A_1^+], L_A, R_A).
$$

注 2 定理 3.2.2 的结论可改为

$$
\underset{\sim}{A} = \bigcup_{\lambda \in [0,1]} \lambda H(\lambda) \in \widetilde{\mathbf{R}},
$$

且对任意的 $\lambda \in (0,1]$, 有

$$
A_\lambda = [A_\lambda^-, A_\lambda^+] = \left[\lim_{n\to\infty} H(\lambda_n)^-, \lim_{n\to\infty} H(\lambda_n)^+\right],
$$

其中 $\lambda_n = \dfrac{n}{n+1}\lambda$, $n = 1, 2, \cdots$.

原因如下: 设 $\lambda \in (0,1]$, $\lambda_n = \dfrac{n}{n+1}\lambda$, $n = 1, 2, \cdots$, 故 $\lambda_1 < \lambda_2 < \cdots < \lambda_n < \cdots < \lambda$,

且 $\bigvee_{n=1}^{\infty}\lambda_n=\lambda$, 因此,

$$A_\lambda = \bigcap_{n=1}^{\infty}H(\lambda_n) = \bigcap_{n=1}^{\infty}[H(\lambda_n)^-, H(\lambda_n)^+].$$

由 H 是 $\mathbf{R}$ 上的有界闭区间套可知,

$$H(\lambda_1)^- \leqslant H(\lambda_2)^- \leqslant \cdots \leqslant H(\lambda_n)^- \leqslant \cdots \leqslant H(\lambda_n)^+ \leqslant \cdots \leqslant H(\lambda_2)^+ \leqslant H(\lambda_1)^+.$$

因此, 数列 $\{H(\lambda_n)^-\}$ 单调不减有上界, $\{H(\lambda_n)^+\}$ 单调不增有下界, 于是 $\lim\limits_{n\to\infty}H(\lambda_n)^-$, $\lim\limits_{n\to\infty}H(\lambda_n)^+$ 存在, 且对任意的 $n\in\mathbf{N}$,

$$H(\lambda_n)^- \leqslant \lim_{n\to\infty}H(\lambda_n)^- \leqslant \lim_{n\to\infty}H(\lambda_n)^+ \leqslant H(\lambda_n)^+.$$

于是

$$x \in \left[\lim_{n\to\infty}H(\lambda_n)^-, \lim_{n\to\infty}H(\lambda_n)^+\right]$$

$$\Longleftrightarrow \lim_{n\to\infty}H(\lambda_n)^- \leqslant x \leqslant \lim_{n\to\infty}H(\lambda_n)^+$$

$$\Longleftrightarrow 对任意的 n\in\mathbf{N}, H(\lambda_n)^- \leqslant x \leqslant H(\lambda_n)^+$$

$$\Longleftrightarrow 对任意的 n\in\mathbf{N}, x\in[H(\lambda_n)^-, H(\lambda_n)^+]$$

$$\Longleftrightarrow x\in\bigcap_{n=1}^{\infty}H(\lambda_n)$$

$$\Longleftrightarrow x\in A_\lambda = [A_\lambda^-, A_\lambda^+].$$

因此, 对任意的 $\lambda\in(0,1]$, 有

$$A_\lambda = [A_\lambda^-, A_\lambda^+] = \left[\lim_{n\to\infty}H(\lambda_n)^-, \lim_{n\to\infty}H(\lambda_n)^+\right].$$

例 3.2.2 设 $\underset{\sim}{A}$ 是由实数集 $\mathbf{R}$ 上的有界闭区间套 H 所确定的模糊集合, 已知

$$H(\lambda) = \begin{cases} [\lambda-1, 2-\lambda], & 0\leqslant\lambda<1, \\ \left[0, \dfrac{2}{3}\right], & \lambda=1. \end{cases}$$

求 $\underset{\sim}{A}$ 的隶属函数 $\underset{\sim}{A}(x)$ 以及 $A_\lambda, \lambda\in(0,1]$.

解 由已知, H 是实数集 $\mathbf{R}$ 上的有界闭区间套, 根据有界闭模糊数的表现定理, 有

$$\underset{\sim}{A} = \bigcup_{\lambda\in(0,1]}\lambda H(\lambda) \in \underset{\sim}{\widetilde{\mathbf{R}}},$$

且

$$A_1 = \bigcap_{\alpha<1} H(\alpha) = \bigcap_{\alpha<1}[\alpha-1, 2-\alpha] = [0,1],$$

$$A_0 = \bigcup_{\alpha>0} H(\alpha) = \bigcup_{\alpha>0}[\alpha-1, 2-\alpha] \bigcup \left[0, \frac{2}{3}\right] = (-1, 2),$$

因此

$$x \in [0,1] \Longleftrightarrow \underset{\sim}{A}(x) = 1; \quad x \in (-1, 2) \Longleftrightarrow 0 < \underset{\sim}{A}(x) \leqslant 1.$$

若 $x \in (-1, 0)$, 则

$$\underset{\sim}{A}(x) = \bigvee \{\lambda \in [0,1] | \lambda - 1 \leqslant x\} = 1 + x;$$

若 $x \in (1, 2)$, 则

$$\underset{\sim}{A}(x) = \bigvee \{\lambda \in [0,1] | x \leqslant 2 - \lambda\} = 2 - x.$$

$\underset{\sim}{A}$ 的隶属函数为

$$\underset{\sim}{A}(x) = \begin{cases} 1+x, & -1 < x < 0, \\ 1, & 0 \leqslant x \leqslant 1, \\ 2-x, & 1 < x < 2, \\ 0, & \text{其他}. \end{cases}$$

根据有界闭模糊数的表现定理, 对任意的 $\lambda \in (0,1]$, 有

$$\begin{aligned} A_\lambda &= [\bigvee_{\alpha<\lambda} H(\alpha)^-, \bigwedge_{\alpha<\lambda} H(\alpha)^+] \\ &= [\bigvee_{\alpha<\lambda} (\alpha-1), \bigwedge_{\alpha<\lambda} (2-\alpha)] \\ &= [\lambda-1, 2-\lambda]. \end{aligned}$$

3.3 模糊数的运算

应用扩展原理可将实数集中的代数运算扩展为实数集上的模糊集合间的相应代数运算. 需要说明的是我们在 2.4 节所作的讨论仍然成立.

3.3.1 实数集上模糊集合间的代数运算

设 $*$ 是实数集 $\mathbf{R}$ 上的代数运算:

$$*: \mathbf{R} \times \mathbf{R} \longrightarrow \mathbf{R},$$

$$(x, y) \longmapsto x * y.$$

由二元扩展原理, 我们可以将其扩展为模糊集合间的代数运算:

$$* : \mathcal{F}(\mathbf{R}) \times \mathcal{F}(\mathbf{R}) \longrightarrow \mathcal{F}(\mathbf{R}),$$

$$(\underset{\sim}{A}, \underset{\sim}{B}) \longmapsto \underset{\sim}{A} * \underset{\sim}{B} = \bigcup\nolimits_{\lambda \in [0,1]} \lambda(A_\lambda * B_\lambda),$$

其中

$$A_\lambda * B_\lambda = \{z \in \mathbf{R} | 存在\ x \in A_\lambda, y \in B_\lambda, 使得 x * y = z\}.$$

$A * B$ 的隶属函数为

$$(\underset{\sim}{A} * \underset{\sim}{B})(z) = \bigvee\nolimits_{x*y=z} (\underset{\sim}{A}(x) \wedge \underset{\sim}{B}(y)).$$

特别地, 对四则运算有

(1) $\underset{\sim}{A} + \underset{\sim}{B} = \bigcup\nolimits_{\lambda \in [0,1]} \lambda(A_\lambda + B_\lambda)$, 其隶属函数为

$$\begin{aligned}
(\underset{\sim}{A} + \underset{\sim}{B})(z) &= \bigvee\nolimits_{x+y=z} (\underset{\sim}{A}(x) \wedge \underset{\sim}{B}(y)) \\
&= \bigvee\nolimits_{x \in \mathbf{R}} (\underset{\sim}{A}(x) \wedge \underset{\sim}{B}(z-x)), \quad z \in \mathbf{R},
\end{aligned}$$

(2) $\underset{\sim}{A} - \underset{\sim}{B} = \bigcup\nolimits_{\lambda \in [0,1]} \lambda(A_\lambda - B_\lambda)$, 其隶属函数为

$$\begin{aligned}
(\underset{\sim}{A} - \underset{\sim}{B})(z) &= \bigvee\nolimits_{x-y=z} (\underset{\sim}{A}(x) \wedge \underset{\sim}{B}(y)) \\
&= \bigvee\nolimits_{x \in \mathbf{R}} (\underset{\sim}{A}(x) \wedge \underset{\sim}{B}(x-z)), \quad z \in \mathbf{R},
\end{aligned}$$

(3) $\underset{\sim}{A} \cdot \underset{\sim}{B} = \bigcup\nolimits_{\lambda \in [0,1]} \lambda(A_\lambda \cdot B_\lambda)$, 其隶属函数为

$$\begin{aligned}
(\underset{\sim}{A} \cdot \underset{\sim}{B})(z) &= \bigvee\nolimits_{x \cdot y=z} (\underset{\sim}{A}(x) \wedge \underset{\sim}{B}(y)) \\
&= \begin{cases}
\bigvee\nolimits_{x \neq 0} (\underset{\sim}{A}(x) \wedge \underset{\sim}{B}(z/x)), & z \neq 0, \\
(\underset{\sim}{A}(0) \wedge (\bigvee\nolimits_{y \in \mathbf{R}} \underset{\sim}{B}(y))) \vee (\underset{\sim}{B}(0) \wedge (\bigvee\nolimits_{x \in \mathbf{R}} \underset{\sim}{A}(x))), & z = 0,
\end{cases}
\end{aligned}$$

(4) $\underset{\sim}{A} \div \underset{\sim}{B} = \bigcup\nolimits_{\lambda \in [0,1]} \lambda(A_\lambda \div B_\lambda), 0 \notin \operatorname{Supp} \underset{\sim}{B}$, 其隶属函数为

$$\begin{aligned}
(\underset{\sim}{A} \div \underset{\sim}{B})(z) &= \bigvee\nolimits_{x \div y=z} (\underset{\sim}{A}(x) \wedge \underset{\sim}{B}(y)) \\
&= \bigvee\nolimits_{y \in \operatorname{Supp} \underset{\sim}{B}} (\underset{\sim}{A}(yz) \wedge \underset{\sim}{B}(y)).
\end{aligned}$$

3.3.2　有界闭模糊数的代数运算及其性质

在模糊数的代数运算中往往需要讨论区间端点的取值情况, 有时会比较麻烦, 而在有界闭模糊数的代数运算中涉及的区间都是有界闭区间, 在运算中就可以避免此种烦琐的讨论.

引理 3.3.1 设 $f : \mathbf{R} \times \mathbf{R} \longrightarrow \mathbf{R}$ 为连续函数, 若集合序列 $\{A_n\}$, $\{B_n\}$ 满足: 对任意的 $n \in \mathbf{N}$, A_n, B_n 是 $\mathbf{R}$ 中的有界闭集, 且 $A_n \supseteq A_{n+1}$, $B_n \supseteq B_{n+1}$, 则

$$\lim_{n \to \infty} f(A_n, B_n) = f\left(\lim_{n \to \infty} A_n, \lim_{n \to \infty} B_n\right).$$

证明 一方面, 对任意的 $m \in \mathbf{N}$, 有

$$\lim_{n \to \infty} A_n = \bigcap_{n=1}^{\infty} A_n \subseteq A_m,$$
$$\lim_{n \to \infty} B_n = \bigcap_{n=1}^{\infty} B_n \subseteq B_m,$$

故有

$$f\left(\bigcap_{n=1}^{\infty} A_n, \bigcap_{n=1}^{\infty} B_n\right) \subseteq f(A_m, B_m),$$

进而

$$f\left(\bigcap_{n=1}^{\infty} A_n, \bigcap_{n=1}^{\infty} B_n\right) \subseteq \bigcap_{m=1}^{\infty} f(A_m, B_m).$$

另一方面, 若 $z \in \bigcap_{n=1}^{\infty} f(A_n, B_n)$, 则对任意的 $n \in \mathbf{N}$, $z \in f(A_n, B_n)$, 即存在 $x_n \in A_n$, $y_n \in B_n$, 使得 $z = f(x_n, y_n)$.

对任意的 $n \in \mathbf{N}$, 有 $A_1 \supseteq A_n$, 且 A_1 有界, 于是数列 $\{x_n\}$ 有界, 故必有收敛子列, 记为 $\{x_{n_k}\}$, 设 $\lim\limits_{k \to \infty} x_{n_k} = x_0$. 同理, 数列 $\{y_{n_k}\}$ 有界, 必有收敛子列, 记为 $\{y_{n_l}\}$, 设 $\lim\limits_{l \to \infty} y_{n_l} = y_0$. 相应地, 数列 $\{x_{n_l}\}$ 收敛, 且 $\lim\limits_{l \to \infty} x_{n_l} = x_0$. 对任意的 $n \in \mathbf{N}$, 当 l 充分大时, $n_l > n$, $x_{n_l} \in A_{n_l} \subseteq A_n$, 而 A_n 是闭集, 故 $x_0 \in A_n$, 进而, $x_0 \in \bigcap_{n=1}^{\infty} A_n$. 同理, $y_0 \in \bigcap_{n=1}^{\infty} B_n$.

对任意的 $l \in \mathbf{N}$, $z = f(x_{n_l}, y_{n_l})$, 而 $f(x, y)$ 为连续函数, 故

$$z = \lim_{l \to \infty} f(x_{n_l}, y_{n_l}) = f\left(\lim_{l \to \infty} x_{n_l}, \lim_{l \to \infty} y_{n_l}\right)$$
$$= f(x_0, y_0) \in f\left(\bigcap_{n=1}^{\infty} A_n, \bigcap_{n=1}^{\infty} B_n\right).$$

于是

$$\bigcap_{n=1}^{\infty} f(A_n, B_n) \subseteq f\left(\bigcap_{n=1}^{\infty} A_n, \bigcap_{n=1}^{\infty} B_n\right).$$

综上, 可得

$$f\left(\bigcap_{n=1}^{\infty} A_n, \bigcap_{n=1}^{\infty} B_n\right) = \bigcap_{n=1}^{\infty} f(A_n, B_n).$$

又因为对任意的 $n \in \mathbf{N}$, $A_n \supseteq A_{n+1}$, $B_n \supseteq B_{n+1}$, 故 $f(A_n, B_n) \supseteq f(A_{n+1}, B_{n+1})$, 于是

$$\lim_{n \to \infty} f(A_n, B_n) = \bigcap_{n=1}^{\infty} f(A_n, B_n).$$

因此

$$\lim_{n \to \infty} f(A_n, B_n) = f\left(\lim_{n \to \infty} A_n, \lim_{n \to \infty} B_n\right). \qquad \blacksquare$$

定理 3.3.1 设 $f: \mathbf{R} \times \mathbf{R} \longrightarrow \mathbf{R}$ 为连续函数, $\underset{\sim}{A}, \underset{\sim}{B} \in \widetilde{\mathbf{R}}$, 则

$$f(\underset{\sim}{A}, \underset{\sim}{B})_\lambda = f(A_\lambda, B_\lambda), \quad \lambda \in (0, 1].$$

证明 设 $\lambda \in (0,1]$, 令 $\lambda_n = \dfrac{n}{n+1}\lambda, n \in \mathbf{N}, \lambda_1 < \lambda_2 < \cdots < \lambda_n < \cdots < \lambda$, 且 $\bigvee_{n=1}^{\infty}\lambda_n = \lambda$, 则

$$f(\underset{\sim}{A}, \underset{\sim}{B})_\lambda = \bigcap_{n=1}^{\infty}f(A_{\lambda_n}, B_{\lambda_n}).$$

又因为 f 为连续函数, 且对任意的 $n \in \mathbf{N}$, $A_{\lambda_n}, B_{\lambda_n}$ 都是 $\mathbf{R}$ 中的有界闭集, 且 $A_{\lambda_n} \supseteq A_{\lambda_{n+1}}$, $B_{\lambda_n} \supseteq B_{\lambda_{n+1}}$, 由引理 3.3.1, 有

$$f(\bigcap_{n=1}^{\infty}A_{\lambda_n}, \bigcap_{n=1}^{\infty}B_{\lambda_n}) = \bigcap_{n=1}^{\infty}f(A_{\lambda_n}, B_{\lambda_n}).$$

而 $\lambda = \bigvee_{n=1}^{\infty}\lambda_n$, 由性质 2.1.5, 可得

$$\bigcap_{n=1}^{\infty}A_{\lambda_n} = A_\lambda, \quad \bigcap_{n=1}^{\infty}B_{\lambda_n} = B_\lambda.$$

于是

$$\begin{aligned}
f(\underset{\sim}{A}, \underset{\sim}{B})_\lambda &= \bigcap_{n=1}^{\infty}f(A_{\lambda_n}, B_{\lambda_n}) \\
&= f(\bigcap_{n=1}^{\infty}A_{\lambda_n}, \bigcap_{n=1}^{\infty}B_{\lambda_n}) \\
&= f(A_\lambda, B_\lambda), \quad \lambda \in (0, 1].
\end{aligned}$$ ∎

推论 3.3.1 设 $\underset{\sim}{A}, \underset{\sim}{B} \in \widetilde{\mathbf{R}}$, 则对任意的 $\lambda \in (0, 1]$, 有

$$(\underset{\sim}{A} \pm \underset{\sim}{B})_\lambda = A_\lambda \pm B_\lambda, \quad (\underset{\sim}{A} \cdot \underset{\sim}{B})_\lambda = A_\lambda \cdot B_\lambda,$$
$$(\underset{\sim}{A} \div \underset{\sim}{B})_\lambda = A_\lambda \div B_\lambda, \quad (k\underset{\sim}{A})_\lambda = kA_\lambda, \quad k \in \mathbf{R}.$$

证明 由于

$$\begin{aligned}
+ &: \mathbf{R} \times \mathbf{R} \longrightarrow \mathbf{R}, \quad (x, y) \longmapsto x+y, \\
- &: \mathbf{R} \times \mathbf{R} \longrightarrow \mathbf{R}, \quad (x, y) \longmapsto x-y, \\
\cdot &: \mathbf{R} \times \mathbf{R} \longrightarrow \mathbf{R}, \quad (x, y) \longmapsto x \cdot y, \\
\div &: \mathbf{R} \times \mathbf{R} \longrightarrow \mathbf{R}, \quad (x, y) \longmapsto x \div y, \quad y \neq 0, \\
k\cdot &: \quad\quad \mathbf{R} \longrightarrow \mathbf{R}, \quad\quad x \longmapsto kx
\end{aligned}$$

都是 $\mathbf{R}$ 上的连续函数 (在运算有意义的区域), 由定理 3.3.1 可知结论成立. ∎

由于有界闭模糊数的运算具有上述截集性质, 因此给模糊数附加 "有界闭" 的条件能带来许多优越性.

例 3.3.1 设 $A, B \in \mathcal{F}(\mathbf{R})$, 已知

$$A(x) = \begin{cases} x, & 0 < x < 1, \\ 1, & 1 \leqslant x \leqslant 2, \\ 3-x, & 2 < x < 3, \\ 0, & \text{其他}, \end{cases}$$

$$B(x) = \begin{cases} x-4, & 4 < x \leqslant 5, \\ 6-x, & 5 < x < 6, \\ 0, & \text{其他}. \end{cases}$$

(1) 求 $(A \cdot B)_\lambda, \lambda \in (0,1]$. (2) 求 $A - B$ 的隶属函数.

解 (1) 由定理 3.1.3 可知, $A \in \widetilde{\mathbf{R}}, \ker A = A_1 = [A_1^-, A_1^+] = [1,2]$, 且对任意的 $\lambda \in (0,1)$, 有

$$A_\lambda^- = \bigwedge \left\{ x \in (-\infty, A_1^-] \big| A(x) \geqslant \lambda \right\} = \bigwedge \left\{ x \in (-\infty, 1] | x \geqslant \lambda \right\} = \lambda,$$

$$A_\lambda^+ = \bigvee \left\{ x \in [A_1^+, \infty) \big| A(x) \geqslant \lambda \right\} = \bigvee \left\{ x \in [2, \infty) | 3 - x \geqslant \lambda \right\} = 3 - \lambda,$$

故

$$A_\lambda = [A_\lambda^-, A_\lambda^+] = [\lambda, 3 - \lambda].$$

同理, $B \in \widetilde{\mathbf{R}}, \ker B = B_1 = [B_1^-, B_1^+] = \{5\} = [5,5]$, 且对任意的 $\lambda \in (0,1)$, 有

$$B_\lambda^- = \bigwedge \left\{ x \in (-\infty, B_1^-] \big| B(x) \geqslant \lambda \right\} = \bigwedge \left\{ x \in (-\infty, 5] | x - 4 \geqslant \lambda \right\} = 4 + \lambda,$$

$$B_\lambda^+ = \bigvee \left\{ x \in [B_1^+, \infty) \big| B(x) \geqslant \lambda \right\} = \bigvee \left\{ x \in [5, \infty) | 6 - x \geqslant \lambda \right\} = 6 - \lambda.$$

$$B_\lambda = [B_\lambda^-, B_\lambda^+] = [4 + \lambda, 6 - \lambda].$$

由推论 3.3.1 可知,

$$\begin{aligned} (A \cdot B)_\lambda &= A_\lambda \cdot B_\lambda \\ &= [\lambda, 3 - \lambda] \cdot [4 + \lambda, 6 - \lambda] \\ &= [\lambda^2 + 4\lambda, \lambda^2 - 9\lambda + 18], \quad \lambda \in (0,1]. \end{aligned}$$

(2) 由 A, B 的隶属函数可知 $A_0 = (0,3), B_0 = (4,6)$, 结合定理 2.4.4 与推论 3.3.1 可知,

$$(A - B)_0 = A_0 - B_0 = (0,3) - (4,6) = (-6,-1),$$

$$(A - B)_1 = A_1 - B_1 = [1,2] - \{5\} = [-4,-3].$$

因此

$$z \notin (-6, -1) \Longleftrightarrow (A - B)(z) = 0;$$
$$z \in [-4, -3] \Longleftrightarrow (A - B)(z) = 1.$$

法 1　由扩展原理, 有

$$A - B = \bigcup_{\lambda \in [0,1]} \lambda (A_\lambda - B_\lambda).$$

再由推论 2.4.1, 有

$$(A - B)(z) = \bigvee \{\lambda \in (0, 1] | z \in A_\lambda - B_\lambda\}$$
$$= \bigvee \{\lambda \in (0, 1] | z \in [\lambda, 3 - \lambda] - [4 + \lambda, 6 - \lambda]\}$$
$$= \bigvee \{\lambda \in (0, 1] | z \in [2\lambda - 6, -1 - 2\lambda]\}.$$

当 $z \in (-6, -4)$ 时,

$$(A - B)(z) = \bigvee \{\lambda \in (0, 1] | 2\lambda - 6 \leqslant z\} = \frac{z + 6}{2};$$

当 $z \in (-3, -1)$ 时,

$$(A - B)(z) = \bigvee \{\lambda \in (0, 1] | z \leqslant -1 - 2\lambda\} = \frac{-z - 1}{2}.$$

因此

$$(A - B)(z) = \begin{cases} \dfrac{z + 6}{2}, & -6 < z < -4, \\ 1, & -4 \leqslant z \leqslant -3, \\ \dfrac{-z - 1}{2}, & -3 < z < -1, \\ 0, & \text{其他}. \end{cases}$$

法 2　因为

$$(A - B)(z) = \bigvee_{x - y = z} (A(x) \bigwedge B(y)) = \bigvee_{x \in \mathbf{R}} (A(x) \bigwedge B(x - z)), \quad z \in \mathbf{R}.$$

而

$$B(x - z) = \begin{cases} (x - z) - 4, & 4 < x - z \leqslant 5, \\ 6 - (x - z), & 5 < x - z < 6, \\ 0, & \text{其他}, \end{cases}$$
$$= \begin{cases} x - z - 4, & z + 4 < x \leqslant z + 5, \\ 6 - x + z, & z + 5 < x < z + 6, \\ 0, & \text{其他}. \end{cases}$$

结合图 3.3.1 可知, 当 $z \in (-6, -4)$ 时, 由 $6 - x + z = x$ 解得 $x_0 = \dfrac{z+6}{2}$, 故

$$(\underset{\sim}{A} - \underset{\sim}{B})(z) = \underset{\sim}{A}(x_0) = x_0 = \frac{z+6}{2}.$$

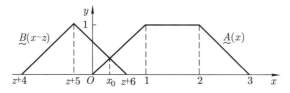

图 3.3.1

结合图 3.3.2 可知, 当 $z \in (-3, -1)$ 时, 由 $3 - x = x - z - 4$ 解得 $x_0 = \dfrac{z+7}{2}$, 故

$$(\underset{\sim}{A} - \underset{\sim}{B})(z) = \underset{\sim}{A}(x_0) = 3 - x_0 = 3 - \frac{z+7}{2} = \frac{-z-1}{2}.$$

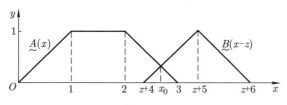

图 3.3.2

因此

$$(\underset{\sim}{A} - \underset{\sim}{B})(z) = \begin{cases} \dfrac{z+6}{2}, & -6 < z < -4, \\ 1, & -4 \leqslant z \leqslant -3, \\ \dfrac{-z-1}{2}, & -3 < z < -1, \\ 0, & \text{其他}. \end{cases}$$ ∎

习 题 三

1. 计算下列各式:

(1) $[1, 3] + [2, 4]$; (2) $[-3, 1] + [-2, 4]$;

(3) $[1, 3] - [2, 4]$; (4) $[-3, 1] - [-2, 4]$;

(5) $[1, 3] \cdot [2, 4]$; (6) $[-3, -1] + [2, 4]$;

(7) $[-1, 3] + [-4, -2]$; (8) $[1, 3] \cdot [0, 2]$.

2. 设 $\underset{\sim}{A} \in \mathcal{F}(\mathbf{R})$, $\underset{\sim}{A}$ 的隶属函数为

$$\underset{\sim}{A}(x) = \begin{cases} x, & 0 < x < 1, \\ 1, & 1 \leqslant x \leqslant 2, \\ 3 - x, & 2 < x < 3, \\ 0, & \text{其他}. \end{cases}$$

(1) 判断 $\underset{\sim}{A}$ 是否是有界闭模糊数.

(2) 求 $\underset{\sim}{A}$ 的 λ 截集 A_λ, $\lambda \in (0, 1]$.

3. 设 $\underset{\sim}{A} \in \mathcal{F}(\mathbf{R})$, $\underset{\sim}{A}$ 的隶属函数为

$$\underset{\sim}{A}(x) = \begin{cases} \mathrm{e}^x, & x < 0, \\ \mathrm{e}^{-x}, & x \geqslant 0. \end{cases}$$

(1) 判断 $\underset{\sim}{A}$ 是否是有界闭模糊数.

(2) 求 $\underset{\sim}{A}$ 的 λ 截集 A_λ, $\lambda \in (0, 1]$.

4. 设 $\underset{\sim}{A}$ 是由实数集 $\mathbf{R}$ 上的区间套 H 所确定的模糊集合, 已知

$$H(\lambda) = \begin{cases} (6\lambda, 6 - 12\lambda), & 0 \leqslant \lambda \leqslant \dfrac{1}{3}, \\ \varnothing, & \dfrac{1}{3} < \lambda \leqslant 1. \end{cases}$$

求 $\underset{\sim}{A}$ 的隶属函数.

5. 设 H 是实数集 $\mathbf{R}$ 上的区间套, 已知 $H(\lambda) = (-\sqrt{-2\ln\lambda}, \sqrt{-2\ln\lambda})$, $\lambda \in (0, 1)$, 记 $\underset{\sim}{A} = \bigcup_{\lambda \in [0,1]} \lambda H(\lambda)$, 求 $A_1, A_0, \underset{\sim}{A}(x)$.

6. 设 $\underset{\sim}{A} \in \mathcal{F}(\mathbf{R})$, 已知

$$\underset{\sim}{A}(x) = \begin{cases} x - 4, & 4 < x \leqslant 5, \\ 6 - x, & 5 < x < 6, \\ 0, & \text{其他}. \end{cases}$$

(1) 求 $\underset{\sim}{A} + \underset{\sim}{A}$ 的隶属函数.

(2) 求 $\underset{\sim}{A} - \underset{\sim}{A}$ 的隶属函数.

7. 设 $\underset{\sim}{A} \in \mathcal{F}(\mathbf{R})$, 已知

$$\underset{\sim}{A}(x) = \begin{cases} \mathrm{e}^x, & x < 0, \\ \mathrm{e}^{-x}, & x \geqslant 0. \end{cases}$$

(1) 求 $\underset{\sim}{A} + \underset{\sim}{A}$ 的隶属函数.

(2) 求 $\underset{\sim}{A} - \underset{\sim}{A}$ 的隶属函数.

8. 设 $\underset{\sim}{A}, \underset{\sim}{B} \in \mathcal{F}(\mathbf{R})$, 已知

$$\underset{\sim}{A}(x) = \begin{cases} x, & 0 < x \leqslant 1, \\ 1, & 1 < x \leqslant 2, \\ 3-x, & 2 < x < 3, \\ 0, & \text{其他,} \end{cases} \qquad \underset{\sim}{B}(x) = \begin{cases} x-1, & 1 < x \leqslant 2, \\ 3-x, & 2 < x < 3, \\ 0, & \text{其他.} \end{cases}$$

(1) 求 $(\underset{\sim}{A} \cdot \underset{\sim}{B})_\lambda, \lambda \in (0, 1]$.

(2) 求 $\underset{\sim}{A} \cdot \underset{\sim}{B}$ 的隶属函数.

第四章　模糊模式识别

　　模式识别问题指的是已知事物的各种类别, 即标准模式, 判断给定的对象应该归属于哪一个类别的问题. 模式识别是实际应用中广泛存在的一类问题, 如图像文字的识别、故障或者疾病的诊断等. 阅读一段手写文字的过程就是一个模式识别的过程, 不同的人写出的字千差万别, 尽管如此, 手写文字与相应的标准印刷体文字 (标准模式) 总会有着某种程度的符合.

　　在实践中, 有些问题的标准模式界限分明, 但是, 也有些问题的标准模式界限不分明, 类别之间并没有截然的界限, 具有模糊性, 相应的识别问题就称为模糊模式识别问题.

　　模糊模式识别问题大致分两类: 一类是已知标准模式是模糊集合, 待识别对象是论域中的元素; 另一类是已知标准模式和待识别对象都是模糊集合. 解决前一类问题的方法称为模糊模式识别的直接方法, 而解决后一类问题的方法称为模糊模式识别的间接方法. 我们首先介绍模糊模式识别的直接方法.

4.1　模糊模式识别的直接方法

　　设论域为 X, 有 n 个标准模式 $A_1, A_2, \cdots, A_n \in \mathcal{F}(X)$, 现在的问题是: 给定一个待识别元素 $x_0 \in X$, 如何识别 x_0 应归属于 n 个标准模式 $\underset{\sim}{A_1}, \underset{\sim}{A_2}, \cdots, \underset{\sim}{A_n}$ 中的哪一个?

　　我们注意到 n 个标准模式 $\underset{\sim}{A_1}, \underset{\sim}{A_2}, \cdots, \underset{\sim}{A_n}$ 都是 X 上的模糊集合, 故可依次求出 x_0 对每一个标准模式的隶属度: $\underset{\sim}{A_1}(x_0), \underset{\sim}{A_2}(x_0), \cdots, \underset{\sim}{A_n}(x_0)$, 很自然地, x_0 对哪一个标准模式的隶属程度最大, 就应该将 x_0 归属于哪一个标准模式, 这就是我们将要介绍的最大隶属原则.

4.1.1　最大隶属原则

　　最大隶属原则　设 $\underset{\sim}{A_1}, \underset{\sim}{A_2}, \cdots, \underset{\sim}{A_n} \in \mathcal{F}(X)$ 为 n 个标准模式, $x_0 \in X$ 为待识别元素. 若 $i_0 \in \{1, 2, \cdots, n\}$, 使得

$$\underset{\sim}{A_{i_0}}(x_0) = \max\{\underset{\sim}{A_1}(x_0), \underset{\sim}{A_2}(x_0), \cdots, \underset{\sim}{A_n}(x_0)\},$$

则认为 x_0 相对地隶属于模式 $\underset{\sim}{A_{i_0}}$.

当已知标准模式是论域 X 上的模糊集合, 待识别元素 x_0 是 X 中的元素时, 可根据最大隶属原则判断识别元素 x_0 应该归属于哪一个标准模式, 这种识别方法称为模糊模式识别的**直接方法**.

例 4.1.1 以人的年龄作为论域 X, 不妨取 $X = [0, 150]$, 设 $\underset{\sim}{A_1}, \underset{\sim}{A_2}, \underset{\sim}{A_3} \in \mathcal{F}(X)$ 分别表示 "年轻或年幼" "中年" "老年", 其隶属函数如下:

$$\underset{\sim}{A_1}(x) = \begin{cases} 1, & 0 \leqslant x \leqslant 20, \\ 1 - 2\left(\dfrac{x-20}{20}\right)^2, & 20 < x \leqslant 30, \\ 2\left(\dfrac{x-40}{20}\right)^2, & 30 < x \leqslant 40, \\ 0, & 40 < x \leqslant 150, \end{cases}$$

$$\underset{\sim}{A_3}(x) = \begin{cases} 0, & 0 \leqslant x \leqslant 50, \\ 2\left(\dfrac{x-50}{20}\right)^2, & 50 < x \leqslant 60, \\ 1 - 2\left(\dfrac{x-70}{20}\right)^2, & 60 < x \leqslant 70, \\ 1, & 70 < x \leqslant 150, \end{cases}$$

$$\underset{\sim}{A_2}(x) = 1 - \underset{\sim}{A_1}(x) - \underset{\sim}{A_3}(x).$$

若 $x_0 = 35$, 则 $A_1(35) = 0.125$, $A_2(35) = 0.875$, $A_3(35) = 0$. 根据最大隶属原则, $x_0 = 35$ 相对地隶属于模式 $\underset{\sim}{A_2}$, 即 "中年". ■

例 4.1.1 中的 3 个模糊集合的图像参见图 4.1.1.

4.1.2 三角形的识别

有些模型识别问题可以归结为几何图形的识别, 而几何图形识别中最基本的就是三角形的识别. 首先给出标准模式: 等腰三角形、直角三角形、等腰直角三角形、等边三角形. 为完备起见, 再给出一个模式: 非典型三角形. 现实问题中遇到的三角形往往带有不同程度的模糊性, 于是我们用模糊集合来表示标准模式: 等腰三角形 $\underset{\sim}{I}$, 直角三角形 $\underset{\sim}{R}$, 等腰直角三角形 $\underset{\sim}{IR}$, 等边三角形 $\underset{\sim}{E}$, 非典型三角形 $\underset{\sim}{T}$.

一个三角形最主要的特征就是三个内角, 用 (A, B, C) 表示任意一个三角形, 其中 A, B, C 为三个内角的度数. 设论域为三角形的全体

$$X = \{(A, B, C) | A + B + C = 180, \ A \geqslant B \geqslant C \geqslant 0\}.$$

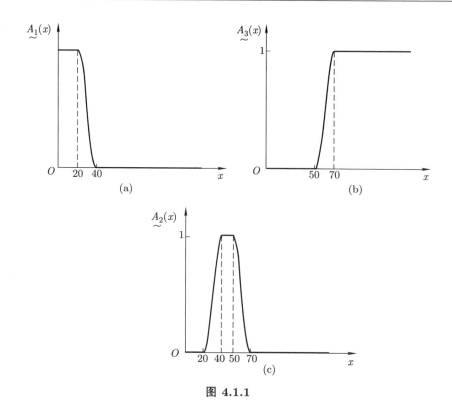

图 4.1.1

规定标准模式等腰三角形 $\underset{\sim}{I}$ 的隶属函数为

$$\underset{\sim}{I}(A,B,C) = 1 - \frac{1}{60} \min\{A-B, B-C\}.$$

当 A 与 B 或者 B 与 C 越接近, 三角形 (A,B,C) 就越接近于等腰三角形, 相应的隶属度 $\underset{\sim}{I}(A,B,C)$ 越接近于 1; 当 $A=B$ 或 $B=C$ 时, $\underset{\sim}{I}(A,B,C)=1$, 表示三角形 (A,B,C) 是真正的等腰三角形; 当 A 与 B, B 与 C 的相差都很大时, 三角形 (A,B,C) 不等腰, 相应的隶属度 $\underset{\sim}{I}(A,B,C)$ 很小; 而当 $A=120, B=60, C=0$ 时, $\underset{\sim}{I}(A,B,C)=0$, 表示三角形 (A,B,C) 绝对不是等腰三角形.

规定标准模式直角三角形 $\underset{\sim}{R}$ 的隶属函数为

$$\underset{\sim}{R}(A,B,C) = 1 - \frac{1}{90}|A-90|.$$

当 $A=90$ 时, $\underset{\sim}{R}(A,B,C)=1$, 表示三角形 (A,B,C) 是真正的直角三角形; 而当 $A=180, B=C=0$ 时, $\underset{\sim}{R}(A,B,C)=0$, 表示三角形 (A,B,C) 绝对不是直角三角形.

规定标准模式等腰直角三角形 $\underset{\sim}{IR} = \underset{\sim}{I} \bigcap \underset{\sim}{R}$, 其隶属函数为

$$\underset{\sim}{IR}(A, B, C) = \min\left\{\underset{\sim}{I}(A, B, C), \underset{\sim}{R}(A, B, C)\right\}.$$

规定标准模式等边三角形 $\underset{\sim}{E}$ 的隶属函数为

$$\underset{\sim}{E}(A, B, C) = 1 - \frac{1}{180}(A - C).$$

由假设 $A \geqslant B \geqslant C \geqslant 0$, 故当 $A = C$ 时, 必有 $A = B = C$, 此时, 三角形 (A, B, C) 是真正的等边三角形; 而当 $A = 180, B = C = 0$ 时, $\underset{\sim}{E}(A, B, C) = 0$, 表示三角形 (A, B, C) 绝对不是等边三角形.

规定标准模式非典型三角形 $\underset{\sim}{T} = (\underset{\sim}{I} \bigcup \underset{\sim}{R} \bigcup \underset{\sim}{E})^{\mathrm{c}}$, 其隶属函数为

$$\underset{\sim}{T}(A, B, C) = 1 - \max\left\{\underset{\sim}{I}(A, B, C), \underset{\sim}{R}(A, B, C), \underset{\sim}{E}(A, B, C)\right\}.$$

例 4.1.2 给定三角形 $x_0 = (85, 50, 45)$, 分别计算 x_0 关于每一个三角形标准模式的隶属度, 有

$$\underset{\sim}{I}(x_0) = 0.9167, \quad \underset{\sim}{R}(x_0) = 0.9444, \quad \underset{\sim}{IR}(x_0) = 0.9167,$$
$$\underset{\sim}{E}(x_0) = 0.7778, \quad \underset{\sim}{T}(x_0) = 0.0556.$$

由上可知, x_0 关于标准模式 $\underset{\sim}{R}$ 的隶属度最大, 依据最大隶属原则, x_0 相对地隶属于标准模式 $\underset{\sim}{R}$, 即直角三角形. ■

4.1.3 阈值原则

阈值原则 I 设 $\underset{\sim}{A_1}, \underset{\sim}{A_2}, \cdots, \underset{\sim}{A_n} \in \mathcal{F}(X)$ 为 n 个标准模式, $x_0 \in X$ 为待识别元素. 取定 $\beta \in (0, 1)$. 若存在 $i_1, i_2, \cdots, i_k \in \{1, 2, \cdots, n\}$, 使得

$$\min\left\{\underset{\sim}{A_{i_1}}(x_0), \underset{\sim}{A_{i_2}}(x_0), \cdots, \underset{\sim}{A_{i_k}}(x_0)\right\} \geqslant \beta,$$

则判定 x_0 相对地隶属于模式 $\underset{\sim}{A_{i_1}} \bigcap \underset{\sim}{A_{i_2}} \bigcap \cdots \bigcap \underset{\sim}{A_{i_k}}$.

例 4.1.3 (续例 4.1.2) 取定阈值 $\beta = 0.85$, 对给定三角形 $x_0 = (85, 50, 45)$, 由于

$$\underset{\sim}{IR}(A, B, C) = \min\left\{\underset{\sim}{I}(A, B, C), \underset{\sim}{R}(A, B, C)\right\} = 0.9167 \geqslant 0.85,$$

则依据阈值原则 I, x_0 相对地隶属于模式 $\underset{\sim}{IR}$, 即等腰直角三角形. ■

在模糊模式识别的过程中, 有时还会遇到下面的情况.

例 4.1.4　给定三角形 $x_0 = (130, 45, 5)$, 分别计算 x_0 关于每一个三角形标准模式的隶属度, 有

$$\underset{\sim}{I}(x_0) = 0.3333, \quad \underset{\sim}{R}(x_0) = 0.5556, \quad \underset{\sim}{IR}(x_0) = 0.3333,$$

$$\underset{\sim}{E}(x_0) = 0.3056, \quad \underset{\sim}{T}(x_0) = 0.4444.$$

由上可知, $x_0 = (130, 45, 5)$ 关于标准模式 $\underset{\sim}{R}$ 的隶属度最大, 依据最大隶属原则得出结论: x_0 相对地隶属于标准模式 $\underset{\sim}{R}$, 即直角三角形.

很明显, 这样的结论与实际情况有较大出入, 三角形 $x_0 = (130, 45, 5)$ 对每一个三角形标准模式的隶属程度都不高. 为避免这种情况的出现, 可以预先规定一个正数 $\alpha \in (0, 1]$, 本例可取 $\alpha = 0.6$, 当

$$\max \left\{ \underset{\sim}{I}(A, B, C), \underset{\sim}{R}(A, B, C), \underset{\sim}{E}(A, B, C) \right\} < \alpha$$

时, 我们可以直接判定 $x_0 = (A, B, C)$ 相对地隶属于标准模式 $\underset{\sim}{T}$, 即非典型三角形.

在很多识别问题中, 当待识别元素对每一个已知模式的隶属度都不高时, 而已知的标准模式中又没有类似于非典型三角形 $\underset{\sim}{T}$ 这样的模式, 可直接判定 "不能识别".

阈值原则 Ⅱ　设 $\underset{\sim}{A_1}, \underset{\sim}{A_2}, \cdots, \underset{\sim}{A_n} \in \mathcal{F}(X)$ 为 n 个标准模式, $x_0 \in X$ 为待识别元素. 取定 $\alpha \in (0, 1)$, 若

$$\max \left\{ \underset{\sim}{A_1}(x_0), \underset{\sim}{A_2}(x_0), \cdots, \underset{\sim}{A_n}(x_0) \right\} < \alpha,$$

则判定不能识别 x_0.

4.1.4　最大隶属原则的另一种形式

最大隶属原则的另一种形式　设 $\underset{\sim}{A} \in \mathcal{F}(X)$ 为标准模式, $x_1, x_2, \cdots, x_n \in X$ 为待识别元素. 若 $i_0 \in \{1, 2, \cdots, n\}$, 使得

$$\underset{\sim}{A}(x_{i_0}) = \max \left\{ \underset{\sim}{A}(x_1), \underset{\sim}{A}(x_2), \cdots, \underset{\sim}{A}(x_n) \right\},$$

则认为 x_{i_0} 相对地优先隶属于模式 $\underset{\sim}{A}$.

阈值原则 Ⅲ　设 $\underset{\sim}{A} \in \mathcal{F}(X)$ 为标准模式, $x_1, x_2, \cdots, x_n \in X$ 为待识别元素, 取定 $\alpha, \beta \in (0, 1)$.

(1) 若 $i_1, i_2, \cdots, i_k \in \{1, 2, \cdots, n\}$, 使得

$$\min \left\{ \underset{\sim}{A}(x_{i_1}), \underset{\sim}{A}(x_{i_2}), \cdots, \underset{\sim}{A}(x_{i_k}) \right\} \geqslant \alpha,$$

则认为 $x_{i_1}, x_{i_2}, \cdots, x_{i_k}$ 相对地隶属于模式 $\underset{\sim}{A}$.

(2) 若 $i_1, i_2, \cdots, i_k \in \{1, 2, \cdots, n\}$, 使得

$$\max\{\underset{\sim}{A}(x_{i_1}), \underset{\sim}{A}(x_{i_2}), \cdots, \underset{\sim}{A}(x_{i_k})\} < \beta,$$

则认为 $x_{i_1}, x_{i_2}, \cdots, x_{i_k}$ 相对地不属于模式 $\underset{\sim}{A}$.

一般地, 在处理模糊模式识别问题时, 可以根据问题的实际背景, 规定恰当的阈值, 并将阈值原则与最大隶属原则相结合, 使得结论更加符合实际情况.

4.2 贴近度与择近原则

4.2.1 格贴近度

我们先给出两个模糊集合的内积与外积的定义.

定义 4.2.1 设 $\underset{\sim}{A}, \underset{\sim}{B} \in \mathcal{F}(X)$. 称

$$\underset{\sim}{A} \circ \underset{\sim}{B} = \bigvee_{x \in X} \big(\underset{\sim}{A}(x) \bigwedge \underset{\sim}{B}(x)\big)$$

为 $\underset{\sim}{A}$ 与 $\underset{\sim}{B}$ 的**内积**; 称

$$\underset{\sim}{A} \odot \underset{\sim}{B} = \bigwedge_{x \in X} \big(\underset{\sim}{A}(x) \bigvee \underset{\sim}{B}(x)\big)$$

为 $\underset{\sim}{A}$ 与 $\underset{\sim}{B}$ 的**外积**.

定义 4.2.2 设 $\underset{\sim}{A} \in \mathcal{F}(X)$, 称 $\overline{\underset{\sim}{A}} = \bigvee_{x \in X} \underset{\sim}{A}(x)$ 为 $\underset{\sim}{A}$ 的**峰值**, 称 $\underline{\underset{\sim}{A}} = \bigwedge_{x \in X} \underset{\sim}{A}(x)$ 为 $\underset{\sim}{A}$ 的**谷值**.

由内积的定义可知, $\underset{\sim}{A}$ 与 $\underset{\sim}{B}$ 的内积即为 $\underset{\sim}{A} \bigcap \underset{\sim}{B}$ 的峰值 $\overline{\underset{\sim}{A} \bigcap \underset{\sim}{B}}$. 由外积的定义可知, $\underset{\sim}{A}$ 与 $\underset{\sim}{B}$ 的外积即为 $\underset{\sim}{A} \bigcup \underset{\sim}{B}$ 的谷值 $\underline{\underset{\sim}{A} \bigcup \underset{\sim}{B}}$.

性质 4.2.1 设 $\underset{\sim}{A}, \underset{\sim}{B} \in \mathcal{F}(X)$, 则

(1) $\underset{\sim}{A} \circ \underset{\sim}{B} = \underset{\sim}{B} \circ \underset{\sim}{A}$, $\underset{\sim}{A} \odot \underset{\sim}{B} = \underset{\sim}{B} \odot \underset{\sim}{A}$,

(2) $(\underset{\sim}{A} \circ \underset{\sim}{B})^c = \underset{\sim}{A}^c \odot \underset{\sim}{B}^c$, $(\underset{\sim}{A} \odot \underset{\sim}{B})^c = \underset{\sim}{A}^c \circ \underset{\sim}{B}^c$.

证明 (1) 由定义 4.2.1 易知结论成立.

(2) 仅证第一式. 由代数系统 $([0,1], \bigvee, \bigwedge, {}^c)$ 满足对偶律, 可知

$$(\underset{\sim}{A} \circ \underset{\sim}{B})^c = \big(\bigvee_{x \in X} \big(\underset{\sim}{A}(x) \bigwedge \underset{\sim}{B}(x)\big)\big)^c$$
$$= \bigwedge_{x \in X} \big(\underset{\sim}{A}(x) \bigwedge \underset{\sim}{B}(x)\big)^c$$
$$= \bigwedge_{x \in X} \big(\underset{\sim}{A}(x)^c \bigvee \underset{\sim}{B}(x)^c\big)$$

$$= \bigwedge_{x \in X} \big((1 - \underset{\sim}{A}(x)) \vee (1 - \underset{\sim}{B}(x)) \big)$$

$$= \bigwedge_{x \in X} \big(\underset{\sim}{A}^{\mathrm{c}}(x) \vee \underset{\sim}{B}^{\mathrm{c}}(x) \big)$$

$$= \underset{\sim}{A}^{\mathrm{c}} \odot \underset{\sim}{B}^{\mathrm{c}}. \qquad\qquad \blacksquare$$

性质 4.2.2　设 $\underset{\sim}{A}, \underset{\sim}{B} \in \mathcal{F}(X)$. 若 $\underset{\sim}{A} \subseteq \underset{\sim}{B}$, 则

$$\underset{\sim}{A} \circ \underset{\sim}{B} = \overline{A}, \quad \underset{\sim}{A} \odot \underset{\sim}{B} = \underline{B}.$$

证明　由于 $\underset{\sim}{A} \subseteq \underset{\sim}{B}$, 故对任意的 $x \in X$, 有 $\underset{\sim}{A}(x) \leqslant \underset{\sim}{B}(x)$, 于是

$$\underset{\sim}{A} \circ \underset{\sim}{B} = \bigvee_{x \in X} \big(\underset{\sim}{A}(x) \wedge \underset{\sim}{B}(x) \big) = \bigvee_{x \in X} \underset{\sim}{A}(x) = \overline{A}.$$

同理可证第二式成立.

推论 4.2.1　设 $\underset{\sim}{A} \in \mathcal{F}(X)$, 则

$$\underset{\sim}{A} \circ \underset{\sim}{A} = \overline{A}, \quad \underset{\sim}{A} \odot \underset{\sim}{A} = \underline{A}.$$

证明　由 $\underset{\sim}{A} \subseteq \underset{\sim}{A}$, 并结合性质 4.2.2 可知结论成立. $\qquad \blacksquare$

性质 4.2.3　设 $\underset{\sim}{A}, \underset{\sim}{B} \in \mathcal{F}(X)$, 则

(1) $\underset{\sim}{A} \circ \underset{\sim}{B} \leqslant \overline{A} \wedge \overline{B}, \ \underset{\sim}{A} \odot \underset{\sim}{B} \geqslant \underline{A} \vee \underline{B}$,

(2) $\bigvee_{\underset{\sim}{B} \in \mathcal{F}(X)} \underset{\sim}{A} \circ \underset{\sim}{B} = \overline{A}, \ \bigwedge_{\underset{\sim}{B} \in \mathcal{F}(X)} \underset{\sim}{A} \odot \underset{\sim}{B} = \underline{A}$,

(3) $\underset{\sim}{A} \circ \underset{\sim}{A}^{\mathrm{c}} \leqslant 0.5, \ \underset{\sim}{A} \odot \underset{\sim}{A}^{\mathrm{c}} \geqslant 0.5$.

证明　(1) 由内积的定义, 有

$$\underset{\sim}{A} \circ \underset{\sim}{B} = \bigvee_{x \in X} \big(\underset{\sim}{A}(x) \wedge \underset{\sim}{B}(x) \big) \leqslant \bigvee_{x \in X} \underset{\sim}{A}(x) = \overline{A}.$$

同理

$$\underset{\sim}{A} \circ \underset{\sim}{B} \leqslant \overline{B}.$$

于是

$$\underset{\sim}{A} \circ \underset{\sim}{B} \leqslant \overline{A} \wedge \overline{B}.$$

同理可证 (1) 中第二式成立.

(2) 由 (1) 可知, 对任意的 $\underset{\sim}{B} \in \mathcal{F}(X)$, 有 $\underset{\sim}{A} \circ \underset{\sim}{B} \leqslant \overline{A} \wedge \overline{B}$, 然而 $\overline{A} \wedge \overline{B} \leqslant \overline{A}$, 故 $\underset{\sim}{A} \circ \underset{\sim}{B} \leqslant \overline{A}$, 于是

$$\bigvee_{\underset{\sim}{B} \in \mathcal{F}(X)} \underset{\sim}{A} \circ \underset{\sim}{B} \leqslant \overline{A}.$$

由推论 4.2.1, 有 $\underset{\sim}{A} \circ \underset{\sim}{A} = \overline{A}$, 因此,

$$\bigvee_{\underset{\sim}{B} \in \mathcal{F}(X)} \underset{\sim}{A} \circ \underset{\sim}{B} = \overline{A}.$$

同理可证 (2) 中第二式成立.

(3) 对任意的 $x \in X$, $\underset{\sim}{A}^{\mathrm{c}}(x) = 1 - \underset{\sim}{A}(x)$, 因此, $\underset{\sim}{A}(x) \bigwedge \underset{\sim}{A}^{\mathrm{c}}(x) \leqslant 0.5$, 于是

$$\underset{\sim}{A} \circ \underset{\sim}{A}^{\mathrm{c}} = \bigvee_{x \in X} \big(\underset{\sim}{A}(x) \bigwedge \underset{\sim}{A}^{\mathrm{c}}(x) \big) \leqslant \bigvee_{x \in X} 0.5 = 0.5.$$

同理可证 (3) 中第二式成立. ∎

我们分别考察内积与外积的性质. 先来看内积的性质, 给定 $\underset{\sim}{A} \in \mathcal{F}(X)$, 有 $\underset{\sim}{A} \circ \underset{\sim}{A} = \overline{A}$, 且对任意的 $\underset{\sim}{B} \in \mathcal{F}(X)$, $\underset{\sim}{A} \circ \underset{\sim}{B} \leqslant \overline{A} \bigwedge \overline{B}$, 于是 $\underset{\sim}{A} \circ \underset{\sim}{B} \leqslant \underset{\sim}{A} \circ \underset{\sim}{A}$, 而且

$$\bigvee_{\underset{\sim}{B} \in \mathcal{F}(X)} \underset{\sim}{A} \circ \underset{\sim}{B} = \overline{A} = \underset{\sim}{A} \circ \underset{\sim}{A}.$$

再来看外积的性质, 给定 $\underset{\sim}{A} \in \mathcal{F}(X)$, 有 $\underset{\sim}{A} \odot \underset{\sim}{A} = \underline{A}$, 且对任意的 $\underset{\sim}{B} \in \mathcal{F}(X)$, 有 $\underset{\sim}{A} \odot \underset{\sim}{B} \geqslant \underline{A} \bigvee \underline{B}$, 于是 $\underset{\sim}{A} \odot \underset{\sim}{B} \geqslant \underset{\sim}{A} \odot \underset{\sim}{A}$, 而且

$$\bigwedge_{\underset{\sim}{B} \in \mathcal{F}(X)} \underset{\sim}{A} \odot \underset{\sim}{B} = \underline{A} = \underset{\sim}{A} \odot \underset{\sim}{A}.$$

可以看出, 给定 $\underset{\sim}{A} \in \mathcal{F}(X)$, 对任意的 $\underset{\sim}{B} \in \mathcal{F}(X)$, $\underset{\sim}{A} \circ \underset{\sim}{B}$ 总是不超过 $\underset{\sim}{A} \circ \underset{\sim}{A}$, 而 $\underset{\sim}{A} \odot \underset{\sim}{B}$ 总是不小于 $\underset{\sim}{A} \odot \underset{\sim}{A}$, 也就是当 $\underset{\sim}{A}$ 与 $\underset{\sim}{B}$ 比较贴近时, $\underset{\sim}{A} \circ \underset{\sim}{B}$ 比较大, $\underset{\sim}{A} \odot \underset{\sim}{B}$ 比较小. 换个角度来看就是, $\underset{\sim}{A} \circ \underset{\sim}{B}$ 比较大, 同时 $\underset{\sim}{A} \odot \underset{\sim}{B}$ 比较小, 通常就意味着 $\underset{\sim}{A}$ 与 $\underset{\sim}{B}$ 比较贴近; $\underset{\sim}{A} \circ \underset{\sim}{B}$ 比较小, 同时 $\underset{\sim}{A} \odot \underset{\sim}{B}$ 比较大, 通常就意味着 $\underset{\sim}{A}$ 与 $\underset{\sim}{B}$ 差异较大, 于是人们就用内积与外积相结合来定义格贴近度, 并用它来刻画两个模糊集合之间的贴近程度.

定义 4.2.3 设 $\underset{\sim}{A}, \underset{\sim}{B} \in \mathcal{F}(X)$, 称

$$N_L(\underset{\sim}{A}, \underset{\sim}{B}) = (\underset{\sim}{A} \circ \underset{\sim}{B}) \bigwedge (\underset{\sim}{A} \odot \underset{\sim}{B})^{\mathrm{c}}$$

为 $\underset{\sim}{A}$ 与 $\underset{\sim}{B}$ 的**格贴近度**.

例 4.2.1 (正态模糊集的格贴近度) 设 $\underset{\sim}{A_1}, \underset{\sim}{A_2}$ 均为正态模糊集, 其隶属函数分别为

$$\underset{\sim}{A_1}(x) = \exp\left\{ -\left(\frac{x - a_1}{\sigma_1} \right)^2 \right\}, \quad \underset{\sim}{A_2}(x) = \exp\left\{ -\left(\frac{x - a_2}{\sigma_2} \right)^2 \right\}.$$

证明:

$$N_L(\underset{\sim}{A_1}, \underset{\sim}{A_2}) = \exp\left\{ -\left(\frac{a_2 - a_1}{\sigma_1 + \sigma_2} \right)^2 \right\}.$$

证明　不妨设 $a_1 \leqslant a_2$. $\underset{\sim}{A_1}(x)$ 和 $\underset{\sim}{A_2}(x)$ 的曲线如图 4.2.1 所示.

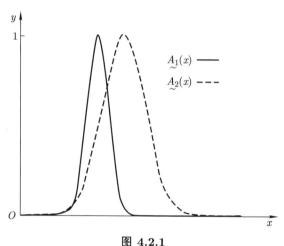

图 **4.2.1**

因为 $\lim\limits_{x \to \pm\infty} \underset{\sim}{A_1}(x) = \lim\limits_{x \to \pm\infty} \underset{\sim}{A_2}(x) = 0$, 故 $\underset{\sim}{A_1} \odot \underset{\sim}{A_2} = 0$.

$\underset{\sim}{A_1}$ 与 $\underset{\sim}{A_2}$ 的内积即为 $\underset{\sim}{A_1} \bigcap \underset{\sim}{A_2}$ 的峰值 $\overline{\underset{\sim}{A_1} \bigcap \underset{\sim}{A_2}}$, 分两种情况计算:

(1) 若 $a_1 \neq a_2$, 设 x_0 为 $\underset{\sim}{A_1}(x)$ 和 $\underset{\sim}{A_2}(x)$ 曲线交点的横坐标 $x_0, a_1 < x_0 < a_2$,
则

$$\underset{\sim}{A_1} \circ \underset{\sim}{A_2} = \underset{\sim}{A_1}(x_0) = \underset{\sim}{A_2}(x_0).$$

经计算得

$$\underset{\sim}{A_1} \circ \underset{\sim}{A_2} = \exp\left\{-\left(\frac{a_2 - a_1}{\sigma_1 + \sigma_2}\right)^2\right\}.$$

(2) 若 $a_1 = a_2$, 则 $\underset{\sim}{A_1} \circ \underset{\sim}{A_2} = 1$.

无论哪一种情况, 都有

$$N_L(\underset{\sim}{A_1}, \underset{\sim}{A_2}) = (\underset{\sim}{A_1} \circ \underset{\sim}{A_2}) \bigwedge (\underset{\sim}{A_1} \odot \underset{\sim}{A_2})^c = (\underset{\sim}{A_1} \circ \underset{\sim}{A_2}) \bigwedge 0^c$$

$$= \underset{\sim}{A_1} \circ \underset{\sim}{A_2} = \exp\left\{-\left(\frac{a_2 - a_1}{\sigma_1 + \sigma_2}\right)^2\right\}. \qquad \blacksquare$$

本例中, 当 $a_1 = a_2$ 时, 即使 $\sigma_1 \neq \sigma_2$, 也有 $N_L(\underset{\sim}{A_1}, \underset{\sim}{A_2}) = 1$, 即两个不同的模糊集合的格贴近度可以是 1.

性质 4.2.4　设 $\underset{\sim}{A}, \underset{\sim}{B}, \underset{\sim}{C} \in \mathcal{F}(X)$, 则

(1) $0 \leqslant N_L(\underset{\sim}{A}, \underset{\sim}{B}) \leqslant 1$,

(2) $N_L(\underset{\sim}{A}, \underset{\sim}{B}) = N_L(\underset{\sim}{B}, \underset{\sim}{A})$,

(3) $N_L(X, \varnothing) = 0$,

(4) $N_L(\underset{\sim}{A}, \underset{\sim}{A}) = \overline{A} \bigwedge (1 - \underline{A})$, 特别地, $\overline{A} = 1$ 且 $\underline{A} = 0$ 时, $N_L(\underset{\sim}{A}, \underset{\sim}{A}) = 1$,

(5) 若 $\underset{\sim}{A} \subseteq \underset{\sim}{B} \subseteq \underset{\sim}{C}$, 则 $N_L(\underset{\sim}{A}, \underset{\sim}{C}) \leqslant N_L(\underset{\sim}{A}, \underset{\sim}{B}) \bigwedge N_L(\underset{\sim}{B}, \underset{\sim}{C})$.

证明 (1), (2) 显然.

(3) 因为

$$X \circ \varnothing = \bigvee_{x \in X} \big(X(x) \bigwedge \varnothing(x) \big) = \bigvee_{x \in X} (1 \bigwedge 0)) = 0,$$
$$X \odot \varnothing = \bigwedge_{x \in X} \big(X(x) \bigvee \varnothing(x) \big) = \bigwedge_{x \in X} (1 \bigvee 0) = 1,$$

故

$$N_L(X, \varnothing) = (X \circ \varnothing) \bigwedge (X \odot \varnothing)^c = 0 \bigwedge 1^c = 0.$$

(4) 由于 $\underset{\sim}{A} \circ \underset{\sim}{A} = \overline{A}$, $\underset{\sim}{A} \odot \underset{\sim}{A} = \underline{A}$, 故

$$N_L(\underset{\sim}{A}, \underset{\sim}{A}) = \overline{A} \bigwedge (1 - \underline{A}).$$

特别地, $\overline{A} = 1$ 且 $\underline{A} = 0$ 时, $N_L(\underset{\sim}{A}, \underset{\sim}{A}) = 1 \bigwedge 0^c = 1$.

(5) 若 $\underset{\sim}{A} \subseteq \underset{\sim}{B} \subseteq \underset{\sim}{C}$, 则由 $\underset{\sim}{A} \subseteq \underset{\sim}{B}$ 可得

$$\underset{\sim}{A} \circ \underset{\sim}{B} = \overline{A}, \quad \underset{\sim}{A} \odot \underset{\sim}{B} = \underline{B},$$

于是

$$N_L(\underset{\sim}{A}, \underset{\sim}{B}) = \overline{A} \bigwedge (1 - \underline{B}).$$

同理, 由 $\underset{\sim}{A} \subseteq \underset{\sim}{C}$ 可得

$$N_L(\underset{\sim}{A}, \underset{\sim}{C}) = \overline{A} \bigwedge (1 - \underline{C}).$$

又由 $\underset{\sim}{B} \subseteq \underset{\sim}{C}$ 可得 $\underline{B} \leqslant \underline{C}$, 于是

$$N_L(\underset{\sim}{A}, \underset{\sim}{C}) \leqslant N_L(\underset{\sim}{A}, \underset{\sim}{B}).$$

同理

$$N_L(\underset{\sim}{A}, \underset{\sim}{C}) \leqslant N_L(\underset{\sim}{B}, \underset{\sim}{C}).$$

故

$$N_L(\underset{\sim}{A}, \underset{\sim}{C}) \leqslant N_L(\underset{\sim}{A}, \underset{\sim}{B}) \bigwedge N_L(\underset{\sim}{B}, \underset{\sim}{C}).$$ ∎

格贴近度的计算相对比较简单, 而且从格贴近度的性质, 我们也可以看出用格贴近度的大小来刻画两个模糊集合的贴近程度有其合理性. 但是我们也注意到

$$N_L(\underset{\sim}{A}, \underset{\sim}{A}) = \overline{A} \bigwedge (1 - \underline{A}),$$

仅当 $\overline{A} = 1$ 且 $\underline{A} = 0$ 时, $N_L(\underset{\sim}{A}, \underset{\sim}{A}) = 1$. 也就是说, 一个模糊集合 $\underset{\sim}{A}$ 与它自己的格贴近度不一定是 1, 这显然不合理. 为此, 我们希望引入不同的贴近度, 使得一个模糊集合与它自己的贴近度是 1.

4.2.2　贴近度的公理化定义

定义 4.2.4　设 $\underset{\sim}{A}, \underset{\sim}{B}, \underset{\sim}{C} \in \mathcal{F}(X)$, 若映射

$$N : \mathcal{F}(X) \times \mathcal{F}(X) \longrightarrow [0, 1],$$
$$(\underset{\sim}{A}, \underset{\sim}{B}) \longmapsto N(\underset{\sim}{A}, \underset{\sim}{B})$$

满足

(1) $N(\underset{\sim}{A}, \underset{\sim}{B}) = N(\underset{\sim}{B}, \underset{\sim}{A})$,

(2) $N(\underset{\sim}{A}, \underset{\sim}{A}) = 1$,

(3) $N(\underset{\sim}{X}, \varnothing) = 0$,

(4) $\underset{\sim}{A} \subseteq \underset{\sim}{B} \subseteq \underset{\sim}{C} \Longrightarrow N(A, C) \leqslant N(A, B) \bigwedge N(B, C)$,

则称 N 为 $\mathcal{F}(X)$ 上的**贴近度函数**, $N(\underset{\sim}{A}, \underset{\sim}{B})$ 为 $\underset{\sim}{A}$ 与 $\underset{\sim}{B}$ 的**贴近度**.

定义 4.2.4 是一个公理化的定义, 在实际应用中, 我们需要具体的贴近度, 下面介绍几种常用的贴近度. 设 $\underset{\sim}{A}, \underset{\sim}{B} \in \mathcal{F}(X)$.

(1) Hamming 贴近度.

若 $X = \{x_1, x_2, \cdots, x_n\}$, 则

$$N_H(\underset{\sim}{A}, \underset{\sim}{B}) = 1 - \frac{1}{n} \sum_{i=1}^{n} |\underset{\sim}{A}(x_i) - \underset{\sim}{B}(x_i)|;$$

若 $X = [a, b]$, 则

$$N_H(\underset{\sim}{A}, \underset{\sim}{B}) = 1 - \frac{1}{b-a} \int_a^b |\underset{\sim}{A}(x) - \underset{\sim}{B}(x)| \mathrm{d}x.$$

设上式中的积分有意义, 而且在上述积分形式贴近度的定义中, 积分区间可以从有限区间推广到无穷区间, 只要相应的积分有意义即可. 下同.

(2) Euclid 贴近度.

若 $X = \{x_1, x_2, \cdots, x_n\}$, 则

$$N_E(\underset{\sim}{A}, \underset{\sim}{B}) = 1 - \left[\frac{1}{n} \sum_{i=1}^{n} (\underset{\sim}{A}(x_i) - \underset{\sim}{B}(x_i))^2\right]^{\frac{1}{2}};$$

若 $X = [a, b]$, 则

$$N_E(\underset{\sim}{A}, \underset{\sim}{B}) = 1 - \left[\frac{1}{b-a} \int_a^b (\underset{\sim}{A}(x) - \underset{\sim}{B}(x))^2 \mathrm{d}x\right]^{\frac{1}{2}}.$$

(3) Minkowski 贴近度.

若 $X = \{x_1, x_2, \cdots, x_n\}$, 则

$$N_p(\underset{\sim}{A}, \underset{\sim}{B}) = 1 - \left[\frac{1}{n} \sum_{i=1}^{n} |\underset{\sim}{A}(x_i) - \underset{\sim}{B}(x_i)|^p\right]^{\frac{1}{p}}, \quad p \geqslant 1;$$

若 $X = [a, b]$, 则

$$N_p(\underset{\sim}{A}, \underset{\sim}{B}) = 1 - \left[\frac{1}{b-a} \int_a^b |\underset{\sim}{A}(x) - \underset{\sim}{B}(x)|^p \mathrm{d}x\right]^{\frac{1}{p}}, \quad p \geqslant 1.$$

(4) 最大–最小贴近度.

若 $X = \{x_1, x_2, \cdots, x_n\}$, 则

$$N_M(\underset{\sim}{A}, \underset{\sim}{B}) = \frac{\sum_{i=1}^{n}(\underset{\sim}{A}(x_i) \bigwedge \underset{\sim}{B}(x_i))}{\sum_{i=1}^{n}(\underset{\sim}{A}(x_i) \bigvee \underset{\sim}{B}(x_i))};$$

若 $X = [a, b]$, 则

$$N_M(\underset{\sim}{A}, \underset{\sim}{B}) = \frac{\int_a^b (\underset{\sim}{A}(x) \bigwedge \underset{\sim}{B}(x))\mathrm{d}x}{\int_a^b (\underset{\sim}{A}(x) \bigvee \underset{\sim}{B}(x))\mathrm{d}x}.$$

(5) 算术平均–最小贴近度.

若 $X = \{x_1, x_2, \cdots, x_n\}$, 则

$$N_A(\underset{\sim}{A}, \underset{\sim}{B}) = \frac{\sum_{i=1}^{n}(\underset{\sim}{A}(x_i) \bigwedge \underset{\sim}{B}(x_i))}{\frac{1}{2} \sum_{i=1}^{n}(\underset{\sim}{A}(x_i) + \underset{\sim}{B}(x_i))};$$

若 $X = [a, b]$, 则

$$N_A(\underset{\sim}{A}, \underset{\sim}{B}) = \frac{\int_a^b (\underset{\sim}{A}(x) \bigwedge \underset{\sim}{B}(x)) \mathrm{d}x}{\frac{1}{2} \int_a^b (\underset{\sim}{A}(x) + \underset{\sim}{B}(x)) \mathrm{d}x}.$$

(6) Chebyshev 贴近度.

若 $X = \{x_1, x_2, \cdots, x_n\}$, 则

$$N_C(\underset{\sim}{A}, \underset{\sim}{B}) = 1 - \bigvee_{i=1}^n |\underset{\sim}{A}(x_i) - \underset{\sim}{B}(x_i)|.$$

例 4.2.2　设 $X = \{a, b, c, d, e\}$, $\underset{\sim}{A}, \underset{\sim}{B} \in \mathcal{F}(X)$,

$$\underset{\sim}{A} = \frac{0.8}{a} + \frac{0.6}{b} + \frac{0.9}{c} + \frac{0.5}{d} + \frac{0.3}{e},$$
$$\underset{\sim}{B} = \frac{0.5}{a} + \frac{0.7}{b} + \frac{0.8}{c} + \frac{0.4}{d} + \frac{0.4}{e}.$$

试求 $N_H(\underset{\sim}{A}, \underset{\sim}{B}), N_E(\underset{\sim}{A}, \underset{\sim}{B}), N_M(\underset{\sim}{A}, \underset{\sim}{B}), N_A(\underset{\sim}{A}, \underset{\sim}{B}), N_C(\underset{\sim}{A}, \underset{\sim}{B})$.

解　由定义可得

$$N_H(\underset{\sim}{A}, \underset{\sim}{B}) = 1 - \frac{1}{5}(0.3 + 0.1 + 0.1 + 0.1 + 0.1) = 0.86,$$

$$N_E(\underset{\sim}{A}, \underset{\sim}{B}) = 1 - \frac{1}{\sqrt{5}}(0.3^2 + 0.1^2 + 0.1^2 + 0.1^2 + 0.1^2)^{\frac{1}{2}} = 0.8388,$$

$$N_M(\underset{\sim}{A}, \underset{\sim}{B}) = \frac{0.5 + 0.6 + 0.8 + 0.4 + 0.3}{0.8 + 0.7 + 0.9 + 0.5 + 0.4} = 0.7879,$$

$$N_A(\underset{\sim}{A}, \underset{\sim}{B}) = \frac{0.5 + 0.6 + 0.8 + 0.4 + 0.3}{\frac{1}{2}(1.3 + 1.3 + 1.7 + 0.9 + 0.7)} = 0.8814,$$

$$N_C(\underset{\sim}{A}, \underset{\sim}{B}) = 1 - 0.3 \bigvee 0.1 \bigvee 0.1 \bigvee 0.1 \bigvee 0.1 = 0.7.$$

上述 4 种方法计算出的 $\underset{\sim}{A}$ 与 $\underset{\sim}{B}$ 的贴近度大小相近, 在实际问题中可以根据需要选取其中的一种.

例 4.2.3　设论域为实数集 $\mathbf{R}$, $\underset{\sim}{A}, \underset{\sim}{B} \in \mathcal{F}(\mathbf{R})$, 其隶属函数分别为

$$\underset{\sim}{A}(x) = \exp\left\{-\left(\frac{x-a}{\sigma_1}\right)^2\right\},$$

$$\underset{\sim}{B}(x) = \exp\left\{-\left(\frac{x-a}{\sigma_2}\right)^2\right\},$$

且 $\sigma_1 \leqslant \sigma_2$. 试求 $N_M(\underset{\sim}{A}, \underset{\sim}{B})$ 与 $N_A(\underset{\sim}{A}, \underset{\sim}{B})$.

解 由 $\sigma_1 \leqslant \sigma_2$ 可得 $\underset{\sim}{A}(x) \leqslant \underset{\sim}{B}(x), x \in \mathbf{R}$. 又

$$\int_{-\infty}^{\infty} \underset{\sim}{A}(x)\mathrm{d}x = \int_{-\infty}^{\infty} \exp\left\{-\left(\frac{x-a}{\sigma_1}\right)^2\right\}\mathrm{d}x = \sqrt{\pi}\sigma_1,$$

$$\int_{-\infty}^{\infty} \underset{\sim}{B}(x)\mathrm{d}x = \int_{-\infty}^{\infty} \exp\left\{-\left(\frac{x-a}{\sigma_2}\right)^2\right\}\mathrm{d}x = \sqrt{\pi}\sigma_2.$$

故

$$N_M(\underset{\sim}{A}, \underset{\sim}{B}) = \frac{\int_{-\infty}^{\infty}\left(\underset{\sim}{A}(x) \bigwedge \underset{\sim}{B}(x)\right)\mathrm{d}x}{\int_{-\infty}^{\infty}\left(\underset{\sim}{A}(x) \bigvee \underset{\sim}{B}(x)\right)\mathrm{d}x} = \frac{\sqrt{\pi}\sigma_1}{\sqrt{\pi}\sigma_2} = \frac{\sigma_1}{\sigma_2}.$$

$$N_A(\underset{\sim}{A}, \underset{\sim}{B}) = \frac{\int_{-\infty}^{\infty}\left(\underset{\sim}{A}(x) \bigwedge \underset{\sim}{B}(x)\right)\mathrm{d}x}{\frac{1}{2}\int_{-\infty}^{\infty}\left(\underset{\sim}{A}(x) + \underset{\sim}{B}(x)\right)\mathrm{d}x} = \frac{\sqrt{\pi}\sigma_1}{\frac{1}{2}(\sqrt{\pi}\sigma_1 + \sqrt{\pi}\sigma_2)} = \frac{2\sigma_1}{\sigma_1 + \sigma_2}. \quad \blacksquare$$

上例中的情形, 若用格贴近度, 无论 σ_1 与 σ_2 有多大的差异, 都无法区分.

4.2.3 择近原则

设论域为 X, 有 n 个标准模式 $A_1, A_2, \cdots, A_n \in \mathcal{F}(X)$, 现在的问题是: 给定一个待识别对象 $\underset{\sim}{B} \in \mathcal{F}(X)$, 如何判断 $\underset{\sim}{B}$ 与哪一个标准模式 $A_1, A_2, \cdots, A_n$ 最贴近?

我们注意到, n 个标准模式 $A_1, A_2, \cdots, A_n$ 与待识别对象 $\underset{\sim}{B}$ 都是 X 上的模糊集合, 故可依次求出 $\underset{\sim}{B}$ 与每一个标准模式的贴近度: $N(\underset{\sim}{A_1}, \underset{\sim}{B}), N(\underset{\sim}{A_2}, \underset{\sim}{B}), \cdots,$ $N(\underset{\sim}{A_n}, \underset{\sim}{B})$. 显然, $\underset{\sim}{B}$ 与哪一个标准模式的贴近度最大, 就应该将 $\underset{\sim}{B}$ 归属于哪一个标准模式, 这就是我们将要介绍的择近原则.

择近原则 设 $A_1, A_2, \cdots, A_n \in \mathcal{F}(X)$ 为 n 个标准模式, $\underset{\sim}{B} \in \mathcal{F}(X)$ 为待识别对象. 若存在 $i_0 \in \{1, 2, \cdots, n\}$, 使得

$$N(\underset{\sim}{A_{i_0}}, \underset{\sim}{B}) = \max\{N(\underset{\sim}{A_1}, \underset{\sim}{B}), N(\underset{\sim}{A_2}, \underset{\sim}{B}), \cdots, N(\underset{\sim}{A_n}, \underset{\sim}{B})\},$$

则认为 $\underset{\sim}{B}$ 相对地归属于模式 A_{i_0}.

当已知标准模式与待识别对象都是论域 X 上的模糊集合时, 可根据择近原则判断待识别对象应该归属于哪一个标准模式, 这种识别方法称为模糊模式识别的**间接方法**.

例 4.2.4 设 $X = \{x_1, x_2, x_3, x_4, x_5\}$, $\underset{\sim}{A}, \underset{\sim}{B}, \underset{\sim}{C} \in \mathcal{F}(X)$,

$$\underset{\sim}{A} = \frac{0.6}{x_1} + \frac{0.6}{x_2} + \frac{1}{x_3} + \frac{0.5}{x_4} + \frac{0.2}{x_5},$$

$$\underset{\sim}{B} = \frac{0.4}{x_1} + \frac{0.7}{x_2} + \frac{0.8}{x_3} + \frac{0.4}{x_4} + \frac{0}{x_5},$$

$$\underset{\sim}{C} = \frac{0.5}{x_1} + \frac{0.7}{x_2} + \frac{0.8}{x_3} + \frac{0.4}{x_4} + \frac{0.5}{x_5}.$$

试依据格贴近度判断 $\underset{\sim}{A}$ 与 $\underset{\sim}{B}, \underset{\sim}{C}$ 中的哪一个更贴近?

解 因为

$$\underset{\sim}{A} \circ \underset{\sim}{B} = \bigvee_{x_i \in X} (\underset{\sim}{A}(x_i) \bigwedge \underset{\sim}{B}(x_i)) = 0.4 \bigvee 0.6 \bigvee 0.8 \bigvee 0.4 \bigvee 0 = 0.8,$$

$$\underset{\sim}{A} \odot \underset{\sim}{B} = \bigwedge_{x_i \in X} (\underset{\sim}{A}(x_i) \bigvee \underset{\sim}{B}(x_i)) = 0.6 \bigwedge 0.7 \bigwedge 1 \bigwedge 0.5 \bigwedge 0.2 = 0.2,$$

故

$$N_L(\underset{\sim}{A}, \underset{\sim}{B}) = (\underset{\sim}{A} \circ \underset{\sim}{B}) \bigwedge (\underset{\sim}{A} \odot \underset{\sim}{B})^c = 0.8 \bigwedge 0.2^c = 0.8.$$

又因为

$$\underset{\sim}{A} \circ \underset{\sim}{C} = \bigvee_{x_i \in X} (\underset{\sim}{A}(x_i) \bigwedge \underset{\sim}{C}(x_i)) = 0.5 \bigvee 0.6 \bigvee 0.8 \bigvee 0.4 \bigvee 0.2 = 0.8,$$

$$\underset{\sim}{A} \odot \underset{\sim}{C} = \bigwedge_{x_i \in X} (\underset{\sim}{A}(x_i) \bigvee \underset{\sim}{C}(x_i)) = 0.6 \bigwedge 0.7 \bigwedge 1 \bigwedge 0.5 \bigwedge 0.5 = 0.5,$$

故

$$N_L(\underset{\sim}{A}, \underset{\sim}{C}) = (\underset{\sim}{A} \circ \underset{\sim}{C}) \bigwedge (\underset{\sim}{A} \odot \underset{\sim}{C})^c = 0.8 \bigwedge 0.5^c = 0.5.$$

因此

$$N_L(\underset{\sim}{A}, \underset{\sim}{B}) \geqslant N_L(\underset{\sim}{A}, \underset{\sim}{C}).$$

依据择近原则, $\underset{\sim}{A}$ 与 $\underset{\sim}{B}$ 更贴近. ∎

本节最后, 我们给出择近原则的另外一种形式.

择近原则的另一种形式 设 $\underset{\sim}{A} \in \mathcal{F}(X)$ 为标准模式, $\underset{\sim}{B}_1, \underset{\sim}{B}_2, \cdots, \underset{\sim}{B}_n \in \mathcal{F}(X)$ 为 n 个待识别元素. 若 $i_0 \in \{1, 2, \cdots, n\}$, 使得

$$N(\underset{\sim}{A}, \underset{\sim}{B}_{i_0}) = \max \{N(\underset{\sim}{A}, \underset{\sim}{B}_1), N(\underset{\sim}{A}, \underset{\sim}{B}_2), \cdots, N(\underset{\sim}{A}, \underset{\sim}{B}_n)\},$$

则认为 $\underset{\sim}{B}_{i_0}$ 相对地归属于模式 $\underset{\sim}{A}$.

在实践中, 我们也可以根据问题的具体背景, 规定适当的阈值, 将择近原则与阈值原则结合起来.

4.3 隶属函数的确定方法

在模糊数学的应用问题中, 一个重要的课题就是如何建立模糊集合的隶属函数. 我们在本章前面的学习过程中已经看到了确定隶属函数的例子, 比如, 在三角形的识别问题中, 如何应用已有的几何知识, 根据各种典型三角形的特点, 通过适当的推理得出了等腰三角形、直角三角形、等边三角形, 非典型三角形等模糊集合的隶属函数. 本节我们将介绍几种确定隶属函数的一般方法.

4.3.1 模糊统计试验法

模糊统计试验的 4 个要素:

(1) 论域 X,

(2) 选定元素 $x_0 \in X$,

(3) 模糊集合 $\underset{\sim}{A} \in \mathcal{F}(X)$,

(4) 可变动的分明集合 $A^* \in \mathcal{P}(X)$, $\underset{\sim}{A}$ 制约着 A^* 的变动, A^* 是具有弹性边界的 $\underset{\sim}{A}$ 的反映, A^* 的每一次确定可以看作是 $\underset{\sim}{A}$ 的一次显示.

模糊统计试验的基本要求是, 每一次试验中, A^* 必须是一个确定的分明集合, 使得对元素 x_0 是否属于 A^* 能够作出明确的判断.

设 $\underset{\sim}{A} \in \mathcal{F}(X)$, 对固定的 $x_0 \in X$, 作 n 次模糊统计试验, 得到 n 个确定的分明集合 A^*, 若其中包含 x_0 的 A^* 的个数为 m, 则称 $\dfrac{m}{n}$ 为 x_0 对于模糊集合 $\underset{\sim}{A}$ 的隶属频率.

下面介绍利用模糊统计试验的方法来确定模糊集合 "青年人" 的隶属函数的例子, 从中可以看出利用模糊统计试验法确定模糊集合隶属函数的一般步骤.

以人的年龄作为论域 X, 不妨设 $X = [0, 100]$. "青年人" 是一个模糊概念, 与之相应地, 表示这个模糊概念的集合是一个模糊集合, 记为 $\underset{\sim}{A}$. 为确定模糊集合 $\underset{\sim}{A}$ 的隶属函数, 选择若干适当的人选参与试验, 请每一个人经过独立思考之后报出自己认为 "青年人" 最适宜、最恰当的年龄区间 (从多少岁到多少岁), 即将模糊概念明确化. 表 4.3.1 记录了武汉建材学院对 129 人关于 "青年人" 年龄区间的调查结果[①].

设 $x_0 = 27$, 若 n 次试验得到的 n 个确定的区间中包含 27 岁的年龄区间的个数为 m, 则 27 岁对于 "青年人" 的隶属频率为 $\dfrac{m}{n}$. 表 4.3.2 为抽样调查试验的结果.

[①] 张南纶:《随机现象的从属特性及概率特性 (Ⅲ)》,《武汉建材学院学报》1981 年第 3 期: 9-24.

表 4.3.1　"青年人"年龄区间统计表

18~25	17~30	17~28	18~25	16~35	14~25	18~30
18~35	18~35	16~25	15~30	18~35	17~30	18~25
18~35	20~30	18~30	16~30	20~35	18~30	18~25
18~35	15~25	18~30	15~28	16~28	18~30	18~30
16~30	18~35	18~25	18~30	16~28	18~30	16~30
16~28	18~35	18~35	17~27	16~28	15~28	18~25
19~28	15~30	15~26	17~25	15~36	18~30	17~30
18~35	16~35	16~30	15~25	18~28	16~30	15~28
18~35	18~30	17~28	18~35	15~28	15~25	15~25
15~30	18~30	16~24	15~25	16~32	15~27	18~35
16~25	18~30	16~28	18~30	18~35	18~30	18~30
17~30	18~30	18~35	16~30	18~28	17~25	15~30
18~25	17~30	14~25	18~26	18~29	18~35	18~28
18~35	18~25	16~35	17~29	18~25	17~30	16~28
18~30	16~28	15~30	18~30	15~30	20~30	20~30
16~25	17~30	15~30	18~30	16~30	18~28	15~35
16~30	15~30	18~35	18~35	18~30	17~30	16~35
17~30	15~25	18~35	15~30	15~25	15~30	18~30
17~25	18~29	18~28				

表 4.3.2　27 岁对"青年人"的隶属频率

试验次数	10	20	30	40	50	60	70	80	90	100	110	120	129
隶属次数	6	15	23	32	39	48	53	62	68	76	85	95	101
隶属频率	0.6	0.75	0.77	0.80	0.78	0.80	0.76	0.78	0.76	0.76	0.77	0.79	0.78

从表 4.3.2 中我们可以看到, 随着试验次数 n 的逐渐增多, 隶属频率呈现出稳定性. 27 岁对"青年人"的隶属频率稳定地接近 0.78, 因而可取

$$\underset{\sim}{A}(x_0) = \underset{\sim}{A}(27) = 0.78.$$

虽然在确定元素 x_0 对模糊集合 $\underset{\sim}{A}$ 的隶属度的过程中明显存在着主观因素, 但是随着试验次数 n 的逐渐增多, 隶属频率稳定地接近一个常数, 这就是隶属频率的稳定性. 大量实践表明, 这种稳定性是一种客观规律. 于是人们就将隶属频率稳定地接近的那个常数作为 x_0 对模糊集合 $\underset{\sim}{A}$ 的隶属度.

通过前面的讨论, 我们已经了解了利用模糊统计试验法确定一个元素 x_0 对一个模糊集合 $\underset{\sim}{A} \in \mathcal{F}(X)$ 的隶属度的一般步骤. 下面再来看如何得到模糊集合 $\underset{\sim}{A}$ 的隶属函数曲线. 将论域 $X = [0, 100]$ 适当分组, 分别计算每组 (区间) 的组中值隶属频率, 以组中值的隶属频率作为 $\underset{\sim}{A}(x)$ 在该组上的近似值, 连续地描出图形即得近似的隶属函数曲线.

在 "模糊数学" 这门课程的教学过程中, 我们也曾多次作过这个试验, 并依据统计数据分别计算得到相应的分组隶属频率, 近几年得到的数据见表 4.3.3. 作为对照, 将依据当年在武汉建材学院 (129 人) 的统计数据得到的分组隶属频率放在表格中最右侧的一列.

表 4.3.3　分组隶属频率表

分组	2016 年 (67 人)	2017 年 (87 人)	2018 年 (82 人)	2019 年 (80 人)	2020 年 (87 人)	武汉建材学院 (129 人)
0~10.5	0	0.011	0.024	0	0	0
10.5~11.5	0	0.011	0.037	0	0.011	0
11.5~12.5	0	0.023	0.073	0.013	0.011	0
12.5~13.5	0.033	0.034	0.134	0.013	0.023	0
13.5~14.5	0.049	0.115	0.183	0.1	0.046	0.016
14.5~15.5	0.246	0.379	0.427	0.2	0.161	0.209
15.5~16.5	0.607	0.586	0.573	0.563	0.287	0.395
16.5~17.5	0.656	0.609	0.622	0.6	0.345	0.519
17.5~18.5	0.869	0.908	0.829	0.913	0.851	0.961
18.5~19.5	0.869	0.897	0.854	0.95	0.885	0.969
19.5~20.5	0.984	0.954	0.963	1	0.931	1
20.5~21.5	1	0.954	0.963	0.988	0.943	1
21.5~22.5	1	0.966	0.963	0.988	0.954	1
22.5~23.5	1	0.966	0.963	0.988	0.954	1
23.5~24.5	1	0.966	0.963	0.988	0.954	1
24.5~25.5	0.984	0.931	0.988	0.975	0.954	0.992
25.5~26.5	0.885	0.874	0.988	0.925	0.874	0.798
26.5~27.5	0.852	0.862	0.988	0.875	0.862	0.783
27.5~28.5	0.852	0.851	0.976	0.863	0.828	0.767
28.5~29.5	0.721	0.759	0.939	0.675	0.782	0.62
29.5~30.5	0.689	0.736	0.89	0.663	0.77	0.597
30.5~31.5	0.377	0.494	0.634	0.338	0.437	0.209
31.5~32.5	0.377	0.483	0.634	0.338	0.437	0.209

续表

分组	2016 年 (67 人)	2017 年 (87 人)	2018 年 (82 人)	2019 年 (80 人)	2020 年 (87 人)	武汉建材学院 (129 人)
32.5~33.5	0.361	0.483	0.573	0.313	0.425	0.202
33.5~34.5	0.328	0.483	0.561	0.313	0.425	0.202
34.5~35.5	0.311	0.471	0.549	0.3	0.391	0.202
35.5~36.5	0.115	0.218	0.317	0.15	0.264	0.008
36.5~37.5	0.115	0.172	0.244	0.113	0.23	0
37.5~38.5	0.115	0.172	0.244	0.113	0.23	0
38.5~39.5	0.082	0.149	0.22	0.1	0.23	0
39.5~40.5	0.082	0.138	0.207	0.088	0.195	0
40.5~41.5	0.033	0.034	0.049	0.013	0.08	0
41.5~42.5	0	0.034	0.037	0.013	0.08	0
42.5~43.5	0	0.034	0.037	0.013	0.08	0
43.5~44.5	0	0.034	0.037	0.013	0.08	0
44.5~45.5	0	0.011	0.037	0.013	0.057	0
45.5~46.5	0	0	0	0.013	0.011	0
46.5~47.5	0	0	0	0.013	0.011	0
47.5~48.5	0	0	0	0	0.011	0
48.5~49.5	0	0	0	0	0.011	0
49.5~50.5	0	0	0	0	0.011	0
50.5~100	0	0	0	0	0	0

　　将近年来我们得到的统计数据与当年武汉建材学院 (129 人) 所得的数据相对比, 一方面, 我们看到了隶属频率的稳定性; 另一方面, 我们也注意到了一个有趣的现象: 随着时代的发展,"青年人" 这一模糊概念变得越来越 "宽泛" 了.

　　每作一次模糊统计试验, 确定一个 A^*, 同时也确定了 $(A^*)^c$, 得到 $A(x_0)$ 的同时, 也得到了 $A^c(x_0) = 1 - A(x_0)$, 也就是在我们利用模糊统计法确定了模糊集合 $\underset{\sim}{A}$ 的隶属函数的同时, 也确定了 $\underset{\sim}{A^c}$ 的隶属函数

$$\underset{\sim}{A^c}(x) = 1 - \underset{\sim}{A}(x), \quad x \in X.$$

　　因此, 模糊统计试验法也称二相模糊统计法. 将其推广可得三相模糊统计法, 也就是下面将要介绍的三分法.

4.3.2　三分法

　　以人的年龄作为论域 X, 设 $X = [0, 150]$. 模糊集合 $\underset{\sim}{A_1}, \underset{\sim}{A_2}, \underset{\sim}{A_3}$ 分别表示

"年轻或年幼""中年""老年". 利用三分法可以同时确定这三个相关联的模糊集合 A_1, A_2, A_3 的隶属函数. 选择若干适当的人选参与试验, 每一次试验确定论域 X 中的一对数 (ξ, η), 其中,

$$\xi:\text{"年轻或年幼" 与 "中年" 的分界点,}$$
$$\eta:\text{"中年" 与 "老年" 的分界点.}$$

将 (ξ, η) 看成是二维随机变量, 设 $\xi \sim f_\xi(u)$, $\eta \sim f_\eta(v)$, 令

$$\underset{\sim}{A_1}(x) = P\{\xi \geqslant x\} = \int_x^\infty f_\xi(u)\mathrm{d}u,$$

$$\underset{\sim}{A_3}(x) = P\{\eta \leqslant x\} = \int_{-\infty}^x f_\eta(v)\mathrm{d}v,$$

$$\underset{\sim}{A_2}(x) = 1 - \underset{\sim}{A_1}(x) - \underset{\sim}{A_3}(x).$$

事件 $\{\xi \geqslant x\}$ 的概率随着 x 的减小而增大, 且 $\lim\limits_{x \to -\infty} \underset{\sim}{A_1}(x) = 1$, 这与 "年轻或年幼" 的特性相符合. 事件 $\{\eta \leqslant x\}$ 的概率随着 x 的增大而增大, 且 $\lim\limits_{x \to \infty} \underset{\sim}{A_3}(x) = 1$, 这与 "老年" 的特性相符合. 而 x 无论太大, 还是太小, $\underset{\sim}{A_2}(x)$ 都会比较小, 这与 "中年" 的特性相符合.

4.3.3 模糊分布拟合法

实践中, 以实数集 **R** 为论域的模糊集合最为常见. 通常将实数集 **R** 上的模糊集合的隶属函数称为**模糊分布**. 在实际应用中, 由于某些问题可以用同一类型的隶属函数所表示的模糊集合来刻画, 因此, 在一定的意义下给出模糊分布的一般形式, 对确定隶属函数具有普遍意义.

根据实际情况, 先选定某些带参数的函数作为表示某种类型的模糊概念的隶属函数, 再根据统计数据进一步确定参数, 这就是模糊分布拟合法.

首先介绍三种常见的模糊分布.

(1) Z 函数:

$$Z(x; a, b) = \begin{cases} 1, & x \leqslant a, \\ 1 - 2\left(\dfrac{x-a}{b-a}\right)^2, & a < x \leqslant \dfrac{a+b}{2}, \\ 2\left(\dfrac{x-b}{b-a}\right)^2, & \dfrac{a+b}{2} < x \leqslant b, \\ 0, & x > b. \end{cases}$$

Z 函数是 x 的连续单调递减函数, 且 $Z\left(\dfrac{a+b}{2};a,b\right)=\dfrac{1}{2}$. Z 函数适于描述像天气 "冷", 人 "年幼" 等偏向小的一方的模糊现象, 因其函数曲线形状像大写英文字母 Z 故而得名, 如图 4.3.1 所示.

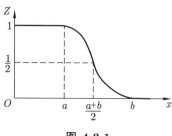

图 **4.3.1**

(2) S 函数:

$$S(x;a,b)=1-Z(x;a,b)=\begin{cases} 0, & x\leqslant a, \\ 2\left(\dfrac{x-a}{b-a}\right)^2, & a<x\leqslant \dfrac{a+b}{2}, \\ 1-2\left(\dfrac{x-b}{b-a}\right)^2, & \dfrac{a+b}{2}<x\leqslant b, \\ 1, & x>b. \end{cases}$$

S 函数是 x 的连续单调递增函数, 且 $S\left(\dfrac{a+b}{2};a,b\right)=\dfrac{1}{2}$. S 函数适于描述像天气 "热", 人 "年长" 等偏向大的一方的模糊现象, 因其函数曲线形状像大写英文字母 S 故而得名, 如图 4.3.2 所示.

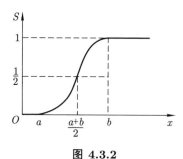

图 **4.3.2**

(3) Ⅱ 函数:

$$\Pi(x;a,b)=\begin{cases} S(x;b-a,b), & x\leqslant b, \\ Z(x;b,a+b), & x>b. \end{cases}$$

当 $x \leqslant b$ 时, Π 函数递增; 当 $x > b$ 时, Π 函数递减, 且 Π 函数关于 $x = b$ 对称. Π 函数适于描述像天气 "温和", 人 "中年" 等趋于中间的模糊现象, 因其函数曲线形状像大写希腊字母 Π 故而得名, 如图 4.3.3 所示.

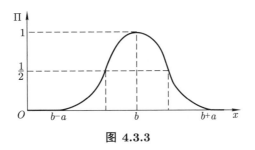

图 4.3.3

例 4.3.1 以人的年龄作为论域, 用模糊集合 $\underset{\sim}{Y} \in \mathcal{F}(X)$ 表示 "年轻或年幼", $\underset{\sim}{O} \in \mathcal{F}(X)$ 表示 "年长", $\underset{\sim}{M} \in \mathcal{F}(X)$ 表示 "中年", 相应的隶属函数可分别取

$$
\underset{\sim}{Y}(x) = Z(x; 20, 40) = \begin{cases} 1, & x \leqslant 20, \\ 1 - 2\left(\dfrac{x-20}{20}\right)^2, & 20 < x \leqslant 30, \\ 2\left(\dfrac{x-40}{20}\right)^2, & 30 < x \leqslant 40, \\ 0, & x > 40. \end{cases}
$$

$$
\underset{\sim}{O}(x) = S(x; 50, 70) = \begin{cases} 0, & x \leqslant 50, \\ 2\left(\dfrac{x-50}{20}\right)^2, & 50 < x \leqslant 60, \\ 1 - 2\left(\dfrac{x-70}{20}\right)^2, & 60 < x \leqslant 70, \\ 1, & x > 70. \end{cases}
$$

$$
\underset{\sim}{M}(x) = \Pi(x; 10, 40) = \begin{cases} S(x; 30, 40), & x \leqslant 40, \\ Z(x; 40, 50), & x > 40. \end{cases}
$$

其隶属函数图像参见图 4.3.4.

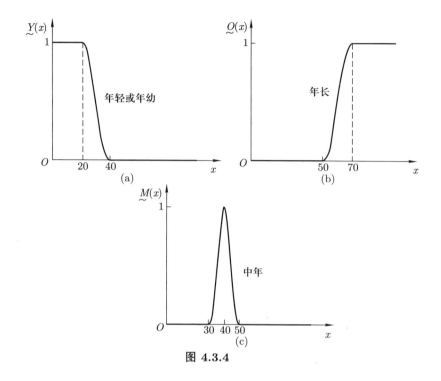

图 4.3.4

上面介绍了 3 种常见的模糊分布, 下面从更一般的意义上来讨论这 3 类函数.

(1) 偏小型模糊分布.

这类模糊分布的一般形式为

$$\underset{\sim}{A}(x) = \begin{cases} 1, & x \leqslant a, \\ f(x), & x > a, \end{cases}$$

其中 $f(x)$ 是单调递减函数, 相应的模糊集合适于刻画人 "年轻或年幼"、天气 "冷" 等偏向小的一方的模糊现象、模糊概念.

(2) 偏大型模糊分布.

这类模糊分布的一般形式为

$$\underset{\sim}{A}(x) = \begin{cases} f(x), & x < a, \\ 1, & x \geqslant a, \end{cases}$$

其中 $f(x)$ 是单调递增函数, 相应的模糊集合适于刻画人 "年老"、天气 "热" 等偏向大的一方的模糊现象、模糊概念.

(3) 中间型模糊分布.

这类模糊集合适合刻画人 "中年", 天气 "温和" 等趋于中间状态的模糊现象, 其隶属函数可以通过偏小型模糊分布与偏大型模糊分布相结合而得到.

常见的模糊分布基本上分为以上 3 类, 通过选择不同的 $f(x)$ 就可以得到不同的模糊分布. 法国学者卡夫曼 (Kaufmann A.) 搜集整理了 20 余种常见的模糊分布, 这里, 我们列举其中一部分.

1. 矩形分布

(1) 偏小型:

$$\underset{\sim}{A}(x) = \begin{cases} 1, & x \leqslant a, \\ 0, & x > a. \end{cases}$$

(2) 偏大型:

$$\underset{\sim}{A}(x) = \begin{cases} 0, & x < a, \\ 1, & x \geqslant a. \end{cases}$$

(3) 中间型:

$$\underset{\sim}{A}(x) = \begin{cases} 0, & x < a, \\ 1, & a \leqslant x \leqslant b, \\ 0, & x > b. \end{cases}$$

其隶属函数图像参见图 4.3.5.

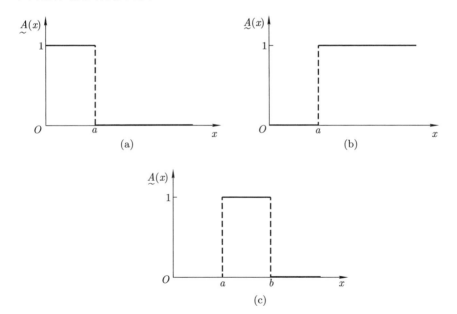

图 4.3.5 矩形分布

2. 梯形分布

(1) 偏小型:

$$\underset{\sim}{A}(x) = \begin{cases} 1, & x \leqslant a, \\ \dfrac{b-x}{b-a}, & a < x < b, \\ 0, & x \geqslant b. \end{cases}$$

(2) 偏大型:

$$\underset{\sim}{A}(x) = \begin{cases} 0, & x \leqslant a, \\ \dfrac{x-a}{b-a}, & a < x < b, \\ 1, & x \geqslant b. \end{cases}$$

(3) 中间型:

$$A(x) = \begin{cases} \dfrac{x-a}{b-a}, & a < x < b, \\ 1, & b \leqslant x \leqslant c, \\ \dfrac{d-x}{d-c}, & c < x < d, \\ 0, & \text{其他}. \end{cases}$$

其隶属函数图像参见图 4.3.6.

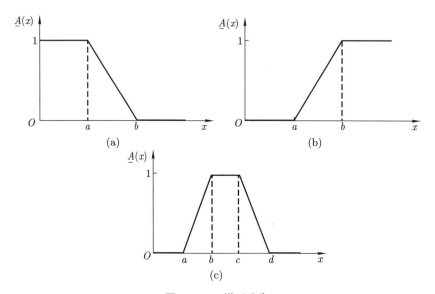

图 4.3.6　梯形分布

3. 抛物型分布

(1) 偏小型:

$$\underset{\sim}{A}(x) = \begin{cases} 1, & x \leqslant a, \\ \left(\dfrac{b-x}{b-a}\right)^k, & a < x < b, \\ 0, & x \geqslant b, \end{cases}$$

其中 $k > 0$ 为常数.

(2) 偏大型:

$$\underset{\sim}{A}(x) = \begin{cases} 0, & x \leqslant a, \\ \left(\dfrac{x-a}{b-a}\right)^k, & a < x < b, \\ 1, & x \geqslant b, \end{cases}$$

其中 $k > 0$ 为常数.

(3) 中间型:

$$\underset{\sim}{A}(x) = \begin{cases} \left(\dfrac{x-a}{b-a}\right)^k, & a < x < b, \\ 1, & b \leqslant x \leqslant c, \\ \left(\dfrac{d-x}{d-c}\right)^k, & c < x < d, \\ 0, & \text{其他}, \end{cases}$$

其中 $k > 0$ 为常数.

其隶属函数图像参见图 4.3.7 和图 4.3.8.

4. 正态分布

(1) 偏小型:

$$\underset{\sim}{A}(x) = \begin{cases} 1, & x \leqslant a, \\ \exp\left\{-\left(\dfrac{x-a}{\sigma}\right)^2\right\}, & x > a, \end{cases}$$

其中 $a, \sigma(\sigma > 0)$ 为常数.

(2) 偏大型:

$$\underset{\sim}{A}(x) = \begin{cases} 0, & x < a, \\ 1 - \exp\left\{-\left(\dfrac{x-a}{\sigma}\right)^2\right\}, & x \geqslant a, \end{cases}$$

其中 $a, \sigma(\sigma > 0)$ 为常数.

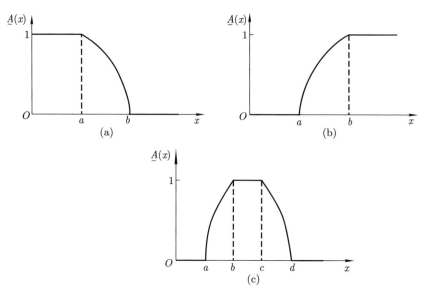

图 4.3.7 抛物型分布 $(0 < k < 1)$

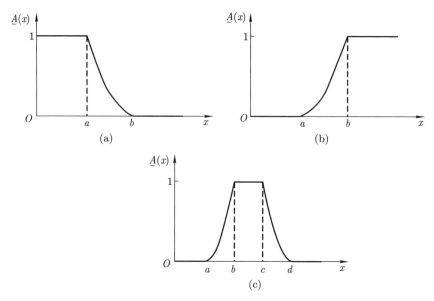

图 4.3.8 抛物型分布 $(k > 1)$

(3) 中间型:

$$A(x) = \exp\left\{-\left(\frac{x-a}{\sigma}\right)^2\right\},$$

或

$$
\underset{\sim}{A}(x) = \begin{cases} \exp\left\{-\left(\dfrac{x-a}{\sigma}\right)^2\right\}, & x < a, \\ 1, & a \leqslant x \leqslant b, \\ \exp\left\{-\left(\dfrac{x-b}{\sigma}\right)^2\right\}, & x > b, \end{cases}
$$

其中 $a, \sigma(\sigma > 0)$ 为常数.

其隶属函数图像参见图 4.3.9.

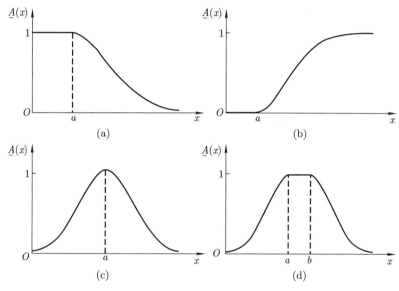

图 4.3.9　正态分布

5. Γ 分布

(1) 偏小型:

$$
\underset{\sim}{A}(x) = \begin{cases} 1, & x \leqslant a, \\ \exp\{-k(x-a)\}, & x > a, \end{cases}
$$

其中 $k > 0$ 为常数.

(2) 偏大型:

$$
\underset{\sim}{A}(x) = \begin{cases} 0, & x < a, \\ 1 - \exp\{-k(x-a)\}, & x \geqslant a, \end{cases}
$$

其中 $k > 0$ 为常数.

(3) 中间型:

$$A_{\sim}(x) = \begin{cases} \exp\{k(x-a)\}, & x < a, \\ \exp\{-k(x-a)\}, & x \geqslant a, \end{cases}$$

或

$$A_{\sim}(x) = \begin{cases} \exp\{k(x-a)\}, & x < a, \\ 1, & a \leqslant x \leqslant b, \\ \exp\{-k(x-b)\}, & x > b, \end{cases}$$

其中 $k > 0$ 为常数.

其隶属函数图像参见图 4.3.10.

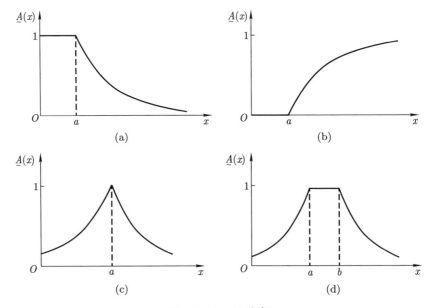

(a)　　　　　　　　　(b)

(c)　　　　　　　　　(d)

图 4.3.10　Γ 分布

6. Cauchy 分布

(1) 偏小型:

$$A_{\sim}(x) = \begin{cases} 1, & x \leqslant a, \\ \dfrac{1}{1+\alpha(x-a)^{\beta}}, & x > a, \end{cases}$$

其中 $\alpha > 0, \beta > 0$ 为常数.

(2) 偏大型:

$$A_{\sim}(x) = \begin{cases} 0, & x \leqslant a, \\ \dfrac{1}{1+\alpha(x-a)^{-\beta}}, & x > a, \end{cases}$$

其中 $\alpha > 0, \beta > 0$ 为常数.

(3) 中间型:

$$A_\sim(x) = \frac{1}{1 + \alpha(x-a)^\beta},$$

其中 $\alpha > 0, \beta > 0$ 为常数, β 为正偶数.

其隶属函数图像参见图 4.3.11.

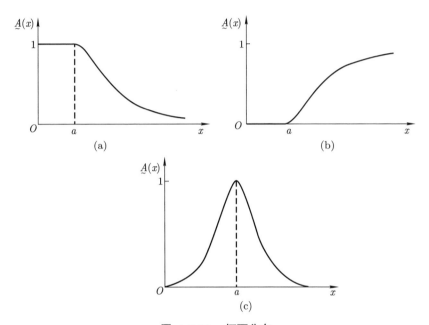

图 **4.3.11** 柯西分布

7. 岭型分布

(1) 偏小型:

$$A_\sim(x) = \begin{cases} 1 & x \leqslant a, \\ \dfrac{1}{2} - \dfrac{1}{2}\sin\left(\dfrac{\pi}{b-a}\left(x - \dfrac{a+b}{2}\right)\right), & a < x < b, \\ 0, & x \geqslant b. \end{cases}$$

(2) 偏大型:

$$A_\sim(x) = \begin{cases} 0, & x \leqslant a, \\ \dfrac{1}{2} + \dfrac{1}{2}\sin\left(\dfrac{\pi}{b-a}\left(x - \dfrac{a+b}{2}\right)\right), & a < x < b, \\ 1, & x \geqslant b. \end{cases}$$

(3) 中间型:

$$A_{\sim}(x) = \begin{cases} \dfrac{1}{2} + \dfrac{1}{2}\sin\left(\dfrac{\pi}{b-a}\left(x - \dfrac{a+b}{2}\right)\right), & a < x < b, \\ 1, & b \leqslant x \leqslant c, \\ \dfrac{1}{2} - \dfrac{1}{2}\sin\left(\dfrac{\pi}{d-c}\left(x - \dfrac{c+d}{2}\right)\right), & c < x < d, \\ 0, & 其他. \end{cases}$$

其隶属函数图像参见图 4.3.12.

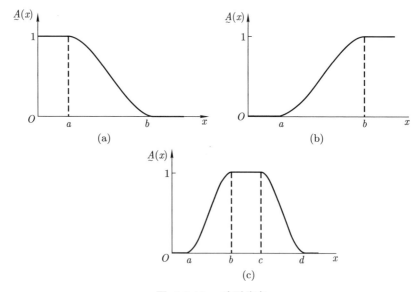

图 **4.3.12** 岭型分布

在实际应用中, 可以根据所讨论对象的特点, 并结合模糊统计试验法得来的数据, 先描出大致的隶属函数曲线, 再将它与常见的模糊分布加以比较, 选择最接近的一个, 然后根据试验数据, 选择符合实际情况的参数, 这样就可以得到隶属函数的数学表达式.

例 4.3.2 以人的年龄作为论域 X, 不妨取 $X = [0, 150]$, $Y_{\sim} \in \mathcal{F}(X)$ 表示 "年轻或年幼". 假设根据调查得到的数据, 描出 $Y_{\sim}$ 的隶属函数曲线, 发现与偏小型柯西分布接近, 可取

$$Y_{\sim}(x) = \begin{cases} 1, & x \leqslant a, \\ \dfrac{1}{1 + \alpha(x-a)^{\beta}}, & x > a, \end{cases}$$

其中 $\alpha > 0, \beta > 0$ 为常数. 试确定参数 a, α, β.

解 若试验数据表明 25 岁以下被认为是绝对符合 "年轻或年幼" 的, 则可取 $a = 25$; 若从 25 岁开始, $\underset{\sim}{Y}(x)$ 随着 x 的增加而逐渐减小, 且这个衰减明显不是线性的, 为方便起见可取 $\underset{\sim}{\beta} = 2$; 若试验数据表明, $x = 30$ 是对模糊集合 $\underset{\sim}{Y}$ 的隶属程度最模糊的状态, 可取 $\underset{\sim}{Y}(30) = \dfrac{1}{2}$, 带入 $\underset{\sim}{Y}(x)$ 的表达式, 解得 $\alpha = \dfrac{1}{25}$. 因此

$$\underset{\sim}{Y}(x) = \begin{cases} 0, & 0 \leqslant x \leqslant 25, \\ \left[1 + \left(\dfrac{x-25}{5}\right)^2\right]^{-1}, & 25 < x \leqslant 150. \end{cases}$$

此即例 1.3.1 中模糊集合 $\underset{\sim}{Y}$ 的隶属函数. ■

4.3.4 评判标准

确定隶属函数的方法还有很多, 比如由有经验的人通过打分等形式直接给出各个元素的隶属度; 再比如在前面三角形的识别问题中, 我们应用已有的几何知识, 并结合模糊集合的并、交、补运算, 通过推理得到了几种典型三角形的隶属函数.

确定隶属函数的过程确实带有主观色彩, 但是其中蕴含着客观规律. 尽管对同一个问题用不同的方法得到的隶属函数不尽相同, 但最终还要以是否符合客观实际为评判标准. 判断隶属函数是否符合客观实际, 主要是看它的整体特性, 而不是仅凭个别元素的隶属度. 由于人们认识的局限性, 只能先建立一个近似的隶属函数, 再根据实际情况, 进行修正, 使之完善.

4.4 模糊模式识别案例

模糊模式识别的一般过程:

(1) 特征的提取: 从待识别对象中提取与识别有关的特征, 并度量这些特征. 设 $x_1, x_2, \cdots, x_n$ 分别为待识别对象 x 关于每个特征的度量值, 将每个待识别对象 x 与向量 $(x_1, x_2, \cdots, x_n)$ 相对应, 记 $x = (x_1, x_2, \cdots, x_n)$.

(2) 标准模式的建立: 标准模式是论域 $X = \{x | x = (x_1, x_2, \cdots, x_n)\}$ 上的模糊集合.

(3) 识别规则: 最大隶属原则或择近原则, 可结合阈值原则.

本节介绍模糊模式识别在不同领域的几个应用案例.

4.4.1 体质指数

身体质量指数 (body mass index, BMI), 简称体质指数, 是国际上公认的衡量人胖瘦程度的一种参考指标, 因其计算简便, 现已逐步演化为大众健身指标, 其计

算公式为

$$\text{BMI} = \frac{\text{体重 (单位：kg)}}{\text{身高的平方 (单位：m}^2)}.$$

依据体质指数, 可将人群分为诸多类别, 为简单起见, 这里我们仅考虑 3 个类别, 也就是 3 个标准模式: 体重过低、正常、超重.

对人群中的一个个体, 根据所研究问题的性质, 提取 2 个特征: 身高、体重. 设

$$w: \text{体重 (单位：kg)}, \quad h: \text{身高 (单位：m)}.$$

则 $x = (h, w)$ 的体质指数为

$$\text{BMI}(x) = \frac{w}{h^2}.$$

体质指数的中国参考标准见表 4.4.1.

表 4.4.1　BMI 的参考标准 (中国)

分类	体重过低	体重正常	超重
参考标准/kg/m^2	< 18.5	$18.5 \sim 24$	> 24

若某人身高 1.65m, 体重 60kg, 即 $x_0 = (1.65, 60)$, 则其体质指数为

$$\text{BMI}(x_0) = 22.04.$$

按照表 4.4.1 中的参考标准, 此人应当属于模式 "体重正常".

考察 4 个待识别对象,

$$x_1 = (1.7, 53.0), \quad x_2 = (1.7, 53.5), \quad x_3 = (1.7, 69.0), \quad x_4 = (1.7, 69.5),$$

分别计算其体质指数:

$$\text{BMI}(x_1) = 18.34, \quad \text{BMI}(x_2) = 18.51,$$
$$\text{BMI}(x_3) = 23.88, \quad \text{BMI}(x_4) = 24.05.$$

于是 x_1, x_2, x_3, x_4 分别归属于模式 "体重过低" "体重正常" "体重正常" "超重".

我们稍加留意就会发现, 这 4 个待识别对象, 身高都是 1.7m, x_1 与 x_2 的体重相差 0.5kg, 而 x_1 归属于模式 "体重过低", x_2 归属于模式 "体重正常". 同样地, x_3 与 x_4 的体重相差 0.5kg, 而 x_3 归属于模式 "体重正常", x_4 归属于模式 "超重".

很明显, 在 "体重过低" 与 "体重正常" 之间, "体重正常" 与 "超重" 之间并没有分明的界限, 这个问题用模糊模式识别的方法来处理更符合实际.

在论域 $X = \{x | x = (h, w)\}$ 上定义如下 3 个模糊集合:

(1) $\underset{\sim}{A_1} =$ "体重过低", 其隶属函数为

$$\underset{\sim}{A_1}(x) = \begin{cases} 1, & \dfrac{w}{h^2} < 18, \\[3mm] \left(\dfrac{20 - \dfrac{w}{h^2}}{20 - 18}\right)^2, & 18 \leqslant \dfrac{w}{h^2} \leqslant 20, \\[3mm] 0, & \dfrac{w}{h^2} > 20; \end{cases}$$

(2) $\underset{\sim}{A_2} =$ "体重正常", 其隶属函数为

$$\underset{\sim}{A_2}(x) = \begin{cases} \left(\dfrac{\dfrac{w}{h^2} - 18}{20 - 18}\right)^2, & 18 \leqslant \dfrac{w}{h^2} < 20, \\[3mm] 1, & 20 \leqslant \dfrac{w}{h^2} < 22.5, \\[3mm] \left(\dfrac{25 - \dfrac{w}{h^2}}{25 - 22.5}\right)^2, & 22.5 \leqslant \dfrac{w}{h^2} \leqslant 25, \\[3mm] 0, & \text{其他}; \end{cases}$$

(3) $\underset{\sim}{A_3} =$ "超重", 其隶属函数为

$$\underset{\sim}{A_3}(x) = \begin{cases} 0, & \dfrac{w}{h^2} < 22.5, \\[3mm] \left(\dfrac{\dfrac{w}{h^2} - 22.5}{25 - 22.5}\right)^2, & 22.5 \leqslant \dfrac{w}{h^2} \leqslant 25, \\[3mm] 1, & \dfrac{w}{h^2} > 25. \end{cases}$$

重新考虑这 4 个待识别对象, $x_1 = (1.7, 53.0)$, $x_2 = (1.7, 53.5)$, $x_3 = (1.7, 69.0)$, $x_4 = (1.7, 69.5)$, 分别计算它们的体质指数, 并依次求得它们关于每一个标准模式的隶属度:

$$\begin{aligned} \underset{\sim}{A_1}(x_1) = 0.6896, \quad & \underset{\sim}{A_2}(x_1) = 0.0287, \quad & \underset{\sim}{A_3}(x_1) = 0; \\ \underset{\sim}{A_1}(x_2) = 0.5535, \quad & \underset{\sim}{A_2}(x_2) = 0.0656, \quad & \underset{\sim}{A_3}(x_2) = 0; \\ \underset{\sim}{A_1}(x_3) = 0, \quad & \underset{\sim}{A_2}(x_3) = 0.2023, \quad & \underset{\sim}{A_3}(x_3) = 0.3027; \\ \underset{\sim}{A_1}(x_4) = 0, \quad & \underset{\sim}{A_2}(x_4) = 0.1449, \quad & \underset{\sim}{A_3}(x_4) = 0.3836. \end{aligned}$$

最后, 按照最大隶属原则可知, x_1, x_2 归属于模式 $\underset{\sim}{A_1}$, x_3, x_4 归属于模式 $\underset{\sim}{A_3}$. 我们也注意到 x_3, x_4 对模式 $\underset{\sim}{A_3}$ 的隶属度也比较低, 处于一种比较 "模糊的状态".

4.4.2　癌细胞识别[②]

根据病理学家的经验, 癌细胞识别标准有如下几条:

(1) 核增大,

(2) 核染色增深,

(3) 核形态畸形,

(4) 核浆比倒置,

(5) 核内染色质分布不均匀, 有团块,

(6) 整个细胞呈各种畸形.

对上述指标, 以核增大为例, 癌细胞核通常较正常细胞核有所增大, 但不宜划定数值界限. 因此, 在识别过程中, 应用模糊数学的方法, 并结合医生的经验是适宜且有效的.

设论域 X 为细胞的集合, 根据病理知识, 对任何一个细胞 x, 选取表征细胞状况的 7 个特征:

$$x_1 = \text{“核 (拍照) 面积”}, \quad x_2 = \text{“核周长”},$$
$$x_3 = \text{“细胞面积”}, \quad x_4 = \text{“细胞周长”},$$
$$x_5 = \text{“核内总光密度”}, \quad x_6 = \text{“核内平均光密度”},$$
$$x_7 = \text{“核内平均透光率”}.$$

在论域 $X = \{x | x = (x_1, x_2, x_3, x_4, x_5, x_6, x_7)\}$ 中定义如下 6 个模糊集合:

$\underset{\sim}{A} = \text{“核增大”}$, 其隶属函数为

$$\underset{\sim}{A}(x) = \left(1 + \frac{\beta_1 a^2}{x_1^2}\right)^{-1}, \quad a \text{ 为正常核面积},$$

$\underset{\sim}{B} = \text{“核染色增深”}$, 其隶属函数为

$$\underset{\sim}{B}(x) = \left(1 + \frac{\beta_2}{x_5^2}\right)^{-1},$$

$\underset{\sim}{C} = \text{“核浆比倒置”}$, 其隶属函数为

$$\underset{\sim}{C}(x) = \left(1 + \frac{\beta_3}{\left(\dfrac{x_1}{x_3}\right)^2}\right)^{-1},$$

---

② 　钱敏平、陈传涓:《利用模糊方法进行癌细胞识别》,《生物化学与生物物理进展》1979 年第 3 期: 66-71.

D = "核内染色质分布不均匀, 有团块", 其隶属函数为

$$\underset{\sim}{D}(x) = \left(1 + \frac{\beta_4 x_7^2}{(x_7 + \lg x_6)^2}\right)^{-1},$$

E = "核形态畸形", 其隶属函数为

$$\underset{\sim}{E}(x) = \left(1 + \frac{\beta_5}{\left(\frac{x_2^2}{x_1} - 4\pi\right)^2}\right)^{-1},$$

F = "整个细胞呈纤维状、串状等畸形", 其隶属函数为

$$\underset{\sim}{F}(x) = \left(1 + \frac{\beta_6}{\left(\frac{x_4^2}{x_3} - 4\pi\right)^2}\right)^{-1},$$

其中 $\beta_1, \beta_2, \beta_3, \beta_4, \beta_5, \beta_6$ 是适当选择的常数.

在癌细胞识别问题中有 4 个标准模式, 即: 癌细胞 $\underset{\sim}{M}$, 重度核异质细胞 $\underset{\sim}{N}$, 轻度核异质细胞 $\underset{\sim}{R}$, 正常细胞 $\underset{\sim}{T}$, 分别定义如下:

$$\underset{\sim}{M} = \left(\underset{\sim}{A} \bigcap \underset{\sim}{B} \bigcap \underset{\sim}{C} \bigcap (\underset{\sim}{D} \bigcup \underset{\sim}{E})\right) \bigcup \underset{\sim}{F},$$

$$\underset{\sim}{N} = \underset{\sim}{A} \bigcap \underset{\sim}{B} \bigcap \underset{\sim}{C} \bigcap \underset{\sim}{M}^{\mathrm{c}},$$

$$\underset{\sim}{R} = \underset{\sim}{A}^{\frac{1}{2}} \bigcap \underset{\sim}{B}^{\frac{1}{2}} \bigcap \underset{\sim}{C}^{\frac{1}{2}} \bigcap \underset{\sim}{M}^{\mathrm{c}} \bigcap \underset{\sim}{N}^{\mathrm{c}},$$

$$\underset{\sim}{T} = \underset{\sim}{M}^{\mathrm{c}} \bigcap \underset{\sim}{N}^{\mathrm{c}} \bigcap \underset{\sim}{R}^{\mathrm{c}},$$

其中模糊集合 $\underset{\sim}{A}^{\frac{1}{2}}$ 的隶属函数定义为 $\underset{\sim}{A}^{\frac{1}{2}}(x) = (A(x))^{\frac{1}{2}}$, $\underset{\sim}{B}^{\frac{1}{2}}$, $\underset{\sim}{C}^{\frac{1}{2}}$ 的隶属函数定义类似.

对给定待识别的细胞 $x_0 \in X$, 设 $x_0 = (x_1^0, x_2^0, \cdots, x_7^0)$, 可分别计算出 $\underset{\sim}{M}(x_0)$, $\underset{\sim}{N}(x_0), \underset{\sim}{R}(x_0), \underset{\sim}{T}(x_0)$, 最后按照最大隶属原则进行识别.

4.4.3 冬季降水量预报[③]

内蒙古丰镇地区流行三条谚语: (1) 夏热冬雪大; (2) 秋霜晚冬雪大; (3) 秋分刮西至西北风冬雪大. 夏热要热到什么程度? 秋霜出现在哪一天之后才算晚? 风向角

度④是否只能规定在 270° ∼ 315°? 这些都是模糊现象、模糊概念. 用模糊理论的方法来处理气象问题, 既有利于客观地反映实际情况, 也有利于总结人们长久以来在实践中积累的预报经验. 现在根据这三条谚语来预报丰镇地区冬季降水量.

设论域 X 为年份组成的集合, 对任意一个年份 x, 在气象现象中提取以下 3 个特征:

$$x_1: 当年 6 至 7 月平均气温,$$

$$x_2: 当年秋季初霜日期,$$

$$x_3: 当年秋分日的风向角度.$$

分别定义如下 3 个模糊集合:

(1) $\underset{\sim}{A_1}$ = "夏热", 其隶属函数为

$$\underset{\sim}{A_1}(x_1) = \begin{cases} 0, & x_1 \leqslant \overline{x}_1 - \alpha_1, \\ 1 - \dfrac{1}{\alpha_1^2}(x_1 - \overline{x}_1)^2, & \overline{x}_1 - \alpha_1 < x_1 \leqslant \overline{x}_1, \\ 1, & x_1 > \overline{x}_1, \end{cases}$$

其中 $\overline{x}_1$ 是丰镇地区若干年 6 至 7 月份气温的平均值, $\alpha_1^2 = 2\sigma_1^2$ (σ_1^2 为若干年 6 至 7 月平均气温的方差), 实际预报时取 $\overline{x}_1 = 19°C$, $\alpha_1^2 = 0.98$;

(2) $\underset{\sim}{A_2}$ = "秋霜晚", 其隶属函数为

$$\underset{\sim}{A_2}(x_2) = \begin{cases} 0, & x_2 \leqslant \alpha_2, \\ \dfrac{x_2 - \alpha_2}{\overline{x}_2 - \alpha_2}, & \alpha_2 < x_2 \leqslant \overline{x}_2, \\ 1, & x_2 > \overline{x}_2, \end{cases}$$

其中 $\overline{x}_2$ 是若干年秋季初霜日的平均值, α_2 是经验参数, 实际预报时取 $\overline{x}_2 = 17$ (即 9 月 17 日), $\alpha_2 = 10$ (即 9 月 10 日);

(3) $\underset{\sim}{A_3}$ = "秋分刮西至西北风", 其隶属函数为

$$\underset{\sim}{A_3}(x_3) = \begin{cases} \cos x_3, & 0 \leqslant x_3 \leqslant \dfrac{\pi}{2}, \\ 0, & \dfrac{\pi}{2} < x_3 \leqslant \pi, \\ -\sin x_3, & \pi < x_3 \leqslant \dfrac{3\pi}{2}, \\ 1, & \dfrac{3\pi}{2} < x_3 < 2\pi. \end{cases}$$

____

④ 用角度表示风向, 即将圆周分成 360°, 北风是 0° (即 360°), 东风是 90°, 南风是 180°, 西风是 270°, 其他风向都可以由此推得.

模糊集合 $\underset{\sim}{C}$ 表示 "冬雪大", 其隶属函数为

$$\underset{\sim}{C}(x) = \underset{\sim}{A_1}(x_1) \bigwedge \left(\underset{\sim}{A_2}(x_2) \bigvee \underset{\sim}{A_3}(x_3) \right).$$

结合阈值原则, 取阈值 $\alpha = 0.8$, 对任意年份 x, 若 $\underset{\sim}{C}(x) \geqslant 0.8$, 则预报 "多雪".

采用这一方法对丰镇地区 1959~1970 年间的 12 年作了预报, 若将该地区某年的 11, 12 月份及来年的 1, 2 月份降水量大于 9mm 看作多雪, 则除 1965 年以外均预报对, 历史拟合率为 11/12.

4.4.4 小麦亲本识别⑤

亲本的选择是小麦杂交育种过程中的关键措施, 亲本选配合理, 就会有更多的机会得到理想的后代. 长期以来, 人们从小麦的表现型出发, 根据某些性状将亲本分成若干类型: 矮秆、大粒、早熟、丰产等. 然而这些性状之间的界限是模糊的, 比如, 规定株高低于 75cm 的小麦为矮秆, 若一株小麦株高为 100cm, 可以说它不是矮秆; 若一株小麦的株高为 80cm, 说它不是矮秆就有些勉强, 说它是矮秆也比较勉强; 若一株小麦的株高为 75.1cm, 说它不是矮秆就不大合适了. 因此, 用模糊集合来描述这些概念更符合客观实际.

以每株小麦作为讨论对象, 其全体构成论域 X. 对每株小麦提取 5 个特征:

$$x_1 = \text{"抽穗期"}, \qquad x_2 = \text{"株高"},$$
$$x_3 = \text{"有效穗数"}, \quad x_4 = \text{"主穗粒数"},$$
$$x_5 = \text{"百粒重"}.$$

现有 5 种小麦亲本类型, 分别是

$$\underset{\sim}{A_1} = \text{"早熟型"}, \quad \underset{\sim}{A_2} = \text{"矮秆型"}, \quad \underset{\sim}{A_3} = \text{"大粒型"},$$
$$\underset{\sim}{A_4} = \text{"高肥丰产型"}, \quad \underset{\sim}{A_5} = \text{"中肥丰产型"}.$$

由于直接建立隶属函数 $\underset{\sim}{A_i}(x), i = 1, 2, 3, 4, 5$ 是比较困难的, 因而分别考虑单一性状. 设 X_j 表示植株的第 j 种性状的所有可能取值范围, 用模糊集合 $\underset{\sim}{A_{ij}} \in \mathcal{F}(X_j)$ 表示第 i 种亲本在第 j 种性状上的表现, 其隶属函数 $\underset{\sim}{A_{ij}}(x_j)$ 一般采用如下中间型

---

⑤ 刘来福:《模糊数学在小麦亲本识别上的应用》,《北京师范大学学报 (自然科学版)》1979 年第 3 期: 78-85.

正态模糊分布:

$$A_{ij}(x_j) = \begin{cases} \exp\left\{-\left(\dfrac{x_j - a_{ij}}{\sigma_{ij}}\right)^2\right\}, & x_j \leqslant a_{ij}, \\ 1, & a_{ij} < x_j \leqslant b_{ij}, \\ \exp\left\{-\left(\dfrac{x_j - b_{ij}}{\sigma_{ij}}\right)^2\right\}, & x_j > b_{ij}. \end{cases}$$

个别采用偏小型正态分布或偏大型正态分布, 如早熟型在抽穗期上的表现 $\underset{\sim}{A}_{11}$, 矮秆型在株高上的表现 $\underset{\sim}{A}_{22}$, 即

$$\underset{\sim}{A}_{ii}(x_j) = \begin{cases} 1, & x_j \leqslant b_{ii}, \\ \exp\left\{-\left(\dfrac{x_i - b_{ii}}{\sigma_{ii}}\right)^2\right\}, & x_j > b_{ii}, \end{cases}$$

$i = 1, 2.$ 而大粒型在百粒重上的表现 $\underset{\sim}{A}_{35}$ 则采用偏大型正态分布, 即

$$\underset{\sim}{A}_{35}(x_j) = \begin{cases} 0, & x_j \leqslant a_{35}, \\ 1 - \exp\left\{-\left(\dfrac{x_j - a_{35}}{\sigma_{35}}\right)^2\right\}, & x_j > a_{35}, \end{cases}$$

参数 $a_{ij}, b_{ij}, \sigma_{ij}$ 参见表 4.4.2.

表 4.4.2　参数 $a_{ij}, b_{ij}, \sigma_{ij}$ 的值

性状	亲本类														
	早熟			矮秆			大粒			高肥丰产			中肥丰产		
	a_{1j}	b_{1j}	σ_{1j}	a_{2j}	b_{2j}	σ_{2j}	a_{3j}	b_{3j}	σ_{3j}	a_{4j}	b_{4j}	σ_{4j}	a_{5j}	b_{5j}	σ_{5j}
抽穗期	—	6.7	1.1	5.5	9.6	1.0	5.8	11.9	1.2	5.2	11.3	0.9	5.1	8.9	1.2
株高	67.1	87.7	50.0	—	70.0	72.4	67.9	90.9	52.2	67.9	81.2	35.9	76.5	84.6	57.5
有效穗数	9.1	12.2	18.1	8.3	13.2	10.8	9.4	13.2	15.6	9.8	13.2	11.3	7.2	13.2	5.8
主穗粒数	40.2	55.0	92.0	37.5	52.5	80.7	40.2	54.5	111.2	41.2	51.0	113.3	37.6	48.3	93.9
百粒重	3.0	4.4	0.3	2.4	3.4	0.3	4.0	—	0.3	3.6	4.2	0.3	3.3	4.0	0.2

待识别亲本 $\underset{\sim}{B} \in \mathcal{F}(X)$, 在第 j 种性状上的表现为 $\underset{\sim}{B}_j \in F(X_j)$, 其隶属函数为

$$\underset{\sim}{B}_j(x_j) = \begin{cases} \exp\left\{-\left(\dfrac{x_j - a_j}{\sigma_j}\right)^2\right\}, & x_j \leqslant a_j, \\ 1, & a_j < x_j \leqslant b_j, \\ \exp\left\{-\left(\dfrac{x_j - b_j}{\sigma_j}\right)^2\right\}, & x_j > b_j, \end{cases}$$

$j = 1, 2, 3, 4, 5.$ 分别计算 $\underset{\sim}{A_{ij}}$ 与 $\underset{\sim}{B_j}$ 的贴近度 $N(\underset{\sim}{A_{ij}}, \underset{\sim}{B_j})$, 然后定义 $\underset{\sim}{A_i}$ 与 $\underset{\sim}{B}$ 的贴近度为

$$N(\underset{\sim}{A_i}, \underset{\sim}{B}) = \bigwedge\nolimits_{j=1}^{5} N(\underset{\sim}{A_{ij}}, \underset{\sim}{B_j}).$$

之后依据择近原则判断待识别亲本 $\underset{\sim}{B}$ 与哪一种亲本的标准模式最为贴近.

若考虑到 5 种性状在判断亲本类型中所起的作用不同, 可以对每一种性状赋予适当的权重 $a_j, \sum\limits_{j=1}^{5} a_j = 1$, 然后采用如下的加权平均贴近度:

$$N(\underset{\sim}{A_i}, \underset{\sim}{B}) = \sum_{j=1}^{5} a_j N(\underset{\sim}{A_{ij}}, \underset{\sim}{B_j}), \quad i = 1, 2, 3, 4, 5.$$

习 题 四

1. 小麦的主要特性有株高、抽穗期、百粒重等. 现有 5 种优良品种, 它们是早熟、矮秆、大粒、高肥丰产、中肥丰产. 根据抽样实测结果, 利用统计方法得知, 它们的百粒重分为如下 5 个正态模糊集:

$$早熟 : \underset{\sim}{A_1}(x) = \exp\left\{ -\left(\frac{x - 3.7}{0.3}\right)^2 \right\},$$

$$矮秆 : \underset{\sim}{A_2}(x) = \exp\left\{ -\left(\frac{x - 2.9}{0.3}\right)^2 \right\},$$

$$大粒 : \underset{\sim}{A_3}(x) = \exp\left\{ -\left(\frac{x - 5.0}{0.3}\right)^2 \right\},$$

$$高肥丰产 : \underset{\sim}{A_4}(x) = \exp\left\{ -\left(\frac{x - 3.9}{0.3}\right)^2 \right\},$$

$$中肥丰产 : \underset{\sim}{A_5}(x) = \exp\left\{ -\left(\frac{x - 3.7}{0.2}\right)^2 \right\}.$$

现测得某一个小麦品种样品的百粒重为 $x_0 = 3.81$. 试从百粒重这一项指标判断该品种的小麦属于哪一个亲本模型?

2. 设 $\underset{\sim}{A}, \underset{\sim}{B}, \underset{\sim}{C} \in \mathcal{F}(X), \underset{\sim}{A} \subseteq \underset{\sim}{B}$. 证明:

(1) $\underset{\sim}{A} \circ \underset{\sim}{C} \leqslant \underset{\sim}{B} \circ \underset{\sim}{C}$;

(2) $\underset{\sim}{A} \odot \underset{\sim}{C} \leqslant \underset{\sim}{B} \odot \underset{\sim}{C}$.

3. 设 $\underset{\sim}{A}, \underset{\sim}{B}, \underset{\sim}{C} \in \mathcal{F}(X)$. 证明:

(1) $(A \bigcup_{\sim} B) \circ C = (A \circ C) \bigvee (B \circ C)$;

(2) $(A \bigcap_{\sim} B) \odot C = (A \odot C) \bigwedge (B \odot C)$.

4. 设 $\lambda \in [0,1], A, B \in \mathcal{F}(X)$. 证明:

$$(\lambda A) \circ B = \lambda \bigwedge (A \circ B) = A \circ (\lambda B).$$

5. 设 $B \in \mathcal{F}(X)$, I 为任意指标集, $i \in I$, $\lambda_i \in [0,1]$, $A_i \in \mathcal{F}(X)$. 证明:

(1) $(\bigcup_{i \in I} A_i) \circ B = \bigvee_{i \in I} (A_i \circ B)$, $(\bigcap_{i \in I} A_i) \odot B = \bigwedge_{i \in I} (A_i \odot B_i)$;

(2) $(\bigcup_{i \in I} \lambda_i A_i) \circ B = \bigvee_{i \in I} (\lambda_i \bigwedge (A_i \circ B))$.

6. 设 $A, B \in \mathcal{F}(X)$.

(1) 证明: $\overline{A \bigcap B} \leqslant \overline{A} \bigwedge \overline{B}$.

(2) 试举一例, 使得 $\overline{A \bigcap B} < \overline{A} \bigwedge \overline{B}$.

7. 设论域为 $X = \{x_1, x_2, x_3, x_4\}$, $A_1, A_2, B \in \mathcal{F}(X)$. 已知

$$A_1 = \frac{0.5}{x_1} + \frac{0.3}{x_2} + \frac{0.2}{x_3} + \frac{0.1}{x_4},$$

$$A_2 = \frac{0.2}{x_1} + \frac{0.3}{x_2} + \frac{0.1}{x_3} + \frac{0.4}{x_4},$$

$$B = \frac{0.6}{x_1} + \frac{0.3}{x_2} + \frac{0.1}{x_3} + \frac{0.2}{x_4}.$$

(1) 依据格贴近度判断 B 与哪一个 A_i 更贴近, $i = 1, 2$?

(2) 依据最大–最小贴近度判断 B 与哪一个 A_i 更贴近, $i = 1, 2$?

(3) 依据算术平均–最小贴近度判断 B 与哪一个 A_i 更贴近, $i = 1, 2$?

8. 天气预报中的预报值与实况值往往有一定的偏差, 天气预报评分[⑥]是天气预报工作中的一个重要环节. 若 a_1 为预报值, a_2 为实况值, σ 为标准差, 则定义天气预报评分为

$$s = N_L(A, B) \times 100,$$

其中

$$A(x) = \exp\left\{-\left(\frac{x - a_1}{\sigma}\right)^2\right\}, \quad B(x) = \exp\left\{-\left(\frac{x - a_2}{\sigma}\right)^2\right\}.$$

现有某气象站预报甲 、乙两地的某月降雨量, 甲地预报值为 280 mm, 实况值为 295 mm, 标准差为 20 mm; 甲地预报值为 40 mm, 实况值为 35 mm, 标准差为 5 mm. 试分别求出甲 、乙两地的月降雨量评分.

---

⑥ 章文茜:《试用 Fuzzy 数和贴近度作天气预报评分》,《模糊数学》1982 年第 1 期: 83-90.

第五章　模糊关系及其在模糊聚类分析中的应用

在自然界和人类社会中, 存在着这样或者那样的关系, 其中有些关系是界限分明的, 比如 "父子关系" "兄弟关系" 等, 也有很多关系是界限不分明的, 比如, "相貌相像关系" "朋友关系" 等, 这类关系不能简单地用 "有" "无" 或者 "1" "0" 来刻画. 我们将界限分明的关系称为分明关系, 将界限不分明的关系称为模糊关系.

本章将主要介绍模糊关系的定义、运算及性质, 并在此基础上, 讨论基于模糊关系的模糊聚类分析.

5.1　关　　系

5.1.1　分明关系

首先简要介绍分明关系的定义及其表示方法.

设 X 和 Y 为论域, 若 $R \subseteq X \times Y$, 则称 R 是 X 到 Y 的**分明关系**、**经典关系**或**普通关系**, 简称**关系**, 记为 $X \xrightarrow{R} Y$. 若 $X = Y$, 则称 R 是 X 上的**关系**.

设 $R \subseteq X \times Y$, R 的特征函数为

$$R(x,y) = \begin{cases} 1, & (x,y) \in R, \\ 0, & (x,y) \notin R. \end{cases}$$

对任意的 $(x,y) \in X \times Y$, 若 $(x,y) \in R$, 则称 x 和 y **具有关系** R, 可记为 xRy, 此时, $R(x,y) = 1$; 若 $(x,y) \notin R$, 则称 x 和 y **不具有关系** R, 此时, $R(x,y) = 0$.

由于 $\varnothing \subseteq X \times Y$, 故 $\varnothing$ 也是 X 到 Y 的一个关系, 对任意的 $(x,y) \in X \times Y$, 有 $\varnothing(x,y) = 0$, 称 $\varnothing$ 为**空关系**.

由于 $X \times Y \subseteq X \times Y$, 故 $X \times Y$ 也是 X 到 Y 的一个关系, 对任意的 $(x,y) \in X \times Y$, 有 $(X \times Y)(x,y) = 1$, 称 $X \times Y$ 为**全关系**.

特别地, 在 $X \times X$ 上定义关系 I, 其隶属函数为

$$I(x,y) = \begin{cases} 1, & x = y, \\ 0, & x \neq y, \end{cases}$$

称 I 为 X 上的**恒等关系**或恒同关系.

分明关系就是分明集合, 分明关系之间的包含关系、相等关系就是分明集合之间的包含关系和相等关系, 分明关系之间的并、交、补运算就是分明集合之间的并、

交、补运算, 相应的性质 (与并、交、补运算有关的运算规律) 也都成立. 因此, 代数系统 $(\mathcal{P}(X \times Y), \bigcup, \bigcap, \ ^c)$ 是布尔代数.

此外, 在 $\mathcal{P}(X \times Y)$ 上还可以定义一种一元运算, 即逆运算, 称

$$R^{-1} = \{(y, x) | (x, y) \in R\}$$

为 R 的**逆关系**. 易知, $R^{-1} \subseteq Y \times X$, 且对任意的 $x \in X, y \in Y$, 有

(1) $(y, x) \in R^{-1} \Longleftrightarrow (x, y) \in R$,

(2) $R^{-1}(y, x) = R(x, y)$.

有限论域上的分明关系可以用关系图来表示.

例 5.1.1 设 $X = \{甲、乙、丙\}$, $R = \{(甲, 乙), (甲, 丙)\}$, R 可用图 5.1.1 表示.

图 5.1.1 图 5.1.2

由于 R 是 X 上的关系, 也可以用图 5.1.2 表示. 关系 R 还可以用表格表示, 见表 5.1.1.

表 5.1.1

R	甲	乙	丙
甲	0	1	1
乙	0	0	0
丙	0	0	0

表格中的 "1" 表示相应的 $(x, y) \in R$, "0" 表示相应的 $(x, y) \notin R$. 在此基础上, 还可以用矩阵来表示关系 R:

$$R = \begin{pmatrix} 0 & 1 & 1 \\ 0 & 0 & 0 \\ 0 & 0 & 0 \end{pmatrix}.$$

一般地, 设 $X = \{x_1, x_2, \cdots, x_n\}, Y = \{y_1, y_2, \cdots, y_m\}$, 若 $R \subseteq X \times Y$, 则 R 可

以用矩阵表示如下:

$$R = \begin{pmatrix} r_{11} & r_{12} & \cdots & r_{1m} \\ r_{21} & r_{22} & \cdots & r_{2m} \\ \vdots & \vdots & & \vdots \\ r_{n1} & r_{n2} & \cdots & r_{nm} \end{pmatrix},$$

其中 $r_{ij} \in \{0,1\}, i = 1, 2, \cdots, n; j = 1, 2, \cdots, m.$ 若 $r_{ij} = 1$, 表示相应的 $(x_i, y_j) \in R$; 若 $r_{ij} = 0$, 表示相应的 $(x_i, y_j) \notin R$.

将如上表示关系的矩阵称为**关系矩阵**. 有限论域 X 上的恒等关系 I 的关系矩阵即为单位矩阵:

$$I = \begin{pmatrix} 1 & 0 & \cdots & 0 \\ 0 & 1 & \cdots & 0 \\ \vdots & \vdots & \ddots & \vdots \\ 0 & 0 & \cdots & 1 \end{pmatrix}.$$

5.1.2 模糊关系

下面将介绍模糊关系的定义、运算和性质.

定义 5.1.1 设 X 和 Y 为论域, 若 $\underset{\sim}{R} \in \mathcal{F}(X \times Y)$, 则称 $\underset{\sim}{R}$ 是 X 到 Y 的**模糊关系**, 记为 $X \xrightarrow{\ R\ } Y$. 若 $X = Y$, 则称 $\underset{\sim}{R}$ 是 X 上的**模糊关系**.

设 $\underset{\sim}{R} \in \mathcal{F}(X \times Y), (x, y) \in X \times Y$, 隶属度 $\underset{\sim}{R}(x, y)$ 表示 x 与 y 关于模糊关系 $\underset{\sim}{R}$ 的相关程度, 称之为 (x, y) 关于模糊关系 $\underset{\sim}{R}$ 的**关系强度**.

设 $\underset{\sim}{R}, \underset{\sim}{S} \in \mathcal{F}(X \times Y)$.

(1) $\underset{\sim}{R} \subseteq \underset{\sim}{S} \Longleftrightarrow \underset{\sim}{R}(x, y) \leqslant \underset{\sim}{S}(x, y), \quad (x, y) \in X \times Y$.

(2) $\underset{\sim}{R} = \underset{\sim}{S} \Longleftrightarrow \underset{\sim}{R}(x, y) = \underset{\sim}{S}(x, y), \quad (x, y) \in X \times Y$.

(3) 称 $\underset{\sim}{R} \bigcup \underset{\sim}{S}$ 为 $\underset{\sim}{R}$ 与 $\underset{\sim}{S}$ 的**并关系**, 其隶属函数为

$$(\underset{\sim}{R} \bigcup \underset{\sim}{S})(x, y) = \underset{\sim}{R}(x, y) \bigvee \underset{\sim}{S}(x, y), \quad (x, y) \in X \times Y.$$

(4) 称 $\underset{\sim}{R} \bigcap \underset{\sim}{S}$ 为 $\underset{\sim}{R}$ 与 $\underset{\sim}{S}$ 的**交关系**, 其隶属函数为

$$(\underset{\sim}{R} \bigcap \underset{\sim}{S})(x, y) = \underset{\sim}{R}(x, y) \bigwedge \underset{\sim}{S}(x, y), \quad (x, y) \in X \times Y.$$

(5) 称 $\underset{\sim}{R}^c$ 为 $\underset{\sim}{R}$ 的**补关系**或**余关系**, 其隶属函数为

$$\underset{\sim}{R}^c(x, y) = 1 - \underset{\sim}{R}(x, y), \quad (x, y) \in X \times Y.$$

自然地, 模糊关系的并、交运算的定义可以推广到任意多个的情形. 设 I 为任意指标集, $i \in I, R_i \in \mathcal{F}(X \times Y)$, 则

$$(\bigcup_{i \in I} R_i)(x,y) = \bigvee_{i \in I} R_i(x,y), \quad (x,y) \in X \times Y,$$

$$(\bigcap_{i \in I} R_i)(x,y) = \bigwedge_{i \in I} R_i(x,y), \quad (x,y) \in X \times Y.$$

模糊关系就是模糊集合, 模糊关系之间的包含关系、相等关系就是模糊集合之间的包含关系和相等关系, 模糊关系之间的并、交、补运算就是模糊集合之间的并、交、补运算, 相应的性质 (与并、交、补运算有关的运算规律) 也都成立. 因此, 代数系统 $(\mathcal{F}(X \times Y), \bigcup, \bigcap, {}^c)$ 是优软代数.

(6) 设 $R \in \mathcal{F}(X \times Y)$, 对任意的 $\lambda \in [0,1]$, 称 R 的 λ 截集

$$R_\lambda = \{(x,y) | R(x,y) \geqslant \lambda\}$$

为 R 的 λ **截关系**. 若 $(x,y) \in R_\lambda$, 表示在 λ 水平上, (x,y) 具有关系 R, 且

$$x(R_\lambda)y \Longleftrightarrow (x,y) \in R_\lambda \Longleftrightarrow R_\lambda(x,y) = 1 \Longleftrightarrow R(x,y) \geqslant \lambda.$$

类似地, 称 R 的 λ 强截集

$$R_{\overset{\lambda}{\bullet}} = \{(x,y) | R(x,y) > \lambda\}$$

为 R 的 λ **强截关系**, 且

$$x(R_{\overset{\lambda}{\bullet}})y \Longleftrightarrow (x,y) \in R_{\overset{\lambda}{\bullet}} \Longleftrightarrow R_{\overset{\lambda}{\bullet}}(x,y) = 1 \Longleftrightarrow R(x,y) > \lambda.$$

此外, 在 $\mathcal{F}(X \times Y)$ 上还可以定义一种一元运算, 即逆运算.

(7) 称 $R^{-1} \in \mathcal{F}(Y \times X)$ 为 R 的**逆关系**, 其隶属函数为

$$R^{-1}(y,x) = R(x,y), \quad (y,x) \in Y \times X.$$

模糊关系的逆运算具有如下性质.

定理 5.1.1　设 $R, S \in \mathcal{F}(X \times Y), \lambda \in [0,1]$, I 为任意指标集, $i \in I, R_i \in \mathcal{F}(X \times Y)$, $\lambda_i \in [0,1]$, 则

(1) $(R^{-1})^{-1} = R$,

(2) $R \subseteq S \Longrightarrow R^{-1} \subseteq S^{-1}$, 从而 $R = S \Longleftrightarrow R^{-1} = S^{-1}$,

(3) $(\bigcup_{i \in I} R_i)^{-1} = \bigcup_{i \in I} R_i^{-1}$, $(\bigcap_{i \in I} R_i)^{-1} = \bigcap_{i \in I} R_i^{-1}$,

(4) $(R^{-1})^c = (R^c)^{-1}$,

(5) $(\underset{\sim}{R}^{-1})_\lambda = (R_\lambda)^{-1}, (\underset{\sim}{R}^{-1})_{\overset{\lambda}{\cdot}} = (R_{\overset{\lambda}{\cdot}})^{-1},$

(6) $(\lambda \underset{\sim}{R})^{-1} = \lambda \underset{\sim}{R}^{-1},$

(7) $(\bigcup_{i\in I} \lambda_i \underset{\sim}{R_i})^{-1} = \bigcup_{i\in I} \lambda_i \underset{\sim}{R_i}^{-1}, (\bigcap_{i\in I} \lambda_i \underset{\sim}{R_i})^{-1} = \bigcap_{i\in I} \lambda_i \underset{\sim}{R_i}^{-1}.$

证明留作习题.

一般地, 设 $X = \{x_1, x_2, \cdots, x_n\}, Y = \{y_1, y_2, \cdots, y_m\}$, 若 $\underset{\sim}{R} \in \mathcal{F}(X \times Y)$, 则 $\underset{\sim}{R}$ 可以用矩阵表示如下:

$$\underset{\sim}{R} = \begin{pmatrix} r_{11} & r_{12} & \cdots & r_{1m} \\ r_{21} & r_{22} & \cdots & r_{2m} \\ \vdots & \vdots & & \vdots \\ r_{n1} & r_{n2} & \cdots & r_{nm} \end{pmatrix},$$

其中 $r_{ij} = R(x_i, y_j), i = 1, 2, \cdots, n; j = 1, 2, \cdots, m$. 将形如上式表示模糊关系的矩阵 称为模糊矩阵.

定义 5.1.2 设 $\underset{\sim}{R} = (r_{ij})_{n\times m}$, 若 $r_{ij} \in [0, 1], i = 1, 2, \cdots, n; j = 1, 2, \cdots, m$, 则 称 $\underset{\sim}{R} = (r_{ij})_{n\times m}$ 为 $n \times m$ **模糊矩阵**, 简称**模糊矩阵**, $n \times m$ 模糊矩阵的全体记为 $M_{n\times m}$, 即

$$M_{n\times m} = \big\{ \underset{\sim}{R} = (r_{ij})_{n\times m} | r_{ij} \in [0, 1] \big\}.$$

由于有限论域间的模糊关系可以用模糊矩阵来表示, 因此, 可以定义模糊矩阵 间的包含关系、相等关系, 以及并、交、补运算.

设 $\underset{\sim}{R}, \underset{\sim}{S} \in M_{n\times m}, \underset{\sim}{R} = (r_{ij})_{n\times m}, \underset{\sim}{S} = (s_{ij})_{n\times m}$.

(1) $\underset{\sim}{R} \subseteq \underset{\sim}{S} \Longleftrightarrow r_{ij} \leqslant s_{ij}, i = 1, 2, \cdots, n; j = 1, 2, \cdots, m$,

(2) $\underset{\sim}{R} = \underset{\sim}{S} \Longleftrightarrow r_{ij} = s_{ij}, i = 1, 2, \cdots, n; j = 1, 2, \cdots, m$,

(3) $\underset{\sim}{R} \bigcup \underset{\sim}{S} = (r_{ij} \bigvee s_{ij})_{n\times m}, i = 1, 2, \cdots, n; j = 1, 2, \cdots, m$,

(4) $\underset{\sim}{R} \bigcap \underset{\sim}{S} = (r_{ij} \bigwedge s_{ij})_{n\times m}, i = 1, 2, \cdots, n; j = 1, 2, \cdots, m$,

(5) $\underset{\sim}{R}^{c} = (r_{ij}^{c})_{n\times m}, r_{ij}^{c} = 1 - r_{ij}, i = 1, 2, \cdots, n; j = 1, 2, \cdots, m$.

自然地, 模糊矩阵间的并、交运算的定义可以推广到任意多个的情形, 此处从 略.

在 $M_{n\times m}$ 上也可以定义逆运算, 模糊矩阵 $\underset{\sim}{R}$ 的逆就是 $\underset{\sim}{R}$ 的**转置**, 故有时也将 $\underset{\sim}{R}^{-1}$ 写作 $\underset{\sim}{R}^{T}$. 若 $\underset{\sim}{R} \in M_{n\times m}$, 则 $\underset{\sim}{R}^{T} \in M_{m\times n}$.

设 $\underset{\sim}{R} = (r_{ij})_{n\times m}$, 若 $r_{ij} \in \{0, 1\}$, 则称 $\underset{\sim}{R}$ 为**布尔矩阵**, 它可以表示一个分明关

系. 特别地, 将

$$
\begin{pmatrix} 1 & 1 & \cdots & 1 \\ 1 & 1 & \cdots & 1 \\ \vdots & \vdots & & \vdots \\ 1 & 1 & \cdots & 1 \end{pmatrix}, \quad \begin{pmatrix} 0 & 0 & \cdots & 0 \\ 0 & 0 & \cdots & 0 \\ \vdots & \vdots & & \vdots \\ 0 & 0 & \cdots & 0 \end{pmatrix}
$$

分别称为**全矩阵**与**零矩阵**.

因此, 代数系统 $(M_{n\times m}, \bigcup, \bigcap, {}^c)$ 是优软代数.

本节最后, 我们来看两个关系的例子.

例 5.1.2 实数集 **R** 上的 "大于关系", 记为 ">", 是 **R** 上的一个分明关系, 其特征函数为

$$
\chi_>(x,y) = \begin{cases} 1, & x > y, \\ 0, & x \leqslant y. \end{cases}
$$

■

例 5.1.3 在实数集 **R** 上定义 "远远大于关系", 记为 "$\gg$", 是 **R** 上的一个模糊关系, 其隶属函数定义为

$$
\mu_\gg(x,y) = \begin{cases} 0, & x \leqslant y, \\ \left(1 + \dfrac{100}{(x-y)^2}\right)^{-1}, & x > y. \end{cases}
$$

计算可得

$$
\mu_\gg(11,1) = 0.5,
$$
$$
\mu_\gg(51,1) = 0.96,
$$
$$
\mu_\gg(91,1) = 0.988.
$$

■

5.2   关系的合成

关系是普遍存在的, 关系的合成也是一样. 比如, 在人际关系中占了很大一部分的亲属关系里就有许许多多的关系是合成得到的, 如祖孙关系、叔侄关系等. 合成运算是关系之间非常重要的一种运算, 本节我们首先介绍分明关系合成运算的定义、性质, 在此基础上, 讨论模糊关系合成运算的定义、性质及计算.

5.2.1   分明关系的合成

我们以祖孙关系为例来说明分明关系的合成. 我们知道祖孙关系是由两个父子关系合成得到的, 但是并非任意两对父子关系都能合成祖孙关系. 设论域为人群, 假若甲与丙是祖孙关系, 即甲是丙的祖父、丙是甲的孙子, 那就意味一定存在着一

个人: 乙, 使得甲与乙是父子关系, 乙与丙也是父子关系. 类似地, 叔侄关系、甥舅关系等也都是通过这样的合成得到的.

我们将实际生活中关系的合成, 去掉其具体背景, 用数学语言表达出来.

定义 5.2.1 设 X, Y 和 Z 为论域, 若 $R \subseteq X \times Y$, $Q \subseteq Y \times Z$, 则称关系

$$R \circ Q = \{(x, z) \in X \times Z | 存在 y \in Y, 使得 (x, y) \in R, (y, z) \in Q\}$$

为 R 与 Q 的**合成** (或**复合**).

图 5.2.1 为定义 5.2.1 描述的关系的合成.

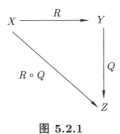

图 5.2.1

注 合成运算的符号 "$\circ$" 与此前介绍的模糊集合内积运算符号一样, 通常由上下文即可分辨.

分明关系的合成具有以下性质.

性质 5.2.1 设 $R_1, R_2 \subseteq X \times Y, Q_1, Q_2 \subseteq Y \times Z$. 若 $R_1 \subseteq R_2, Q_1 \subseteq Q_2$, 则

$$R_1 \circ Q_1 \subseteq R_2 \circ Q_2.$$

证明 由定义 5.2.1 可得. ∎

推论 5.2.1 设 $R_1, R_2, R \subseteq X \times Y, Q_1, Q_2, Q \subseteq Y \times Z$.

(1) 若 $R_1 \subseteq R_2$, 则 $R_1 \circ Q \subseteq R_2 \circ Q$.

(2) 若 $Q_1 \subseteq Q_2$, 则 $R \circ Q_1 \subseteq R \circ Q_2$.

性质 5.2.2 设 X, Y 和 Z 为论域, $R \subseteq X \times Y, Q \subseteq Y \times Z$, 则

$$R \circ Q(x, z) = \bigvee_{y \in Y} \big(R(x, y) \bigwedge Q(y, z)\big), \quad (x, z) \in X \times Z.$$

证明 一方面, 若 $R \circ Q(x, z) = 1$, 即 $(x, z) \in R \circ Q$, 则由定义 5.2.1, 存在 $y_0 \in Y$, 使得 $(x, y_0) \in R, (y_0, z) \in Q$, 即 $R(x, y_0) = 1, Q(y_0, z) = 1$. 注意到隶属度的值不能超过 1, 则有

$$1 \geqslant \bigvee_{y \in Y} \big(R(x, y) \bigwedge Q(y, z)\big) \geqslant R(x, y_0) \bigwedge Q(y_0, z) = 1 \bigwedge 1 = 1.$$

于是

$$\bigvee_{y \in Y} \big(R(x, y) \bigwedge Q(y, z)\big) = 1.$$

另一方面, 若 $R \circ Q(x, z) = 0$, 即 $(x, z) \notin R \circ Q$, 则由定义 5.2.1, 对任意的 $y \in Y$, 都有 $(x, y) \in R$ 与 $(y, z) \in Q$ 不能同时成立, 即 $R(z, y) = 1$ 与 $Q(y, z) = 1$ 不能同时成立, 也就是, 对任意的 $y \in Y$, 有

$$R(x, y) \bigwedge Q(y, z) = 0,$$

于是

$$\bigvee_{y \in Y} \big(R(x, y) \bigwedge Q(y, z)\big) = 0.$$

综上所述, 对 $(x, z) \in X \times Z$, 有

$$R \circ Q(x, z) = \bigvee_{y \in Y} \big(R(x, y) \bigwedge Q(y, z)\big). \qquad \blacksquare$$

5.2.2　模糊关系的合成

下面我们通过一个例子来引入模糊关系合成的定义.

例 5.2.1　设 $X = \{x_1, x_2, x_3\}, Y = \{y_1, y_2\}, Z = \{z_1, z_2, z_3\}, \underset{\sim}{R} \in \mathcal{F}(X \times Y),$ $\underset{\sim}{Q} \in \mathcal{F}(Y \times Z)$, 已知

$$\underset{\sim}{R} = \begin{pmatrix} 0.7 & 0.2 \\ 0 & 0.9 \\ 0.4 & 0.3 \end{pmatrix}, \quad \underset{\sim}{Q} = \begin{pmatrix} 1 & 0.2 & 0.4 \\ 0.1 & 0.7 & 0.8 \end{pmatrix}.$$

试求 $\underset{\sim}{R} \circ \underset{\sim}{Q}$.

分析　X 中的元素与 Z 中的元素并没有直接的联系, 需要通过 Y 中的元素使它们建立起联系. 我们先来确定 (x_1, z_1) 关于合成关系 $\underset{\sim}{R} \circ \underset{\sim}{Q}$ 的关系强度

$$\underset{\sim}{R} \circ \underset{\sim}{Q}(x_1, z_1).$$

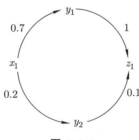

图 5.2.2

结合图 5.2.2 可知, x_1 与 z_1 之间建立联系的方式有两种: (1) 通过 y_1; (2) 通过 y_2. 我们分别讨论这两种方式.

(1) 通过 y_1. 由已知 $\underset{\sim}{R}(x_1, y_1) = 0.7$, $Q(y_1, z_1) = 1$, 即 x_1 与 y_1 之间的关系强度为 0.7, y_1 与 z_1 之间的关系强度为 1. 也就是说, 在 $\lambda = 0.7$ 水平上, x_1 与 y_1 具有关系 $\underset{\sim}{R}$, 同时, y_1 与 z_1 具有关系 $\underset{\sim}{Q}$, 用截关系表示就是 $(x_1, y_1) \in R_{0.7}$, $(y_1, z_1) \in Q_{0.7}$, 由分明关系合成的定义得

$$(x_1, z_1) \in R_{0.7} \circ Q_{0.7}.$$

(2) 通过 y_2. 由已知 $\underset{\sim}{R}(x_1, y_2) = 0.2$, $Q(y_2, z_1) = 0.1$, 即 x_1 与 y_2 之间的关系强度为 0.2, y_2 与 z_1 之间的关系强度为 0.1. 也就是说, 在 $\lambda = 0.1$ 水平上 , x_1 与 y_2 具有关系 $\underset{\sim}{R}$, 同时, y_2 与 z_1 具有关系 $\underset{\sim}{Q}$, 用截关系表示就是 $(x_1, y_2) \in R_{0.1}$, $(y_2, z_1) \in Q_{0.1}$, 由分明关系合成的定义得

$$(x_1, z_1) \in R_{0.1} \circ Q_{0.1}.$$

通过 y_1 和 y_2 都可以使得 x_1 与 z_1 之间建立联系, 差别在于: 通过 y_1, 可以在 $\lambda = 0.7$ 水平上, 使得 x_1 与 z_1 之间建立起联系; 而通过 y_2, 只能保证在 $\lambda = 0.1$ 水平上, x_1 与 z_1 之间可以建立起联系. 试问如何定义 (x_1, z_1) 关于合成关系 $\underset{\sim}{R} \circ \underset{\sim}{Q}$ 的关系强度 $\underset{\sim}{R} \circ \underset{\sim}{Q}(x_1, z_1)$?

这里涉及的关键问题有两点:

(1) 一条链的强度取决于 "最弱" 的一环;

(2) 当两个元素之间有两种及以上的连接方式时, 它们的关系强度应取其中最强的.

因此,

$$\begin{aligned}
\underset{\sim}{R} \circ \underset{\sim}{Q}(x_1, z_1) &= \left(\underset{\sim}{R}(x_1, y_1) \bigwedge \underset{\sim}{Q}(y_1, z_1)\right) \bigvee \left(\underset{\sim}{R}(x_1, y_2) \bigwedge \underset{\sim}{Q}(y_2, z_1)\right) \\
&= (0.7 \bigwedge 1) \bigvee (0.2 \bigwedge 0.1) \\
&= 0.7 \bigvee 0.1 \\
&= 0.7.
\end{aligned}$$

类似地, 我们可以得到所有的 (x_i, z_k) 关于合成关系 $\underset{\sim}{R} \circ \underset{\sim}{Q}$ 的关系强度 $\underset{\sim}{R} \circ \underset{\sim}{Q}(x_i, z_k)$, 即

$$\underset{\sim}{R} \circ \underset{\sim}{Q}(x_i, z_k) = \bigvee_{j=1}^{2} (\underset{\sim}{R}(x_i, y_j) \bigwedge \underset{\sim}{Q}(y_j, z_k)), \quad i = 1, 2, 3; k = 1, 2, 3.$$

将上面的表达式一般化, 就得到模糊关系合成的定义.

定义 5.2.2 设 X, Y 和 Z 为论域, 若 $\underset{\sim}{R} \in \mathcal{F}(X \times Y), \underset{\sim}{Q} \in \mathcal{F}(Y \times Z)$, 则称模糊关系

$$\underset{\sim}{R} \circ \underset{\sim}{Q}(x, z) = \bigvee_{y \in Y} \left(\underset{\sim}{R}(x, y) \bigwedge \underset{\sim}{Q}(y, z) \right)$$

为 $\underset{\sim}{R}$ 和 $\underset{\sim}{Q}$ 的**合成**或**复合**.

分明关系是模糊关系的特例, 我们需要检验当 R 与 Q 都是分明关系, 即隶属函数为特征函数时, 按照定义 5.2.1 得到的合成关系与按照定义 5.2.2 得到的合成关系是否一致. 性质 5.2.2 已经对此给予了肯定的回答.

设 $X = \{x_1, x_2, \cdots, x_n\}$, $Y = \{y_1, y_2, \cdots, y_m\}$, $Z = \{z_1, z_2, \cdots, z_l\}$, 且 $\underset{\sim}{R} \in \mathcal{F}(X \times Y), \underset{\sim}{S} \in \mathcal{F}(Y \times Z)$, 有限论域上的模糊关系可以用模糊矩阵来表示, 我们可以定义模糊矩阵的合成运算.

设 $\underset{\sim}{R} = (r_{ij})_{n \times m} \in M_{n \times m}, \underset{\sim}{S} = (s_{jk})_{m \times l} \in M_{m \times l}$, 则 $\underset{\sim}{R} \circ \underset{\sim}{S} = (t_{ik})_{n \times l} \in M_{n \times l}$, 其中

$$t_{ik} = \bigvee_{j=1}^{m} (r_{ij} \bigwedge s_{jk}), \quad i = 1, 2, \cdots, n; k = 1, 2, \cdots, l.$$

模糊矩阵合成运算的计算过程与代数中矩阵乘法运算类似, 将矩阵乘法中的实数加法改为 "$\bigvee$", 实数乘法改为 "$\bigwedge$", 因此, 模糊矩阵的合成有时也被称为模糊矩阵的乘法.

下面我们完成例 5.2.1.

例 5.2.1 的解

$$\underset{\sim}{R} \circ \underset{\sim}{Q} = \begin{pmatrix} 0.7 & 0.2 \\ 0 & 0.9 \\ 0.4 & 0.3 \end{pmatrix} \circ \begin{pmatrix} 1 & 0.2 & 0.4 \\ 0.1 & 0.7 & 0.8 \end{pmatrix} = \begin{pmatrix} 0.7 & 0.2 & 0.4 \\ 0.1 & 0.7 & 0.8 \\ 0.4 & 0.3 & 0.4 \end{pmatrix}. \quad \blacksquare$$

我们来讨论合成运算具有哪些性质, 比如, 合成运算是否满足交换律?

例 5.2.2 已知

$$\underset{\sim}{R} = \begin{pmatrix} 0 & 1 \\ 1 & 0 \end{pmatrix}, \quad \underset{\sim}{Q} = \begin{pmatrix} 1 & 1 \\ 0 & 0 \end{pmatrix}.$$

试求 $\underset{\sim}{R} \circ \underset{\sim}{Q}$ 和 $\underset{\sim}{Q} \circ \underset{\sim}{R}$.

解

$$\underset{\sim}{R} \circ \underset{\sim}{Q} = \begin{pmatrix} 0 & 1 \\ 1 & 0 \end{pmatrix} \circ \begin{pmatrix} 1 & 1 \\ 0 & 0 \end{pmatrix} = \begin{pmatrix} 0 & 0 \\ 1 & 1 \end{pmatrix},$$

$$\underset{\sim}{Q} \circ \underset{\sim}{R} = \begin{pmatrix} 1 & 1 \\ 0 & 0 \end{pmatrix} \circ \begin{pmatrix} 0 & 1 \\ 1 & 0 \end{pmatrix} = \begin{pmatrix} 1 & 1 \\ 0 & 0 \end{pmatrix}.$$

因此, $\underset{\sim}{R} \circ \underset{\sim}{Q} \neq \underset{\sim}{Q} \circ \underset{\sim}{R}.$ $\blacksquare$

例 5.2.2 表明合成运算不满足交换律. 通常情况下, 设 $R \in \mathcal{F}(X \times Y)$, $Q \in \mathcal{F}(Y \times Z)$, 则 $R \circ Q \in \mathcal{F}(X \times Z)$, 但是, $Q \circ R$ 可能没有意义, 即使有意义, 也不一定有 $R \circ Q$ 与 $Q \circ R$ 相等.

模糊关系的合成具有以下性质.

性质 5.2.3 设 $R \in \mathcal{F}(X \times Y)$, 则

(1) $I \circ R = R \circ I = R$,

(2) $\varnothing \circ R = R \circ \varnothing = \varnothing$,

其中 I 为恒等关系, $\varnothing$ 为空关系, 且涉及的运算都有意义.

证明 设 $I \in \mathcal{F}(X \times X)$, 则

$$I(x, y) = \begin{cases} 1, & x = y, \\ 0, & x \neq y. \end{cases}$$

设 $(x_0, y_0) \in X \times Y$, 则

$$
\begin{aligned}
(I \circ R)(x_0, y_0) &= \bigvee_{x \in X} \big(I(x_0, x) \bigwedge R(x, y_0) \big) \\
&= \big(I(x_0, x_0) \bigwedge R(x_0, y_0) \big) \bigvee \Big(\bigvee_{x \neq x_0} \big(I(x_0, x) \bigwedge R(x, y_0) \big) \Big) \\
&= \big(1 \bigwedge R(x_0, y_0) \big) \bigvee \Big(\bigvee_{x \neq x_0} \big(0 \bigwedge R(x, y_0) \big) \Big) \\
&= R(x_0, y_0) \bigvee 0 \\
&= R(x_0, y_0).
\end{aligned}
$$

其余等式可以类似证明. ∎

性质 5.2.4 设 $R \in \mathcal{F}(X \times Y)$, $Q \in \mathcal{F}(Y \times Z)$, 则

$$(R \circ Q)^{-1} = Q^{-1} \circ R^{-1}.$$

证明 $R \circ Q \in \mathcal{F}(X \times Z)$, $(R \circ Q)^{-1} \in \mathcal{F}(Z \times X)$, 对任意的 $(z, x) \in Z \times X$, 有

$$
\begin{aligned}
(R \circ Q)^{-1}(z, x) &= R \circ Q(x, z) \\
&= \bigvee_{y \in Y} \big(R(x, y) \bigwedge Q(y, z) \big) \\
&= \bigvee_{y \in Y} \big(Q^{-1}(z, y) \bigwedge R^{-1}(y, x) \big) \\
&= Q^{-1} \circ R^{-1}(z, x).
\end{aligned}
$$
∎

性质 5.2.5 (结合律) 设 $R \in \mathcal{F}(X \times Y)$, $S \in \mathcal{F}(Y \times Z)$, $Q \in \mathcal{F}(Z \times W)$, 则

$$(R \circ S) \circ Q = R \circ (S \circ Q).$$

证明 由已知, $\underset{\sim}{R} \circ \underset{\sim}{S} \in \mathcal{F}(X \times Z)$, $(\underset{\sim}{R} \circ \underset{\sim}{S}) \circ \underset{\sim}{Q} \in \mathcal{F}(X \times W)$, $\underset{\sim}{S} \circ \underset{\sim}{Q} \in \mathcal{F}(Y \times W)$, $\underset{\sim}{R} \circ (\underset{\sim}{S} \circ \underset{\sim}{Q}) \in \mathcal{F}(X \times W)$. 对任意的 $(x, w) \in X \times W$, 有

$$
\begin{aligned}
\big((\underset{\sim}{R} \circ \underset{\sim}{S}) \circ \underset{\sim}{Q}\big)(x, w) &= \bigvee_{z \in Z} \big((\underset{\sim}{R} \circ \underset{\sim}{S})(x, z) \wedge \underset{\sim}{Q}(z, w)\big) \\
&= \bigvee_{z \in Z} \big(\big(\bigvee_{y \in Y} (\underset{\sim}{R}(x, y) \wedge \underset{\sim}{S}(y, z))\big) \wedge \underset{\sim}{Q}(z, w)\big) \\
&= \bigvee_{z \in Z} \bigvee_{y \in Y} \big(\underset{\sim}{R}(x, y) \wedge \underset{\sim}{S}(y, z) \wedge \underset{\sim}{Q}(z, w)\big) \\
&= \bigvee_{y \in Y} \bigvee_{z \in Z} \big(\underset{\sim}{R}(x, y) \wedge \underset{\sim}{S}(y, z) \wedge \underset{\sim}{Q}(z, w)\big) \\
&= \bigvee_{y \in Y} \big(\underset{\sim}{R}(x, y) \wedge \big(\bigvee_{z \in Z} (\underset{\sim}{S}(y, z) \wedge \underset{\sim}{Q}(z, w))\big)\big) \\
&= \bigvee_{y \in Y} \big(\underset{\sim}{R}(x, y) \wedge (\underset{\sim}{S} \circ \underset{\sim}{Q})(y, w)\big) \\
&= \big(\underset{\sim}{R} \circ (\underset{\sim}{S} \circ \underset{\sim}{Q})\big)(x, w). \qquad\blacksquare
\end{aligned}
$$

性质 5.2.6 设 $\underset{\sim}{R_1}, \underset{\sim}{R_2} \in \mathcal{F}(X \times Y), \underset{\sim}{Q_1}, \underset{\sim}{Q_2} \in \mathcal{F}(Y \times Z)$. 若 $\underset{\sim}{R_1} \subseteq \underset{\sim}{R_2}, \underset{\sim}{Q_1} \subseteq \underset{\sim}{Q_2}$, 则

$$
\underset{\sim}{R_1} \circ \underset{\sim}{Q_1} \subseteq \underset{\sim}{R_2} \circ \underset{\sim}{Q_2}.
$$

证明 由定义 5.2.2, 易得. $\qquad\blacksquare$

推论 5.2.2 设 $\underset{\sim}{R_1}, \underset{\sim}{R_2}, \underset{\sim}{R} \in \mathcal{F}(X \times Y), \underset{\sim}{Q_1}, \underset{\sim}{Q_2}, \underset{\sim}{Q} \in \mathcal{F}(Y \times Z)$.

(1) 若 $\underset{\sim}{R_1} \subseteq \underset{\sim}{R_2}$, 则

$$
\underset{\sim}{R_1} \circ \underset{\sim}{Q} \subseteq \underset{\sim}{R_2} \circ \underset{\sim}{Q}.
$$

(2) 若 $\underset{\sim}{Q_1} \subseteq \underset{\sim}{Q_2}$, 则

$$
\underset{\sim}{R} \circ \underset{\sim}{Q_1} \subseteq \underset{\sim}{R} \circ \underset{\sim}{Q_2}.
$$

推论 5.2.3 设 $n \in \mathbf{N}, \underset{\sim}{R} \in \mathcal{F}(X \times X)$, 记

$$
\underset{\sim}{R}^2 = \underset{\sim}{R} \circ \underset{\sim}{R}, \quad \underset{\sim}{R}^3 = \underset{\sim}{R} \circ \underset{\sim}{R}^2, \quad \cdots, \quad \underset{\sim}{R}^{n+1} = \underset{\sim}{R} \circ \underset{\sim}{R}^n, \quad \cdots,
$$

则

(1) $\underset{\sim}{R}^{n+m} = \underset{\sim}{R}^n \circ \underset{\sim}{R}^m, m \in \mathbf{N}$,

(2) $(\underset{\sim}{R}^n)^{-1} = (\underset{\sim}{R}^{-1})^n$,

(3) 设 $\underset{\sim}{Q} \in \mathcal{F}(X \times X)$, 若 $\underset{\sim}{R} \subseteq \underset{\sim}{Q}$, 则 $\underset{\sim}{R}^n \subseteq \underset{\sim}{Q}^n$.

性质 5.2.7 (次分配律) 设 $\underset{\sim}{R} \in \mathcal{F}(X \times Y), \underset{\sim}{Q} \in \mathcal{F}(Y \times Z)$, I 为任意指标集, $i \in I, \underset{\sim}{R_i} \in \mathcal{F}(X \times Y), \underset{\sim}{Q_i} \in \mathcal{F}(Y \times Z)$, 则

(1) $\underset{\sim}{R} \circ (\bigcap_{i \in I} \underset{\sim}{Q_i}) \subseteq \bigcap_{i \in I} (\underset{\sim}{R} \circ \underset{\sim}{Q_i})$,

(2) $(\bigcap_{i \in I} \underset{\sim}{R_i}) \circ \underset{\sim}{Q} \subseteq \bigcap_{i \in I} (\underset{\sim}{R_i} \circ \underset{\sim}{Q})$.

证明 (1) 因为对任意的 $i \in I$, $\bigcap_{j \in I} \underset{\sim}{Q_j} \subseteq \underset{\sim}{Q_i}$, 于是, 由性质 5.2.6 可知, 对任意的 $i \in I$, 有

$$\underset{\sim}{R} \circ (\bigcap_{j \in I} \underset{\sim}{Q_j}) \subseteq \underset{\sim}{R} \circ \underset{\sim}{Q_i},$$

因此

$$\underset{\sim}{R} \circ (\bigcap_{j \in I} \underset{\sim}{Q_j}) \subseteq \bigcap_{i \in I} (\underset{\sim}{R} \circ \underset{\sim}{Q_i}).$$

同理可证 (2) 式成立. ■

例 5.2.3 已知

$$\underset{\sim}{R_1} = \begin{pmatrix} 1 & 0 \\ 1 & 1 \end{pmatrix}, \quad \underset{\sim}{R_2} = \begin{pmatrix} 0 & 1 \\ 1 & 1 \end{pmatrix}, \quad \underset{\sim}{Q} = \begin{pmatrix} 1 & 1 \\ 1 & 1 \end{pmatrix},$$

则

$$\underset{\sim}{R_1} \circ \underset{\sim}{Q} = \begin{pmatrix} 1 & 0 \\ 1 & 1 \end{pmatrix} \circ \begin{pmatrix} 1 & 1 \\ 1 & 1 \end{pmatrix} = \begin{pmatrix} 1 & 1 \\ 1 & 1 \end{pmatrix},$$

$$\underset{\sim}{R_2} \circ \underset{\sim}{Q} = \begin{pmatrix} 0 & 1 \\ 1 & 1 \end{pmatrix} \circ \begin{pmatrix} 1 & 1 \\ 1 & 1 \end{pmatrix} = \begin{pmatrix} 1 & 1 \\ 1 & 1 \end{pmatrix},$$

$$(R_1 \circ \underset{\sim}{Q}) \bigcap (R_2 \circ \underset{\sim}{Q}) = \begin{pmatrix} 1 & 1 \\ 1 & 1 \end{pmatrix}.$$

而

$$\underset{\sim}{R_1} \bigcap \underset{\sim}{R_2} = \begin{pmatrix} 1 & 0 \\ 1 & 1 \end{pmatrix} \bigcap \begin{pmatrix} 0 & 1 \\ 1 & 1 \end{pmatrix} = \begin{pmatrix} 0 & 0 \\ 1 & 1 \end{pmatrix},$$

$$(\underset{\sim}{R_1} \bigcap \underset{\sim}{R_2}) \circ \underset{\sim}{Q} = \begin{pmatrix} 0 & 0 \\ 1 & 1 \end{pmatrix} \circ \begin{pmatrix} 1 & 1 \\ 1 & 1 \end{pmatrix} = \begin{pmatrix} 0 & 0 \\ 1 & 1 \end{pmatrix}.$$

显然

$$(\underset{\sim}{R_1} \bigcap \underset{\sim}{R_2}) \circ \underset{\sim}{Q} \neq (\underset{\sim}{R_1} \circ \underset{\sim}{Q}) \bigcap (\underset{\sim}{R_2} \circ \underset{\sim}{Q}).$$ ■

性质 5.2.8 (分配律) 设 $\underset{\sim}{R} \in \mathcal{F}(X \times Y)$, $\underset{\sim}{Q} \in \mathcal{F}(Y \times Z)$, I 为任意指标集, $i \in I, R_i \in \mathcal{F}(X \times Y), Q_i \in \mathcal{F}(Y \times Z)$, 则

(1) $\underset{\sim}{R} \circ (\bigcup_{i \in I} \underset{\sim}{Q_i}) = \bigcup_{i \in I} (\underset{\sim}{R} \circ \underset{\sim}{Q_i})$,

(2) $(\bigcup_{i \in I} \underset{\sim}{R_i}) \circ \underset{\sim}{Q} = \bigcup_{i \in I} (\underset{\sim}{R_i} \circ \underset{\sim}{Q})$.

证明 (1) 由已知, $\bigcup_{i\in I} \underset{\sim}{Q}_i \in \mathcal{F}(Y \times Z)$, $\underset{\sim}{R} \circ (\bigcup_{i\in I} \underset{\sim}{Q}_i) \in \mathcal{F}(X \times Z)$; 对任意的 $i \in I, \underset{\sim}{R} \circ \underset{\sim}{Q}_i \in \mathcal{F}(X \times Z)$, $\bigcup_{i\in I} (\underset{\sim}{R} \circ \underset{\sim}{Q}_i) \in \mathcal{F}(X \times Z)$.

对任意的 $(x, z) \in X \times Z$, 有

$$
\begin{aligned}
(\underset{\sim}{R} \circ (\textstyle\bigcup_{i\in I} \underset{\sim}{Q}_i))(x, z) &= \bigvee_{y\in Y} \big(\underset{\sim}{R}(x,y) \wedge (\textstyle\bigcup_{i\in I} \underset{\sim}{Q}_i)(y,z)\big) \\
&= \bigvee_{y\in Y} \big(\underset{\sim}{R}(x,y) \wedge (\bigvee_{i\in I} \underset{\sim}{Q}_i(y,z))\big) \\
&= \bigvee_{y\in Y} \big(\bigvee_{i\in I} (\underset{\sim}{R}(x,y) \wedge \underset{\sim}{Q}_i(y,z))\big) \\
&= \bigvee_{i\in I} \big(\bigvee_{y\in Y} (\underset{\sim}{R}(x,y) \wedge \underset{\sim}{Q}_i(y,z))\big) \\
&= \bigvee_{i\in I} (\underset{\sim}{R} \circ \underset{\sim}{Q}_i)(x, z) \\
&= (\textstyle\bigcup_{i\in I} (\underset{\sim}{R} \circ \underset{\sim}{Q}_i))(x, z).
\end{aligned}
$$

同理可证 (2) 式成立. ∎

性质 5.2.9 (模糊线性性质) 设 $\underset{\sim}{R} \in \mathcal{F}(X \times Y)$, $\underset{\sim}{Q} \in \mathcal{F}(Y \times Z)$, $\lambda \in [0,1]$, 则

$$
\lambda(\underset{\sim}{R} \circ \underset{\sim}{Q}) = (\lambda \underset{\sim}{R}) \circ \underset{\sim}{Q} = \underset{\sim}{R} \circ (\lambda \underset{\sim}{Q}).
$$

证明 对任意的 $(x, z) \in X \times Z$, 有

$$
\begin{aligned}
(\lambda(\underset{\sim}{R} \circ \underset{\sim}{Q}))(x, z) &= \lambda \wedge (\underset{\sim}{R} \circ \underset{\sim}{Q})(x, z) \\
&= \lambda \wedge \big(\bigvee_{y\in Y} \big(\underset{\sim}{R}(x,y) \wedge \underset{\sim}{Q}(y,z)\big)\big) \\
&= \bigvee_{y\in Y} \big(\lambda \wedge \underset{\sim}{R}(x,y) \wedge \underset{\sim}{Q}(y,z)\big) \\
&= \bigvee_{y\in Y} (\lambda \underset{\sim}{R}(x,y) \wedge \underset{\sim}{Q}(y,z)) \\
&= (\lambda \underset{\sim}{R}) \circ \underset{\sim}{Q}(x, z).
\end{aligned}
$$

同理可证第二个等式. ∎

性质 5.2.10 设 I 为任意指标集.

(1) 设 $\underset{\sim}{R} \in \mathcal{F}(X \times Y)$, $\underset{\sim}{Q}_i \in \mathcal{F}(Y \times Z)$, $\lambda_i \in [0,1]$, $i \in I$, 则

$$
\underset{\sim}{R} \circ (\textstyle\bigcup_{i\in I} \lambda_i \underset{\sim}{Q}_i) = \textstyle\bigcup_{i\in I} \lambda_i (\underset{\sim}{R} \circ \underset{\sim}{Q}_i).
$$

(2) 设 $\underset{\sim}{Q} \in \mathcal{F}(Y \times Z)$, $\underset{\sim}{R}_i \in \mathcal{F}(X \times Y)$, $\lambda_i \in [0,1]$, $i \in I$, 则

$$
(\textstyle\bigcup_{i\in I} \lambda_i \underset{\sim}{R}_i) \circ \underset{\sim}{Q} = \textstyle\bigcup_{i\in I} \lambda_i (\underset{\sim}{R}_i \circ \underset{\sim}{Q}).
$$

证明 由性质 5.2.8 及性质 5.2.9 可知结论成立. ∎

性质 5.2.11 设 $\underset{\sim}{R} \in \mathcal{F}(X \times Y)$, $\underset{\sim}{Q} \in \mathcal{F}(Y \times Z)$, $\lambda \in [0,1]$, 则

$$(\underset{\sim}{R} \circ \underset{\sim}{Q})_{\overset{\lambda}{\bullet}} = \underset{\overset{\bullet}{\lambda}}{R} \circ \underset{\overset{\bullet}{\lambda}}{Q} \subseteq R_\lambda \circ Q_\lambda \subseteq (\underset{\sim}{R} \circ \underset{\sim}{Q})_\lambda.$$

若 Y 为有限论域, 则 $R_\lambda \circ Q_\lambda = (\underset{\sim}{R} \circ \underset{\sim}{Q})_\lambda$.

证明 设 $(x_0, z_0) \in X \times Z$, 则

$$
\begin{aligned}
(x_0, z_0) \in (\underset{\sim}{R} \circ \underset{\sim}{Q})_{\overset{\lambda}{\bullet}} &\Longleftrightarrow \underset{\sim}{R} \circ \underset{\sim}{Q}(x_0, z_0) > \lambda \\
&\Longleftrightarrow \bigvee_{y \in Y} \big(\underset{\sim}{R}(x_0, y) \bigwedge \underset{\sim}{Q}(y, z_0)\big) > \lambda \\
&\Longleftrightarrow 存在\ y_0 \in Y,\ 使得\ \underset{\sim}{R}(x_0, y_0) \bigwedge \underset{\sim}{Q}(y_0, z_0) > \lambda \\
&\Longleftrightarrow 存在\ y_0 \in Y,\ 使得\ \underset{\sim}{R}(x_0, y_0) > \lambda, \underset{\sim}{Q}(y_0, z_0) > \lambda \\
&\Longleftrightarrow 存在\ y_0 \in Y,\ 使得\ (x_0, y_0) \in R_{\overset{\bullet}{\lambda}}, (y_0, z_0) \in Q_{\overset{\bullet}{\lambda}} \\
&\Longleftrightarrow (x_0, z_0) \in \underset{\overset{\bullet}{\lambda}}{R} \circ \underset{\overset{\bullet}{\lambda}}{Q}.
\end{aligned}
$$

因此

$$(\underset{\sim}{R} \circ \underset{\sim}{Q})_{\overset{\lambda}{\bullet}} = \underset{\overset{\bullet}{\lambda}}{R} \circ \underset{\overset{\bullet}{\lambda}}{Q}.$$

再由截集、强截集的性质可知, 对任意的 $\lambda \in [0,1]$, 有

$$R_{\overset{\bullet}{\lambda}} \subseteq R_\lambda, \quad Q_{\overset{\bullet}{\lambda}} \subseteq Q_\lambda.$$

由性质 5.2.1 可知, $R_{\overset{\bullet}{\lambda}} \circ Q_{\overset{\bullet}{\lambda}} \subseteq R_\lambda \circ Q_\lambda$.

设 $(x_0, z_0) \in X \times Z$, 则

$$
\begin{aligned}
(x_0, z_0) \in R_\lambda \circ Q_\lambda &\Longrightarrow 存在\ y_0 \in Y,\ 使得\ (x_0, y_0) \in R_\lambda, (y_0, z_0) \in Q_\lambda \\
&\Longrightarrow 存在\ y_0 \in Y,\ 使得\ \underset{\sim}{R}(x_0, y_0) \geqslant \lambda, \underset{\sim}{Q}(y_0, z_0) \geqslant \lambda \\
&\Longrightarrow 存在\ y_0 \in Y,\ 使得\ \underset{\sim}{R}(x_0, y_0) \bigwedge \underset{\sim}{Q}(y_0, z_0) \geqslant \lambda \\
&\Longrightarrow \bigvee_{y \in Y} \big(\underset{\sim}{R}(x_0, y) \bigwedge \underset{\sim}{Q}(y, z_0)\big) \geqslant \lambda \\
&\Longrightarrow \underset{\sim}{R} \circ \underset{\sim}{Q}(x_0, z_0) \geqslant \lambda \\
&\Longrightarrow (x_0, z_0) \in (\underset{\sim}{R} \circ \underset{\sim}{Q})_\lambda.
\end{aligned}
$$

因此

$$R_\lambda \circ Q_\lambda \subseteq (\underset{\sim}{R} \circ \underset{\sim}{Q})_\lambda.$$

设 $Y = \{y_1, y_2, \cdots, y_m\}$, 由上面的讨论, 欲证 $R_\lambda \circ Q_\lambda = (\underset{\sim}{R} \circ \underset{\sim}{Q})_\lambda$, 只需证明

$$(\underset{\sim}{R} \circ \underset{\sim}{Q})_\lambda \subseteq R_\lambda \circ Q_\lambda.$$

设 $(x_0, z_0) \in X \times Z$, 有

$$
\begin{aligned}
(x_0, z_0) &\in (\underset{\sim}{R} \circ \underset{\sim}{Q})_\lambda \\
&\Longrightarrow \underset{\sim}{R} \circ \underset{\sim}{Q}(x_0, z_0) \geqslant \lambda \\
&\Longrightarrow \bigvee_{j=1}^{m} \big(\underset{\sim}{R}(x_0, y_j) \bigwedge \underset{\sim}{Q}(y_j, z_0)\big) \geqslant \lambda \\
&\Longrightarrow 存在 j_0 \in \{1, 2, \cdots, m\}, 使得 \underset{\sim}{R}(x_0, y_{j_0}) \bigwedge \underset{\sim}{Q}(y_{j_0}, z_0) \geqslant \lambda \\
&\Longrightarrow 存在 j_0 \in \{1, 2, \cdots, m\}, 使得 \underset{\sim}{R}(x_0, y_{j_0}) \geqslant \lambda, \underset{\sim}{Q}(y_{j_0}, z_0) \geqslant \lambda \\
&\Longrightarrow 存在 j_0 \in \{1, 2, \cdots, m\}, 使得 (x_0, y_{j_0}) \in R_\lambda, (y_{j_0}, z_0) \in Q_\lambda \\
&\Longrightarrow (x_0, z_0) \in R_\lambda \circ Q_\lambda.
\end{aligned}
$$
∎

推论 5.2.4　设 $\underset{\sim}{R} \in \mathcal{F}(X \times Y), \underset{\sim}{Q} \in \mathcal{F}(Y \times Z)$, 则

$$\underset{\sim}{R} \circ \underset{\sim}{Q} = \bigcup_{\lambda \in [0,1]} \lambda(\underset{\bullet}{R_\lambda} \circ \underset{\bullet}{Q_\lambda}) = \bigcup_{\lambda \in [0,1]} \lambda(R_\lambda \circ Q_\lambda).$$

证明　由性质 5.2.11 及分解定理 Ⅲ 可得. ∎

推论 5.2.4 从集合套的观点验证了模糊关系的合成运算定义的合理性.

推论 5.2.5　设 $\underset{\sim}{R} \in \mathcal{F}(X \times Y), \underset{\sim}{Q} \in \mathcal{F}(Y \times Z)$. 若对任意的 $\lambda \in [0,1]$, 有

$$\underset{\bullet}{R_\lambda} \subseteq H_R(\lambda) \subseteq R_\lambda, \quad \underset{\bullet}{Q_\lambda} \subseteq H_Q(\lambda) \subseteq Q_\lambda,$$

则

$$\underset{\sim}{R} \circ \underset{\sim}{Q} = \bigcup_{\lambda \in [0,1]} \lambda(H_R(\lambda) \circ H_Q(\lambda)).$$

性质 5.2.12　设 $\underset{\sim}{R} \in \mathcal{F}(X \times X), k \in \mathbf{N}$, 则

$$\underset{\sim}{R}^k(x, y) = \bigvee_{x_1 \in X} \bigvee_{x_2 \in X} \cdots \bigvee_{x_{k-1} \in X} \big(\underset{\sim}{R}(x, x_1) \bigwedge \underset{\sim}{R}(x_1, x_2) \bigwedge \cdots \bigwedge \underset{\sim}{R}(x_{k-1}, y)\big).$$

特别地, 若 $X = \{x_1, x_2, \cdots, x_n\}$, 则存在 $x_{j_1}, x_{j_2}, \cdots, x_{j_{k-1}}$, 使得

$$\underset{\sim}{R}^k(x_i, x_j) = \underset{\sim}{R}(x_i, x_{j_1}) \bigwedge \underset{\sim}{R}(x_{j_1}, x_{j_2}) \bigwedge \cdots \bigwedge \underset{\sim}{R}(x_{j_{k-1}}, x_j).$$

证明 设 $(x,y) \in X \times X$, 有

$$
\begin{aligned}
\underset{\sim}{R}^k(x,y) &= (\underset{\sim}{R} \circ \underset{\sim}{R}^{k-1})(x,y) \\
&= \bigvee_{x_1 \in X} \big(\underset{\sim}{R}(x,x_1) \bigwedge \underset{\sim}{R}^{k-1}(x_1,y)\big) \\
&= \bigvee_{x_1 \in X} \big(\underset{\sim}{R}(x,x_1) \bigwedge (\underset{\sim}{R} \circ \underset{\sim}{R}^{k-2})(x_1,y)\big) \\
&= \bigvee_{x_1 \in X} \big(\underset{\sim}{R}(x,x_1) \bigwedge \big(\bigvee_{x_2 \in X} \big(\underset{\sim}{R}(x_1,x_2) \bigwedge \underset{\sim}{R}^{k-2}(x_2,y)\big)\big)\big) \\
&= \bigvee_{x_1 \in X} \bigvee_{x_2 \in X} \big(\underset{\sim}{R}(x,x_1) \bigwedge \underset{\sim}{R}(x_1,x_2) \bigwedge \underset{\sim}{R}^{k-2}(x_2,y)\big) \\
&\cdots\cdots \\
&= \bigvee_{x_1 \in X} \bigvee_{x_2 \in X} \cdots \bigvee_{x_{k-1} \in X} \big(\underset{\sim}{R}(x,x_1) \bigwedge \underset{\sim}{R}(x_1,x_2) \bigwedge \cdots \bigwedge \underset{\sim}{R}(x_{k-1},y)\big).
\end{aligned}
$$

特别地, 若 $X = \{x_1, x_2, \cdots, x_n\}$, 则

$$
\begin{aligned}
\underset{\sim}{R}^k(x_i,x_j) = \bigvee_{j_1=1}^n \bigvee_{j_2=1}^n \cdots \bigvee_{j_{k-1}=1}^n \big(R(x_i,x_{j_1}) \bigwedge \underset{\sim}{R}(x_{j_1},x_{j_2}) \\
\bigwedge \cdots \bigwedge \underset{\sim}{R}(x_{j_{k-1}},x_j)\big), \qquad i,j = 1,2,\cdots,n.
\end{aligned}
$$

由于 X 中元素个数有限, 故存在 $x'_{j_1}, x'_{j_2}, \cdots, x'_{j_{k-1}}$, 使得

$$
\underset{\sim}{R}^k(x_i,x_j) = \underset{\sim}{R}(x_i,x'_{j_1}) \bigwedge \underset{\sim}{R}(x'_{j_1},x'_{j_2}) \bigwedge \cdots \bigwedge \underset{\sim}{R}(x'_{j_{k-1}},x_j). \qquad ■
$$

推论 5.2.6 设 $R \in \mathcal{P}(X \times X)$, $k \in \mathbf{N}$, 则 $(x,y) \in R^k$ 当且仅当存在 $x_1, x_2, \cdots,$ $x_{k-1} \in X$, 使得 $(x,x_1) \in R$, $(x_1,x_2) \in R$, $\cdots$, $(x_{k-1},y) \in R$.

证明 **法 1** 设 R 是 X 上的分明关系, 由性质 5.2.12, 并注意到分明关系的关系强度的取值只能是 0 或 1, 可知

$$
\begin{aligned}
(x,y) \in R^k &\iff R^k(x,y) = 1 \\
&\iff \bigvee_{x_1 \in X} \bigvee_{x_2 \in X} \cdots \bigvee_{x_{k-1} \in X} \big(R(x_0,x_1) \bigwedge R(x_1,x_2) \bigwedge \cdots \bigwedge R(x_{k-1},y)\big) = 1 \\
&\iff 存在 x'_1, x'_2, \cdots, x'_{k-1}, 使得 R(x_0,x'_1) \bigwedge R(x'_1,x'_2) \bigwedge \cdots \bigwedge R(x'_{k-1},y) = 1 \\
&\iff 存在 x'_1, x'_2, \cdots, x'_{k-1}, 使得 R(x_0,x'_1) = R(x'_1,x'_2) = \cdots = R(x'_{k-1},y) = 1 \\
&\iff 存在 x'_1, x'_2, \cdots, x'_{k-1}, 使得 (x_0,x'_1) \in R, (x'_1,x'_2) \in R, \cdots, (x'_{k-1},y) \in R.
\end{aligned}
$$

法 2

$(x,y) \in R^k \Longleftrightarrow (x,y) \in R \circ R^{k-1}$

　　$\Longleftrightarrow$ 存在 $x_1 \in X$, 使得 $(x,x_1) \in R, (x_1,y) \in R^{k-1}$

　　$\Longleftrightarrow$ 存在 $x_1 \in X$, 使得 $(x,x_1) \in R, (x_1,y) \in R \circ R^{k-2}$

　　$\Longleftrightarrow$ 存在 $x_1,x_2 \in X$, 使得 $(x,x_1) \in R, (x_1,x_2) \in R, (x_2,y) \in R^{k-2}$

　　$\Longleftrightarrow \cdots\cdots$

　　$\Longleftrightarrow$ 存在 $x_1,x_2,\cdots,x_{k-1} \in X$, 使得 $(x,x_1) \in R, (x_1,x_2) \in R, \cdots, (x_{k-1},y) \in R$.

　　由于有限论域上的模糊关系可用模糊矩阵表示, 故下面的推论 5.2.7 可以看成是性质 5.2.12 在有限论域的情形下的另一种表述形式.

　　推论 5.2.7 设 $\underset{\sim}{R} = (r_{ij})_{n \times n} \in M_{n \times n}$, $k \in \mathbf{N}$, 记 $\underset{\sim}{R}^k = (r_{ij}^{(k)})_{n \times n}$, 则存在 $j_1, j_2, \cdots, j_{k-1} \in \{1, 2, \cdots, n\}$, 使得

$$r_{ij}^{(k)} = r_{ij_1} \bigwedge r_{j_1 j_2} \bigwedge \cdots \bigwedge r_{j_{k-1}j}.$$

　　模糊关系的合成运算, 特别是有限论域上的模糊关系 (模糊矩阵) 的合成运算是一种重要的运算. 在计算过程中, 若能恰当地运用相应的性质, 则可收到事半功倍的效果.

5.3　关系的自反性、对称性与传递性

　　我们先简单回顾一下分明关系的自反性、对称性与传递性, 然后引入模糊关系的自反性、对称性与传递性的定义, 并讨论相关的性质.

5.3.1　分明关系的自反性、对称性与传递性

　　定义 5.3.1 设 $R \subseteq X \times X$.

　　(1) 若对任意的 $x \in X$, 有 $(x,x) \in R$, 则称 R 具有**自反性**.

　　(2) 若

$$(x,y) \in R \Longrightarrow (y,x) \in R,$$

则称 R 具有**对称性**.

　　(3) 若

$$(x,y) \in R, (y,z) \in R \Longrightarrow (x,z) \in R,$$

则称 R 具有**传递性**.

为了将分明关系的自反性、对称性与传递性, 向模糊的情形推广, 我们首先考虑如何用特征函数来刻画这三条性质.

定理 5.3.1 设 $R \subseteq X \times X$.

(1) R 具有自反性 $\Longleftrightarrow$ 对任意的 $x \in X$, 有 $R(x,x) = 1$.

(2) R 具有对称性 $\Longleftrightarrow$ 对任意的 $x, y \in X$, 有 $R(x,y) = R(y,x)$.

(3) R 具有传递性 $\Longleftrightarrow$ 对任意的 $x, z \in X$, 有 $R^2(x,z) \leqslant R(x,z)$.

证明 (1), (2) 由定义 5.3.1 易得.

(3) **必要性** 设 R 具有传递性.

若 $R^2(x,z) = 0$, 则 $R^2(x,z) \leqslant R(x,z)$ 成立.

若 $R^2(x,z) = \bigvee_{y \in X}\big(R(x,y) \bigwedge R(y,z)\big) = 1$, 注意到特征函数只能取值 0 或 1, 则存在 $y \in X$, 使得 $R(x,y) \bigwedge R(y,z) = 1$, 即 $R(x,y) = 1, R(y,z) = 1$, 也就是 $(x,y) \in R, (y,z) \in R$, 由 R 的传递性可知 $(x,z) \in R$, 即 $R(x,z) = 1$, 此时 $R^2(x,z) = R(x,z)$, 故 $R^2(x,z) \leqslant R(x,z)$ 成立.

充分性 设 $R^2(x,z) \leqslant R(x,z)$. 若存在 y, 使得 $(x,y) \in R, (y,z) \in R$, 也就是

$$R(x,y) = 1, \quad R(y,z) = 1,$$

则 $R(x,y) \bigwedge R(y,z) = 1$, 注意到特征函数只能取值 0 或 1, 于是

$$R^2(x,z) = \bigvee_{y \in X}\big(R(x,y) \bigwedge R(y,z)\big) = 1,$$

因此 $R(x,z) = 1$, 即 $(x,z) \in R$, 故 R 具有传递性. ∎

定理 5.3.2 设 $R \subseteq X \times X$.

(1) R 具有自反性 $\Longleftrightarrow I \subseteq R$.

(2) R 具有对称性 $\Longleftrightarrow R = R^{-1}$.

(3) R 具有传递性 $\Longleftrightarrow R^2 \subseteq R$.

证明 由定理 5.3.1 可得. ∎

5.3.2 模糊关系的自反性、对称性与传递性

定义 5.3.2 设 $\underset{\sim}{R} \in \mathcal{F}(X \times X)$.

(1) 若 $I \subseteq \underset{\sim}{R}$, 则称 $\underset{\sim}{R}$ 具有自反性.

(2) 若 $\underset{\sim}{R} = \underset{\sim}{R}^{-1}$, 则称 $\underset{\sim}{R}$ 具有对称性.

(3) 若 $\underset{\sim}{R}^2 \subseteq \underset{\sim}{R}$, 则称 $\underset{\sim}{R}$ 具有传递性.

定理 5.3.3 设 $\underset{\sim}{R} \in \mathcal{F}(X \times X)$.

(1) $\underset{\sim}{R}$ 具有自反性 $\Longleftrightarrow \underset{\sim}{R}(x,x) = 1, x \in X$.

(2) $\underset{\sim}{R}$ 具有对称性 $\Longleftrightarrow \underset{\sim}{R}(x,y) = \underset{\sim}{R}(y,x)$.

(3) R 具有传递性 $\Longleftrightarrow R^2(x,z) \leqslant R(x,z)$.

证明　由定义 5.3.2 可得.　　　　　　　　　　　　　　　　　　　　　■

设 $X = \{x_1, x_2, \cdots, x_n\}$, 则 X 上的模糊关系可以用模糊矩阵表示. 类似地, 我们也可以定义模糊矩阵的自反性、对称性与传递性.

定义 5.3.3　设 $R = (r_{ij})_{n \times n} \in M_{n \times n}$.

(1) 若 $r_{ii} = 1, i = 1, 2, \cdots, n$, 则称 R 具有**自反性**.

(2) 若 $r_{ij} = r_{ji}, i, j = 1, 2, \cdots, n$, 即 R 为对称矩阵, 则称 R 具有**对称性**.

(3) 若 $R^2 \subseteq R$, 即 $\bigvee_{k=1}^{n} (r_{ik} \bigwedge r_{kj}) \leqslant r_{ij}, i, j = 1, 2, \cdots, n$, 则称 R 具有**传递性**.

定理 5.3.4　设 I 为任意指标集, $i \in I, R_i \in \mathcal{F}(X \times X)$.

(1) 若对任意的 $i \in I, R_i$ 具有自反性, 则 $\bigcup_{i \in I} R_i$ 与 $\bigcap_{i \in I} R_i$ 具有自反性.

(2) 若对任意的 $i \in I, R_i$ 具有对称性, 则 $\bigcup_{i \in I} R_i$ 与 $\bigcap_{i \in I} R_i$ 具有对称性.

(3) 若对任意的 $i \in I, R_i$ 具有传递性, 则 $\bigcap_{i \in I} R_i$ 具有传递性.

证明　(1) 若对任意的 $i \in I, R_i$ 具有自反性, 即 $I \subseteq R_i$, 于是 $I \subseteq \bigcap_{i \in I} R_i$, 因此, $\bigcap_{i \in I} R_i$ 具有自反性.

类似可得 $\bigcup_{i \in I} R_i$ 具有自反性.

(2) 若对任意的 $i \in I, R_i$ 具有对称性, 即 $R_i = (R_i)^{-1}$, 则由定理 5.1.1(3) 可知,

$$\left(\bigcap_{i \in I} R_i\right)^{-1} = \bigcap_{i \in I} (R_i)^{-1} = \bigcap_{i \in I} R_i,$$

故 $\bigcap_{i \in I} R_i$ 具有对称性.

同理可证 $\bigcup_{i \in I} R_i$ 具有对称性.

(3) 若对任意的 $i \in I, R_i$ 具有传递性, 即 $R_i^2 \subseteq R_i$, 而 $\bigcap_{j \in I} R_j \subseteq R_i$, 由推论 5.2.3 可知,

$$\left(\bigcap_{j \in I} R_j\right)^2 \subseteq (R_i)^2,$$

因此, 对任意的 $i \in I, \left(\bigcap_{j \in I} R_j\right)^2 \subseteq R_i$, 于是 $\left(\bigcap_{i \in I} R_j\right)^2 \subseteq \bigcap_{i \in I} R_i$, 即 $\bigcap_{i \in I} R_i$ 具有传递性.　　　　　　　　　　　　　　　　　　　　　　■

我们自然会想到一个问题: 如果对任意的 $i \in I, R_i$ 具有传递性, 那么, $\bigcup_{i \in I} R_i$ 是否一定具有传递性? 下面的例题可以回答这个问题.

例 5.3.1　已知

$$R = \begin{pmatrix} 0 & 1 \\ 0 & 0 \end{pmatrix}, \quad Q = \begin{pmatrix} 0 & 0 \\ 1 & 0 \end{pmatrix},$$

则

$$R^2 = \begin{pmatrix} 0 & 1 \\ 0 & 0 \end{pmatrix} \circ \begin{pmatrix} 0 & 1 \\ 0 & 0 \end{pmatrix} = \begin{pmatrix} 0 & 0 \\ 0 & 0 \end{pmatrix}, \quad R^2 \subseteq R,$$

$$Q^2 = \begin{pmatrix} 0 & 0 \\ 1 & 0 \end{pmatrix} \circ \begin{pmatrix} 0 & 0 \\ 1 & 0 \end{pmatrix} = \begin{pmatrix} 0 & 0 \\ 0 & 0 \end{pmatrix}, \quad Q^2 \subseteq Q,$$

$$R \bigcup Q = \begin{pmatrix} 0 & 1 \\ 0 & 0 \end{pmatrix} \bigcup \begin{pmatrix} 0 & 0 \\ 1 & 0 \end{pmatrix} = \begin{pmatrix} 0 & 1 \\ 1 & 0 \end{pmatrix},$$

$$(R \bigcup Q)^2 = \begin{pmatrix} 0 & 1 \\ 1 & 0 \end{pmatrix} \circ \begin{pmatrix} 0 & 1 \\ 1 & 0 \end{pmatrix} = \begin{pmatrix} 1 & 0 \\ 0 & 1 \end{pmatrix}.$$

因此,

$$(R \bigcup Q)^2 \nsubseteq R \bigcup Q. \qquad \blacksquare$$

定理 5.3.5 设 $R \in \mathcal{F}(X \times X)$. 对任意的 $k \in \mathbf{N}$, 有

(1) 若 R 具有自反性, 则 R^k 具有自反性,

(2) 若 R 具有对称性, 则 R^k 具有对称性,

(3) 若 R 具有传递性, 则 R^k 具有传递性.

证明 (1) 若 R 具有自反性, 则 $I \subseteq R$, 于是 $I^k \subseteq R^k$, 而 $I^k = I$, 故 R^k 具有自反性, $k \in \mathbf{N}$.

(2) 若 R 具有对称性, 则 $R = R^{-1}$, 于是

$$(R^k)^{-1} = (R^{-1})^k = R^k,$$

即 R^k 具有对称性, $k \in \mathbf{N}$.

(3) 若 R 具有传递性, 即 $R^2 \subseteq R$, 于是 $(R^2)^k \subseteq R^k$, 而 $(R^2)^k = R^{2k} = (R^k)^2$, 因此,

$$(R^k)^2 \subseteq R^k,$$

即 R^k 具有传递性, $k \in \mathbf{N}$. $\qquad \blacksquare$

定理 5.3.6 设 $R \in \mathcal{F}(X \times X)$, $k \in \mathbf{N}$.

(1) 若 R 具有自反性, 则

$$I \subseteq R \subseteq R^2 \subseteq \cdots \subseteq R^k \subseteq \cdots.$$

(2) 若 $\underset{\sim}{R}$ 具有传递性, 则

$$\underset{\sim}{R} \supseteq \underset{\sim}{R}^2 \supseteq \cdots \supseteq \underset{\sim}{R}^k \supseteq \cdots.$$

(3) 若 $\underset{\sim}{R}$ 具有自反性和传递性, 则

$$\underset{\sim}{R} = \underset{\sim}{R}^2 = \cdots = \underset{\sim}{R}^k = \cdots.$$

证明留作习题.

定理 5.3.7 设 $\underset{\sim}{R} \in \mathcal{F}(X \times X)$, 则

(1) $\underset{\sim}{R}$ 具有自反性 $\Longleftrightarrow$ 对任意的 $\lambda \in (0,1]$, R_λ 具有自反性,

(2) $\underset{\sim}{R}$ 具有对称性 $\Longleftrightarrow$ 对任意的 $\lambda \in (0,1]$, R_λ 具有对称性,

(3) $\underset{\sim}{R}$ 具有传递性 $\Longleftrightarrow$ 对任意的 $\lambda \in (0,1]$, R_λ 具有传递性.

证明 (1) 若 $\underset{\sim}{R}$ 具有自反性, 即 $I \subseteq \underset{\sim}{R}$, 于是, 对任意的 $\lambda \in (0,1]$, 有 $I_\lambda \subseteq R_\lambda$, 而 $I_\lambda = I(\lambda \in (0,1])$, 故 $I \subseteq R_\lambda$, 即 R_λ 具有自反性, $\lambda \in (0,1]$.

反之, 若对任意的 $\lambda \in (0,1]$, R_λ 具有自反性, 即 $I \subseteq R_\lambda$, 故 $I_\lambda \subseteq R_\lambda$, 于是

$$I = \bigcup_{\lambda \in (0,1]} \lambda I_\lambda \subseteq \bigcup_{\lambda \in (0,1]} \lambda R_\lambda = \underset{\sim}{R},$$

即 $\underset{\sim}{R}$ 具有自反性.

(2) 若 $\underset{\sim}{R}$ 具有对称性, 即 $\underset{\sim}{R} = \underset{\sim}{R}^{-1}$, 则对任意的 $\lambda \in (0,1]$, 有

$$R_\lambda = (\underset{\sim}{R}^{-1})_\lambda = (R_\lambda)^{-1},$$

故 R_λ 具有对称性.

反之, 若对任意的 $\lambda \in (0,1]$, R_λ 具有对称性, 即 $R_\lambda = (R_\lambda)^{-1}$, 则

$$\bigcup_{\lambda \in (0,1]} \lambda R_\lambda = \bigcup_{\lambda \in (0,1]} \lambda (R_\lambda)^{-1} = \bigcup_{\lambda \in (0,1]} (\lambda R_\lambda)^{-1} = \left(\bigcup_{\lambda \in (0,1]} \lambda R_\lambda \right)^{-1}.$$

由分解定理,

$$\underset{\sim}{R} = \bigcup_{\lambda \in (0,1]} \lambda R_\lambda,$$

因此 $\underset{\sim}{R} = \underset{\sim}{R}^{-1}$, 即 $\underset{\sim}{R}$ 具有对称性.

(3) 若 $\underset{\sim}{R}$ 具有传递性, 则 $\underset{\sim}{R}^2 \subseteq \underset{\sim}{R}$, 对任意的 $\lambda \in (0,1]$, 有 $(\underset{\sim}{R}^2)_\lambda \subseteq R_\lambda$, 由性质 5.2.11 可知, $R_\lambda \circ R_\lambda \subseteq (\underset{\sim}{R} \circ \underset{\sim}{R})_\lambda$, 于是

$$(R_\lambda)^2 = R_\lambda \circ R_\lambda \subseteq (\underset{\sim}{R} \circ \underset{\sim}{R})_\lambda = (\underset{\sim}{R}^2)_\lambda \subseteq R_\lambda.$$

因此, R_λ 具有传递性.

反之, 若对任意的 $\lambda \in (0,1]$, R_λ 具有传递性, 即 $R_\lambda \circ R_\lambda = (R_\lambda)^2 \subseteq R_\lambda$, 则

$$R \circ R = \bigcup_{\lambda \in (0,1]} \lambda (R_\lambda \circ R_\lambda) \subseteq \bigcup_{\lambda \in (0,1]} \lambda R_\lambda = R,$$

即 $R^2 \subseteq R$, 故 R 具有传递性. ■

5.3.3 对称闭包

定义 5.3.4 设 $R \in \mathcal{F}(X \times X)$. 包含 R 的最小的具有对称性的模糊关系称为 R 的**对称闭包**, 记为 $s(R)$.

由对称闭包的定义可知, R 的对称闭包 $s(R)$ 满足

(1) $R \subseteq s(R)$,

(2) 对称性 $s(R)^{-1} = s(R)$,

(3) 最小性 若 $Q^{-1} = Q, R \subseteq Q$, 则 $s(R) \subseteq Q$.

关于模糊关系的对称闭包的求法, 参见本章习题第 6 题.

5.3.4 传递闭包

定义 5.3.5 设 $R \in \mathcal{F}(X \times X)$. 包含 R 的最小的具有传递性的模糊关系称为 R 的**传递闭包**, 记为 $t(R)$.

由传递闭包的定义可知, R 的传递闭包 $t(R)$ 满足

(1) $R \subseteq t(R)$,

(2) 传递性 $t(R) \circ t(R) \subseteq t(R)$,

(3) 最小性 若 $Q^2 \subseteq Q, R \subseteq Q$, 则 $t(R) \subseteq Q$.

传递闭包在模糊聚类分析中起着重要的作用. 那么, 怎样才能求出一个模糊关系的传递闭包呢?

定理 5.3.8 设 $R \in \mathcal{F}(X \times X)$, 则 $t(R) = \bigcup_{k=1}^{\infty} R^k$.

证明 (1) 显然 $R \subseteq \bigcup_{k=1}^{\infty} R^k$.

(2) 由合成运算 "$\circ$" 对并运算 "$\bigcup$" 满足分配律, 有

$$\left(\bigcup_{k=1}^{\infty} R^k\right) \circ \left(\bigcup_{i=1}^{\infty} R^i\right) = \bigcup_{k=1}^{\infty} \left(R^k \circ \left(\bigcup_{i=1}^{\infty} R^i\right)\right)$$
$$= \bigcup_{k=1}^{\infty} \bigcup_{i=1}^{\infty} \left(R^k \circ R^i\right)$$
$$= \bigcup_{k=1}^{\infty} \bigcup_{i=1}^{\infty} R^{k+i}$$
$$\subseteq \bigcup_{m=1}^{\infty} R^m,$$

即 $\bigcup_{k=1}^{\infty}\underset{\sim}{R}^k$ 具有传递性.

(3) 若 $\underset{\sim}{R} \subseteq \underset{\sim}{Q}$, 且 $\underset{\sim}{Q}$ 具有传递性, 则对任意的 $k \in \mathbf{N}$, 有 $\underset{\sim}{R}^k \subseteq \underset{\sim}{Q}^k$, 且 $\underset{\sim}{Q}^k \subseteq \underset{\sim}{Q}$, 故

$$\bigcup_{k=1}^{\infty}\underset{\sim}{R}^k \subseteq \underset{\sim}{Q}.$$

因此

$$t(\underset{\sim}{R}) = \bigcup_{k=1}^{\infty}\underset{\sim}{R}^k. \qquad \blacksquare$$

引理 5.3.1 设 $\underset{\sim}{R} \in \mathcal{F}(X \times X)$, 则

$$t(\underset{\sim}{R}) = \bigcup_{k=1}^{n}\underset{\sim}{R}^k \Longleftrightarrow \bigcup_{k=1}^{n}\underset{\sim}{R}^k \supseteq \underset{\sim}{R}^{n+1}.$$

证明 必要性 设 $t(\underset{\sim}{R}) = \bigcup_{k=1}^{n}\underset{\sim}{R}^k$, 由定理 5.3.8, $t(\underset{\sim}{R}) = \bigcup_{k=1}^{\infty}\underset{\sim}{R}^k$, 故

$$\bigcup_{k=1}^{n}\underset{\sim}{R}^k \supseteq \underset{\sim}{R}^{n+1}.$$

充分性 设 $\bigcup_{k=1}^{n}\underset{\sim}{R}^k \supseteq \underset{\sim}{R}^{n+1}$, 往证对任意的 $l \in \mathbf{N}$, 有

$$\bigcup_{k=1}^{n}\underset{\sim}{R}^k \supseteq \underset{\sim}{R}^{n+l}.$$

当 $l=1$ 时, 结论成立; 假设当 $l=m$ 时, 结论成立, 即 $\bigcup_{k=1}^{n}\underset{\sim}{R}^k \supseteq \underset{\sim}{R}^{n+m}$, 于是

$$\left(\bigcup_{k=1}^{n}\underset{\sim}{R}^k\right) \circ \underset{\sim}{R} \supseteq \underset{\sim}{R}^{n+m} \circ \underset{\sim}{R},$$

即

$$\bigcup_{k=2}^{n+1}\underset{\sim}{R}^k \supseteq \underset{\sim}{R}^{n+m+1},$$

于是

$$\bigcup_{k=1}^{n}\underset{\sim}{R}^k \supseteq \bigcup_{k=2}^{n+1}\underset{\sim}{R}^k \supseteq \underset{\sim}{R}^{n+m+1}.$$

上式表明, 当 $l=m+1$ 时, 结论也成立.

由数学归纳法可知, 对任意的 $l \in \mathbf{N}$, 有 $\bigcup_{k=1}^{n}\underset{\sim}{R}^k \supseteq \underset{\sim}{R}^{n+l}$. 因此,

$$t(\underset{\sim}{R}) = \bigcup_{k=1}^{\infty}\underset{\sim}{R}^k = \left(\bigcup_{k=1}^{n}\underset{\sim}{R}^k\right)\bigcup\left(\bigcup_{k=n+1}^{\infty}\underset{\sim}{R}^k\right) = \bigcup_{k=1}^{n}\underset{\sim}{R}^k. \qquad \blacksquare$$

定理 5.3.9 设 $\underset{\sim}{R} \in M_{n \times n}$, 则 $t(\underset{\sim}{R}) = \bigcup_{k=1}^{n}\underset{\sim}{R}^k$.

证明 若 $n = 1$, 结论显然成立. 设 $n \geqslant 2$, 根据前面的引理 5.3.1, 只需证明

$$\bigcup_{k=1}^{n} \underset{\sim}{R}^k \supseteq \underset{\sim}{R}^{n+1}.$$

设 $\underset{\sim}{R} = (r_{ij})_{n \times n} \in M_{n \times n}$, 记 $\underset{\sim}{R}^k = (r_{ij}^{(k)})_{n \times n}, k \in \mathbf{N}$. 对任意的 $i, j \in \{1, 2, \cdots, n\}$, 由推论 5.2.7, 存在 $j_1, j_2, \cdots, j_n \in \{1, 2, \cdots, n\}$, 使得

$$r_{ij}^{(n+1)} = r_{ij_1} \bigwedge r_{j_1 j_2} \bigwedge \cdots \bigwedge r_{j_n j},$$

上式右端表达式中有 $n + 1$ 项, 它们的第二个下角标分别是 $j_1, j_2, \cdots, j_n, j_{n+1}$ ($j_{n+1} = j$), 由于 X 中有 n 个元素, 于是这些下角标中必有相同的, 不妨设 $j_s = j_t (s < t)$, 划去 $r_{j_s j_{s+1}} \bigwedge \cdots \bigwedge r_{j_{t-1} j_t}$, 减少 $t - s$ 项, 余下 $m = (n+1) - (t-s)$ 项, 且 $m \leqslant n$, 则

$$\begin{aligned}
r_{ij}^{(n+1)} &= r_{ij_1} \bigwedge r_{j_1 j_2} \bigwedge \cdots \bigwedge r_{j_{s-1} j_s} \bigwedge r_{j_s j_{s+1}} \bigwedge \cdots \\
&\quad \bigwedge r_{j_{t-1} j_t} \bigwedge r_{j_t j_{t+1}} \bigwedge \cdots \bigwedge r_{j_{n-1} j_n} \bigwedge r_{j_n j} \\
&\leqslant r_{ij_1} \bigwedge r_{j_1 j_2} \bigwedge \cdots \bigwedge r_{j_{s-1} j_s} \bigwedge r_{j_t j_{t+1}} \bigwedge \cdots \bigwedge r_{j_{n-1} j_n} \bigwedge r_{j_n j} \\
&\leqslant \bigvee_{j_1'=1}^{n} \bigvee_{j_2'=1}^{n} \cdots \bigvee_{j_{m-1}'=1}^{n} (r_{ij_1'} \bigwedge r_{j_1' j_2'} \bigwedge \cdots \bigwedge r_{j_{m-1}' j}) \\
&= r_{ij}^{(m)}.
\end{aligned}$$

对应于不同的 $r_{ij_1} \bigwedge r_{j_1 j_2} \bigwedge \cdots \bigwedge r_{j_{n-1} j_n} \bigwedge r_{j_n j}$, 相应的 $m (\leqslant n)$ 可能不同, 但总有

$$r_{ij_1} \bigwedge r_{j_1 j_2} \bigwedge \cdots \bigwedge r_{j_{n-1} j_n} \bigwedge r_{j_n j} \leqslant \bigvee_{m=1}^{n} r_{ij}^{(m)},$$

于是

$$r_{ij}^{(n+1)} \leqslant \bigvee_{m=1}^{n} r_{ij}^{(m)},$$

即

$$\underset{\sim}{R}^{n+1} \subseteq \bigcup_{m=1}^{n} \underset{\sim}{R}^m.$$

由引理 5.3.1, 可得

$$t(\underset{\sim}{R}) = \bigcup_{m=1}^{n} \underset{\sim}{R}^m. \qquad \blacksquare$$

定理 5.3.9 提供了求有限论域上模糊关系的传递闭包的一种可行的方法.

例 5.3.2 设 $\underset{\sim}{R} \in M_{2 \times 2}$, 且已知

$$\underset{\sim}{R} = \begin{pmatrix} 0.3 & 0.5 \\ 0.7 & 0.4 \end{pmatrix}.$$

求 $t(\underset{\sim}{R})$.

解
$$R^2 = \begin{pmatrix} 0.3 & 0.5 \\ 0.7 & 0.4 \end{pmatrix} \circ \begin{pmatrix} 0.3 & 0.5 \\ 0.7 & 0.4 \end{pmatrix} = \begin{pmatrix} 0.5 & 0.4 \\ 0.4 & 0.5 \end{pmatrix},$$

故

$$t(R) = R \bigcup R^2 = \begin{pmatrix} 0.3 & 0.5 \\ 0.7 & 0.4 \end{pmatrix} \bigcup \begin{pmatrix} 0.5 & 0.4 \\ 0.4 & 0.5 \end{pmatrix} = \begin{pmatrix} 0.5 & 0.5 \\ 0.7 & 0.5 \end{pmatrix}. \qquad \blacksquare$$

定理 5.3.10 设 $R \in M_{n \times n}$, 若 $I \subseteq R$, 则存在最小的 $k \in \{1, 2, \cdots, n\}$, 使得

$$t(R) = R^k,$$

且对任意的 $l \in \mathbf{N}, l \geqslant k$, 有 $R^l = R^k$.

证明 由 $I \subseteq R$, 得

$$I \subseteq R \subseteq R^2 \subseteq \cdots \subseteq R^n \subseteq \cdots.$$

结合定理 5.3.9 可知 $t(R) = \bigcup_{m=1}^{n} R^m = R^n$, 故存在最小的 $k \in \{1, 2, \cdots, n\}$, 使得

$$t(R) = R^k.$$

对任意的 $l \in \mathbf{N}, l \geqslant k$, 有

$$t(R) = R^k \subseteq R^l \subseteq \bigcup_{i=1}^{\infty} R^i = t(R),$$

于是

$$R^l = R^k. \qquad \blacksquare$$

定理 5.3.11 设 $R \in \mathcal{F}(X \times X), I \subseteq R$, 若存在 $k, l \in \mathbf{N}, k < l$, 使得 $R^k = R^l$, 则

$$t(R) = R^k.$$

证明 由 $I \subseteq R$, 得

$$I \subseteq R \subseteq R^2 \subseteq \cdots \subseteq R^k \subseteq \cdots \subseteq R^l \subseteq \cdots.$$

由于 $R^k = R^l$, 故

$$R^k = R^{k+1} = \cdots = R^{l-1} = R^l.$$

由 $R^k = R^{k+1}$ 可得, $R \circ R^k = R \circ R^{k+1}$, 即 $R^{k+1} = R^{k+2}$, 进而

$$R^k = R^{k+1} = R^{k+2} = \cdots,$$

故对任意的 $m \geqslant k$, 有

$$\underset{\sim}{R}^m = \underset{\sim}{R}^k.$$

因此,

$$t(\underset{\sim}{R}) = \bigcup_{i=1}^{\infty} \underset{\sim}{R}^i = \underset{\sim}{R}^k. \qquad \blacksquare$$

定理 5.3.10 和定理 5.3.11 提供了求 n 阶自反模糊矩阵 $\underset{\sim}{R}$ 的传递闭包的一种方法 —— **平方自合成法**, 简称**平方法**, 作法如下:

$$\underset{\sim}{R} \longrightarrow \underset{\sim}{R}^2 \longrightarrow \underset{\sim}{R}^4 \longrightarrow \cdots \longrightarrow \underset{\sim}{R}^{2^{k-1}} \longrightarrow \underset{\sim}{R}^{2^k} \longrightarrow \cdots.$$

(1) 若 $\underset{\sim}{R}^{2^{k-1}} = \underset{\sim}{R}^{2^k}$, 则 $t(\underset{\sim}{R}) = \underset{\sim}{R}^{2^{k-1}}$.

(2) 若 $2^{k-1} < n \leqslant 2^k$, 则 $t(\underset{\sim}{R}) = \underset{\sim}{R}^{2^k}$.

由于存在 $k \in \mathbf{N}$, 使得 $2^{k-1} \leqslant n < 2^k$, 故最多进行 $[\log_2 n]+1$ 次平方自合成运算即可得到 $t(\underset{\sim}{R})$.

例 5.3.3 设 $\underset{\sim}{R} = (r_{ij})_{5\times5} \in M_{5\times5}$, 已知

$$\underset{\sim}{R} = \begin{pmatrix} 1 & 0.4 & 0.9 & 0.5 & 0.4 \\ 0.4 & 1 & 0.4 & 0.4 & 0.4 \\ 0.9 & 0.4 & 1 & 0.4 & 0.5 \\ 0.5 & 0.4 & 0.4 & 1 & 0.7 \\ 0.4 & 0.4 & 0.5 & 0.7 & 1 \end{pmatrix}.$$

求 $t(\underset{\sim}{R})$.

解 因为 $r_{ii} = 1$, $i = 1,2,3,4,5$, $I \subseteq \underset{\sim}{R}$, 即 $\underset{\sim}{R}$ 具有自反性, 故可用平方法求 $t(\underset{\sim}{R})$, 且由 $\underset{\sim}{R}$ 具有自反性可得 $\underset{\sim}{R}^2$ 也具有自反性.

注意到 $r_{ij} = r_{ji}$, $i,j = 1,2,3,4,5$, 即 $\underset{\sim}{R} = \underset{\sim}{R}^{-1}$, 故 $\underset{\sim}{R}$ 具有对称性, 且 $\underset{\sim}{R}^2$ 也具有对称性. 因为

$$\underset{\sim}{R}^2 = \underset{\sim}{R} \circ \underset{\sim}{R}$$

$$= \begin{pmatrix} 1 & 0.4 & 0.9 & 0.5 & 0.4 \\ 0.4 & 1 & 0.4 & 0.4 & 0.4 \\ 0.9 & 0.4 & 1 & 0.4 & 0.5 \\ 0.5 & 0.4 & 0.4 & 1 & 0.7 \\ 0.4 & 0.4 & 0.5 & 0.7 & 1 \end{pmatrix} \circ \begin{pmatrix} 1 & 0.4 & 0.9 & 0.5 & 0.4 \\ 0.4 & 1 & 0.4 & 0.4 & 0.4 \\ 0.9 & 0.4 & 1 & 0.4 & 0.5 \\ 0.5 & 0.4 & 0.4 & 1 & 0.7 \\ 0.4 & 0.4 & 0.5 & 0.7 & 1 \end{pmatrix}$$

$$= \begin{pmatrix} 1 & 0.4 & 0.9 & 0.5 & 0.5 \\ 0.4 & 1 & 0.4 & 0.4 & 0.4 \\ 0.9 & 0.4 & 1 & 0.5 & 0.5 \\ 0.5 & 0.4 & 0.5 & 1 & 0.7 \\ 0.5 & 0.4 & 0.5 & 0.7 & 1 \end{pmatrix},$$

而

$$\underset{\sim}{R}^4 = \underset{\sim}{R}^2 \circ \underset{\sim}{R}^2 = \underset{\sim}{R}^2,$$

故

$$t(\underset{\sim}{R}) = \underset{\sim}{R}^2.\qquad\blacksquare$$

5.4   模糊等价关系与聚类

常言道:"物以类聚, 人以群分." 聚类与分类是一个问题的两个方面, 分类的同时就是做了聚类, 聚类的同时也就是做了分类. 人们通过分类来建立概念, 总结规律.

在数学上, 将按照一定的要求对事物进行分类的方法称为聚类分析. 分类的方法大致有两种: 一种是按照本学科的专业知识来分类, 另一种是根据所研究对象的数据特征来分类, 通常是将这两种方法结合起来. 如果进行分类研究时, 除了原始数据之外, 缺乏关于待分类对象的先验知识, 对象之间的联系与区别只能体现在这些数据之中, 进行分类的依据就是这些数据, 那么这就是聚类分析.

与前面讲的模式识别不同, 在三角形的识别问题中, 我们很清楚等腰三角形具有什么特征、等边三角形具有什么特征、直角三角形具有什么特征, 而在进行聚类分析时, 通常只能依据数据进行分类, 目标是使得在同一类中的元素相互之间比较接近, 而那些不在一类中的元素相互之间的差别比较大.

经典意义下的分类, 遵循 "不重不漏" 的原则, 即论域中的每一个元素必须属于某一类, 且只能属于某一类, 类与类之间界限分明. 这种分类建立在等价关系的基础之上, 一个分类对应一个等价关系. 实践中, 也会遇到界限不分明的分类问题, 正是由于现实的分类往往伴有某种模糊性, 因此, 用模糊数学的方法来进行分类更符合客观实际, 这就是模糊聚类分析.

本章首先介绍等价关系与分类, 然后分别探讨基于模糊等价关系、模糊相似关系、模糊拟序关系等的聚类问题.

5.4.1   等价关系

设 $\{A_i|i \in I\}$ 是 X 上的非空集族, 若

(1) $\bigcup_{i \in I} A_i = X$,

(2) 若 $i, j \in I$, $i \neq j$, 则 $A_i \bigcap A_j = \varnothing$,

则称 $\{A_i | i \in I\}$ 是 X 的一个**分类**.

若 $\{A_i | i \in I\}$ 是 X 的一个分类, 则对任意的 $i, j \in I$, 必有

$$A_i = A_j \quad \text{或} \quad A_i \bigcap A_j = \varnothing.$$

设 $R \subseteq X \times X$, 若 R 具有自反性、对称性、传递性, 则称 R 是 X 上的一个**等价关系**.

集合上的等价关系与分类之间关系密切.

设 R 是 X 上的一个等价关系, 对任意的 $x \in X$, 记

$$[x]_R = \{y | (x, y) \in R\},$$

称 $[x]_R$ 为 x (关于 R) 所在的**等价类**, 在不引起混淆的情形下, 记为 $[x]$. 称集族

$$X/R = \{[x] | x \in X\}$$

为 X 关于等价关系 R 的**商集**.

命题 5.4.1 设 R 是 X 上的一个等价关系, 则 X/R 构成 X 的一个分类.

证明 (1) 对任意的 $x \in X$, 有 $(x, x) \in R$, 故 $x \in [x]$, 因此 $[x] \neq \varnothing$.

(2) 一方面, 对任意的 $x \in X$, 有 $x \in [x]$, 故 $x \in \bigcup_{x' \in X} [x']$, 因此 $X \subseteq \bigcup_{x' \in X} [x']$. 另一方面, 显然有 $\bigcup_{x' \in X} [x'] \subseteq X$. 于是 $\bigcup_{x' \in X} [x'] = X$.

(3) 往证: 若两个等价类 $[x] \neq [y]$, 则必有 $[x] \bigcap [y] = \varnothing$.

若 $[x] \bigcap [y] \neq \varnothing$, 则存在 $z_0 \in Z$, 使得 $z_0 \in [x] \bigcap [y]$, 故 $(x, z_0) \in R$, $(y, z_0) \in R$, 由等价关系具有对称性、传递性, 故 $(x, y) \in R$. 对任意的 $z \in [y]$, 有 $(y, z) \in R$, 于是 $(x, z) \in R$, 故 $z \in [x]$, 由 z 的任意性可知 $[y] \subseteq [x]$. 同理可证 $[x] \subseteq [y]$. 所以

$$[x] = [y].$$

这样, 我们就证明了 X/R 构成 X 的一个分类. ∎

命题 5.4.2 设非空集族 $\{A_i | i \in I\}$ 是 X 的一个分类, 则 $\{A_i | i \in I\}$ 可确定 X 上的一个等价关系 R, 使得

$$X/R = \{A_i | i \in I\}.$$

证明 在 X 上规定一个关系 R:

$$(x, y) \in R \Longleftrightarrow \text{存在 } i \in I, \text{使得 } x, y \in A_i.$$

往证 R 是 X 上的一个等价关系.

(1) 由于集族 $\{A_i | i \in I\}$ 是 X 的一个分类, 故 $\bigcup_{i \in I} A_i = X$, 因此, 对任意的 $x \in X$, 存在 $i \in I$, 使得 $x \in A_i$, 于是 $(x, x) \in R$.

(2) 对任意的 $x, y \in X$, 若 $(x, y) \in R$, 则存在 $i \in I$, 使得 $x, y \in A_i$, 即 $y, x \in A_i$, 故 $(y, x) \in R$.

(3) 若 $(x, y) \in R, (y, z) \in R$, 则存在 $i, j \in I$, 使得 $x, y \in A_i$, $y, z \in A_j$, 由于 $y \in A_i \bigcap A_j$, 而集族 $\{A_i | i \in I\}$ 是 X 的一个分类, 必有 $A_i = A_j$, 因此, $x, z \in A_i$, 即 $(x, z) \in R$.

综上所述, R 是 X 上的一个等价关系. ■

命题 5.4.1 和命题 5.4.2 表明, X 上的一个等价关系可以唯一确定一个分类, 反之, X 上的一个分类也可以唯一确定一个等价关系.

5.4.2 模糊等价关系

定义 5.4.1 设 $\underset{\sim}{R} \in \mathcal{F}(X \times X)$. 若 $\underset{\sim}{R}$ 具有自反性、对称性、传递性, 则称 $\underset{\sim}{R}$ 是 X 上的一个**模糊等价关系**. 设 $\underset{\sim}{R} = (r_{ij})_{n \times n} \in M_{n \times n}$, 若 $\underset{\sim}{R}$ 具有自反性、对称性、传递性, 则称 $\underset{\sim}{R}$ 是**模糊等价矩阵**.

定义 5.4.2 设 $\underset{\sim}{R} \in \mathcal{F}(X \times X)$. 包含 $\underset{\sim}{R}$ 的最小的模糊等价关系称为 $\underset{\sim}{R}$ 的**等价闭包**, 记为 $e(\underset{\sim}{R})$.

定理 5.4.1 设 $\underset{\sim}{R} \in \mathcal{F}(X \times X)$, 则 $\underset{\sim}{R}$ 是 X 上的一个模糊等价关系当且仅当对任意的 $\lambda \in [0, 1], R_\lambda$ 是分明等价关系.

证明 由定理 5.3.7 可知结论成立. ■

由一个模糊等价关系可以确定一族分明等价关系 $\{R_\lambda | \lambda \in [0, 1]\}$, 而每一个分明等价关系唯一确定一个分类. 那么, 这些分类之间有什么联系?

设 $\underset{\sim}{R} \in \mathcal{F}(X \times X)$, $\lambda_1, \lambda_2 \in [0, 1]$, 由截集的性质可知, 若 $\lambda_1 < \lambda_2$, 则 $R_{\lambda_2} \subseteq R_{\lambda_1}$, 也就是, 若 $(x, y) \in R_{\lambda_2}$, 则必有 $(x, y) \in R_{\lambda_1}$, 即若依据等价关系 R_{λ_2}, 元素 x 与 y 分在一类, 则依据等价关系 R_{λ_1}, 元素 x 与 y 仍分在一类. 因此, 水平 λ 越高, 分类越细; 水平 λ 越低, 分类越粗. 当水平 λ 从 1 逐渐下降到 0 时, 所得的分类逐步归并, 形成动态聚类图.

例 5.4.1 设 $X = \{x_1, x_2, x_3, x_4, x_5\}$, $\underset{\sim}{R}$ 是 X 上的模糊矩阵, 且已知

$$\underset{\sim}{R} = \begin{pmatrix} 1 & 0.4 & 0.9 & 0.5 & 0.5 \\ 0.4 & 1 & 0.4 & 0.4 & 0.4 \\ 0.9 & 0.4 & 1 & 0.5 & 0.5 \\ 0.5 & 0.4 & 0.5 & 1 & 0.6 \\ 0.5 & 0.4 & 0.5 & 0.6 & 1 \end{pmatrix}.$$

证明 $\underset{\sim}{R}$ 是模糊等价矩阵, 再依据 $\underset{\sim}{R}$ 对 X 进行分类, 并画出动态聚类图.

解 记 $\underset{\sim}{R} = (r_{ij})_{5\times 5}$.

(1) 因为 $r_{ii} = 1$, $i = 1,2,3,4,5$, $I \subseteq \underset{\sim}{R}$, 所以 $\underset{\sim}{R}$ 具有自反性.

(2) 因为 $r_{ij} = r_{ji}$, $i,j = 1,2,3,4,5$, $\underset{\sim}{R} = \underset{\sim}{R}^{-1}$, 所以 $\underset{\sim}{R}$ 具有对称性.

(3) 因为

$$\underset{\sim}{R}^2 = \underset{\sim}{R} \circ \underset{\sim}{R} = \begin{pmatrix} 1 & 0.4 & 0.9 & 0.5 & 0.5 \\ 0.4 & 1 & 0.4 & 0.4 & 0.4 \\ 0.9 & 0.4 & 1 & 0.5 & 0.5 \\ 0.5 & 0.4 & 0.5 & 1 & 0.6 \\ 0.5 & 0.4 & 0.5 & 0.6 & 1 \end{pmatrix} = \underset{\sim}{R},$$

所以 $\underset{\sim}{R}$ 具有传递性.

因此, $\underset{\sim}{R}$ 是 X 上的模糊等价矩阵, 故可依据 $\underset{\sim}{R}$ 对 X 进行动态聚类, 即依次取截关系 R_λ, 依据 R_λ 将 X 分成等价类.

当 $\lambda \in (0.9, 1]$ 时,

$$R_\lambda = \begin{pmatrix} 1 & 0 & 0 & 0 & 0 \\ 0 & 1 & 0 & 0 & 0 \\ 0 & 0 & 1 & 0 & 0 \\ 0 & 0 & 0 & 1 & 0 \\ 0 & 0 & 0 & 0 & 1 \end{pmatrix},$$

此时, X 分成 5 类: $\{x_1\}, \{x_2\}, \{x_3\}, \{x_4\}, \{x_5\}$.

当 $\lambda \in (0.6, 0.9]$ 时,

$$R_\lambda = \begin{pmatrix} 1 & 0 & 1 & 0 & 0 \\ 0 & 1 & 0 & 0 & 0 \\ 1 & 0 & 1 & 0 & 0 \\ 0 & 0 & 0 & 1 & 0 \\ 0 & 0 & 0 & 0 & 1 \end{pmatrix},$$

此时, X 分成 4 类: $\{x_1, x_3\}, \{x_2\}, \{x_4\}, \{x_5\}$.

当 $\lambda \in (0.5, 0.6]$ 时,

$$R_\lambda = \begin{pmatrix} 1 & 0 & 1 & 0 & 0 \\ 0 & 1 & 0 & 0 & 0 \\ 1 & 0 & 1 & 0 & 0 \\ 0 & 0 & 0 & 1 & 1 \\ 0 & 0 & 0 & 1 & 1 \end{pmatrix},$$

此时, X 分成 3 类:$\{x_1, x_3\}, \{x_2\}, \{x_4, x_5\}$.

当 $\lambda \in (0.4, 0.5]$ 时,

$$R_\lambda = \begin{pmatrix} 1 & 0 & 1 & 1 & 1 \\ 0 & 1 & 0 & 0 & 0 \\ 1 & 0 & 1 & 1 & 1 \\ 1 & 0 & 1 & 1 & 1 \\ 1 & 0 & 1 & 1 & 1 \end{pmatrix},$$

此时, X 分成 2 类: $\{x_1, x_3, x_4, x_5\}, \{x_2\}$.

当 $\lambda \in [0, 0.4]$ 时,

$$R_\lambda = \begin{pmatrix} 1 & 1 & 1 & 1 & 1 \\ 1 & 1 & 1 & 1 & 1 \\ 1 & 1 & 1 & 1 & 1 \\ 1 & 1 & 1 & 1 & 1 \\ 1 & 1 & 1 & 1 & 1 \end{pmatrix},$$

此时, X 合并为 1 类: $\{x_1, x_2, x_3, x_4, x_5\}$.

根据上面的分类, 可画出动态聚类图, 见图 5.4.1.

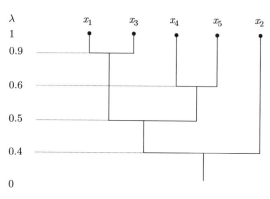

图 5.4.1

在画动态聚类图时, 可以适当地调整 X 中元素的位置, 使聚类结果更加清晰.

5.5   模糊相似关系与聚类

模糊聚类的常见问题之一就是从一个模糊相似关系 R 出发, 求得一个与 R 关系密切的模糊等价关系, 然后依据这个模糊等价关系来进行聚类.

5.5.1 模糊相似关系

模糊相似关系比模糊等价关系条件弱, 表示相似、相近. 我们用模糊等价关系具有的 3 条性质来衡量模糊相似关系. 首先, 相似关系应该保持自反性, 因为一个元素和自己 100%地相像; 其次, 相似关系也应该保持对称性, 因为 x 和 y 相似, y 和 x 就相似, 且相似的程度一样; 最后, 相似关系是否应该满足传递性? 不一定. 举个例子, 一般地, 孩子总会和父母长得相像, 即孩子和父亲相像, 也和母亲相像, 但是孩子的父亲和母亲不一定长得相像. 所以, 相似关系不应要求具有传递性.

定义 5.5.1 设 $\underset{\sim}{R} \in \mathcal{F}(X \times X)$, 若 $\underset{\sim}{R}$ 具有自反性、对称性, 则称 $\underset{\sim}{R}$ 是 X 上的一个**模糊相似关系**. 设 $\underset{\sim}{R} = (r_{ij})_{n \times n} \in \underset{\sim}{M}_{n \times n}$, 若 $\underset{\sim}{R}$ 具有自反性、对称性, 则称 $\underset{\sim}{R}$ 是**模糊相似矩阵**.

5.5.2 传递闭包法

定理 5.5.1 设 $\underset{\sim}{R} \in \mathcal{F}(X \times X)$, 若 $\underset{\sim}{R}$ 是 X 上的一个模糊相似关系, 则

$$t(\underset{\sim}{R}) = e(\underset{\sim}{R}).$$

证明 证明过程分为 3 个部分: $\underset{\sim}{R} \subseteq t(\underset{\sim}{R})$; $t(\underset{\sim}{R})$ 是模糊等价关系; 最小性.

首先, 显然有 $\underset{\sim}{R} \subseteq t(\underset{\sim}{R})$.

其次, 证明 $t(\underset{\sim}{R})$ 是模糊等价关系.

(1) 由于 $\underset{\sim}{R}$ 是 X 上的一个模糊相似关系, 故 $I \subseteq \underset{\sim}{R}$, 而 $\underset{\sim}{R} \subseteq t(\underset{\sim}{R})$, 所以 $I \subseteq t(\underset{\sim}{R})$, 故 $t(\underset{\sim}{R})$ 具有自反性.

(2) 由于 $\underset{\sim}{R}$ 是 X 上的一个模糊相似关系, $\underset{\sim}{R}$ 具有对称性, 故 $\underset{\sim}{R}^k$ 也具有对称性, 进而 $t(\underset{\sim}{R}) = \bigcup_{k=1}^{\infty} \underset{\sim}{R}^k$ 具有对称性.

(3) 显然 $t(\underset{\sim}{R})$ 具有传递性.

最后, 若 $\underset{\sim}{Q}$ 是包含 $\underset{\sim}{R}$ 的模糊等价关系, 则 $\underset{\sim}{Q}$ 是包含 $\underset{\sim}{R}$ 的模糊传递关系, 必有 $t(\underset{\sim}{R}) \subseteq \underset{\sim}{Q}$.

这样我们就证明了, 若 $\underset{\sim}{R}$ 是 X 上的一个模糊相似关系, 则 $t(\underset{\sim}{R})$ 是包含 $\underset{\sim}{R}$ 的最小的模糊等价关系, 即

$$t(\underset{\sim}{R}) = e(\underset{\sim}{R}).$$ ■

上述定理表明, 模糊相似关系 $\underset{\sim}{R}$ 的传递闭包就是包含 $\underset{\sim}{R}$ 的最小的等价关系, 即 $t(\underset{\sim}{R}) = e(\underset{\sim}{R})$. 因此, 通常所说的基于模糊相似关系 $\underset{\sim}{R}$ 的聚类就是基于 $t(\underset{\sim}{R})$ 的聚类. 此时 $t(\underset{\sim}{R})$ 是模糊等价关系, 对应着一族分明等价关系 $\{t(\underset{\sim}{R})_\lambda | \lambda \in [0,1]\}$, 而每

一个分明等价关系唯一确定一个分类,且随着水平 λ 从 1 逐渐下降到 0 时,所得的分类逐步归并,形成动态聚类图.

下面我们以一个例题来说明此类问题的一般作法.

例 5.5.1 设 $X = \{x_1, x_2, x_3, x_4, x_5, x_6, x_7\}$, $\underset{\sim}{R}$ 是 X 上的模糊矩阵, 已知

$$\underset{\sim}{R} = \begin{pmatrix} 1 & 0.7 & 1 & 0.4 & 0.9 & 0.6 & 0.3 \\ 0.7 & 1 & 0.5 & 0.3 & 0.7 & 0.6 & 0.6 \\ 1 & 0.5 & 1 & 0.7 & 1 & 0.6 & 0.5 \\ 0.4 & 0.3 & 0.7 & 1 & 0.5 & 0.8 & 0.6 \\ 0.9 & 0.7 & 1 & 0.5 & 1 & 0.2 & 0.3 \\ 0.6 & 0.6 & 0.6 & 0.8 & 0.2 & 1 & 0.4 \\ 0.3 & 0.6 & 0.5 & 0.6 & 0.3 & 0.4 & 1 \end{pmatrix}.$$

证明 $\underset{\sim}{R}$ 是 X 上的模糊相似关系, 依据 $\underset{\sim}{R}$ 对 X 进行聚类, 并画出动态聚类图.

证明   因为 $r_{ii} = 1$, $i = 1, 2, \cdots, 7$, $r_{ij} = r_{ji}$, $i, j = 1, 2, \cdots, 7$, 所以 $\underset{\sim}{R}$ 具有自反性、对称性, 故 $\underset{\sim}{R}$ 是 X 上的模糊相似关系, 且 $t(\underset{\sim}{R}) = e(\underset{\sim}{R})$. 有限论域上模糊相似关系 $\underset{\sim}{R}$ 的传递闭包可以用平方法求得.

$$\underset{\sim}{R}^2 = \underset{\sim}{R} \circ \underset{\sim}{R} = \begin{pmatrix} 1 & 0.7 & 1 & 0.7 & 1 & 0.6 & 0.6 \\ 0.7 & 1 & 0.7 & 0.6 & 0.7 & 0.6 & 0.6 \\ 1 & 0.7 & 1 & 0.7 & 1 & 0.7 & 0.6 \\ 0.7 & 0.6 & 0.7 & 1 & 0.7 & 0.8 & 0.6 \\ 1 & 0.7 & 1 & 0.7 & 1 & 0.6 & 0.6 \\ 0.6 & 0.6 & 0.7 & 0.8 & 0.6 & 1 & 0.6 \\ 0.6 & 0.6 & 0.6 & 0.6 & 0.6 & 0.6 & 1 \end{pmatrix},$$

$$\underset{\sim}{R}^4 = \underset{\sim}{R}^2 \circ \underset{\sim}{R}^2 = \begin{pmatrix} 1 & 0.7 & 1 & 0.7 & 1 & 0.7 & 0.6 \\ 0.7 & 1 & 0.7 & 0.7 & 0.7 & 0.7 & 0.6 \\ 1 & 0.7 & 1 & 0.7 & 1 & 0.7 & 0.6 \\ 0.7 & 0.7 & 0.7 & 1 & 0.7 & 0.8 & 0.6 \\ 1 & 0.7 & 1 & 0.7 & 1 & 0.7 & 0.6 \\ 0.7 & 0.7 & 0.7 & 0.8 & 0.7 & 1 & 0.6 \\ 0.6 & 0.6 & 0.6 & 0.6 & 0.6 & 0.6 & 1 \end{pmatrix},$$

$$\underset{\sim}{R}^8 = \underset{\sim}{R}^4 \circ \underset{\sim}{R}^4 = \underset{\sim}{R}^4,$$

故

$$t(\underset{\sim}{R}) = \underset{\sim}{R}^4.$$

依次取截关系 $t(\underset{\sim}{R})_\lambda$, 依据 $t(\underset{\sim}{R})_\lambda$ 将 X 分成等价类.

当 $\lambda \in (0.8, 1]$ 时,

$$t(\underset{\sim}{R})_\lambda = \begin{pmatrix} 1 & 0 & 1 & 0 & 1 & 0 & 0 \\ 0 & 1 & 0 & 0 & 0 & 0 & 0 \\ 1 & 0 & 1 & 0 & 1 & 0 & 0 \\ 0 & 0 & 0 & 1 & 0 & 0 & 0 \\ 1 & 0 & 1 & 0 & 1 & 0 & 0 \\ 0 & 0 & 0 & 0 & 0 & 1 & 0 \\ 0 & 0 & 0 & 0 & 0 & 0 & 1 \end{pmatrix},$$

此时, X 分成 5 类: $\{x_1, x_3, x_5\}, \{x_2\}, \{x_4\}, \{x_6\}, \{x_7\}$.

当 $\lambda \in (0.7, 0.8]$ 时,

$$t(\underset{\sim}{R})_\lambda = \begin{pmatrix} 1 & 0 & 1 & 0 & 1 & 0 & 0 \\ 0 & 1 & 0 & 0 & 0 & 0 & 0 \\ 1 & 0 & 1 & 0 & 1 & 0 & 0 \\ 0 & 0 & 0 & 1 & 0 & 1 & 0 \\ 1 & 0 & 1 & 0 & 1 & 0 & 0 \\ 0 & 0 & 0 & 1 & 0 & 1 & 0 \\ 0 & 0 & 0 & 0 & 0 & 0 & 1 \end{pmatrix},$$

此时, X 分成 4 类: $\{x_1, x_3, x_5\}, \{x_2\}, \{x_4, x_6\}, \{x_7\}$.

当 $\lambda \in (0.6, 0.7]$ 时,

$$t(\underset{\sim}{R})_\lambda = \begin{pmatrix} 1 & 1 & 1 & 1 & 1 & 1 & 0 \\ 1 & 1 & 1 & 1 & 1 & 1 & 0 \\ 1 & 1 & 1 & 1 & 1 & 1 & 0 \\ 1 & 1 & 1 & 1 & 1 & 1 & 0 \\ 1 & 1 & 1 & 1 & 1 & 1 & 0 \\ 1 & 1 & 1 & 1 & 1 & 1 & 0 \\ 0 & 0 & 0 & 0 & 0 & 0 & 1 \end{pmatrix},$$

此时, X 分成 2 类: $\{x_1, x_2, x_3, x_4, x_5, x_6\}, \{x_7\}$.

当 $\lambda \in [0, 0.6]$ 时,

$$t(\underset{\sim}{R})_\lambda = \begin{pmatrix} 1 & 1 & 1 & 1 & 1 & 1 & 1 \\ 1 & 1 & 1 & 1 & 1 & 1 & 1 \\ 1 & 1 & 1 & 1 & 1 & 1 & 1 \\ 1 & 1 & 1 & 1 & 1 & 1 & 1 \\ 1 & 1 & 1 & 1 & 1 & 1 & 1 \\ 1 & 1 & 1 & 1 & 1 & 1 & 1 \\ 1 & 1 & 1 & 1 & 1 & 1 & 1 \end{pmatrix},$$

此时, X 合并为 1 类: $\{x_1, x_2, x_3, x_4, x_5, x_6, x_7\}$.

根据上面的分类, 可得动态聚类图, 如图 5.5.1 所示.

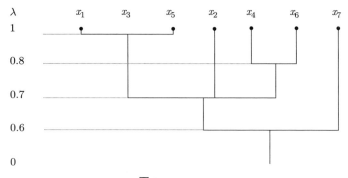

图 5.5.1

设 $X = \{x_1, x_2, \cdots, x_n\}$, 模糊相似关系 $\underset{\sim}{R}$ 的传递闭包可用平方法求得. 但是, 当论域中的元素个数比较多的时候, 用平方法求 $\underset{\sim}{R}$ 的传递闭包的计算量会比较大, 下面我们介绍的直接聚类法, 不需要求出传递闭包 $t(\underset{\sim}{R})$, 直接从 $\underset{\sim}{R}$ 出发, 可以得到同样的动态聚类图.

5.5.3　直接聚类法

首先给出相似关系和相似类的定义.

定义 5.5.2　设 $R \subseteq X \times X$, 若 R 具有自反性、对称性, 则称 R 是 X 上的一个**相似关系**. 设 R 是布尔矩阵, 若 R 具有自反性、对称性, 则称 R 是**相似布尔矩阵**.

定义 5.5.3　设 R 是 X 上的一个相似关系, 对任意的 $x \in X$, 称

$$[x]_R = \{y | (x, y) \in R\}$$

为 x (关于 R) 所在的**相似类**, 在不引起混淆的情形下, 记为 $[x]$.

显然, $X = \bigcup_{x \in X} [x]_R$, 但由于相似关系不要求传递性, 故

$$[x]_R \neq [y]_R \nRightarrow [x]_R \bigcap [y]_R = \varnothing.$$

若 R 是 X 上的一个等价关系, 则 x 所在的相似类即为 x 所在的等价类. 正如分明集合是特殊的模糊集合, 相似关系是特殊的模糊相似关系, 故若 R 是 X 上的一个相似关系, 则 $t(R) = e(R)$, 即 $t(R)$ 是包含 R 的最小的等价关系, 依据 $t(R)$ 可将 X 分成等价类:

$$[x]_{t(R)} = \{y | (x, y) \in t(R)\}.$$

显然, $X = \bigcup_{x \in X} [x]_{t(R)}$. 由于等价关系具有传递性, 故

$$[x]_{t(R)} \neq [y]_{t(R)} \Longrightarrow [x]_{t(R)} \bigcap [y]_{t(R)} = \varnothing.$$

又由 $R \subseteq t(R)$ 可知, 对任意的 $x \in X$, 有 $[x]_R \subseteq [x]_{t(R)}$.

例 5.5.2 设 $X = \{x_1, x_2, x_3, x_4\}$, $R \subseteq X \times X$, 已知

$$R = \begin{pmatrix} 1 & 0 & 0 & 0 \\ 0 & 1 & 0 & 1 \\ 0 & 0 & 1 & 1 \\ 0 & 1 & 1 & 1 \end{pmatrix}.$$

易知 R 是 X 上的一个相似关系, 而且

$$[x_1]_R = \{x_1\},$$
$$[x_2]_R = \{x_2, x_4\},$$
$$[x_3]_R = \{x_3, x_4\},$$
$$[x_4]_R = \{x_2, x_3, x_4\}.$$

又

$$t(R) = R^2 = \begin{pmatrix} 1 & 0 & 0 & 0 \\ 0 & 1 & 0 & 1 \\ 0 & 0 & 1 & 1 \\ 0 & 1 & 1 & 1 \end{pmatrix} \circ \begin{pmatrix} 1 & 0 & 0 & 0 \\ 0 & 1 & 0 & 1 \\ 0 & 0 & 1 & 1 \\ 0 & 1 & 1 & 1 \end{pmatrix} = \begin{pmatrix} 1 & 0 & 0 & 0 \\ 0 & 1 & 1 & 1 \\ 0 & 1 & 1 & 1 \\ 0 & 1 & 1 & 1 \end{pmatrix},$$

故

$$[x_1]_{t(R)} = \{x_1\},$$
$$[x_2]_{t(R)} = [x_3]_{t(R)} = [x_4]_{t(R)} = \{x_2, x_3, x_4\}.$$

因此, 依据等价关系 $t(R)$ 可将 X 分成 2 类: $\{x_1\}$, $\{x_2, x_3, x_4\}$. ∎

观察本例中的相似类与等价类, 我们注意到, 归并关于相似关系 R 的相似类, 可以得到关于等价关系 $t(R)$ 的等价类, 即若 $[x_i]_R \bigcap [x_j]_R \neq \varnothing$, 则将 $[x_i]_R$ 与 $[x_j]_R$ 合并, 将所有这种情形都做了归并之后, 得到的就是关于等价关系 $t(R)$ 的等价类. 这就是直接聚类法的第一步, 定理 5.5.2 为此提供了理论依据.

定理 5.5.2 设 $X = \{x_1, x_2, \cdots, x_n\}$, R 是 X 上的一个相似关系, $x_0 \in X$, 则

(1) $[x_0]_R \subseteq [x_0]_{t(R)}$,

(2) 令 $P_1 = \bigcup \{[x_i]_R | [x_i]_R \bigcap [x_0]_R \neq \varnothing\}$, 则 $[x_0]_R \subseteq P_1 \subseteq [x_0]_{t(R)}$,

(3) 令 $P_2 = \bigcup \{[x_i]_R | [x_i]_R \bigcap P_1 \neq \varnothing\}$, 则 $[x_0]_R \subseteq P_1 \subseteq P_2 \subseteq [x_0]_{t(R)}$,

(4) 设 $[x_0]_R \subseteq P_1 \subseteq P_2 \subseteq \cdots \subseteq P_m \subseteq [x_0]_{t(R)}$, 其中

$$P_m = \bigcup \{[x_i]_R | [x_i]_R \bigcap P_{m-1} \neq \varnothing\},$$

若对任意的 $[x_i]_R$, 有

$$[x_i]_R \bigcap P_m \neq \varnothing \Longrightarrow [x_i]_R \subseteq P_m,$$

则

$$[x_0]_{t(R)} = P_m.$$

证明　(1) 由 $R \subseteq t(R)$ 可知, $[x_0]_R \subseteq [x_0]_{t(R)}$.

(2) 首先, $[x_0]_R \bigcap [x_0]_R \neq \varnothing$, 故 $[x_0]_R \subseteq P_1$.

其次, 对任意的 $[x_i]_R \subseteq P_1$, 有 $[x_i]_R \bigcap [x_0]_R \neq \varnothing$, 故

$$[x_i]_{t(R)} \bigcap [x_0]_{t(R)} \neq \varnothing.$$

而 $t(R)$ 是等价关系, 故 $[x_i]_{t(R)} = [x_0]_{t(R)}$, 于是

$$[x_i]_R \subseteq [x_i]_{t(R)} = [x_0]_{t(R)}.$$

再由 $[x_i]_R$ 的任意性, 可得 $P_1 \subseteq [x_0]_{t(R)}$.

(3) 首先, 对任意的 $[x_i]_R \subseteq P_1$, 有 $[x_i]_R \bigcap P_1 \neq \varnothing$, 故 $[x_i]_R \subseteq P_2$, 再由 $[x_i]_R$ 的任意性, 可得 $P_1 \subseteq P_2$.

其次, 对任意的 $[x_i]_R \subseteq P_2$, 有

$$[x_i]_R \bigcap P_1 \neq \varnothing,$$

而 $P_1 \subseteq [x_0]_{t(R)}$, 故

$$[x_i]_R \bigcap [x_0]_{t(R)} \neq \varnothing.$$

而 $t(R)$ 是等价关系, 故 $[x_i]_{t(R)} = [x_0]_{t(R)}$, 于是

$$[x_i]_R \subseteq [x_i]_{t(R)} = [x_0]_{t(R)}.$$

再由 $[x_i]_R$ 的任意性, 可得 $P_2 \subseteq [x_0]_{t(R)}$.

(4) 由于 X 中元素个数有限, 相似类 $[x_i]_R$ 的个数也有限, 故存在 m, 使得

$$[x_0]_R \subseteq P_1 \subseteq P_2 \subseteq \cdots \subseteq P_m \subseteq [x_0]_{t(R)},$$

且对任意的 $[x_i]_R$, 有

$$[x_i]_R \bigcap P_m \neq \varnothing \Longrightarrow [x_i]_R \subseteq P_m.$$

往证 $[x_0]_{t(R)} \subseteq P_m$. 因为 R 是有限论域上的相似关系, 相似关系具有自反性, 根据定理 5.3.10, 存在 $k \in \{1, 2, \cdots, n\}$, 使得 $t(R) = R^k$, 于是

$$x_j \in [x_0]_{t(R)} \Longrightarrow (x_0, x_j) \in t(R)$$

$$\Longrightarrow (x_0, x_j) \in R^k$$

$$\Longrightarrow \text{存在 } x_1', x_2', \cdots, x_{k-1}', \text{ 使得 } (x_0, x_1') \in R, (x_1', x_2') \in R, \cdots, (x_{k-1}', x_j) \in R$$

$$\Longrightarrow \text{存在 } x_1', x_2', \cdots, x_{k-1}', \text{ 使得}$$

$$[x_1']_R \bigcap [x_0]_R \neq \varnothing, [x_2']_R \bigcap [x_1']_R \neq \varnothing, \cdots, [x_j]_R \bigcap [x_{k-1}']_R \neq \varnothing$$

$$\Longrightarrow \text{存在 } x_1', x_2', \cdots, x_{k-1}', \text{ 使得}$$

$$[x_1']_R \bigcap P_m \neq \varnothing, [x_2']_R \bigcap [x_1']_R \neq \varnothing, \cdots, [x_j]_R \bigcap [x_{k-1}']_R \neq \varnothing$$

$$\Longrightarrow \text{存在 } x_1', x_2', \cdots, x_{k-1}', \text{ 使得}$$

$$[x_1']_R \subseteq P_m, [x_2']_R \bigcap [x_1']_R \neq \varnothing, \cdots, [x_j]_R \bigcap [x_{k-1}']_R \neq \varnothing$$

$$\Longrightarrow \text{存在 } x_2', x_3', \cdots, x_{k-1}', \text{ 使得 } [x_2']_R \bigcap P_m \neq \varnothing, \cdots, [x_j]_R \bigcap [x_{k-1}']_R \neq \varnothing$$

$$\cdots \cdots$$

$$\Longrightarrow \text{存在 } x_{k-1}', \text{ 使得 } [x_{k-1}']_R \bigcap P_m \neq \varnothing, [x_j]_R \bigcap [x_{k-1}']_R \neq \varnothing$$

$$\Longrightarrow \text{存在 } x_{k-1}', \text{ 使得 } [x_{k-1}']_R \subseteq P_m, [x_j]_R \bigcap [x_{k-1}']_R \neq \varnothing$$

$$\Longrightarrow [x_j]_R \bigcap P_m \neq \varnothing$$

$$\Longrightarrow [x_j]_R \subseteq P_m$$

$$\Longrightarrow x_j \in P_m,$$

故 $[x_0]_{t(R)} \subseteq P_m$.

综上可得,

$$[x_0]_{t(R)} = P_m. \qquad \blacksquare$$

定理 5.5.2 告诉我们, 若 X 是有限论域, 通过归并关于相似关系 R 的相似类, 可得关于等价关系 $t(R)$ 的等价类, 即若 $[x_i]_R \bigcap [x_j]_R \neq \varnothing$, 则合并 $[x_i]_R$ 与 $[x_j]_R$, 将所有这种情形都作了归并之后, 得到的就是关于等价关系 $t(R)$ 的等价类.

定义 5.5.4 设 $\underset{\sim}{R}$ 是 X 上的一个模糊相似关系, 对任意的 $x \in X$, 任意的 $\lambda \in [0, 1]$, 称

$$[x]_{R_\lambda} = \{y | (x, y) \in R_\lambda\} = \{y | \underset{\sim}{R}(x, y) \geqslant \lambda\}$$

为 x (关于 R_λ) 所在的**相似类**.

设 $X = \{x_1, x_2, \cdots, x_n\}$, 若 $\underset{\sim}{R}$ 是 X 上的一个模糊相似关系, 则对任意的 $\lambda \in [0, 1]$, R_λ 是 X 上的相似关系, 根据定理 5.5.2, 通过归并关于相似关系 R_λ 的相似

类, 可得关于等价关系 $t(R_\lambda)$ 的等价类, 即若 $[x_i]_{R_\lambda} \bigcap [x_j]_{R_\lambda} \neq \varnothing$, 则合并 $[x_i]_{R_\lambda}$ 与 $[x_j]_{R_\lambda}$, 将所有这种情形都作了归并之后, 得到的就是关于等价关系 $t(R_\lambda)$ 的等价类.

这里我们又会发现一个新的问题: 如果 $\underset{\sim}{R}$ 是 X 上的一个模糊相似关系, 那么对任意的 $\lambda \in [0,1]$, $t(R_\lambda)$ 是否一定等于 $t(\underset{\sim}{R})_\lambda$? 定理 5.5.3 在更一般的条件下回答了这个问题.

定理 5.5.3　设 $X = \{x_1, x_2, \cdots, x_n\}$. 若 $\underset{\sim}{R}$ 是 X 上的一个模糊自反关系, 则对任意的 $\lambda \in [0,1]$, 有

$$t(R_\lambda) = t(\underset{\sim}{R})_\lambda.$$

证明　设 $\underset{\sim}{R}$ 是有限论域 X 上的一个模糊自反关系, 由定理 5.3.10, 存在 $k_1 \in \{1, 2, \cdots, n\}$, 使得 $t(\underset{\sim}{R}) = \underset{\sim}{R}^{k_1}$, 且对任意的 $l \in \mathbf{N}$, $l \geqslant k_1$, 有 $\underset{\sim}{R}^l = \underset{\sim}{R}^{k_1}$.

设 $\lambda \in [0,1]$, 由 $\underset{\sim}{R}$ 的自反性可知, R_λ 具有自反性, 再次应用定理 5.3.10, 可知存在 $k_2 \in \{1, 2, \cdots, n\}$, 使得 $t(R_\lambda) = (R_\lambda)^{k_2}$, 且对任意的 $l \in \mathbf{N}$, $l \geqslant k_2$, 有 $(R_\lambda)^l = (R_\lambda)^{k_2}$.

令 $k = \max\{k_1, k_2\}$, 则

$$t(\underset{\sim}{R}) = \underset{\sim}{R}^k, \quad t(R_\lambda) = (R_\lambda)^k.$$

由性质 5.2.12, 存在 $x'_{j_1}, x'_{j_2}, \cdots, x'_{j_{k-1}}$, 使得

$$\underset{\sim}{R}^k(x_i, x_j) = \underset{\sim}{R}(x_i, x'_{j_1}) \bigwedge \underset{\sim}{R}(x'_{j_1}, x'_{j_2}) \bigwedge \cdots \bigwedge \underset{\sim}{R}(x'_{j_{k-1}}, x_j).$$

于是

$$
\begin{aligned}
(x_i, x_j) \in t(\underset{\sim}{R})_\lambda &\Longleftrightarrow t(\underset{\sim}{R})(x_i, x_j) \geqslant \lambda \\
&\Longleftrightarrow \underset{\sim}{R}^k(x_i, x_j) \geqslant \lambda \\
&\Longleftrightarrow \text{存在 } x_{j_1}, x_{j_2}, \cdots, x_{j_{k-1}}, \text{ 使得} \\
&\qquad \underset{\sim}{R}(x_i, x_{j_1}) \bigwedge \underset{\sim}{R}(x_{j_1}, x_{j_2}) \bigwedge \cdots \bigwedge \underset{\sim}{R}(x_{j_{k-1}}, x_j) \geqslant \lambda \\
&\Longleftrightarrow \text{存在 } x_{j_1}, x_{j_2}, \cdots, x_{j_{k-1}}, \text{ 使得} \\
&\qquad \underset{\sim}{R}(x_i, x_{j_1}) \geqslant \lambda, \underset{\sim}{R}(x_{j_1}, x_{j_2}) \geqslant \lambda, \cdots, \underset{\sim}{R}(x_{j_{k-1}}, x_j) \geqslant \lambda \\
&\Longleftrightarrow \text{存在 } x_{j_1}, x_{j_2}, \cdots, x_{j_{k-1}}, \text{ 使得} \\
&\qquad (x_i, x_{j_1}) \in R_\lambda, (x_{j_1}, x_{j_2}) \in R_\lambda, \cdots, (x_{j_{k-1}}, x_j) \in R_\lambda \\
&\Longleftrightarrow (x_i, x_j) \in (R_\lambda)^k \\
&\Longleftrightarrow (x_i, x_j) \in t(R_\lambda).
\end{aligned}
$$

因此

$$t(R_\lambda) = t(R)_\lambda.$$ ∎

定理 5.5.2 和定理 5.5.3 告诉我们, 若 $\underset{\sim}{R}$ 是 X 上的一个模糊相似关系, 则对任意的 $\lambda \in [0,1]$, R_λ 是 X 上的相似关系, 通过归并关于相似关系 R_λ 的相似类, 得到的关于等价关系 $t(R_\lambda)$ 的等价类就是关于 $t(\underset{\sim}{R})_\lambda$ 的等价类, 即与求出传递闭包 $t(\underset{\sim}{R})$ 再取 λ 截关系的聚类结果一样. 特别地, $\lambda = 1$ 时, 归并关于 R_1 的相似类得到的关于 $t(R_1)$ 的等价类就是关于 $t(\underset{\sim}{R})_1$ 的等价类, 这就是直接聚类法的第一步.

定理 5.5.4 设 $X = \{x_1, x_2, \cdots, x_n\}$, $\underset{\sim}{R}$ 是 X 上的一个模糊相似关系, $\lambda_1 > \lambda_2$, $x_0 \in X$, 则

(1) $[x_0]_{t(\underset{\sim}{R})_{\lambda_1}} \subseteq [x_0]_{t(\underset{\sim}{R})_{\lambda_2}}$,

(2) 令 $P_1 = \bigcup \{[x_i]_{t(\underset{\sim}{R})_{\lambda_1}} | \underset{\sim}{R}(x_0, x_i) \geqslant \lambda_2\}$, 则

$$[x_0]_{t(\underset{\sim}{R})_{\lambda_1}} \subseteq P_1 \subseteq [x_0]_{t(\underset{\sim}{R})_{\lambda_2}},$$

(3) 令 $P_2 = \bigcup \{[x_i]_{t(R)_{\lambda_1}} |$ 存在 $x_{i_0} \in P_1$, 使得 $\underset{\sim}{R}(x_{i_0}, x_i) \geqslant \lambda_2\}$, 则

$$[x_0]_{t(\underset{\sim}{R})_{\lambda_1}} \subseteq P_1 \subseteq P_2 \subseteq [x_0]_{t(\underset{\sim}{R})_{\lambda_2}},$$

(4) 设 $[x_0]_{t(\underset{\sim}{R})_{\lambda_1}} \subseteq P_1 \subseteq P_2 \subseteq \cdots \subseteq P_m \subseteq [x_0]_{t(\underset{\sim}{R})_{\lambda_2}}$, 其中

$$P_m = \bigcup \{[x_i]_{t(\underset{\sim}{R})_{\lambda_1}} | 存在 x_{i_0} \in P_{m-1}, 使得 \underset{\sim}{R}(x_{i_0}, x_i) \geqslant \lambda_2\},$$

对任意的 $[x_i]_{t(\underset{\sim}{R})_{\lambda_1}}$, 若 $[x_i]_{t(\underset{\sim}{R})_{\lambda_1}} \not\subseteq P_m$, 恒有 $x_l \in P_m \Longrightarrow \underset{\sim}{R}(x_l, x_i) < \lambda_2$, 则

$$P_m = [x_0]_{t(\underset{\sim}{R})_{\lambda_2}}.$$

证明 (1) 由 $\lambda_1 > \lambda_2$, $t(\underset{\sim}{R})_{\lambda_1} \subseteq t(\underset{\sim}{R})_{\lambda_2}$, 故

$$[x_0]_{t(\underset{\sim}{R})_{\lambda_1}} = \{x_j | (x_0, x_j) \in t(\underset{\sim}{R})_{\lambda_1}\}$$
$$\subseteq \{x_j | (x_0, x_j) \in t(\underset{\sim}{R})_{\lambda_2}\}$$
$$= [x_0]_{t(\underset{\sim}{R})_{\lambda_2}}.$$

(2) 首先, $\underset{\sim}{R}(x_0, x_0) = 1 \geqslant \lambda_2$, 故 $[x_0]_{t(\underset{\sim}{R})_{\lambda_1}} \subseteq P_1$.

其次, 由于 $P_1 = \bigcup \{[x_i]_{t(\underset{\sim}{R})_{\lambda_1}} | \underset{\sim}{R}(x_0, x_i) \geqslant \lambda_2\}$, 对任意的 $[x_i]_{t(\underset{\sim}{R})_{\lambda_1}} \subseteq P_1$, 有 $\underset{\sim}{R}(x_0, x_i) \geqslant \lambda_2$, 于是 $t(\underset{\sim}{R})(x_0, x_i) \geqslant \lambda_2$, 即 $(x_0, x_i) \in t(\underset{\sim}{R})_{\lambda_2}$. 注意到 $t(\underset{\sim}{R})_{\lambda_2}$ 是等价关系, 所以 $[x_i]_{t(\underset{\sim}{R})_{\lambda_2}} = [x_0]_{t(\underset{\sim}{R})_{\lambda_2}}$, 显然有 $[x_i]_{t(\underset{\sim}{R})_{\lambda_1}} \subseteq [x_i]_{t(\underset{\sim}{R})_{\lambda_2}}$, 于是

$$[x_i]_{t(\underset{\sim}{R})_{\lambda_1}} \subseteq [x_0]_{t(\underset{\sim}{R})_{\lambda_2}}.$$

再由 $[x_i]_{t(\underset{\sim}{R})_{\lambda_1}}$ 的任意性, 可得 $P_1 \subseteq [x_0]_{t(\underset{\sim}{R})_{\lambda_2}}$.

(3) 首先, 若 $[x_i]_{t(\underset{\sim}{R})_{\lambda_1}} \subseteq P_1$, 则 $x_i \in P_1$, $\underset{\sim}{R}(x_i, x_i) = 1 \geqslant \lambda_2$, 于是 $[x_i]_{t(\underset{\sim}{R})_{\lambda_1}} \subseteq P_2$, 故 $P_1 \subseteq P_2$.

其次, 对任意的 $[x_i]_{t(\underset{\sim}{R})_{\lambda_1}} \subseteq P_2$, 存在 $x_{i_0} \in P_1$, 使得 $\underset{\sim}{R}(x_{i_0}, x_i) \geqslant \lambda_2$, 于是 $t(\underset{\sim}{R})(x_{i_0}, x_i) \geqslant \lambda_2$, 故 $(x_{i_0}, x_i) \in t(\underset{\sim}{R})_{\lambda_2}$. 而 $P_1 \subseteq [x_0]_{t(\underset{\sim}{R})_{\lambda_2}}$, 故 $x_{i_0} \in [x_0]_{t(\underset{\sim}{R})_{\lambda_2}}$, 于是 $(x_0, x_{i_0}) \in t(\underset{\sim}{R})_{\lambda_2}$, 进而 $(x_0, x_i) \in t(\underset{\sim}{R})_{\lambda_2}$, 注意到 $t(\underset{\sim}{R})_{\lambda_2}$ 是等价关系, 所以, $[x_i]_{t(\underset{\sim}{R})_{\lambda_2}} = [x_0]_{t(\underset{\sim}{R})_{\lambda_2}}$. 又 $\lambda_1 > \lambda_2$, 故

$$[x_i]_{t(\underset{\sim}{R})_{\lambda_1}} \subseteq [x_i]_{t(\underset{\sim}{R})_{\lambda_2}} = [x_0]_{t(\underset{\sim}{R})_{\lambda_2}},$$

再由 $[x_i]_{t(\underset{\sim}{R})_{\lambda_1}}$ 的任意性, 故 $P_2 \subseteq [x_0]_{t(\underset{\sim}{R})_{\lambda_2}}$.

(4) 由于 X 中元素个数有限, 等价类 $[x_i]_{t(\underset{\sim}{R})_{\lambda_1}}$ 的个数也有限, 故存在 m, 使得

$$[x_0]_{t(\underset{\sim}{R})_{\lambda_1}} \subseteq P_1 \subseteq P_2 \subseteq \cdots \subseteq P_m \subseteq [x_0]_{t(\underset{\sim}{R})_{\lambda_2}},$$

且对任意的 $[x_i]_{t(\underset{\sim}{R})_{\lambda_1}}$, 若 $[x_i]_{t(\underset{\sim}{R})_{\lambda_1}} \not\subseteq P_m$, 则对任意的 $x_l \in P_m$, 有 $\underset{\sim}{R}(x_l, x_i) < \lambda_2$.

往证 $[x_0]_{t(\underset{\sim}{R})_{\lambda_2}} \subseteq P_m$. 因为 $\underset{\sim}{R}$ 是有限论域上的模糊相似关系, 而相似关系具有自反性, 根据定理 5.3.10, 存在 $k \in \{1, 2, \cdots, n\}$, 使得 $t(\underset{\sim}{R}) = \underset{\sim}{R}^k$, 于是

$$
\begin{aligned}
x_j \in [x_0]_{t(\underset{\sim}{R})_{\lambda_2}} &\Longrightarrow t(\underset{\sim}{R})(x_0, x_j) \geqslant \lambda_2 \\
&\Longrightarrow \underset{\sim}{R}^k(x_0, x_j) \geqslant \lambda_2 \\
&\Longrightarrow 存在 x_{j_1}, x_{j_2}, \cdots, x_{j_{k-1}}, 使得 \\
&\quad \underset{\sim}{R}(x_0, x_{j_1}) \bigwedge \underset{\sim}{R}(x_{j_1}, x_{j_2}) \bigwedge \cdots \bigwedge \underset{\sim}{R}(x_{j_{k-1}}, x_j) \geqslant \lambda_2 \\
&\Longrightarrow 存在 x_{j_1}, x_{j_2}, \cdots, x_{j_{k-1}}, 使得 \\
&\quad \underset{\sim}{R}(x_0, x_{j_1}) \geqslant \lambda_2, \underset{\sim}{R}(x_{j_1}, x_{j_2}) \geqslant \lambda_2, \cdots, \underset{\sim}{R}(x_{j_{k-1}}, x_j) \geqslant \lambda_2 \\
&\Longrightarrow 存在 x_{j_1}, x_{j_2}, \cdots, x_{j_{k-1}}, 使得 [x_{j_1}]_{t(\underset{\sim}{R})_{\lambda_1}} \subseteq P_m, 且 \\
&\quad \underset{\sim}{R}(x_{j_1}, x_{j_2}) \geqslant \lambda_2, \cdots, \underset{\sim}{R}(x_{j_{k-1}}, x_j) \geqslant \lambda_2 \\
&\Longrightarrow 存在 x_{j_2}, x_{j_3}, \cdots, x_{j_{k-1}}, 使得 [x_{j_2}]_{t(\underset{\sim}{R})_{\lambda_1}} \subseteq P_m, 且 \\
&\quad \underset{\sim}{R}(x_{j_2}, x_{j_3}) \geqslant \lambda_2, \cdots, \underset{\sim}{R}(x_{j_{k-1}}, x_j) \geqslant \lambda_2 \\
&\quad \cdots \cdots \\
&\Longrightarrow 存在 x_{j_{k-1}}, 使得 [x_{j_{k-1}}]_{t(\underset{\sim}{R})_{\lambda_1}} \subseteq P_m, 且 \underset{\sim}{R}(x_{j_{k-1}}, x_j) \geqslant \lambda_2 \\
&\Longrightarrow [x_j]_{t(\underset{\sim}{R})_{\lambda_1}} \subseteq P_m \\
&\Longrightarrow x_j \in P_m,
\end{aligned}
$$

故

$$[x_0]_{t(\underset{\sim}{R})_{\lambda_2}} \subseteq P_m.$$

因此

$$[x_0]_{t(\underset{\sim}{R})_{\lambda_2}} = P_m. \qquad \blacksquare$$

定理 5.5.4 告诉我们, 通过归并对应较高水平 λ_1 的 (关于 $t(\underset{\sim}{R})_{\lambda_1}$ 的) 等价类, 可以得到对应较低水平 λ_2 的 (关于 $t(\underset{\sim}{R})_{\lambda_2}$ 的) 等价类.

定理 5.5.2、定理 5.5.3 和定理 5.5.4 为直接聚类法提供了完备的理论依据.

直接聚类法的步骤:

设 $X = \{x_1, x_2, \cdots, x_n\}$, $\underset{\sim}{R}$ 是 X 上的一个模糊相似关系, 记 $r_{ij} = \underset{\sim}{R}(x_i, x_j)$, $i, j = 1, 2, \cdots, n$, 则 $\underset{\sim}{R} = (r_{ij})_{n \times n} \in M_{n \times n}$. 将所有不同的 r_{ij} 从大到小依次排序, 将其中最大值, 次大值, 第三大值, $\cdots$, 依次记为 $\lambda_1, \lambda_2, \lambda_3, \cdots$, 显然

$$1 = \lambda_1 > \lambda_2 > \lambda_3 > \cdots.$$

(1) 取最大值 $\lambda_1 = 1$, 求出每一个 x_i (关于相似关系 R_1) 的相似类 $[x_i]_{R_1}$, 有

$$[x_i]_{R_1} = \{x_j | r_{ij} = 1\} = \{x_j | \underset{\sim}{R}(x_i, x_j) = 1\}.$$

由于 R_1 是相似关系, 故不同的相似类之间可能有共同的元素, 即 $[x_i]_{R_1} \bigcap [x_j]_{R_1} \neq \varnothing$ 的情况, 将有共同元素的相似类归并, 得到对应于 $\lambda_1 = 1$ 的 (关于 $t(\underset{\sim}{R})_{\lambda_1}$ 的) 等价分类.

(2) 取次大值 λ_2, 在 $\underset{\sim}{R} = (r_{ij})_{n \times n}$ 中直接找出相似程度为 λ_2 的元素对 (x_i, x_j), 即 $\underset{\sim}{R}(x_i, x_j) = r_{ij} = \lambda_2$, 将对应于 $\lambda_1 = 1$ 的等价分类中的相应等价类 $[x_i]_{t(\underset{\sim}{R})_{\lambda_1}}$ 与 $[x_j]_{t(\underset{\sim}{R})_{\lambda_1}}$ 归并, 将所有这种情形都作了归并之后, 得到的就是对应于 λ_2 的 (关于 $t(\underset{\sim}{R})_{\lambda_2}$ 的) 等价分类.

(3) 取第三大值 λ_3, 在 $\underset{\sim}{R} = (r_{ij})_{n \times n}$ 中直接找出相似程度为 λ_3 的元素对 (x_i, x_j), 即 $\underset{\sim}{R}(x_i, x_j) = r_{ij} = \lambda_3$, 将对应于 λ_2 的等价分类中的相应等价类 $[x_i]_{t(\underset{\sim}{R})_{\lambda_2}}$ 与 $[x_j]_{t(\underset{\sim}{R})_{\lambda_2}}$ 归并, 将所有这种情形都作了归并之后, 得到的就是对应于 λ_3 的 (关于 $t(\underset{\sim}{R})_{\lambda_3}$ 的) 等价分类.

(4) 以此类推, 直到 X 中所有的元素归并为一类为止.

例 5.5.3 设 $X = \{x_1, x_2, x_3, x_4, x_5, x_6, x_7\}$, $\underset{\sim}{R}$ 是 X 上的模糊矩阵, 已知

$$R = \begin{pmatrix} 1 & 0.7 & 1 & 0.4 & 0.9 & 0.6 & 0.3 \\ 0.7 & 1 & 0.5 & 0.3 & 0.7 & 0.6 & 0.6 \\ 1 & 0.5 & 1 & 0.7 & 1 & 0.6 & 0.5 \\ 0.4 & 0.3 & 0.7 & 1 & 0.5 & 0.8 & 0.6 \\ 0.9 & 0.7 & 1 & 0.5 & 1 & 0.2 & 0.3 \\ 0.6 & 0.6 & 0.6 & 0.8 & 0.2 & 1 & 0.4 \\ 0.3 & 0.6 & 0.5 & 0.6 & 0.3 & 0.4 & 1 \end{pmatrix}.$$

证明 R 是 X 上的模糊相似关系, 然后用直接聚类法对 X 进行聚类, 并画出动态聚类图.

证明　因为 $r_{ii} = 1, i = 1, 2, \cdots, 7; r_{ij} = r_{ji}, i, j = 1, 2, \cdots, 7$, 所以, R 具有自反性、对称性, 故 R 是 X 上的模糊相似关系. 下面用直接聚类法对 X 进行聚类.

由于 R 具有对称性, 于是对任意的 $\lambda \in [0, 1]$, 由 R 的对称性可得 R_λ 的对称性, 若 $x_i \in [x_j]_{R_\lambda}$, 则必有 $x_j \in [x_i]_{R_\lambda}$. 不妨只考虑主对角线上方的元素 r_{ij} $i \leqslant j, i, j = 1, 2, \cdots, 7$, 即

$$R = \begin{pmatrix} 1 & 0.7 & 1 & 0.4 & 0.9 & 0.6 & 0.3 \\ & 1 & 0.5 & 0.3 & 0.7 & 0.6 & 0.6 \\ & & 1 & 0.7 & 1 & 0.6 & 0.5 \\ & & & 1 & 0.5 & 0.8 & 0.6 \\ & & & & 1 & 0.2 & 0.3 \\ & & & & & 1 & 0.4 \\ & & & & & & 1 \end{pmatrix}.$$

(1) 取 $\lambda_1 = 1$, 由于 $r_{13} = r_{35} = 1$, 故相似类 $\{x_1, x_3\}$, $\{x_3, x_5\}$ 可归并为 $\{x_1, x_3, x_5\}$, 因此, 对应于 $\lambda_1 = 1$ (关于传递闭包 $t(R)_{\lambda_1}$) 的等价分类为

$$\{x_1, x_3, x_5\}, \{x_2\}, \{x_4\}, \{x_6\}, \{x_7\}.$$

(2) 取 $\lambda_2 = 0.9$, 由于 $r_{15} = 0.9$, x_1 与 x_5 已经在一类, 故分类不变, 仍为

$$\{x_1, x_3, x_5\}, \{x_2\}, \{x_4\}, \{x_6\}, \{x_7\}.$$

(3) 取 $\lambda_3 = 0.8$, 由于 $r_{46} = 0.8$, 故将 (2) 中 x_4 所在的等价类与 x_6 所在的等价类归并, 得到对应于 $\lambda_3 = 0.8$ (关于传递闭包 $t(R)_{\lambda_3}$) 的等价分类为

$$\{x_1, x_3, x_5\}, \{x_2\}, \{x_4, x_6\}, \{x_7\}.$$

(4) 取 $\lambda_4 = 0.7$, 由于 $r_{25} = r_{34} = 0.7$, 故将 (3) 中 x_2 所在的等价类与 x_5 所在的等价类归并, 将 x_3 所在的等价类与 x_4 所在的等价类归并, 得到对应于 $\lambda_4 = 0.7$

(关于传递闭包 $t(\underset{\sim}{R})_{\lambda_4}$) 的等价分类为

$$\{x_1, x_2, x_3, x_4, x_5, x_6\}, \{x_7\}.$$

(5) 取 $\lambda_5 = 0.6$, 由于 $r_{27} = 0.6$, 故将 (4) 中 x_2 所在的等价类与 x_7 所在的等价类归并, 得到对应于 $\lambda_5 = 0.6$ (关于传递闭包 $t(\underset{\sim}{R})_{\lambda_5}$) 的等价分类为

$$\{x_1, x_2, x_3, x_4, x_5, x_6, x_7\}.$$

本例的动态聚类图参见例 5.5.1 中的图 5.5.1. ∎

5.6 模糊拟序关系与聚类

有一些模糊关系满足自反性与传递性, 但是不满足对称性, 这样的关系可以用模糊拟序关系来描述.

5.6.1 拟序关系

定义 5.6.1 设 $R \subseteq X \times X$, 若 R 具有自反性、传递性, 则称 R 是 X 上的一个**拟序关系**.

有限论域上的拟序关系可以用一个主对角线上元素为 1 的具有传递性的布尔矩阵来描述.

定义 5.6.2 设 R 是 X 上的一个拟序关系, 在 X 上定义关系 $\sim$:

$$x \sim y \Longleftrightarrow (x, y) \in R, (y, x) \in R,$$

称 $\sim$ 是由 R 导出的 (X 上的) **等价关系**. X 关于等价关系 $\sim$ 的商集为

$$X/\sim \, = \, \{[x] | x \in X\},$$

其中 $[x] = \{y | x \sim y\}$. 在商集 $X/\sim$ 中规定一个关系 $\longrightarrow$:

$$[x] \longrightarrow [y] \Longleftrightarrow (x, y) \in R,$$

称 $\longrightarrow$ 是由 R 导出的商集 $X/\sim$ 中的**类间偏序关系**.

首先验证关系 $\sim$ 是 X 上的一个等价关系.

(1) 自反性: 由 R 的自反性可知, 对任意的 $x \in X$, 有 $(x, x) \in R$, 故 $x \sim x$.

(2) 对称性: 若 $x \sim y$, 则 $(x, y) \in R, (y, x) \in R$, 于是, $(y, x) \in R, (x, y) \in R$, 故 $y \sim x$.

(3) 传递性: 若 $x \sim y$, $y \sim z$, 则 $(x, y) \in R, (y, x) \in R, (y, z) \in R, (z, y) \in R$, 由 R 的传递性得 $(x, z) \in R, (z, x) \in R$, 故 $x \sim z$.

其次证明商集 $X/\sim$ 中的类间关系 $\longrightarrow$ 不因类的代表元选取而变化, 若

$$[x] \longrightarrow [y], \quad [x] = [x'], \quad [y] = [y'],$$

则 $(x,y) \in R, x \sim x', y \sim y'$. 于是,

$$(x,y) \in R, \quad (x,x') \in R, \quad (x',x) \in R, \quad (y,y') \in R, \quad (y',y) \in R,$$

而 R 具有传递性, 所以, $(x',y') \in R$, 也就是 $[x'] \longrightarrow [y']$.

最后验证 $\longrightarrow$ 是商集 $X/\sim$ 中的偏序关系.

(1) 自反性: 对任意的 $x \in X$, 有 $(x,x) \in R$, 故 $[x] \longrightarrow [x]$.

(2) 反对称性: 若 $[x] \longrightarrow [y], [y] \longrightarrow [x]$, 则 $(x,y) \in R, (y,x) \in R$, 故 $x \sim y$, 于是

$$[x] = [y].$$

(3) 传递性: 若 $[x] \longrightarrow [y], [y] \longrightarrow [z]$, 则 $(x,y) \in R, (y,z) \in R$, 故 $(x,z) \in R$, 于是

$$[x] \longrightarrow [z].$$

例 5.6.1 设 $X = \{x_1, x_2, x_3, x_4, x_5, x_6\}, R \subseteq X \times X$, 已知

$$R = \begin{pmatrix} 1 & 1 & 1 & 0 & 0 & 0 \\ 0 & 1 & 1 & 0 & 0 & 0 \\ 0 & 1 & 1 & 0 & 0 & 0 \\ 0 & 0 & 0 & 1 & 1 & 0 \\ 0 & 0 & 0 & 1 & 1 & 0 \\ 0 & 1 & 1 & 1 & 1 & 1 \end{pmatrix},$$

则

$$R^2 = R \circ R = \begin{pmatrix} 1 & 1 & 1 & 0 & 0 & 0 \\ 0 & 1 & 1 & 0 & 0 & 0 \\ 0 & 1 & 1 & 0 & 0 & 0 \\ 0 & 0 & 0 & 1 & 1 & 0 \\ 0 & 0 & 0 & 1 & 1 & 0 \\ 0 & 1 & 1 & 1 & 1 & 1 \end{pmatrix}.$$

由于 $I \subseteq R, R^2 = R$, 可知 R 是 X 上的一个拟序关系, 于是由 R 可导出 (X 上的) 等价关系 $\sim$, 依次写出 X 中每一个元素所在的等价类:

$$[x_1] = \{x_1\},$$
$$[x_2] = [x_3] = \{x_2, x_3\},$$
$$[x_4] = [x_5] = \{x_4, x_5\},$$
$$[x_6] = \{x_6\}.$$

依据等价关系 $\sim$ 可将 X 分为 4 类: $\{x_1\}, \{x_2, x_3\}, \{x_4, x_5\}, \{x_6\}$, 同时, 可以给出类间偏序关系:

$$\{x_1\} \longrightarrow \{x_2, x_3\} \qquad \{x_4, x_5\} \longleftarrow \{x_6\}.$$ ∎

观察本例中的拟序矩阵与分类结果, 我们注意到, x_2 与 x_3 分在一个等价类中, 矩阵 R 的第 2, 3 行的对应元素相同; x_4 与 x_5 分在一个等价类中, 矩阵 R 的第 4, 5 行的对应元素相同; x_1 单独在一类, 矩阵 R 的第 1 行与其他任意一行的对应元素都不完全相同; x_6 单独在一类, 矩阵 R 的第 6 行与其他任意一行的对应元素都不完全相同.

猜想 若 $\sim$ 是由拟序矩阵 R 导出的等价关系, 则 $x_i \sim x_j$ 当且仅当矩阵 R 的第 i 行与第 j 行对应元素相同.

设 $\boldsymbol{r}_1, \boldsymbol{r}_2, \cdots, \boldsymbol{r}_n$ 为 R 的行向量. 约定

$$\boldsymbol{r}_i \geqslant \boldsymbol{r}_j \Longleftrightarrow r_{ik} \geqslant r_{jk}, k = 1, 2, \cdots, n.$$

于是

$$\boldsymbol{r}_i \not\geqslant \boldsymbol{r}_j \Longleftrightarrow \text{存在 } k = 1, 2, \cdots, n, \text{ 使得 } r_{ik} \not\geqslant r_{jk}.$$

定理 5.6.1 设 $X = \{x_1, x_2, \cdots, x_n\}$, R 是 X 上的一个拟序关系,

$$R = \begin{pmatrix} \boldsymbol{r}_1 \\ \boldsymbol{r}_2 \\ \vdots \\ \boldsymbol{r}_n \end{pmatrix} = \begin{pmatrix} r_{11} & r_{12} & \cdots & r_{1n} \\ r_{21} & r_{22} & \cdots & r_{2n} \\ \vdots & \vdots & & \vdots \\ r_{n1} & r_{n2} & \cdots & r_{nn} \end{pmatrix},$$

其中, $\boldsymbol{r}_1, \boldsymbol{r}_2, \cdots, \boldsymbol{r}_n$ 为 R 的行向量, 则

(1) $(x_i, x_j) \in R \Longleftrightarrow \boldsymbol{r}_i \geqslant \boldsymbol{r}_j$,

(2) $x_i \sim x_j \Longleftrightarrow \boldsymbol{r}_i = \boldsymbol{r}_j$,

(3) $(x_i, x_j) \notin R, (x_j, x_i) \notin R \Longleftrightarrow \boldsymbol{r}_i \not\geqslant \boldsymbol{r}_j, \boldsymbol{r}_j \not\geqslant \boldsymbol{r}_i$.

证明 (1) 注意 R 是 X 上的一个分明关系, 相应地 R 是布尔矩阵, 其行向量为布尔向量 (所有的元素均为 0 或 1).

必要性 设 $R^2 = (r_{ik}^{(2)})_{n \times n}$, 若 $(x_i, x_j) \in R$, 则 $r_{ij} = R(x_i, x_j) = 1$, 由 R 具有传递性可知 $R^2 = R \circ R \subseteq R$, 于是

$$r_{ik} \geqslant r_{ik}^{(2)} = \bigvee_{l=1}^{n}(r_{il} \bigwedge r_{lk}) \geqslant r_{ij} \bigwedge r_{jk} = 1 \bigwedge r_{jk} = r_{jk},$$

$k = 1, 2, \cdots, n$, 即 $\boldsymbol{r}_i \geqslant \boldsymbol{r}_j$.

充分性　若 $r_i \geqslant r_j$, 则对任意的 $k \in \{1, 2, \cdots, n\}$, 有 $r_{ik} \geqslant r_{jk}, i, j = 1, 2, \cdots, n$, 特别地, $r_{ij} \geqslant r_{jj}$. 由于 R 具有自反性, 故 $r_{jj} = 1, j = 1, 2, \cdots, n$, 考虑到 r_{ij} 只能在 $\{0, 1\}$ 中取值, 于是, $r_{ij} = 1$, 即 $(x_i, x_j) \in R, i, j = 1, 2, \cdots, n$.

(2) 由 (1) 可知

$$x_i \sim x_j \Longleftrightarrow (x_i, x_j) \in R, (x_j, x_i) \in R$$
$$\Longleftrightarrow \boldsymbol{r}_i \geqslant \boldsymbol{r}_j, \boldsymbol{r}_j \geqslant \boldsymbol{r}_i$$
$$\Longleftrightarrow \boldsymbol{r}_i = \boldsymbol{r}_j.$$

(3) 由 (1) 易得. ■

5.6.2　模糊拟序关系

定义 5.6.3　设 $\underset{\sim}{R} \in \mathcal{F}(X \times X)$, 若 $\underset{\sim}{R}$ 具有自反性、传递性, 则称 $\underset{\sim}{R}$ 是 X 上的一个**模糊拟序关系**. 设 $\underset{\sim}{R} = (r_{ij})_{n \times n} \in \underset{\sim}{M}_{n \times n}$, 若 $\underset{\sim}{R}$ 具有自反性、传递性, 则称 $\underset{\sim}{R}$ 是**模糊拟序矩阵**.

有限论域上的模糊拟序关系可以用一个主对角线上元素为 1 的具有传递性的模糊矩阵来描述.

定理 5.6.2　设 $\underset{\sim}{R} \in \mathcal{F}(X \times X)$, 则 $\underset{\sim}{R}$ 是 X 上的一个模糊拟序关系当且仅当对任意的 $\lambda \in (0, 1]$, 截关系 R_λ 是拟序关系.

证明

$\underset{\sim}{R}$ 是 X 上的一个模糊拟序关系

$\quad \Longleftrightarrow \underset{\sim}{R}$ 具有自反性、传递性

$\quad \Longleftrightarrow$ 对任意的 $\lambda \in (0, 1], R_\lambda$ 具有自反性、传递性

$\quad \Longleftrightarrow$ 对任意的 $\lambda \in (0, 1], R_\lambda$ 是拟序关系. ■

若 $\underset{\sim}{R}$ 是 X 上的一个模糊拟序关系, 则对任意的 $\lambda \in [0, 1]$, 截关系 R_λ 是拟序关系, 依据 R_λ 可将 X 分类, 同时给出类间偏序关系. 随着水平 λ 从 1 逐渐下降到 0 时, 所得的分类逐步归并, 形成动态聚类图.

例 5.6.2　设 $X = \{x_1, x_2, x_3, x_4, x_5, x_6, x_7\}$, $\underset{\sim}{R}$ 是 X 上的模糊矩阵, 已知

$$\underset{\sim}{R} = \begin{pmatrix} 1 & 1 & 1 & 0.5 & 0.5 & 0.5 & 0.5 \\ 1 & 1 & 1 & 0.5 & 0.5 & 0.5 & 0.5 \\ 0.8 & 0.8 & 1 & 0.5 & 0.5 & 0.5 & 0.5 \\ 0.8 & 0.8 & 0.8 & 1 & 0.5 & 0.5 & 0.5 \\ 0.4 & 0.4 & 0.4 & 0.4 & 1 & 0.5 & 0.5 \\ 0.2 & 0.2 & 0.2 & 0.2 & 0.2 & 1 & 0.6 \\ 0.2 & 0.2 & 0.2 & 0.2 & 0.2 & 0.6 & 1 \end{pmatrix}.$$

证明 R 是 X 上的一个模糊拟序关系, 再依据 R 对 X 进行聚类, 画出动态聚类图, 并标出类间偏序关系.

证明 由于 $I \subseteq R$, 且

$$R^2 = R \circ R$$

$$= \begin{pmatrix} 1 & 1 & 1 & 0.5 & 0.5 & 0.5 & 0.5 \\ 1 & 1 & 1 & 0.5 & 0.5 & 0.5 & 0.5 \\ 0.8 & 0.8 & 1 & 0.5 & 0.5 & 0.5 & 0.5 \\ 0.8 & 0.8 & 0.8 & 1 & 0.5 & 0.5 & 0.5 \\ 0.4 & 0.4 & 0.4 & 0.4 & 1 & 0.5 & 0.5 \\ 0.2 & 0.2 & 0.2 & 0.2 & 0.2 & 1 & 0.6 \\ 0.2 & 0.2 & 0.2 & 0.2 & 0.2 & 0.6 & 1 \end{pmatrix}$$

$$= R,$$

故 R 是 X 上的一个模糊拟序关系. 依次取截关系 R_λ, 依据 R_λ 将 X 分类, 并给出类间偏序关系.

当 $\lambda \in (0.8, 1]$ 时,

$$R_\lambda = \begin{pmatrix} 1 & 1 & 1 & 0 & 0 & 0 & 0 \\ 1 & 1 & 1 & 0 & 0 & 0 & 0 \\ 0 & 0 & 1 & 0 & 0 & 0 & 0 \\ 0 & 0 & 0 & 1 & 0 & 0 & 0 \\ 0 & 0 & 0 & 0 & 1 & 0 & 0 \\ 0 & 0 & 0 & 0 & 0 & 1 & 0 \\ 0 & 0 & 0 & 0 & 0 & 0 & 1 \end{pmatrix},$$

可将 X 分为 6 类:

$$\{x_1, x_2\} \longrightarrow \{x_3\} \quad \{x_4\} \quad \{x_5\} \quad \{x_6\} \quad \{x_7\}.$$

当 $\lambda \in (0.6, 0.8]$ 时,

$$R_\lambda = \begin{pmatrix} 1 & 1 & 1 & 0 & 0 & 0 & 0 \\ 1 & 1 & 1 & 0 & 0 & 0 & 0 \\ 1 & 1 & 1 & 0 & 0 & 0 & 0 \\ 1 & 1 & 1 & 1 & 0 & 0 & 0 \\ 0 & 0 & 0 & 0 & 1 & 0 & 0 \\ 0 & 0 & 0 & 0 & 0 & 1 & 0 \\ 0 & 0 & 0 & 0 & 0 & 0 & 1 \end{pmatrix},$$

可将 X 分为 5 类:

$$\{x_1, x_2, x_3\} \longleftarrow \{x_4\} \quad \{x_5\} \quad \{x_6\} \quad \{x_7\}.$$

当 $\lambda \in (0.5, 0.6]$ 时,

$$R_\lambda = \begin{pmatrix} 1 & 1 & 1 & 0 & 0 & 0 & 0 \\ 1 & 1 & 1 & 0 & 0 & 0 & 0 \\ 1 & 1 & 1 & 0 & 0 & 0 & 0 \\ 1 & 1 & 1 & 1 & 0 & 0 & 0 \\ 0 & 0 & 0 & 0 & 1 & 0 & 0 \\ 0 & 0 & 0 & 0 & 0 & 1 & 1 \\ 0 & 0 & 0 & 0 & 0 & 1 & 1 \end{pmatrix},$$

可将 X 分为 4 类:

$$\{x_1, x_2, x_3\} \longleftarrow \{x_4\} \quad \{x_5\} \quad \{x_6, x_7\}.$$

当 $\lambda \in (0.4, 0.5]$ 时,

$$R_\lambda = \begin{pmatrix} 1 & 1 & 1 & 1 & 1 & 1 & 1 \\ 1 & 1 & 1 & 1 & 1 & 1 & 1 \\ 1 & 1 & 1 & 1 & 1 & 1 & 1 \\ 1 & 1 & 1 & 1 & 1 & 1 & 1 \\ 0 & 0 & 0 & 0 & 1 & 1 & 1 \\ 0 & 0 & 0 & 0 & 0 & 1 & 1 \\ 0 & 0 & 0 & 0 & 0 & 1 & 1 \end{pmatrix},$$

可将 X 分为 3 类:

$$\{x_1, x_2, x_3, x_4\} \longrightarrow \{x_5\} \longrightarrow \{x_6, x_7\}.$$

当 $\lambda \in (0.2, 0.4]$ 时,

$$R_\lambda = \begin{pmatrix} 1 & 1 & 1 & 1 & 1 & 1 & 1 \\ 1 & 1 & 1 & 1 & 1 & 1 & 1 \\ 1 & 1 & 1 & 1 & 1 & 1 & 1 \\ 1 & 1 & 1 & 1 & 1 & 1 & 1 \\ 1 & 1 & 1 & 1 & 1 & 1 & 1 \\ 0 & 0 & 0 & 0 & 0 & 1 & 1 \\ 0 & 0 & 0 & 0 & 0 & 1 & 1 \end{pmatrix},$$

可将 X 分为 2 类:

$$\{x_1, x_2, x_3, x_4, x_5\} \longrightarrow \{x_6, x_7\}.$$

当 $\lambda \in [0, 0.2]$ 时,

$$R_\lambda = \begin{pmatrix} 1 & 1 & 1 & 1 & 1 & 1 & 1 \\ 1 & 1 & 1 & 1 & 1 & 1 & 1 \\ 1 & 1 & 1 & 1 & 1 & 1 & 1 \\ 1 & 1 & 1 & 1 & 1 & 1 & 1 \\ 1 & 1 & 1 & 1 & 1 & 1 & 1 \\ 1 & 1 & 1 & 1 & 1 & 1 & 1 \\ 1 & 1 & 1 & 1 & 1 & 1 & 1 \end{pmatrix},$$

X 归并为 1 类:

$$\{x_1, x_2, x_3, x_4, x_5, x_6, x_7\}.$$

动态聚类图及类间偏序关系如图 5.6.1 所示.

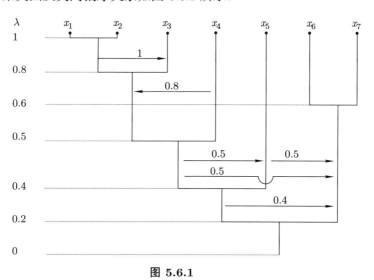

图 5.6.1

5.6.3 模糊自反关系与聚类

若 R 是 X 上的一个模糊自反关系, 则 $t(R)$ 是 X 上的一个模糊拟序关系, 于是, 对任意的 $\lambda \in [0, 1]$, 截关系 $t(R)_\lambda$ 是拟序关系, 依据 $t(R)_\lambda$ 可将 X 分类, 同时可给出类间偏序关系. 随着水平 λ 从 1 逐渐下降到 0 时, 所得的分类逐步归并, 形成动态聚类图.

例 5.6.3   设 $X = \{x_1, x_2, x_3, x_4, x_5, x_6, x_7\}$, $\underset{\sim}{R}$ 是 X 上的模糊矩阵, 已知

$$
\underset{\sim}{R} = \begin{pmatrix}
1 & 1 & 1 & 0.4 & 0.4 & 0.4 & 0.4 \\
1 & 1 & 1 & 0.4 & 0.4 & 0.4 & 0.4 \\
0.8 & 0.8 & 1 & 0.5 & 0.5 & 0.5 & 0.5 \\
0.8 & 0.8 & 0.8 & 1 & 0.5 & 0.5 & 0.5 \\
0.4 & 0.4 & 0.4 & 0.4 & 1 & 0.5 & 0.5 \\
0.2 & 0.2 & 0.2 & 0.2 & 0.2 & 1 & 0.6 \\
0.2 & 0.2 & 0.2 & 0.2 & 0.2 & 0.6 & 1
\end{pmatrix}.
$$

依据 $\underset{\sim}{R}$ 对 X 进行聚类, 画出动态聚类图, 并标出类间偏序关系.

解   因为 $r_{ii} = 1$, $i = 1, 2, \cdots, 7$, 故 $\underset{\sim}{R}$ 具有自反性. 采用平方法求 $t(\underset{\sim}{R})$, 有

$$
\underset{\sim}{R}^2 = \underset{\sim}{R} \circ \underset{\sim}{R} = \begin{pmatrix}
1 & 1 & 1 & 0.5 & 0.5 & 0.5 & 0.5 \\
1 & 1 & 1 & 0.5 & 0.5 & 0.5 & 0.5 \\
0.8 & 0.8 & 1 & 0.5 & 0.5 & 0.5 & 0.5 \\
0.8 & 0.8 & 0.8 & 1 & 0.5 & 0.5 & 0.5 \\
0.4 & 0.4 & 0.4 & 0.4 & 1 & 0.5 & 0.5 \\
0.2 & 0.2 & 0.2 & 0.2 & 0.2 & 1 & 0.6 \\
0.2 & 0.2 & 0.2 & 0.2 & 0.2 & 0.6 & 1
\end{pmatrix}.
$$

由于 $\underset{\sim}{R}^4 = \underset{\sim}{R}^2 \circ \underset{\sim}{R}^2 = \underset{\sim}{R}^2$, 故 $t(\underset{\sim}{R}) = \underset{\sim}{R}^2$.

由于 $t(\underset{\sim}{R})$ 是 X 上的一个模糊拟序关系, 依次取截关系 $t(\underset{\sim}{R})_\lambda$, 依据 $t(\underset{\sim}{R})_\lambda$ 可将 X 分类, 同时给出类间偏序关系.

此例中的 $t(\underset{\sim}{R})$ 即例 5.6.2 中的模糊拟序关系, 聚类结果及聚类图参见例 5.6.2.   ■

设 $X = \{x_1, x_2, \cdots, x_n\}$, $\underset{\sim}{R}$ 是 X 上的一个模糊自反关系, 记 $r_{ij} = \underset{\sim}{R}(x_i, x_j)$, $i, j = 1, 2, \cdots, n$, 则 $\underset{\sim}{R} = (r_{ij})_{n \times n} \in M_{n \times n}$. 依据 $\underset{\sim}{R}$ 也可用直接聚类法进行聚类.

直接聚类法的步骤:

将所有的 r_{ij} 从大到小依次排序, 将其中最大值, 次大值, 第三大值, $\cdots$, 依次记为 $\lambda_1, \lambda_2, \lambda_3, \cdots$, 显然 $1 = \lambda_1 > \lambda_2 > \lambda_3 > \cdots$.

(1) 取最大值 $\lambda_1 = 1$, 截矩阵 R_1 的行向量 $\boldsymbol{r}_1, \boldsymbol{r}_2, \cdots, \boldsymbol{r}_n$ 分别对应着元素 $x_1, x_2, \cdots, x_n$. 以每一个元素 x_i 作节点, 若 $r_{ij} = 1$, 则画一条从 x_i 到 x_j 的矢线, 这样, 截矩阵 R_1 对应一个有向图 G_1. 在图 G_1 中, 若出现回路, 则将回路上的各个节点并在一类; 若某两个回路有公共的节点, 则将这两类合并; 不是回路节点的顶

点, 单独成为一类, 这样做的依据是 $t(R)$ 具有传递性. 此时得到的是对应于 $\lambda_1 = 1$ 的 (关于 $t(R)_{\lambda_1}$ 的) 等价分类. 在两个不同的类 $[x_i]$ 与 $[x_j]$ 中, 若存在一条起点在 $[x_i]$ 中, 终点在 $[x_j]$ 中的有向边, 则可给出类间偏序关系 $[x_i] \longrightarrow [x_j]$.

(2) 取次大值 λ_2, 以上一步分类的各类为顶点, 若 x_i 与 x_j 不在一类且 $r_{ij} = \lambda_2$, 则从 $[x_i]$ 到 $[x_j]$ 画出一条有向边, 这样可以构造一个有向图 G_2, 用与第一步相同的办法, 得到对应于阈值 λ_2 的等价分类及类间偏序关系.

(3) 以此类推, 直到 X 中所有的元素归并为一类为止.

例 5.6.4 设 $X = \{x_1, x_2, x_3, x_4, x_5, x_6, x_7\}$, $\underset{\sim}{R}$ 是 X 上的模糊矩阵, 已知

$$\underset{\sim}{R} = \begin{pmatrix} 1 & 1 & 1 & 0.4 & 0.4 & 0.4 & 0.4 \\ 1 & 1 & 1 & 0.4 & 0.4 & 0.4 & 0.4 \\ 0.8 & 0.8 & 1 & 0.5 & 0.5 & 0.5 & 0.5 \\ 0.8 & 0.8 & 0.8 & 1 & 0.5 & 0.5 & 0.5 \\ 0.4 & 0.4 & 0.4 & 0.4 & 1 & 0.5 & 0.5 \\ 0.2 & 0.2 & 0.2 & 0.2 & 0.2 & 1 & 0.6 \\ 0.2 & 0.2 & 0.2 & 0.2 & 0.2 & 0.6 & 1 \end{pmatrix}.$$

用直接聚类法, 依据 $\underset{\sim}{R}$ 对 X 进行聚类.

解 因为 $r_{ii} = 1, i = 1, 2, \cdots, 7, \underset{\sim}{R}$ 具有自反性, 故 $\underset{\sim}{R}$ 是 X 上的模糊自反关系. 下面用直接聚类法对 X 进行聚类.

(1) 取 $\lambda_1 = 1$, 由于 $r_{12} = r_{13} = r_{21} = r_{23} = 1$, 故

$$G_1 : x_1 \quad x_2 \quad x_3 \quad x_4 \quad x_5 \quad x_6 \quad x_7.$$

存在回路 $L(x_1, x_2)$, 合并为等价类 $\{x_1, x_2\}$, 有

$$\{x_1, x_2\} \longrightarrow \{x_3\} \quad \{x_4\} \quad \{x_5\} \quad \{x_6\} \quad \{x_7\}.$$

(2) 取 $\lambda_2 = 0.8$, 由于 $r_{31} = r_{43} = 0.8$, 故

$$G_2 : \{x_1, x_2\} \longrightarrow x_3 \quad x_4 \quad x_5 \quad x_6 \quad x_7.$$

存在回路 $L(x_1, x_2, x_3)$, 合并为等价类 $\{x_1, x_2, x_3\}$, 有

$$\{x_1, x_2, x_3\} \longleftarrow \{x_4\} \quad \{x_5\} \quad \{x_6\} \quad \{x_7\}.$$

(3) 取 $\lambda_3 = 0.6$, 由于 $r_{67} = r_{76} = 0.6$, 故

$$G_3 : \{x_1, x_2, x_3\} \longleftarrow \{x_4\} \quad \{x_5\} \quad \{x_6\} \quad \{x_7\}.$$

存在回路 $L(x_6, x_7)$, 合并为等价类 $\{x_6, x_7\}$, 有

$$\{x_1, x_2, x_3\} \longleftarrow \{x_4\} \quad \{x_5\} \quad \{x_6, x_7\}.$$

(4) 取 $\lambda_4 = 0.5$, 由于 $r_{34} = r_{35} = r_{36} = r_{45} = r_{56} = 0.5$, 故

$$G_4 : \{x_1, x_2, x_3\} \longleftarrow \{x_4\} \longrightarrow \{x_5\} \longrightarrow \{x_6, x_7\}.$$

存在回路 $L(x_1, x_2, x_3, x_4)$, 合并为等价类 $\{x_1, x_2, x_3, x_4\}$, 有

$$\{x_1, x_2, x_3, x_4\} \longrightarrow \{x_5\} \longrightarrow \{x_6, x_7\}.$$

(5) 取 $\lambda_5 = 0.4$, 由于 $r_{51} = 0.4$, 故

$$G_5 : \{x_1, x_2, x_3, x_4\} \longrightarrow \{x_5\} \longrightarrow \{x_6, x_7\}.$$

存在回路 $L(x_1, x_2, x_3, x_4, x_5)$, 合并为等价类 $\{x_1, x_2, x_3, x_4, x_5\}$, 有

$$\{x_1, x_2, x_3, x_4, x_5\} \longrightarrow \{x_6, x_7\}.$$

(6) 取 $\lambda_6 = 0.2$, 由于 $r_{61} = 0.2$, 故

$$G_5 : \{x_1, x_2, x_3, x_4, x_5\} \longrightarrow \{x_6, x_7\}.$$

存在回路 $L(x_1, x_2, x_3, x_4, x_5, x_6, x_7)$, 合并为 1 类 $\{x_1, x_2, x_3, x_4, x_5, x_6, x_7\}$.

聚类结果与例 5.6.3 一致.   ∎

习　题　五

1. 已知

$$\underset{\sim}{R} = \begin{pmatrix} 1 & 0.3 & 0.8 & 0.4 \\ 0.3 & 1 & 0.8 & 0.4 \\ 0.8 & 0.8 & 1 & 0.8 \\ 0.4 & 0.4 & 0.8 & 1 \end{pmatrix}, \quad \underset{\sim}{Q} = \begin{pmatrix} 0 & 0.7 & 0.2 & 0.6 \\ 0.7 & 0 & 0.2 & 0.6 \\ 0.2 & 0.2 & 0 & 0.2 \\ 0.6 & 0.6 & 0.2 & 0 \end{pmatrix}.$$

求: $\underset{\sim}{R} \bigcup \underset{\sim}{Q}, \underset{\sim}{R} \bigcap \underset{\sim}{Q}, \underset{\sim}{R}^{\mathrm{c}}, \underset{\sim}{Q}^{\mathrm{c}}, \underset{\sim}{R}^{\mathrm{c}} \bigcap \underset{\sim}{Q}^{\mathrm{c}}$ 以及 $\underset{\sim}{R}^{\mathrm{c}} \bigcup \underset{\sim}{Q}^{\mathrm{c}}$.

2. 设 $\underset{\sim}{R}, \underset{\sim}{S} \in \mathcal{F}(X \times Y), \lambda \in [0,1], I$ 为任意指标集, $i \in I, \underset{\sim}{R_i} \in \mathcal{F}(X \times Y), \lambda_i \in [0,1]$.
证明:

(1) $(\underset{\sim}{R}^{-1})^{-1} = \underset{\sim}{R}$;

(2) $\underset{\sim}{R} \subseteq \underset{\sim}{S} \Longrightarrow \underset{\sim}{R}^{-1} \subseteq \underset{\sim}{S}^{-1}$, 从而 $\underset{\sim}{R} = \underset{\sim}{S} \Longleftrightarrow \underset{\sim}{R}^{-1} = \underset{\sim}{S}^{-1}$;

(3) $(\bigcup_{i \in I} \underset{\sim}{R_i})^{-1} = \bigcup_{i \in I} \underset{\sim}{R_i}^{-1}, \quad (\bigcap_{i \in I} \underset{\sim}{R_i})^{-1} = \bigcap_{i \in I} \underset{\sim}{R_i}^{-1}$;

(4) $(\underset{\sim}{R}^{-1})^{\mathrm{c}} = (\underset{\sim}{R}^{\mathrm{c}})^{-1}$;

(5) $(\underset{\sim}{R}^{-1})_\lambda = (\underset{\sim}{R}_\lambda)^{-1}, \quad (\underset{\sim}{R}^{-1})_{\overset{\lambda}{\bullet}} = (\underset{\sim}{R}_{\overset{\lambda}{\bullet}})^{-1}$;

(6) $(\lambda \underset{\sim}{R})^{-1} = \lambda \underset{\sim}{R}^{-1}$;

(7) $(\bigcup_{i \in I} \lambda_i \underset{\sim}{R_i})^{-1} = \bigcup_{i \in I} \lambda_i \underset{\sim}{R_i}^{-1}, \quad (\bigcap_{i \in I} \lambda_i \underset{\sim}{R_i})^{-1} = \bigcap_{i \in I} \lambda_i \underset{\sim}{R_i}^{-1}$.

3. 已知

$$\underset{\sim}{R} = \begin{pmatrix} 0.3 & 0.5 & 0.7 \\ 0.8 & 0.6 & 0.4 \end{pmatrix}, \quad \underset{\sim}{Q} = \begin{pmatrix} 0.2 & 0.3 \\ 0.5 & 0.7 \\ 0.8 & 0.9 \end{pmatrix}.$$

求: (1) $\underset{\sim}{R}^{-1}$ 与 $\underset{\sim}{Q}^{-1}$; (2) $\underset{\sim}{R} \circ \underset{\sim}{Q}$ 与 $\underset{\sim}{Q} \circ \underset{\sim}{R}$; (3) $\underset{\sim}{R}^{-1} \circ \underset{\sim}{Q}^{-1}$ 与 $\underset{\sim}{Q}^{-1} \circ \underset{\sim}{R}^{-1}$.

4. 设 $\underset{\sim}{R} \in \mathcal{F}(X \times X)$. 证明:

(1) 若 $\underset{\sim}{R}$ 具有自反性, 则

$$I \subseteq \underset{\sim}{R} \subseteq \underset{\sim}{R}^2 \subseteq \cdots \subseteq \underset{\sim}{R}^k \subseteq \cdots;$$

(2) 若 $\underset{\sim}{R}$ 具有传递性, 则

$$\underset{\sim}{R} \supseteq \underset{\sim}{R}^2 \supseteq \cdots \supseteq \underset{\sim}{R}^k \supseteq \cdots;$$

(3) 若 $\underset{\sim}{R}$ 具有自反性和传递性, 则

$$\underset{\sim}{R} = \underset{\sim}{R}^2 = \cdots = \underset{\sim}{R}^k = \cdots.$$

5. 设 $X = \{x_1, x_2, x_3, x_4, x_5, x_6\}$, $\underset{\sim}{R}, \underset{\sim}{Q}, \underset{\sim}{S}$ 是 X 上的模糊矩阵, 已知

$$
\underset{\sim}{R} = \begin{pmatrix}
1 & 0.3 & 0.8 & 0.6 & 0.5 & 0.4 \\
0.5 & 1 & 0.8 & 0.6 & 0.5 & 0.4 \\
0.5 & 0.8 & 1 & 0.6 & 0.5 & 0.4 \\
0.5 & 0.6 & 0.6 & 1 & 0.5 & 0.4 \\
0.5 & 0.5 & 0.5 & 0.5 & 1 & 0.4 \\
0.5 & 0.4 & 0.4 & 0.4 & 0.4 & 1
\end{pmatrix}, \quad
\underset{\sim}{Q} = \begin{pmatrix}
1 & 0.7 & 0.2 & 0.3 & 0.5 & 0.5 \\
0.7 & 1 & 0.7 & 0.6 & 0.6 & 0.6 \\
0.2 & 0.7 & 1 & 0.4 & 0.4 & 0.4 \\
0.3 & 0.6 & 0.4 & 1 & 0.6 & 0.6 \\
0.5 & 0.6 & 0.4 & 0.6 & 1 & 0.6 \\
0.5 & 0.6 & 0.4 & 0.6 & 0.6 & 1
\end{pmatrix},
$$

$$
\underset{\sim}{S} = \begin{pmatrix}
1 & 0.9 & 0.9 & 0.6 & 0.6 & 0.6 \\
0.9 & 1 & 0.9 & 0.6 & 0.6 & 0.6 \\
0.9 & 0.9 & 1 & 0.6 & 0.6 & 0.6 \\
0.6 & 0.6 & 0.6 & 1 & 0.6 & 0.6 \\
0.6 & 0.6 & 0.6 & 0.6 & 1 & 0.6 \\
0.6 & 0.6 & 0.6 & 0.6 & 0.6 & 1
\end{pmatrix}.
$$

分别判断 $\underset{\sim}{R}, \underset{\sim}{Q}, \underset{\sim}{S}$ 的自反性、对称性与传递性.

6. 设 $\underset{\sim}{R} \in \mathcal{F}(X \times X)$.

(1) 证明: $\underset{\sim}{R} \bigcup \underset{\sim}{R}^{-1}$ 具有对称性.

(2) 怎样才能求出 $\underset{\sim}{R}$ 的对称闭包? 猜想并证明你的结论.

7. 设 $\underset{\sim}{R} \in M_{3 \times 3}$, 已知

$$
\underset{\sim}{R} = \begin{pmatrix}
0.4 & 0.6 & 0.4 \\
0.6 & 0.4 & 0.5 \\
0.4 & 0.5 & 0.4
\end{pmatrix}.
$$

求 $t(\underset{\sim}{R})$.

8. 设 $\underset{\sim}{R} \in M_{6 \times 6}$, 已知

$$
\underset{\sim}{R} = \begin{pmatrix}
1 & 0.9 & 0.6 & 0.4 & 0.6 & 0.5 \\
0.7 & 1 & 0.7 & 0.5 & 0.6 & 0.5 \\
0.4 & 0.2 & 1 & 0.6 & 0.5 & 0.1 \\
0.5 & 0.3 & 0.7 & 1 & 0.4 & 0.2 \\
0.5 & 0.7 & 0.7 & 0.5 & 1 & 0.5 \\
0.2 & 0.3 & 0.6 & 0.5 & 0.8 & 1
\end{pmatrix}.
$$

求 $t(\underset{\sim}{R})$.

9. 设 $\underset{\sim}{R} \in M_{7 \times 7}$, 已知

$$\underset{\sim}{R} = \begin{pmatrix} 1 & 0.8 & 0.7 & 0.7 & 0.7 & 0.5 & 0.4 \\ 0.8 & 1 & 0.7 & 0.7 & 0.7 & 0.5 & 0.4 \\ 0.7 & 0.7 & 1 & 0.7 & 0.7 & 0.5 & 0.4 \\ 0.7 & 0.7 & 0.7 & 1 & 0.8 & 0.5 & 0.4 \\ 0.7 & 0.7 & 0.7 & 0.8 & 1 & 0.5 & 0.4 \\ 0.5 & 0.5 & 0.5 & 0.5 & 0.5 & 1 & 0.6 \\ 0.4 & 0.4 & 0.4 & 0.4 & 0.4 & 0.6 & 1 \end{pmatrix}.$$

求 $t(\underset{\sim}{R})$.

10. 设 $X = \{x_1, x_2, x_3, x_4, x_5, x_6\}$, $\underset{\sim}{R} \in \mathcal{F}(X \times X)$, 已知

$$\underset{\sim}{R} = \begin{pmatrix} 1 & 0.6 & 0.6 & 0.6 & 0.6 & 0.5 \\ 0.6 & 1 & 0.7 & 0.6 & 0.6 & 0.5 \\ 0.6 & 0.7 & 1 & 0.6 & 0.6 & 0.5 \\ 0.6 & 0.6 & 0.6 & 1 & 0.6 & 0.5 \\ 0.6 & 0.6 & 0.6 & 0.6 & 1 & 0.5 \\ 0.5 & 0.5 & 0.5 & 0.5 & 0.5 & 1 \end{pmatrix}.$$

证明 $\underset{\sim}{R}$ 是模糊等价矩阵, 再依据 $\underset{\sim}{R}$ 对 X 进行分类, 并画出动态聚类图.

11. 设 $X = \{x_1, x_2, x_3, x_4, x_5, x_6, x_7\}$, $\underset{\sim}{R} \in \mathcal{F}(X \times X)$, 已知

$$\underset{\sim}{R} = \begin{pmatrix} 1 & 0.6 & 0.6 & 0.8 & 0.8 & 0.3 & 0.3 \\ 0.6 & 1 & 0.5 & 0.5 & 0.7 & 0.7 & 0.4 \\ 0.6 & 0.5 & 1 & 0.7 & 0.7 & 0.6 & 0.6 \\ 0.8 & 0.5 & 0.7 & 1 & 0.5 & 0.8 & 0.5 \\ 0.8 & 0.7 & 0.7 & 0.5 & 1 & 0.4 & 0.4 \\ 0.3 & 0.7 & 0.6 & 0.8 & 0.4 & 1 & 0.3 \\ 0.3 & 0.4 & 0.6 & 0.5 & 0.4 & 0.3 & 1 \end{pmatrix}.$$

分别用传递闭包法、直接聚类法对 X 进行聚类, 并画出动态聚类图.

12. 设 $X = \{x_1, x_2, x_3, x_4, x_5, x_6\}$, $\underset{\sim}{R} \in \mathcal{F}(X \times X)$, 已知

$$\underset{\sim}{R} = \begin{pmatrix} 1 & 0.8 & 0.4 & 0.4 & 0.4 & 0.5 \\ 0.7 & 1 & 0.5 & 0.5 & 0.4 & 0.5 \\ 0.4 & 0.2 & 1 & 0.7 & 0.2 & 0.3 \\ 0.5 & 0.3 & 0.7 & 1 & 0.2 & 0.3 \\ 0.3 & 0.3 & 0.5 & 0.5 & 1 & 0.8 \\ 0.3 & 0.3 & 0.5 & 0.5 & 0.8 & 1 \end{pmatrix}.$$

依据 $\underset{\sim}{R}$ 对 X 进行聚类, 画出动态聚类图, 并标出类间偏序关系.

第六章 模糊线性变换与模糊综合评判

模糊综合评判, 即以模糊理论为基础的综合评判, 其理论基础是模糊线性变换, 而模糊关系的投影与截影是研究模糊映射与模糊线性变换的工具, 本章就从讨论模糊关系的投影与截影开始.

6.1 关系的投影与截影

6.1.1 分明关系的投影与截影

首先给出分明关系 R 的投影与截影的定义.

定义 6.1.1 设 $R \subseteq X \times Y$. 称

$$R_X = \{x \in X | 存在 \ y \in Y, \ 使得 \ (x, y) \in R\}$$

为 R 在 X 中的**投影**; 称

$$R_Y = \{y \in Y | \ 存在 \ x \in X, \ 使得 \ (x, y) \in R\}$$

为 R 在 Y 中的**投影**.

显然, $R_X \subseteq X$, $R_Y \subseteq Y$. 图 6.1.1 给出了 R_X 与 R_Y 的几何解释.

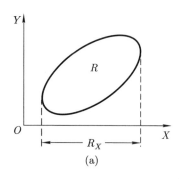 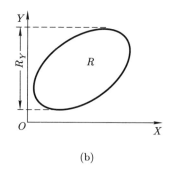

(a)   (b)

图 6.1.1

定义 6.1.2 设 $R \subseteq X \times Y$, $x_0 \in X$, $y_0 \in Y$. 称

$$R|_{x_0} = \{y \in Y | (x_0, y) \in R\}$$

为 R 在 x_0 处的**截影**; 称

$$R|_{y_0} = \big\{ x \in X \,\big|\, (x, y_0) \in R \big\}$$

为 R 在 y_0 处的**截影**.

显然, $R|_{x_0} \subseteq Y$, $R|_{y_0} \subseteq X$. 图 6.1.2 给出了 $R|_{x_0}$ 与 $R|_{y_0}$ 的几何解释.

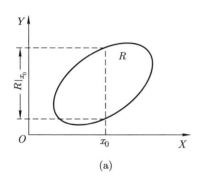 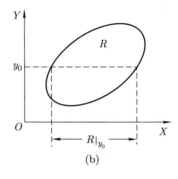

(a) (b)

图 6.1.2

性质 6.1.1 设 $R \subseteq X \times Y$, 则

(1) $R_X(x) = \bigvee_{y \in Y} R(x, y), x \in X$,

(2) $R_Y(y) = \bigvee_{x \in X} R(x, y), y \in Y$.

证明 (1) 对任意的 $x \in X$, 有

$$R_X(x) = 1 \Longleftrightarrow x \in R_X$$

$$\Longleftrightarrow \text{存在 } y \in Y, \text{ 使得 } (x, y) \in R$$

$$\Longleftrightarrow \text{存在 } y \in Y, \text{ 使得 } R(x, y) = 1$$

$$\Longleftrightarrow \bigvee_{y \in Y} R(x, y) = 1.$$

同理可证 (2) 式成立. ∎

性质 6.1.2 设 $R \subseteq X \times Y$, $x_0 \in X$, $y_0 \in Y$, 则

(1) $R|_{x_0}(y) = R(x_0, y), y \in Y$,

(2) $R|_{y_0}(x) = R(x, y_0), x \in X$.

证明 (1) 对任意的 $y \in Y$, 有

$$R|_{x_0}(y) = 1 \Longleftrightarrow y \in R|_{x_0} \Longleftrightarrow (x_0, y) \in R \Longleftrightarrow R(x_0, y) = 1.$$

同理可证 (2) 式成立. ∎

性质 6.1.3 设 $R \subseteq X \times Y$, 则

(1) $R_X = \bigcup_{y \in Y} R|_y$,

(2) $R_Y = \bigcup_{x \in X} R|_x$.

证明留作习题.

性质 6.1.4 设 $R \subseteq X \times Y, x_0 \in X, y_0 \in Y$, 则

(1) $R|_{x_0} = \left(\left(\{x_0\} \times Y \right) \bigcap R \right)_Y$,

(2) $R|_{y_0} = \left(\left(X \times \{y_0\} \right) \bigcap R \right)_X$.

图 6.1.3 给出了性质 6.1.4 的几何解释. 证明留作习题.

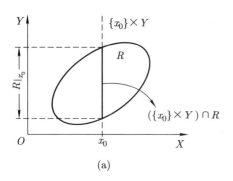 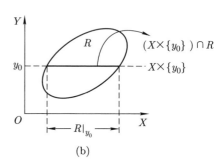

图 **6.1.3**

性质 6.1.5 设 $R \subseteq X \times Y$, 则

(1) $R = \bigcup_{x \in X} (\{x\} \times R|_x)$,

(2) $R = \bigcup_{y \in Y} (R|_y \times \{y\})$.

证明 (1) 对任意的 $(x', y') \in X \times Y$, 有

$$
\begin{aligned}
(x', y') \in \bigcup_{x \in X} (\{x\} \times R|_x) &\Longleftrightarrow \text{存在 } x \in X, \text{ 使得 } (x', y') \in \{x\} \times R|_x \\
&\Longleftrightarrow \text{存在 } x \in X, \text{ 使得 } x' \in \{x\}, y' \in R|_x \\
&\Longleftrightarrow y' \in R|_{x'} \\
&\Longleftrightarrow (x', y') \in R.
\end{aligned}
$$

(2) 用特征函数来证明. 对任意的 $(x', y') \in X \times Y$, 有

$$
\begin{aligned}
\bigcup_{y \in Y} (R|_y \times \{y\})(x', y') &= \bigvee_{y \in Y} (R|_y \times \{y\})(x', y') \\
&= \bigvee_{y \in Y} (R|_y (x') \bigwedge \{y\}(y')) \\
&= R|_{y'}(x') \bigwedge \{y'\}(y') \\
&= R(x', y') \bigwedge 1 \\
&= R(x', y').
\end{aligned}
$$

∎

性质 6.1.6 设 $R_1, R_2 \subseteq X \times Y, x_0 \in X, y_0 \in Y$. 若 $R_1 \subseteq R_2$, 则

(1) $(R_1)_X \subseteq (R_2)_X$, $(R_1)_Y \subseteq (R_2)_Y$,

(2) $R_1|_{x_0} \subseteq R_2|_{x_0}$, $R_1|_{y_0} \subseteq R_2|_{y_0}$.

证明 仅证 (1) 中第一式. 因为 $R_1 \subseteq R_2$, 故

$$x \in (R_1)_X \Longrightarrow 存在 \ y \in Y, \ 使得 \ (x,y) \in R_1$$
$$\Longrightarrow 存在 \ y \in Y, \ 使得 \ (x,y) \in R_2$$
$$\Longrightarrow x \in (R_2)_X. \qquad \blacksquare$$

6.1.2 模糊关系的投影与截影

设 $\underset{\sim}{R}$ 是 X 到 Y 的模糊关系, 对任意的 $\lambda \in [0,1]$, $\underset{\sim}{R}$ 的 λ 截集 R_λ 是 X 到 Y 的分明关系, 且 R_λ 在 X 中的投影 $(R_\lambda)_X$ 满足

$$\lambda_1 < \lambda_2 \Longrightarrow R_{\lambda_2} \subseteq R_{\lambda_1} \Longrightarrow (R_{\lambda_2})_X \subseteq (R_{\lambda_1})_X.$$

因此, $\{(R_\lambda)_X | \lambda \in [0,1]\}$ 是 X 上的一个集合套, 由表现定理, 这个集合套可唯一确定一个 X 上的模糊集合

$$\bigcup_{\lambda \in [0,1]} \lambda (R_\lambda)_X.$$

同理, $\{(R_\lambda)_Y | \lambda \in [0,1]\}$ 是 Y 上的一个集合套, 由表现定理, 这个集合套可唯一确定一个 Y 上的模糊集合

$$\bigcup_{\lambda \in [0,1]} \lambda (R_\lambda)_Y.$$

定义 6.1.3 设 $\underset{\sim}{R} \in \mathcal{F}(X \times Y)$. 称

$$\underset{\sim}{R}_X = \bigcup_{\lambda \in [0,1]} \lambda (R_\lambda)_X \in \mathcal{F}(X)$$

为 $\underset{\sim}{R}$ 在 X 中的**投影**; 称

$$\underset{\sim}{R}_Y = \bigcup_{\lambda \in [0,1]} \lambda (R_\lambda)_Y \in \mathcal{F}(Y)$$

为 $\underset{\sim}{R}$ 在 Y 中的**投影**.

设 $\underset{\sim}{R}$ 是 X 到 Y 的模糊关系, 对任意的 $\lambda \in [0,1]$, $\underset{\sim}{R}$ 的 λ 截集 R_λ 是 X 到 Y 的分明关系. 再设 $x_0 \in X$, R_λ 在 x_0 处的截影 $R_\lambda|_{x_0}$ 满足

$$\lambda_1 < \lambda_2 \Longrightarrow R_{\lambda_2} \subseteq R_{\lambda_1} \Longrightarrow R_{\lambda_2}|_{x_0} \subseteq R_{\lambda_1}|_{x_0}.$$

因此, $\{R_\lambda|_{x_0} | \lambda \in [0,1]\}$ 是 Y 上的一个集合套, 由表现定理, 这个集合套可唯一确定一个 Y 上的模糊集合

$$\bigcup_{\lambda \in [0,1]} \lambda (R_\lambda|_{x_0}).$$

同理, 设 $y_0 \in Y$, $\{R_\lambda|_{y_0}|\lambda \in [0,1]\}$ 是 X 上的一个集合套, 由表现定理, 这个集合套可唯一确定一个 X 上的模糊集合

$$\bigcup_{\lambda \in [0,1]} \lambda(R_\lambda|_{y_0}).$$

定义 6.1.4 设 $\underset{\sim}{R} \in \mathcal{F}(X \times Y)$, $x_0 \in X$, $y_0 \in Y$. 称

$$\underset{\sim}{R}|_{x_0} = \bigcup_{\lambda \in [0,1]} \lambda(R_\lambda|_{x_0}) \in \mathcal{F}(Y)$$

为 $\underset{\sim}{R}$ 在 x_0 处的**截影**; 称

$$\underset{\sim}{R}|_{y_0} = \bigcup_{\lambda \in [0,1]} \lambda(R_\lambda|_{y_0}) \in \mathcal{F}(X)$$

为 $\underset{\sim}{R}$ 在 y_0 处的**截影**.

性质 6.1.7 设 $\underset{\sim}{R} \in \mathcal{F}(X \times Y)$, 则

(1) $\underset{\sim}{R}_X(x) = \bigvee_{y \in Y} \underset{\sim}{R}(x,y)$, $x \in X$,

(2) $\underset{\sim}{R}_Y(y) = \bigvee_{x \in X} \underset{\sim}{R}(x,y)$, $y \in Y$.

证明 (1) 对任意的 $\lambda \in [0,1]$, $R_\lambda \subseteq X \times Y$, 由性质 6.1.1, 对任意的 $x \in X$, 有

$$(R_\lambda)_X(x) = \bigvee_{y \in Y} R_\lambda(x,y).$$

于是

$$
\begin{aligned}
\underset{\sim}{R}_X(x) &= \left(\bigcup_{\lambda \in [0,1]} \lambda(R_\lambda)_X\right)(x) \\
&= \bigvee_{\lambda \in [0,1]} \left(\lambda \bigwedge (R_\lambda)_X(x)\right) \\
&= \bigvee_{\lambda \in [0,1]} \left(\lambda \bigwedge \left(\bigvee_{y \in Y} R_\lambda(x,y)\right)\right) \\
&= \bigvee_{\lambda \in [0,1]} \bigvee_{y \in Y} \left(\lambda \bigwedge R_\lambda(x,y)\right) \\
&= \bigvee_{y \in Y} \bigvee_{\lambda \in [0,1]} \left(\lambda \bigwedge R_\lambda(x,y)\right) \\
&= \bigvee_{y \in Y} \left(\bigcup_{\lambda \in [0,1]} \lambda R_\lambda\right)(x,y) \\
&= \bigvee_{y \in Y} \underset{\sim}{R}(x,y).
\end{aligned}
$$

同理可证 (2) 式成立. ∎

性质 6.1.8 设 $\underset{\sim}{R} \in \mathcal{F}(X \times Y)$, $x_0 \in X$, $y_0 \in Y$, 则

(1) $\underset{\sim}{R}|_{x_0}(y) = \underset{\sim}{R}(x_0,y)$, $y \in Y$,

(2) $\underset{\sim}{R}|_{y_0}(x) = \underset{\sim}{R}(x,y_0)$, $x \in X$.

证明 (1) 对任意的 $\lambda \in [0,1], R_\lambda \subseteq X \times Y$, 由性质 6.1.2, 对任意的 $y \in Y$, 有

$$R_\lambda|_{x_0}(y) = R_\lambda(x_0, y),$$

于是

$$
\begin{aligned}
\underset{\sim}{R}|_{x_0}(y) &= \left(\bigcup_{\lambda \in [0,1]} \lambda(R_\lambda|_{x_0}) \right)(y) \\
&= \bigvee_{\lambda \in [0,1]} (\lambda \bigwedge R_\lambda|_{x_0}(y)) \\
&= \bigvee_{\lambda \in [0,1]} (\lambda \bigwedge R_\lambda(x_0, y)) \\
&= \left(\bigcup_{\lambda \in [0,1]} \lambda R_\lambda \right)(x_0, y) \\
&= \underset{\sim}{R}(x_0, y).
\end{aligned}
$$

同理可证 (2) 式成立. ∎

以下几个性质的证明留作习题.

性质 6.1.9 设 $\underset{\sim}{R} \in \mathcal{F}(X \times Y)$, 则

(1) $\underset{\sim}{R}_X = \bigcup_{y \in Y} \underset{\sim}{R}|_y$,

(2) $\underset{\sim}{R}_Y = \bigcup_{x \in X} \underset{\sim}{R}|_x$.

性质 6.1.10 设 $\underset{\sim}{R} \in \mathcal{F}(X \times Y)$, $x_0 \in X, y_0 \in Y$, 则

(1) $\underset{\sim}{R}|_{x_0} = \left((\{x_0\} \times Y) \bigcap \underset{\sim}{R} \right)_Y$,

(2) $\underset{\sim}{R}|_{y_0} = \left((X \times \{y_0\}) \bigcap \underset{\sim}{R} \right)_X$.

性质 6.1.11 设 $\underset{\sim}{R} \in \mathcal{F}(X \times Y)$, 则

(1) $\underset{\sim}{R} = \bigcup_{x \in X} \left(\{x\} \times \underset{\sim}{R}|_x \right)$,

(2) $\underset{\sim}{R} = \bigcup_{y \in Y} \left(\underset{\sim}{R}|_y \times \{y\} \right)$.

性质 6.1.12 设 $R_1, R_2 \in \mathcal{F}(X \times Y)$, $x_0 \in X, y_0 \in Y$. 若 $\underset{\sim}{R_1} \subseteq \underset{\sim}{R_2}$, 则

(1) $(R_1)_X \subseteq (R_2)_X, (\underset{\sim}{R_1})_Y \subseteq (R_2)_Y$,

(2) $\underset{\sim}{R_1}|_{x_0} \subseteq \underset{\sim}{R_2}|_{x_0}, \underset{\sim}{R_1}|_{y_0} \subseteq \underset{\sim}{R_2}|_{y_0}$.

6.2 映射及其图像

本节将讨论映射及其图像、集值映射及其图像, 以及模糊集值映射及其图像.

6.2.1 映射及其图像

定理 6.2.1 给定映射 $f : X \longrightarrow Y$, $x \longmapsto f(x) = y$, 则 f 唯一确定一个 X 到 Y 的关系 R_f (称为 f 的**图像**), 满足

(1) $(R_f)_X = X$,

(2) 对任意的 $x \in X$, $R_f|_x = \{f(x)\}$ 是单点集.

证明 令

$$R_f = \{(x, y) \in X \times Y | f(x) = y\},$$

则 R_f 是 X 到 Y 的关系, 其特征函数为

$$R_f(x, y) = \begin{cases} 1, & f(x) = y, \\ 0, & f(x) \neq y. \end{cases}$$

对任意的 $x \in X$, 存在 $y \in Y$, 使得 $f(x) = y$, 也就是 $(x, y) \in R_f$, 于是

$$(R_f)_X = \{x \in X | \text{ 存在 } y \in Y, (x, y) \in R_f\} = X.$$

对任意的 $x \in X$, $R_f|_x = \{y \in Y | (x, y) \in R_f\} = \{y \in Y | f(x) = y\} = \{f(x)\}$ 是单点集.

假若另有 $R' \subseteq X \times Y$, 满足

(1) $(R')_X = X$,

(2) 对任意的 $x \in X$, $R'|_x = \{f(x)\}$ 是单点集.

由性质 6.1.5 可知,

$$R' = \bigcup_{x \in X} (\{x\} \times R'|_x) = \bigcup_{x \in X} (\{x\} \times \{f(x)\}) = \bigcup_{x \in X} (\{x\} \times R_f|_x) = R_f. \blacksquare$$

定理 6.2.2 给定关系 $R \subseteq X \times Y$, 满足

(1) $R_X = X$,

(2) 对任意的 $x \in X$, $R|_x = \{y_x\}$ 是单点集,

则关系 R 唯一确定一个映射 $f_R : X \longrightarrow Y$, 其图像为 R, 且对任意的 $x \in X$, 有

$$R|_x = \{f_R(x)\}.$$

证明 令映射

$$f_R : X \longrightarrow Y,$$
$$x \longmapsto f_R(x) = y_x,$$

则 f_R 的图像为

$$R_f = \{(x, y) \in X \times Y | f_R(x) = y\}.$$

由定理 6.2.1, 对任意的 $x \in X$, $R_f|_x = \{f_R(x)\}$, 而 $f_R(x) = y_x$, 再由性质 6.1.5, 有

$$R_f = \bigcup_{x \in X} (\{x\} \times R_f|_x) = \bigcup_{x \in X} (\{x\} \times \{f_R(x)\})$$
$$= \bigcup_{x \in X} (\{x\} \times \{y_x\}) = \bigcup_{x \in X} (\{x\} \times R|_x) = R.$$

假若另有映射 $f' : X \longrightarrow Y$, 其图像是 R, 且满足 $R|_x = \{f'(x)\}$, 则对任意的 $x \in X$, 有

$$\{f'(x)\} = R|_x = \{f_R(x)\},$$

即

$$f' = f_R.\qquad\blacksquare$$

6.2.2 集值映射及其图像

定义 6.2.1 称映射 $\bar{f} : X \longrightarrow \mathcal{P}(Y)$, $x \longmapsto \bar{f}(x)$ 为 X 到 Y 的**集值映射**.

定理 6.2.3 给定集值映射 $\bar{f} : X \longrightarrow \mathcal{P}(Y)$, $x \longmapsto \bar{f}(x)$, $\bar{f}$ 可唯一确定一个 X 到 Y 的关系 (称为 f 的**图像**), 满足: 对任意的 $x \in X$, 有

$$R_f|_x = \bar{f}(x).$$

证明 令

$$R_f = \{(x, y) \in X \times Y | y \in \bar{f}(x)\},$$

则 R_f 是 X 到 Y 的关系, 其特征函数为

$$R_f(x, y) = \begin{cases} 1, & y \in \bar{f}(x), \\ 0, & y \notin \bar{f}(x). \end{cases}$$

对任意的 $x \in X, y \in Y$, 有

$$R_f|_x(y) = R_f(x, y) = \bar{f}(x)(y),$$

故 $R_f|_x = \bar{f}(x)$.

假若另有 $R' \subseteq X \times Y$, 对任意的 $x \in X$, 满足 $R'|_x = \bar{f}(x)$, 则由性质 6.1.5 可知,

$$R' = \bigcup_{x \in X}(\{x\} \times R'|_x) = \bigcup_{x \in X}(\{x\} \times \bar{f}(x)) = \bigcup_{x \in X}(\{x\} \times R_f|_x) = R_f.\qquad\blacksquare$$

定理 6.2.4 给定关系 $R \subseteq X \times Y$, 可唯一确定一个集值映射 $\bar{f}_R : X \longrightarrow \mathcal{P}(Y)$, 其图像为 R, 且 $\bar{f}_R(x) = R|_x$.

证明 令

$$\bar{f}_R : X \longrightarrow \mathcal{P}(Y),$$
$$x \longmapsto \bar{f}_R(x) = R|_x,$$

则 $\bar{f}_R$ 的图像为

$$R_f = \{(x, y) \in X \times Y | y \in \bar{f}_R(x)\}.$$

由定理 6.2.3, 对任意的 $x \in X$, $R_f|_x = \bar{f}_R(x)$, 再由性质 6.1.5, 可知

$$R_f = \bigcup_{x \in X}(\{x\} \times R_f|_x) = \bigcup_{x \in X}(\{x\} \times \bar{f}_R(x))$$
$$= \bigcup_{x \in X}(\{x\} \times R|_x) = R.$$

假若另有映射 $\bar{f}' : X \longrightarrow \mathcal{P}(Y)$, 满足 $R|_x = \bar{f}'(x)$, 则

$$\bar{f}'(x) = R|_x = \bar{f}_R(x),$$

即 $\bar{f}' = \bar{f}_R$.

通过定理 6.2.3 和定理 6.2.4 可以看出: 分明关系与集值映射是一一对应的.

6.2.3   模糊集值映射及其图像

定义 6.2.2   称映射 $\widetilde{f} : X \longrightarrow \mathcal{F}(Y)$, $x \longmapsto \widetilde{f}(x)$ 为 X 到 Y 的**模糊集值映射**.

定理 6.2.5   给定模糊集值映射 $\widetilde{f} : X \longrightarrow \mathcal{F}(Y)$, $x \longmapsto \widetilde{f}(x)$, $\widetilde{f}$ 可唯一确定一个模糊关系 $R_f \in \mathcal{F}(X \times Y)$(称为 $\widetilde{f}$ 的图像), 对任意的 $x \in X$, 有

$$\underset{\sim}{R_f}|_x = \widetilde{f}(x).$$

证明   令 $\underset{\sim}{R_f}$ 的隶属函数为 $\underset{\sim}{R_f}(x, y) = \widetilde{f}(x)(y)$, 证明过程与定理 6.2.3 的证明过程类似, 从略.

定理 6.2.6   给定模糊关系 $\underset{\sim}{R} \in \mathcal{F}(X \times Y)$, 可唯一确定一个模糊集值映射

$$\widetilde{f}_R : X \longrightarrow \mathcal{F}(Y),$$

其图像为 $\underset{\sim}{R}$, 且对任意的 $x \in X$, 有

$$\widetilde{f}_R(x) = \underset{\sim}{R}|_x.$$

证明   令 $\widetilde{f}_R(x)(y) = \underset{\sim}{R}(x, y), y \in Y$, 证明过程与定理 6.2.4 的证明过程类似, 从略.

通过定理 6.2.5 和定理 6.2.6 可以看出: 模糊关系与模糊集值映射是一一对应的.

例 6.2.1   设 $X = \{x_1, x_2, \cdots, x_n\}, Y = \{y_1, y_2, \cdots, y_m\}$.

(1) 给定模糊集值映射

$$\widetilde{f} : X \longrightarrow \mathcal{F}(Y),$$
$$x_i \longmapsto \widetilde{f}(x_i).$$

设 $\widetilde{f}(x_i)(y_j) = r_{ij}$, $i = 1, 2, \cdots, n$; $j = 1, 2, \cdots, m$, 则

$$\widetilde{f}(x_i) = (r_{i1}, r_{i2}, \cdots, r_{im}).$$

由 $\widetilde{f}$ 可唯一确定一个模糊关系 $\underset{\sim}{R_f} \in \mathcal{F}(X \times Y)$, 其隶属函数为

$$\underset{\sim}{R_f}(x_i, y_j) = \widetilde{f}(x_i)(y_j) = r_{ij}.$$

$\underset{\sim}{R_f}$ 为映射 $\widetilde{f}$ 的图像, 且 $R_f|_{x_i} = \widetilde{f}(x_i)$.

(2) 给定模糊关系 $\underset{\sim}{R} \in \mathcal{F}(X \times Y)$, 则 $\underset{\sim}{R}$ 可以用模糊矩阵表示如下:

$$\underset{\sim}{R} = \begin{pmatrix} r_{11} & r_{12} & \cdots & r_{1m} \\ r_{21} & r_{22} & \cdots & r_{2m} \\ \vdots & \vdots & & \vdots \\ r_{n1} & r_{n2} & \cdots & r_{nm} \end{pmatrix},$$

其中 $r_{ij} = R(x_i, y_j)$, 且 $\underset{\sim}{R}|_{x_i} = (r_{i1}, r_{i2}, \cdots, r_{im}) \in \mathcal{F}(Y)$.

由 $\underset{\sim}{R}$ 可唯一确定一个模糊集值映射

$$\widetilde{f}_R : X \longrightarrow \mathcal{F}(Y),$$
$$x_i \longmapsto \widetilde{f}_R(x_i).$$

$\widetilde{f}_R$ 的图像为 $\underset{\sim}{R}$, 且

$$\widetilde{f}_R(x_i) = \underset{\sim}{R}|_{x_i} = (r_{i1}, r_{i2}, \cdots, r_{im}),$$

$$\widetilde{f}_R(x_i)(y_j) = r_{ij} = \underset{\sim}{R}(x_i, y_j),$$

$i = 1, 2, \cdots, n$; $j = 1, 2, \cdots, m$. ■

6.3　模糊线性变换及其表示

6.3.1　模糊线性变换

定义 6.3.1 称映射 $\widetilde{T} : \mathcal{F}(X) \longrightarrow \mathcal{F}(Y)$, $\underset{\sim}{A} \longmapsto \widetilde{T}(\underset{\sim}{A})$ 为 X 到 Y 的**模糊变换**.

一个模糊变换就像一个转换器, 将 X 中的一个模糊集合变换为 Y 中的一个模糊集合, 参见图 6.3.1.

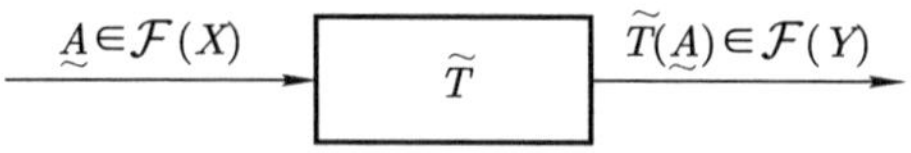

$$\underrightarrow{A \in \mathcal{F}(X)} \quad \boxed{\widetilde{T}} \quad \underrightarrow{\widetilde{T}(A) \in \mathcal{F}(Y)}$$

图 6.3.1   模糊变换

定义 6.3.2   设 $\widetilde{T}$ 为 X 到 Y 的模糊变换, I 为任意指标集, $i \in I, \lambda_i \in [0,1], A_i \in \mathcal{F}(X)$, 若

$$\widetilde{T}(\bigcup_{i \in I} \lambda_i A_i) = \bigcup_{i \in I} \lambda_i \widetilde{T}(A_i),$$

则称 $\widetilde{T}$ 为 X 到 Y 的**模糊线性变换**.

例 6.3.1   设映射 $f: X \longrightarrow Y$. 令

$$\widetilde{T}: \mathcal{F}(X) \longrightarrow \mathcal{F}(Y),$$
$$A \longmapsto \widetilde{T}(A) = f(A);$$
$$\widetilde{T}^{-1}: \mathcal{F}(Y) \longrightarrow \mathcal{F}(X),$$
$$B \longmapsto \widetilde{T}^{-1}(B) = f^{-1}(B),$$

其中 $f(A), f^{-1}(B)$ 由扩展原理得到. 证明:

(1) $\widetilde{T}$ 为 X 到 Y 的模糊线性变换;

(2) $\widetilde{T}^{-1}$ 是 Y 到 X 的模糊线性变换.

证明   (1) 由扩展原理, $f: \mathcal{F}(X) \longrightarrow \mathcal{F}(Y), A \longmapsto f(A)$, 其中 $f(A)$ 的隶属函数为

$$f(A)(y) = \bigvee_{f(x)=y} A(x), \quad y \in Y.$$

设 I 为任意指标集, $i \in I, \lambda_i \in [0,1], A_i \in \mathcal{F}(X)$, 对任意的 $y \in Y$, 有

$$
\begin{aligned}
\widetilde{T}(\bigcup_{i \in I} \lambda_i A_i)(y) &= f(\bigcup_{i \in I} \lambda_i A_i)(y) \\
&= \bigvee_{f(x)=y} (\bigcup_{i \in I} \lambda_i A_i)(x) \\
&= \bigvee_{f(x)=y} \bigvee_{i \in I} (\lambda_i \wedge A_i(x)) \\
&= \bigvee_{i \in I} \bigvee_{f(x)=y} (\lambda_i \wedge A_i(x)) \\
&= \bigvee_{i \in I} (\lambda_i \wedge (\bigvee_{f(x)=y} A_i(x))) \\
&= \bigvee_{i \in I} (\lambda_i \wedge f(A_i)(y)) \\
&= (\bigcup_{i \in I} \lambda_i f(A_i))(y) \\
&= (\bigcup_{i \in I} \lambda_i \widetilde{T}(A_i))(y).
\end{aligned}
$$

所以

$$\widetilde{T}\big(\bigcup_{i\in I}\lambda_i \underset{\sim}{A_i}\big) = \bigcup_{i\in I}\lambda_i \widetilde{T}(\underset{\sim}{A_i}),$$

即 $\widetilde{T}$ 为 X 到 Y 的模糊线性变换.

同理可证 (2) 式成立. ■

模糊线性变换具有以下性质.

性质 6.3.1 设 $\widetilde{T}$ 为 X 到 Y 的模糊线性变换, $\lambda \in [0,1], \underset{\sim}{A}, \underset{\sim}{B} \in \mathcal{F}(X)$, 则

(1) $\widetilde{T}(\underset{\sim}{A}\bigcup\underset{\sim}{B}) = \widetilde{T}(\underset{\sim}{A})\bigcup\widetilde{T}(\underset{\sim}{B})$,

(2) $\widetilde{T}(\lambda\underset{\sim}{A}) = \lambda\widetilde{T}(\underset{\sim}{A})$,

(3) $\underset{\sim}{A} \subseteq \underset{\sim}{B} \Longrightarrow \widetilde{T}(\underset{\sim}{A}) \subseteq \widetilde{T}(\underset{\sim}{B})$.

证明 (1), (2) 两式是模糊线性变换定义的特殊情形, 下面证明 (3) 式:

$$\underset{\sim}{A} \subseteq \underset{\sim}{B} \Longrightarrow \underset{\sim}{A}\bigcup\underset{\sim}{B} = \underset{\sim}{B}$$
$$\Longrightarrow \widetilde{T}(\underset{\sim}{A})\bigcup\widetilde{T}(\underset{\sim}{B}) = \widetilde{T}(\underset{\sim}{A}\bigcup\underset{\sim}{B}) = \widetilde{T}(\underset{\sim}{B})$$
$$\Longrightarrow \widetilde{T}(\underset{\sim}{A}) \subseteq \widetilde{T}(\underset{\sim}{B}).$$

■

6.3.2 模糊线性变换的表示

设 $\underset{\sim}{A} \in \mathcal{F}(X), \underset{\sim}{R} \in \mathcal{F}(X \times Y)$, 定义 $\underset{\sim}{A} \circ \underset{\sim}{R} \in \mathcal{F}(Y)$, 其隶属函数为

$$(\underset{\sim}{A} \circ \underset{\sim}{R})(y) = \bigvee_{x\in X}\big(\underset{\sim}{A}(x)\bigwedge\underset{\sim}{R}(x,y)\big), \quad y \in Y.$$

定义 6.3.3 设 $\widetilde{T}$ 为 X 到 Y 的模糊线性变换, $\underset{\sim}{R} \in \mathcal{F}(X \times Y)$, 若对任意的 $\underset{\sim}{A} \in \mathcal{F}(X)$, 有

$$\widetilde{T}(\underset{\sim}{A}) = \underset{\sim}{A} \circ \underset{\sim}{R},$$

则称 $\underset{\sim}{R}$ 是 $\widetilde{T}$ 的**表示**, 也称 $\widetilde{T}$ 是由 $\underset{\sim}{R}$ **导出的**.

一个模糊关系也可以起到一个模糊线性变换的作用, 参见图 6.3.2.

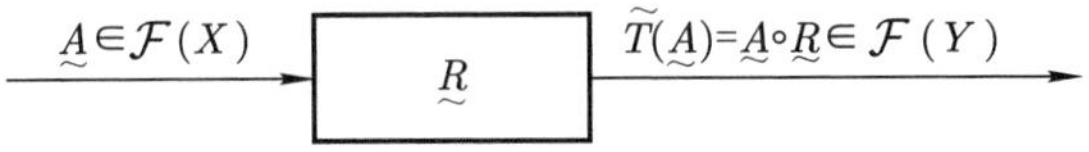

图 6.3.2 模糊线性变换的表示

定理 6.3.1 给定 X 到 Y 的模糊线性变换 $\widetilde{T}$, 可唯一确定一个模糊关系 $\underset{\sim}{R_T} \in \mathcal{F}(X \times Y)$, 使得 $\underset{\sim}{R_T}$ 是 $\widetilde{T}$ 的表示.

证明 设 $\widetilde{T}: \mathcal{F}(X) \longrightarrow \mathcal{F}(Y)$ 为 X 到 Y 的模糊线性变换. 令

$$\widetilde{f}_T : X \longrightarrow \mathcal{F}(Y),$$

$$x \longmapsto \widetilde{f}_T(x) = \widetilde{T}(\{x\}),$$

则 $\widetilde{f}_T$ 为 X 到 Y 的模糊集值映射, 其图像为 $\underset{\sim}{R}_T \in \mathcal{F}(X \times Y)$, 且

$$\underset{\sim}{R}_T(x,y) = \widetilde{f}_T(x)(y), \quad (x,y) \in X \times Y.$$

设 $\underset{\sim}{A} \in \mathcal{F}(X)$, 由定理 2.1.4 可知, $\underset{\sim}{A} = \bigcup_{x \in X} \lambda_x \{x\}$, 其中 $\lambda_x = \underset{\sim}{A}(x)$. 再由 $\widetilde{T}$ 为 X 到 Y 的模糊线性变换, 可得

$$\widetilde{T}(\underset{\sim}{A}) = \widetilde{T}(\bigcup_{x \in X} \lambda_x \{x\}) = \bigcup_{x \in X} \lambda_x \widetilde{T}(\{x\}) = \bigcup_{x \in X} \lambda_x \widetilde{f}_T(x).$$

对任意的 $y \in Y$, 有

$$\begin{aligned}
\widetilde{T}(\underset{\sim}{A})(y) &= (\bigcup_{x \in X} \lambda_x \widetilde{f}_T(x))(y) \\
&= \bigvee_{x \in X} (\lambda_x \bigwedge \widetilde{f}_T(x)(y)) \\
&= \bigvee_{x \in X} \left(\lambda_x \bigwedge \underset{\sim}{R}_T(x,y)\right) \\
&= \bigvee_{x \in X} \left(\underset{\sim}{A}(x) \bigwedge \underset{\sim}{R}_T(x,y)\right) \\
&= \underset{\sim}{A} \circ \underset{\sim}{R}_T(y),
\end{aligned}$$

即 $\widetilde{T}(\underset{\sim}{A}) = \underset{\sim}{A} \circ \underset{\sim}{R}_T$. 再由 $\underset{\sim}{A}$ 的任意性可知, $\underset{\sim}{R}_T$ 是 $\widetilde{T}$ 的表示.

下面证明唯一性. 若另有 $\underset{\sim}{R}' \in \mathcal{F}(X \times Y)$, 满足: 对任意的 $\underset{\sim}{A} \in \mathcal{F}(X)$,

$$\widetilde{T}(\underset{\sim}{A}) = \underset{\sim}{A} \circ \underset{\sim}{R}',$$

即对任意的 $y \in Y$, 有

$$\widetilde{T}(\underset{\sim}{A})(y) = \bigvee_{x \in X} \left(\underset{\sim}{A}(x) \bigwedge \underset{\sim}{R}'(x,y)\right).$$

对任意的 $(x', y') \in X \times Y$, 于是

$$\begin{aligned}
\widetilde{T}(\{x'\})(y') &= \bigvee_{x \in X} \left(\{x'\}(x) \bigwedge \underset{\sim}{R}'(x,y')\right) \\
&= \{x'\}(x') \bigwedge \underset{\sim}{R}'(x',y') \\
&= 1 \bigwedge \underset{\sim}{R}'(x',y') \\
&= \underset{\sim}{R}'(x',y').
\end{aligned}$$

而 $\widetilde{T}(\{x'\}) = \widetilde{f}_T(x')$, 故

$$\widetilde{T}(\{x'\})(y') = \widetilde{f}_T(x')(y') = R_{\underset{\sim}{T}}(x', y').$$

因此,

$$R'_{\underset{\sim}{}} = R_{\underset{\sim}{T}}.\qquad\blacksquare$$

定理 6.3.2 给定模糊关系 $R_{\underset{\sim}{}} \in \mathcal{F}(X \times Y)$, 可唯一确定一个模糊线性变换

$$\widetilde{T}_R : \mathcal{F}(X) \longrightarrow \mathcal{F}(Y),$$

使得 $R_{\underset{\sim}{}}$ 是 $\widetilde{T}_R$ 的表示.

证明 设模糊关系 $R_{\underset{\sim}{}} \in \mathcal{F}(X \times Y)$, 令

$$\widetilde{T}_R : \mathcal{F}(X) \longrightarrow \mathcal{F}(Y)$$
$$\underset{\sim}{A} \longmapsto \widetilde{T}_R(\underset{\sim}{A}) = \underset{\sim}{A} \circ \underset{\sim}{R}.$$

往证 $\widetilde{T}_R$ 为 X 到 Y 的模糊线性变换. 设 I 为任意指标集, $i \in I, \lambda_i \in [0,1], \underset{\sim}{A_i} \in \mathcal{F}(X)$, 对任意的 $y \in Y$, 有

$$
\begin{aligned}
\widetilde{T}_R\big(\bigcup_{i\in I}\lambda_i \underset{\sim}{A_i}\big)(y) &= \bigvee_{x\in X}\big((\bigcup_{i\in I}\lambda_i \underset{\sim}{A_i})(x) \bigwedge \underset{\sim}{R}(x,y)\big) \\
&= \bigvee_{x\in X}\big(\bigvee_{i\in I}(\lambda_i \bigwedge \underset{\sim}{A_i}(x)) \bigwedge \underset{\sim}{R}(x,y)\big) \\
&= \bigvee_{x\in X}\bigvee_{i\in I}\big(\lambda_i \bigwedge \underset{\sim}{A_i}(x) \bigwedge \underset{\sim}{R}(x,y)\big) \\
&= \bigvee_{i\in I}\bigvee_{x\in X}\big(\lambda_i \bigwedge \underset{\sim}{A_i}(x) \bigwedge \underset{\sim}{R}(x,y)\big) \\
&= \bigvee_{i\in I}\big(\lambda_i \bigwedge \big(\bigvee_{x\in X}\big(\underset{\sim}{A_i}(x) \bigwedge \underset{\sim}{R}(x,y)\big)\big)\big) \\
&= \bigvee_{i\in I}\big(\lambda_i \bigwedge \widetilde{T}_R(\underset{\sim}{A_i})(y)\big) \\
&= \big(\bigcup_{i\in I}\lambda_i\widetilde{T}_R(\underset{\sim}{A_i})\big)(y).
\end{aligned}
$$

于是

$$\widetilde{T}_R\big(\bigcup_{i\in I}\lambda_i \underset{\sim}{A_i}\big) = \bigcup_{i\in I}\lambda_i\widetilde{T}_R(\underset{\sim}{A_i}),$$

即 $\widetilde{T}_R$ 为 X 到 Y 的模糊线性变换.

再由 $\widetilde{T}_R$ 的构造可知, 对任意的 $\underset{\sim}{A} \in \mathcal{F}(X)$, 有 $\widetilde{T}_R(\underset{\sim}{A}) = \underset{\sim}{A} \circ \underset{\sim}{R}$, 即 $\underset{\sim}{R}$ 是 $\widetilde{T}_R$ 的表示.

下面证明唯一性. 若另有 $\widetilde{T}'$, 使得 $\underset{\sim}{R}$ 也是 $\widetilde{T}'$ 的表示, 即对任意的 $\underset{\sim}{A} \in \mathcal{F}(X)$, $\widetilde{T}'(\underset{\sim}{A}) = \underset{\sim}{A} \circ \underset{\sim}{R}$. 于是

$$\widetilde{T}'(\underset{\sim}{A}) = \underset{\sim}{A} \circ \underset{\sim}{R} = \widetilde{T}_R(\underset{\sim}{A}),$$

即

$$\widetilde{T}_R = \widetilde{T}'. \qquad \blacksquare$$

通过定理 6.3.1 和定理 6.3.2 可以看出: 模糊关系与模糊线性变换是一一对应的, 故有时对二者不加区分, 笼统地说成模糊线性变换 $\underset{\sim}{R}$. 通过前一节的讨论我们知道, 模糊关系与模糊集值映射也是一一对应的. 因此, 模糊线性变换、模糊集值映射、模糊关系可以看作是同一个事物的不同表现形式.

一般地, 我们有如下结论.

定理 6.3.3 设 $\underset{\sim}{R} \in \mathcal{F}(X \times Y)$, $\widetilde{T}_R$ 是 $\underset{\sim}{R}$ 导出的模糊线性变换, 则

$$\widetilde{T}_R(\underset{\sim}{A}) = \big((\underset{\sim}{A} \times Y) \bigcap \underset{\sim}{R}\big)_Y, \quad \underset{\sim}{A} \in \mathcal{F}(X).$$

证明 设 $\underset{\sim}{A} \in \mathcal{F}(X), y \in Y$, 有

$$\begin{aligned}
\big((\underset{\sim}{A} \times Y) \bigcap \underset{\sim}{R}\big)_Y(y) &= \bigvee\nolimits_{x \in X} \big((\underset{\sim}{A} \times Y) \bigcap \underset{\sim}{R}\big)(x, y) \\
&= \bigvee\nolimits_{x \in X} \big((\underset{\sim}{A} \times Y)(x, y) \bigwedge \underset{\sim}{R}(x, y)\big) \\
&= \bigvee\nolimits_{x \in X} \big(\underset{\sim}{A}(x) \bigwedge Y(y) \bigwedge \underset{\sim}{R}(x, y)\big) \\
&= \bigvee\nolimits_{x \in X} \big(\underset{\sim}{A}(x) \bigwedge 1 \bigwedge \underset{\sim}{R}(x, y)\big) \\
&= \bigvee\nolimits_{x \in X} \big(\underset{\sim}{A}(x) \bigwedge \underset{\sim}{R}(x, y)\big) \\
&= (\underset{\sim}{A} \circ \underset{\sim}{R})(y) \\
&= \widetilde{T}_R(\underset{\sim}{A})(y).
\end{aligned}$$

$\blacksquare$

上述定理表明, $\widetilde{T}_R(\underset{\sim}{A})$ 就是模糊关系 $(\underset{\sim}{A} \times Y) \bigcap \underset{\sim}{R}$ 在 Y 中的投影. 特别地, 若 $\underset{\sim}{R} \subseteq X \times Y$, 将 $\widetilde{T}_R$ 限制在 $\mathcal{P}(X)$ 中, 则 $\widetilde{T}_R(\underset{\sim}{A})$ 就是分明关系 $(\underset{\sim}{A} \times Y) \bigcap \underset{\sim}{R}$ 在 Y 中的投影, 此时, $\widetilde{T}_R$ 为由分明关系 R 导出的从 $\mathcal{P}(X)$ 到 $\mathcal{P}(Y)$ 的线性变换 T_R.

设 $X = \{x_1, x_2, \cdots, x_n\}, Y = \{y_1, y_2, \cdots, y_m\}$, $\underset{\sim}{R}$ 是 X 到 Y 上的模糊关系, 则 $\underset{\sim}{R}$ 可用模糊矩阵表示, 即

$$\underset{\sim}{R} = \begin{pmatrix} r_{11} & r_{12} & \cdots & r_{1m} \\ r_{21} & r_{22} & \cdots & r_{2m} \\ \vdots & \vdots & & \vdots \\ r_{n1} & r_{n2} & \cdots & r_{nm} \end{pmatrix},$$

其中 $r_{ij} = R(x_i, y_j), i = 1, 2, \cdots, n; j = 1, 2, \cdots, m.$

设 $A = (a_1, a_2, \cdots, a_n) \in \mathcal{F}(X)$, 其中 $a_i = A(x_i), i = 1, 2, \cdots, n.$ 令

$$\widetilde{T}_R : \mathcal{F}(X) \longrightarrow \mathcal{F}(Y)$$

$$A \longmapsto \widetilde{T}_R(A) = A \circ R,$$

则 $\widetilde{T}_R$ 是由 R 导出的模糊线性变换. 设 $B = \widetilde{T}_R(A) = A \circ R$, 则

$$(b_1, b_2, \cdots, b_m) = (a_1, a_2, \cdots, a_n) \circ \begin{pmatrix} r_{11} & r_{12} & \cdots & r_{1m} \\ r_{21} & r_{22} & \cdots & r_{2m} \\ \vdots & \vdots & & \vdots \\ r_{n1} & r_{n2} & \cdots & r_{nm} \end{pmatrix},$$

其中

$$b_j = B(y_j) = \widetilde{T}_R(A)(y_j) = \bigvee_{x_i \in X} \left(A(x_i) \bigwedge R(x_i, y_j) \right)$$

$$= \bigvee_{i=1}^{n} (a_i \bigwedge r_{ij}), \quad j = 1, 2, \cdots, m.$$

当 X 和 Y 都是有限论域时, 其上的模糊关系 R 可以用模糊矩阵 $(r_{ij})_{n \times m}$ 来表示, $\widetilde{T}_R$ 是由 R 导出的模糊线性变换, $\widetilde{T}_R$ 将论域 X 中的每一个模糊向量 $A = (a_1, a_2, \cdots, a_n)$ 变换为论域 Y 中的模糊向量 $B = (b_1, b_2, \cdots, b_m) \in \mathcal{F}(Y)$. 在计算

$$A \circ R = (a_1, a_2, \cdots, a_n) \circ \begin{pmatrix} r_{11} & r_{12} & \cdots & r_{1m} \\ r_{21} & r_{22} & \cdots & r_{2m} \\ \vdots & \vdots & & \vdots \\ r_{n1} & r_{n2} & \cdots & r_{nm} \end{pmatrix}$$

时, 所进行的运算就是模糊矩阵的合成运算.

一般地, 若对任意的 $A \in \mathcal{F}(X)$, 将 A 看作从单点集 $\{a\}$ 到 X 的一个模糊关系, 即 $A \in \mathcal{F}(\{a\} \times X)$, 其中

$$A(a, x) = A(x), \quad x \in X.$$

再设 $R \in \mathcal{F}(X \times Y)$, 则 $A \circ R \in \mathcal{F}(\{a\} \times Y)$ 为模糊关系 A 与模糊关系 R 的合成, 且

$$(A \circ R)(a, y) = \bigvee_{x \in X} \left(A(a, x) \bigwedge R(x, y) \right) = \bigvee_{x \in X} \left(A(x) \bigwedge R(x, y) \right), \quad y \in Y.$$

再将从单点集 $\{a\}$ 到 Y 的模糊关系 $\underset{\sim}{A} \circ \underset{\sim}{R}$ 看作是一个 Y 上的模糊集合, 其中

$$(\underset{\sim}{A} \circ \underset{\sim}{R})(y) = (\underset{\sim}{A} \circ \underset{\sim}{R})(a, y).$$

令

$$\widetilde{T}_R : \mathcal{F}(X) \longrightarrow \mathcal{F}(Y)$$
$$\underset{\sim}{A} \longmapsto \widetilde{T}_R(\underset{\sim}{A}) = \underset{\sim}{A} \circ \underset{\sim}{R},$$

则 $\widetilde{T}_R$ 是由 R 导出的模糊线性变换. 在计算 $\widetilde{T}_R(\underset{\sim}{A}) = \underset{\sim}{A} \circ \underset{\sim}{R}$ 时, 所进行的运算就是模糊关系的合成运算.

例 6.3.2 设 $X = \{x_1, x_2, x_3, x_4\}, Y = \{y_1, y_2, y_3\}, R \in \mathcal{P}(X \times Y)$, 已知

$$A_1 = \{x_1, x_2, x_3\}, \quad \underset{\sim}{A_2} = \frac{0.2}{x_1} + \frac{0.3}{x_2} + \frac{0.5}{x_3},$$

$$R = \begin{pmatrix} 1 & 0 & 0 \\ 1 & 1 & 0 \\ 0 & 1 & 0 \\ 0 & 0 & 1 \end{pmatrix}.$$

求 $\widetilde{T}_R(A_1), \widetilde{T}_R(A_2)$, 其中 $\widetilde{T}_R$ 是 R 导出的模糊线性变换.

解 先将 $\underset{\sim}{A_1}, \underset{\sim}{A_2}$ 写成模糊向量的形式, 即

$$A_1 = (1, 1, 1, 0), \quad \underset{\sim}{A_2} = (0.2, 0.3, 0.5, 0).$$

于是

$$\widetilde{T}_R(A_1) = A_1 \circ R = (1, 1, 1, 0) \circ \begin{pmatrix} 1 & 0 & 0 \\ 1 & 1 & 0 \\ 0 & 1 & 0 \\ 0 & 0 & 1 \end{pmatrix} = (1, 1, 0) = \{y_1, y_2\},$$

$$\widetilde{T}_R(\underset{\sim}{A_2}) = \underset{\sim}{A_2} \circ R = (0.2, 0.3, 0.5, 0) \circ \begin{pmatrix} 1 & 0 & 0 \\ 1 & 1 & 0 \\ 0 & 1 & 0 \\ 0 & 0 & 1 \end{pmatrix}$$

$$= (0.3, 0.5, 0) = \frac{0.3}{y_1} + \frac{0.5}{y_2}. \qquad \blacksquare$$

例 6.3.3 设 $X = \{x_1, x_2, x_3, x_4\}, Y = \{y_1, y_2, y_3\}, \underset{\sim}{R} \in \mathcal{F}(X \times Y)$, 已知

$$A_1 = \{x_1, x_2, x_3\}, \quad \underset{\sim}{A_2} = \frac{0.2}{x_1} + \frac{0.3}{x_2} + \frac{0.5}{x_3},$$

$$\underset{\sim}{R} = \begin{pmatrix} 0.3 & 0.4 & 0.3 \\ 0.4 & 0.5 & 0.1 \\ 0.4 & 0.3 & 0.3 \\ 0.5 & 0.3 & 0.2 \end{pmatrix}.$$

求 $\widetilde{T}_R(A_1), \widetilde{T}_R(A_2)$, 其中 $\widetilde{T}_R$ 是 $\underset{\sim}{R}$ 导出的模糊线性变换.

解 先将 $\underset{\sim}{A_1}, \underset{\sim}{A_2}$ 写成模糊向量的形式, 即

$$A_1 = (1, 1, 1, 0), \quad \underset{\sim}{A_2} = (0.2, 0.3, 0.5, 0).$$

于是

$$\begin{aligned}
\widetilde{T}_R(A_1) &= A_1 \circ \underset{\sim}{R} \\
&= (1, 1, 1, 0) \circ \begin{pmatrix} 0.3 & 0.4 & 0.3 \\ 0.4 & 0.5 & 0.1 \\ 0.4 & 0.3 & 0.3 \\ 0.5 & 0.3 & 0.2 \end{pmatrix} \\
&= (0.4, 0.5, 0.3) \\
&= \frac{0.4}{y_1} + \frac{0.5}{y_2} + \frac{0.3}{y_3}, \\
\widetilde{T}_R(A_2) &= \underset{\sim}{A_2} \circ \underset{\sim}{R} \\
&= (0.2, 0.3, 0.5, 0) \circ \begin{pmatrix} 0.3 & 0.4 & 0.3 \\ 0.4 & 0.5 & 0.1 \\ 0.4 & 0.3 & 0.3 \\ 0.5 & 0.3 & 0.2 \end{pmatrix} \\
&= (0.4, 0.3, 0.3) \\
&= \frac{0.4}{y_1} + \frac{0.3}{y_2} + \frac{0.3}{y_3}.
\end{aligned}$$
∎

通过上面两个例子可以看出, 一个分明关系导出的模糊线性变换将分明集合对应到分明集合, 因而分明关系 $R \subseteq X \times Y$ 可以导出一个变换 $T_R : \mathcal{P}(X) \longrightarrow \mathcal{P}(Y)$, 它是将变换 T_R 限制在 $\mathcal{P}(X)$ 中得到的, 而一个 "真" 模糊线性变换不能保证将分明集合对应到分明集合.

6.4 模糊综合评判

6.4.1 模糊综合评判的步骤

1. 明确因素集与评语集

根据具体问题, 明确此次评判需要考虑的因素以及可能作出的评语. 设与待评判对象相关的因素有 $u_1, u_2, \cdots, u_n$, 由这些因素组成的集合称为因素集, 记作 $U = \{u_1, u_2, \cdots, u_n\}$. 再设所有可能的评语有 $v_1, v_2, \cdots, v_m$, 由这些评语组成的集合称为评语集, 记作 $V = \{v_1, v_2, \cdots, v_m\}$.

2. 确定单因素评判

对因素集 U 中的每一个因素 $u_i, i = 1, 2, \cdots, n$, 作出单因素评判. 根据单一因素 u_i 确定待评判对象对评语集 V 中的每一个评语 $v_j, j = 1, 2, \cdots, m$ 的隶属程度 r_{ij}, 从而得出对第 i 个因素 u_i 的单因素评判 $(r_{i1}, r_{i2}, \cdots, r_{im})$, 它是评语集 V 上的一个模糊向量, 称为**单因素评判向量**. 这样, 就给出了一个模糊集值映射

$$\widetilde{f} : U \longrightarrow \mathcal{F}(V),$$
$$u_i \longmapsto \widetilde{f}(u_i),$$

其中 $\widetilde{f}(u_i) = (r_{i1}, r_{i2}, \cdots, r_{im}), i = 1, 2, \cdots, n$.

3. 构造综合评判矩阵

以上一步中得到的单因素评判向量为行构造一个 $n \times m$ 模糊矩阵

$$\underset{\sim}{R} = \begin{pmatrix} r_{11} & r_{12} & \cdots & r_{1m} \\ r_{21} & r_{22} & \cdots & r_{2m} \\ \vdots & \vdots & & \vdots \\ r_{n1} & r_{n2} & \cdots & r_{nm} \end{pmatrix},$$

称 $\underset{\sim}{R}$ 为**综合评判矩阵**.

换言之, 根据定理 6.2.5, 对给定模糊集值映射 $\widetilde{f} : U \longrightarrow \mathcal{F}(V), u_i \longmapsto \widetilde{f}(u_j)$, 可唯一确定一个模糊关系, 即映射 $\widetilde{f}$ 的图像 $\underset{\sim}{R_f} \in \mathcal{F}(U \times V)$, 其隶属函数为

$$\underset{\sim}{R_f}(u_i, v_j) = \widetilde{f}(u_i)(v_j), \quad i = 1, 2, \cdots, n; j = 1, 2, \cdots, m,$$

且对任意的 $u_i \in U$, 有 $\underset{\sim}{R_f}|_{u_i} = \widetilde{f}(u_i)$. 取 $\underset{\sim}{R} = \underset{\sim}{R_f} = (r_{ij})_{n \times m}$, 此时, $\underset{\sim}{R}$ 在因素集中每一因素 u_i 处的截影 $\underset{\sim}{R}|_{u_i}$ 就是单因素评判向量 $\widetilde{f}(u_i), i = 1, 2, \cdots, n$.

4. 确定权向量

由于不同的因素对待评判对象的影响不尽相同, 因此, 在进行综合评判时, 要确定因素集中每一个因素的权重. 设因素集 U 中各因素的权重分配分别为 $a_1, a_2, \cdots,$ a_n, 其中 a_i 为因素 u_i 的权重, $i = 1, 2, \cdots, n, \sum\limits_{i=1}^{n} a_i = 1$. 称模糊向量

$$A = (a_1, a_2, \cdots, a_n) \in \mathcal{F}(U)$$

为权向量.

5. 确定综合评判模型并计算综合评判向量

当权向量 $\underset{\sim}{A}$ 和综合评判矩阵 $\underset{\sim}{R}$ 确定之后, 通过评判矩阵 $\underset{\sim}{R}$, 可将因素集 U 上的模糊向量 $\underset{\sim}{A} \in \mathcal{F}(U)$ 变换成为评语集 V 上的模糊向量

$$\underset{\sim}{B} = \underset{\sim}{A} * \underset{\sim}{R} = (b_1, b_2, \cdots, b_m) \in \mathcal{F}(V),$$

其中 $*$ 表示广义的合成运算, 即

$$b_j = \bigvee\nolimits_{i=1}^{*n}(a_i \bigwedge\nolimits^* r_{ij}), \quad j = 1, 2, \cdots, m, \tag{6.4.1}$$

这里 "$\bigwedge^*$" 表示广义 "模糊与" 运算, "$\bigvee^*$" 表示广义 "模糊或" 运算. 称模糊向量 $B = A * R \in \mathcal{F}(V)$ 为**模糊综合评判向量**, 简称**评判向量**, b_j 为评语等级 v_j 对评判向量 $\underset{\sim}{B}$ 的隶属度, $j = 1, 2, \cdots, m$, (6.4.1) 式称为**综合评判模型**, 记作 $M(\bigwedge^*, \bigvee^*)$.

6. 作出综合评判结论

根据最大隶属原则, 选择模糊综合评判向量 $\underset{\sim}{B} = (b_1, b_2, \cdots, b_m)$ 中最大的 b_j 所对应的评语等级 v_j 作为综合评判的结论.

6.4.2 常见模糊综合评判模型

1. 主因素决定型 $M(\bigwedge, \bigvee)$

$$b_j = \bigvee\nolimits_{i=1}^{n}(a_i \bigwedge r_{ij}), \quad j = 1, 2, \cdots, m.$$

此模型的特点是主要因素起决定作用, 同时, 忽略其他权重较小因素的影响, 即其他次要因素的评语在一定范围内变化对结论没有影响. 这种模型的特点是简单易行, 且能够反映某些实际问题的本质, 但缺点也很明显, 因为只考虑主要因素, 忽略其他因素的影响, 使得有些信息没有机会体现在决策结论中, 且易出现结果不易分辨 (即模型失效) 的情况, 这时可考虑采用其他的模糊算子来建立评判模型.

2. 主因素突出型

(1) 模型 $M(\cdot, \bigvee)$:

$$b_j = \bigvee_{i=1}^n (a_i \cdot r_{ij}), \quad j = 1, 2, \cdots, m.$$

此模型的特点是突出起主要作用的因素的作用, 同时, 在一定程度上忽略其他权重较小的因素的影响, 较模型 $M(\bigwedge, \bigvee)$ 细致.

(2) 模型 $M(\bigwedge, \oplus)$:

$$b_j = \oplus_{i=1}^n (a_i \bigwedge r_{ij}), \quad j = 1, 2, \cdots, m,$$

这里运算 $\oplus$ 为有界和, 即 $a \oplus b = \min\{1, a + b\}$, 但是由于权重分配满足归一性, 即 $\sum_{i=1}^n a_i = 1$, 故 $\sum_{i=1}^n (a_i \bigwedge r_{ij}) < 1$, 于是

$$b_j = \sum_{i=1}^n (a_i \bigwedge r_{ij}), \quad j = 1, 2, \cdots, m,$$

也就是 $M(\bigwedge, \oplus) = M(\bigwedge, \sum)$.

此模型的特点也是突出起主要作用的因素的作用, 同时, 在一定程度上忽略其他权重较小的因素的影响, 较模型 $M(\bigwedge, \bigvee)$ 细致.

3. 加权平均型 $M(\cdot, \sum)$

$$b_j = \sum_{i=1}^n (a_i \cdot r_{ij}), \quad j = 1, 2, \cdots, m.$$

此模型的特点是综合考虑每一个因素的影响, 每一个因素对评判结果均有一定程度的贡献.

4. 均衡平均型

(1) $b_j = \sum_{i=1}^n \left(a_i \bigwedge \dfrac{r_{ij}}{\sum\limits_{i=1}^n r_{ij}} \right), j = 1, 2, \cdots, m.$

(2) $b_j = \sum_{i=1}^n \left(a_i \cdot \dfrac{r_{ij}}{\sum\limits_{i=1}^n r_{ij}} \right), j = 1, 2, \cdots, m.$

以上两种模型都是均衡平均型, 此模型的特点是先将模糊综合评判矩阵的列向量归一化, 然后再与权重 a_i 进行运算 (乘积或取小), 最后再求和得到评判结果.

例 6.4.1 (服装评判问题) 首先明确因素集与评语集. 设选购服装时考虑 5 个因素:

$$u_1 = \text{"款式"}, \qquad u_2 = \text{"花色"},$$
$$u_3 = \text{"舒适性"}, \qquad u_4 = \text{"工艺质量"},$$
$$u_5 = \text{"价格"},$$

故因素集为

$$U = \{u_1, u_2, u_3, u_4, u_5\};$$

评判分为 4 个等级:

$$v_1 = \text{"非常欢迎"}, \qquad v_2 = \text{"比较欢迎"},$$
$$v_3 = \text{"不太欢迎"}, \qquad v_4 = \text{"不欢迎"},$$

故评语集为

$$V = \{v_1, v_2, v_3, v_4\}.$$

对某种服装, 请若干相关专业人员或者顾客来作出单因素评判. 假设对此种服装的款式, 受邀参与调查的人中有 60% 的人表示 "非常欢迎", 30% 的人表示 "比较欢迎", 10% 的人表示 "不太欢迎", 没有人表示 "不欢迎", 这样得到对应因素 u_1 的单因素评判

$$u_1 \longmapsto (0.6, 0.3, 0.1, 0).$$

类似地, 得到对其他因素的单因素评判:

$$u_2 \longmapsto (0.1, \quad 0.3, \quad 0.4, \quad 0.2),$$
$$u_3 \longmapsto (0.4, \quad 0.3, \quad 0.2, \quad 0.1),$$
$$u_4 \longmapsto (0.2, \quad 0.4, \quad 0.3, \quad 0.1),$$
$$u_5 \longmapsto (0.4, \quad 0.4, \quad 0.1, \quad 0.1).$$

这样就得到了对每一个因素的单因素评判向量, 即给出了模糊集值映射

$$f : U \longrightarrow \mathcal{F}(V), \quad u_i \longmapsto f(u_i).$$

以上一步中得到的单因素评判向量为行构造综合评判矩阵

$$\underset{\sim}{R} = \begin{pmatrix} 0.6 & 0.3 & 0.1 & 0 \\ 0.1 & 0.3 & 0.4 & 0.2 \\ 0.4 & 0.3 & 0.2 & 0.1 \\ 0.2 & 0.4 & 0.3 & 0.1 \\ 0.4 & 0.4 & 0.1 & 0.1 \end{pmatrix}.$$

假设某一类顾客, 根据自身需要和着装经验对因素集中诸因素的权重分配为

$$\underset{\sim}{A} = (0.4, 0.1, 0.3, 0.1, 0.1).$$

确定综合评判模型为主因素决定型 $M(\bigwedge, \bigvee)$, 计算得综合评判向量

$$\underset{\sim}{B} = \underset{\sim}{A} \circ \underset{\sim}{R} = (0.4, 0.3, 0.2, 0.1).$$

根据最大隶属原则, 选择模糊综合评判向量 $\underset{\sim}{B}$ 中最大的 $b_1 = 0.4$ 所对应的评语等级 v_1 作为综合评判的结论: 此类顾客对此种服装的评语等级为 $v_1 = $ "非常欢迎". ■

6.4.3　多级模糊综合评判

例 6.4.2 (产品质量评判)　设因素集为 $U = \{u_1, u_2, u_3, u_4, u_5, u_6, u_7, u_8, u_9\}$, 评语集为 $V = \{v_1, v_2, v_3, v_4\}$, 其中 $v_1 = $ "一等品", $v_2 = $ "二等品", $v_3 = $ "三等品", $v_4 = $ "不合格品".

受邀参与单因素评判的人员分为 3 组: 专家、检验人员、用户. 他们分别从不同的角度进行评判, 分别得出单因素评判:

$$
\begin{aligned}
u_1 &\longmapsto (0.25, \quad 0.35, \quad 0.25, \quad 0.15), \\
u_2 &\longmapsto (0.25, \quad 0.30, \quad 0.25, \quad 0.20), \\
u_3 &\longmapsto (0.20, \quad 0.40, \quad 0.30, \quad 0.10), \\
u_4 &\longmapsto (0.30, \quad 0.40, \quad 0.20, \quad 0.10), \\
u_5 &\longmapsto (0.20, \quad 0.40, \quad 0.25, \quad 0.15), \\
u_6 &\longmapsto (0.35, \quad 0.40, \quad 0.15, \quad 0.10), \\
u_7 &\longmapsto (0.40, \quad 0.30, \quad 0.20, \quad 0.10), \\
u_8 &\longmapsto (0.35, \quad 0.35, \quad 0.20, \quad 0.10), \\
u_9 &\longmapsto (0.25, \quad 0.30, \quad 0.25, \quad 0.20).
\end{aligned}
$$

这样, 就给出了模糊集值映射 $\widetilde{f}: U \longrightarrow \mathcal{F}(V), u_i \longmapsto \widetilde{f}(u_i)$.

以上一步中得到的单因素评判向量为行, 构造综合评判矩阵

$$
\underset{\sim}{R} = \begin{pmatrix}
0.25 & 0.35 & 0.25 & 0.15 \\
0.25 & 0.30 & 0.25 & 0.20 \\
0.20 & 0.40 & 0.30 & 0.10 \\
0.30 & 0.40 & 0.20 & 0.10 \\
0.20 & 0.40 & 0.25 & 0.15 \\
0.35 & 0.40 & 0.15 & 0.10 \\
0.40 & 0.30 & 0.20 & 0.10 \\
0.35 & 0.35 & 0.20 & 0.10 \\
0.25 & 0.30 & 0.25 & 0.20
\end{pmatrix}.
$$

假设已经确定了因素集中诸因素的权重分配为

$$A = (0.15,\ 0.15,\ 0.15,\ 0.20,\ 0.10,\ 0.10,\ 0.05,\ 0.05,\ 0.05).$$

确定综合评判模型为主因素决定型 $M(\bigwedge,\bigvee)$, 并计算综合评判向量得

$$B = A \circ R = (0.20,\ 0.20,\ 0.20,\ 0.15).$$

根据上式得不出有意义的结论, 模型失效. 我们来看 B 中的第一个分量 b_1 是如何得到的.

$$b_1 = \bigvee_{i=1}^{9}(a_i \bigwedge r_{i1})$$

$$= (0.15 \bigwedge 0.25)\bigvee(0.15 \bigwedge 0.25)\bigvee(0.15 \bigwedge 0.20)\bigvee(0.20 \bigwedge 0.30)\bigvee(0.10 \bigwedge 0.20)$$

$$\bigvee (0.10 \bigwedge 0.35)\bigvee(0.05 \bigwedge 0.40)\bigvee(0.05 \bigwedge 0.35)\bigvee(0.05 \bigwedge 0.25)$$

$$= 0.15 \bigvee 0.15 \bigvee 0.15 \bigvee 0.20 \bigvee 0.10 \bigvee 0.10 \bigvee 0.05 \bigvee 0.05 \bigvee 0.05$$

$$= 0.20.$$

由于权向量中每一个因素的权重都比较小, 通过 $M(\bigwedge,\bigvee)$ 模型导致模糊综合评判矩阵 R 的第一列元素在作 "$\bigwedge$" 运算时全部被筛选掉了.

当待评判对象比较复杂时, 需要考虑的因素往往比较多, 这时存在两个方面的问题: 一是, 因素多权重分配很难确定; 二是, 即使确定了权重分配, 由于需要满足归一性, $\sum_{i=1}^{n} a_i = 1$, 每一因素分得的权重必然小.

可以通过对因素集中的因素分层来解决这个问题, 即将因素按照其属性将其分成几类, 先分别在较低的层级上作出评判, 然后在较高的层级上作出进一步的评判. 仍以例 6.4.2 为例.

例 6.4.3 (续例 6.4.2)   按照因素集中因素的属性将其分类, 有

$$U_1 = \{u_1,\ u_2,\ u_3\},$$
$$U_2 = \{u_4,\ u_5,\ u_6\},$$
$$U_3 = \{u_7,\ u_8,\ u_9\},$$

相应的综合评判矩阵分别为

$$R_1 = \begin{pmatrix} 0.25 & 0.35 & 0.25 & 0.15 \\ 0.25 & 0.30 & 0.25 & 0.20 \\ 0.20 & 0.40 & 0.30 & 0.10 \end{pmatrix},$$

$$R_2 = \begin{pmatrix} 0.30 & 0.40 & 0.20 & 0.10 \\ 0.20 & 0.40 & 0.25 & 0.15 \\ 0.35 & 0.40 & 0.15 & 0.10 \end{pmatrix},$$

$$R_3 = \begin{pmatrix} 0.40 & 0.30 & 0.20 & 0.10 \\ 0.35 & 0.35 & 0.20 & 0.10 \\ 0.25 & 0.30 & 0.25 & 0.20 \end{pmatrix}.$$

设子因素集 U_1, U_2, U_3 中诸因素的权重分配分别为

$$A_1 = (0.35, \quad 0.35, \quad 0.30),$$
$$A_2 = (0.50, \quad 0.25, \quad 0.25),$$
$$A_3 = (0.35, \quad 0.30, \quad 0.35).$$

于是

$$B_1 = A_1 \circ R_1 = (0.25, \quad 0.35, \quad 0.30, \quad 0.20),$$
$$B_2 = A_2 \circ R_2 = (0.30, \quad 0.40, \quad 0.25, \quad 0.15),$$
$$B_3 = A_3 \circ R_3 = (0.35, \quad 0.30, \quad 0.25, \quad 0.20).$$

将 B_1, B_2, B_3 合起来, 得到综合评判矩阵

$$R = \begin{pmatrix} 0.25 & 0.35 & 0.30 & 0.20 \\ 0.30 & 0.40 & 0.25 & 0.15 \\ 0.35 & 0.30 & 0.25 & 0.20 \end{pmatrix}.$$

若 $U = \{U_1, U_2, U_3\}$ 的权重分配为

$$A = (0.25, \quad 0.45, \quad 0.30),$$

计算得综合评判向量为

$$B = A \circ R = (0.30, 0.40, 0.25, 0.20).$$

根据最大隶属原则, 结论为这批产品的等级为 $v_1 = $ "一等品". ■

6.4.4　模糊综合评判的逆问题

实践中, 综合评判问题可以分为正、逆两类问题. 若将综合评判矩阵 R 看作一个从因素集 U 到评语集 V 的模糊变换, 则每当输入一个因素集 U 上的模糊集合

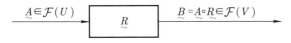

图 6.4.1　模糊综合评判

A (权向量), 通过模糊变换 R 就可以输出一个评语集 V 上的模糊集合 B (模糊综合评判向量), 参见图 6.4.1.

若已知模糊综合评判问题中的评判矩阵 $R \in \mathcal{F}(U \times V)$ 和评判向量 $B \in \mathcal{F}(V)$, 而权向量 $A \in \mathcal{F}(U)$ 未知, 求满足 $B = A \circ R$ 的模糊向量 A, 这类问题称为**模糊综合评判的逆问题**. 这一类问题的实质是求解如下形式的模糊关系方程:

$$B = X \circ R. \tag{6.4.2}$$

我们将在第七章讨论模糊关系方程的求解方法. 这里, 我们先介绍一种近似的处理方法 —— **备择系方法**.

假设预先给出一组权重分配方案, 即备择系 $J = \{A_1, A_2, \cdots, A_s\}$, 它们可能都不是模糊关系方程 (6.4.2) 的解, 分别计算出 $B_i = A_i \circ R, i = 1, 2, \cdots, s$. 从 J 中选出最佳的权重分配 A_{i_0}, 使得

$$N(B_{i_0}, B) = \max \{N(B_1, B), N(B_2, B), \cdots, N(B_s, B)\},$$

其中 N 是某一种贴近度. 根据择近原则, 认为 A_{i_0} 是备择系 J 中的最佳权重分配方案.

例 6.4.4　已知综合评判矩阵为

$$R = \begin{pmatrix} 0.1 & 0.6 & 0.3 \\ 0.4 & 0.5 & 0.1 \\ 0.7 & 0.3 & 0 \end{pmatrix},$$

评判向量为 $B = (0.2, 0.5, 0.2)$, 备择系为 $J = \{A_1, A_2, A_3\}$, 其中

$$A_1 = (0.5, 0.3, 0.2),$$
$$A_2 = (0.3, 0.4, 0.3),$$
$$A_3 = (0.2, 0.3, 0.5),$$

于是

$$B_1 = A_1 \circ R = (0.3, 0.5, 0.3),$$
$$B_2 = A_2 \circ R = (0.4, 0.4, 0.3),$$

$$B_3 = A_3 \circ R = (0.5, 0.3, 0.2).$$

取格贴近度进行计算, 有

$$N_L(B_1, B) = 0.5 \bigwedge (1 - 0.3) = 0.5,$$
$$N_L(B_2, B) = 0.4 \bigwedge (1 - 0.3) = 0.4,$$
$$N_L(B_3, B) = 0.3 \bigwedge (1 - 0.2) = 0.3.$$

根据择近原则, A_1 是备择系 J 中的最佳权重分配方案. ∎

习　题　六

1. 设 $R \subseteq X \times Y$. 证明:

(1) $R_X = \bigcup_{y \in Y} R|_y$;

(2) $R_Y = \bigcup_{x \in X} R|_x$.

2. 设 $R \subseteq X \times Y$, $x_0 \in X$, $y_0 \in Y$. 证明:

(1) $R|_{x_0} = \left((\{x_0\} \times Y) \bigcap R \right)_Y$;

(2) $R|_{y_0} = \left((X \times \{y_0\}) \bigcap R \right)_X$.

3. 设 $R \in \mathcal{F}(X \times Y)$. 证明:

(1) $R_X = \bigcup_{y \in Y} R|_y$;

(2) $R_Y = \bigcup_{x \in X} R|_x$.

4. 设 $R \in \mathcal{F}(X \times Y)$, $x_0 \in X$, $y_0 \in Y$. 证明:

(1) $R|_{x_0} = \left((\{x_0\} \times Y) \bigcap R \right)_Y$;

(2) $R|_{y_0} = \left((X \times \{y_0\}) \bigcap R \right)_X$.

5. 设 $R \in \mathcal{F}(X \times Y)$. 证明:

(1) $R = \bigcup_{x \in X} \left(\{x\} \times R|_x \right)$;

(2) $R = \bigcup_{y \in Y} \left(R|_y \times \{y\} \right)$.

6. 设 $R_1, R_2 \in \mathcal{F}(X \times Y)$, $x \in X$, $y \in Y$. 证明: 若 $R_1 \subseteq R_2$, 则

(1) $(R_1)_X \subseteq (R_2)_X$, $(R_1)_Y \subseteq (R_2)_Y$;

(2) $R_1|_x \subseteq R_2|_x$, $R_1|_y \subseteq R_2|_y$.

7. 设 $X = \{x_1, x_2, x_3, x_4\}$, $Y = \{y_1, y_2, y_3, y_4, y_5, y_6\}$.

(1) 试给出一个 X 到 Y 的映射 f, 使得 f 的图像为

$$R_f = \begin{pmatrix} 1 & 0 & 0 & 0 & 0 & 0 \\ 0 & 1 & 0 & 0 & 0 & 0 \\ 0 & 0 & 1 & 0 & 0 & 0 \\ 0 & 0 & 0 & 1 & 0 & 0 \end{pmatrix};$$

(2) 试给出一个 X 到 Y 的集值映射 $\bar{f}$, 使得 $\bar{f}$ 的图像为

$$R_f = \begin{pmatrix} 1 & 0 & 1 & 0 & 0 & 0 \\ 0 & 1 & 0 & 1 & 0 & 0 \\ 0 & 0 & 1 & 0 & 1 & 0 \\ 0 & 0 & 0 & 1 & 0 & 1 \end{pmatrix};$$

(3) 试给出一个 X 到 Y 的模糊集值映射 $\widetilde{f} : X \longrightarrow \mathcal{F}(Y)$, 使得 $\widetilde{f}$ 的图像为

$$R_{\underset{\sim}{f}} = \begin{pmatrix} 0.1 & 0 & 0.3 & 0 & 0.5 & 0 \\ 0 & 0.2 & 0 & 0.4 & 0 & 0.6 \\ 0.5 & 0 & 0.7 & 0 & 0.9 & 0 \\ 0 & 0.4 & 0 & 0.6 & 0 & 0.8 \end{pmatrix}.$$

8. 设 $X = \{x_1, x_2, x_3, x_4, x_5\}, Y = \{y_1, y_2, y_3, y_4\}$, $\bar{f}$ (或 $\widetilde{f}$) 是 X 到 Y 的集值映射 (或模糊集值映射), 将 $\bar{f}$ (或 $\widetilde{f}$) 的图像 R_f (或 $R_{\underset{\sim}{f}}$) 导出的模糊线性变换称为 $\bar{f}$ (或 $\widetilde{f}$) 导出的模糊线性变换, 记为 $\widetilde{T}_f$. 已知

$$A_1 = \{x_1, x_2, x_3\}, \quad \underset{\sim}{A_2} = \frac{0.2}{x_1} + \frac{0.3}{x_2} + \frac{0.5}{x_3} + \frac{0.4}{x_4}.$$

(1) 已知

$$f(x_1) = f(x_2) = \{y_1, y_4\},$$
$$f(x_3) = f(x_4) = \{y_2, y_3\},$$
$$f(x_5) = \{y_1, y_2, y_3, y_4\}.$$

试求 $\widetilde{T}_f(A_1), \widetilde{T}_f(\underset{\sim}{A_2})$.

(2) 已知

$$\widetilde{f}(x_1) = \widetilde{f}(x_2) = \frac{0.2}{y_1} + \frac{0.3}{y_2} + \frac{0.5}{y_3},$$
$$\widetilde{f}(x_3) = \widetilde{f}(x_4) = \frac{0.5}{y_2} + \frac{0.7}{y_3} + \frac{0.9}{y_4},$$
$$\widetilde{f}(x_5) = \frac{0.2}{y_1} + \frac{0.4}{y_2} + \frac{0.6}{y_3} + \frac{0.8}{y_4}.$$

试求 $\widetilde{T}_f(A_1), \widetilde{T}_f(A_2)$.

9. 设 $X = \{x_1, x_2, x_3, x_4, x_5\}, Y = \{y_1, y_2, y_3, y_4\}, \underset{\sim}{R} \in \mathcal{F}(X \times Y)$, 已知

$$A_1 = \{x_2, x_3\}, \quad \underset{\sim}{A_2} = \frac{0.4}{x_1} + \frac{0.3}{x_2} + \frac{0.6}{x_3} + \frac{0.8}{x_4} + \frac{0.5}{x_5},$$

$$\underset{\sim}{R} = \begin{pmatrix} 0.4 & 0.2 & 0.3 & 0.1 \\ 0.1 & 0.3 & 0.4 & 0.2 \\ 0.2 & 0.5 & 0.2 & 0.1 \\ 0.3 & 0.3 & 0.3 & 0.1 \\ 0.2 & 0.4 & 0.2 & 0.2 \end{pmatrix}.$$

求 $\widetilde{T}_R(A_1), \widetilde{T}_R(A_2)$, 其中 $\widetilde{T}_R$ 是由 $\underset{\sim}{R}$ 导出的模糊线性变换.

10. 在产品质量评级问题中, 设因素集为 $U = \{u_1, u_2, u_3, u_4\}$, 评语集为 $V = \{v_1, v_2, v_3, v_4\}$. 选择综合评判模型为 $M(\wedge, \vee)$. 已知单因素评判为

$$u_1 \longmapsto (0.3, \quad 0.4, \quad 0.3, \quad 0),$$
$$u_2 \longmapsto (0.2, \quad 0.3, \quad 0.3, \quad 0.2),$$
$$u_3 \longmapsto (0.5, \quad 0.3, \quad 0.2, \quad 0),$$
$$u_4 \longmapsto (0.1, \quad 0.4, \quad 0.4, \quad 0.1).$$

现有两种权重分配方案:

$$\underset{\sim}{A_1} = (0.4, 0.3, 0.2, 0.1), \quad \underset{\sim}{A_2} = (0.1, 0.3, 0.5, 0.1).$$

按照这两种权重分配方案分别评判此产品相对隶属于哪一个评语等级?

11. 在服装评判问题中, 选择综合评判模型 $M(\wedge, \vee)$. 设因素集为 $U = \{u_1, u_2, u_3\}$, 其中

$$u_1 = \text{“款式”}, \quad u_2 = \text{“舒适性”}, \quad u_3 = \text{“价格”};$$

评语集为 $V = \{v_1, v_2, v_3\}$, 其中

$$v_1 = \text{“很欢迎”}, \quad v_2 = \text{“欢迎”}, \quad v_3 = \text{“不欢迎”}.$$

已知综合评判矩阵为

$$\underset{\sim}{R} = \begin{pmatrix} 0.1 & 0.3 & 0.6 \\ 0.2 & 0.6 & 0.2 \\ 0.7 & 0.2 & 0.1 \end{pmatrix}.$$

(1) 设某一类顾客对因素集中诸因素的权重分配为 $A = (0.3, 0.4, 0.3)$. 求这一类顾客对此种服装的评判.

(2) 若已知某一类顾客对此种服装的评判向量为 $B = (0.1, 0.3, 0.6)$, 备择系为 $J = \{A_1, A_2, A_3\}$, 其中

$$A_1 = (0.2, 0.3, 0.5),$$
$$A_2 = (0.5, 0.2, 0.3),$$
$$A_3 = (0.2, 0.5, 0.3).$$

依据格贴近度求备择系 J 中的最佳权重分配方案.

第七章　模糊关系方程

模糊关系方程是作为综合评判的逆问题引入的, Sanchez E. 最先研究了模糊关系方程, 并在有解的情况下给出了最大解. 本章我们将讨论模糊关系方程有解的判别条件, 模糊关系方程的解集合的结构, 并着重讨论有限论域上的模糊关系方程的求解方法.

7.1　模糊关系方程的相容性及其最大解

设论域为 U, V, W, 模糊关系 $\underset{\sim}{X} \in \mathcal{F}(U \times V)$, $\underset{\sim}{R} \in \mathcal{F}(V \times W)$, $\underset{\sim}{S} \in \mathcal{F}(U \times W)$, 满足

$$\underset{\sim}{X} \circ \underset{\sim}{R} = \underset{\sim}{S}, \tag{7.1.1}$$

或者模糊关系 $\underset{\sim}{R} \in \mathcal{F}(U \times V)$, $\underset{\sim}{X} \in \mathcal{F}(V \times W)$, $\underset{\sim}{S} \in \mathcal{F}(U \times W)$, 满足

$$\underset{\sim}{R} \circ \underset{\sim}{X} = \underset{\sim}{S}, \tag{7.1.2}$$

其中 $\underset{\sim}{R}, \underset{\sim}{S}$ 已知, 而 $\underset{\sim}{X}$ 未知. 称 (7.1.1) 式或 (7.1.2) 式为关于 $\underset{\sim}{X}$ 的模糊关系方程.

由于对 (7.1.2) 式两边求逆可得

$$(\underset{\sim}{R} \circ \underset{\sim}{X})^{-1} = \underset{\sim}{X}^{-1} \circ \underset{\sim}{R}^{-1} = \underset{\sim}{S}^{-1},$$

即 (7.1.2) 式可转化为 (7.1.1) 式的形式, 故今后主要讨论形如 (7.1.1) 式的模糊关系方程.

若一个模糊关系方程有解, 则称**方程相容**; 若一个模糊关系方程无解, 则称**方程不相容**. 一个模糊关系方程的解的全体组成的集合称为**解集合**, 用 $\mathcal{X}$ 表示. 因此,

$$\text{方程有解} \iff \mathcal{X} \neq \varnothing.$$

若存在 $\underset{\sim}{X} \in \mathcal{F}(U \times V)$, 使得 (7.1.1) 式成立, 即对任意的 $(u, w) \in U \times W$, 有

$$\bigvee_{v \in V} \left(\underset{\sim}{X}(u, v) \bigwedge \underset{\sim}{R}(v, w) \right) = \underset{\sim}{S}(u, w),$$

则称 $\underset{\sim}{X}$ 是模糊关系方程 (7.1.1) 的一个**解**.

例 7.1.1 判断下列模糊关系方程是否有解:

$$(x_1, x_2) \circ \begin{pmatrix} 0.4 & 0.2 \\ 0.6 & 0.7 \end{pmatrix} = (0.5, 0.6).$$

解 本例中的模糊关系方程等价于下列模糊线性方程组:

$$\begin{cases} (x_1 \bigwedge 0.4) \bigvee (x_2 \bigwedge 0.6) = 0.5, \\ (x_1 \bigwedge 0.2) \bigvee (x_2 \bigwedge 0.7) = 0.6. \end{cases}$$

显然, 不存在同时满足上面两个等式的 $\underset{\sim}{X} = (x_1, x_2)$, 于是本例中的模糊关系方程无解. ■

例 7.1.2 判断下列模糊关系方程是否有解:

$$(x_1, x_2) \circ \begin{pmatrix} 0.4 & 0.2 \\ 0.6 & 0.7 \end{pmatrix} = (0.4, 0.3).$$

解 本例中的模糊关系方程等价于下列模糊线性方程组:

$$\begin{cases} (x_1 \bigwedge 0.4) \bigvee (x_2 \bigwedge 0.6) = 0.4, \\ (x_1 \bigwedge 0.2) \bigvee (x_2 \bigwedge 0.7) = 0.3. \end{cases}$$

令 $X_1 = (0.5, 0.3)$, $X_2 = (0.6, 0.3)$, 则 X_1, X_2 都能使上面的模糊线性方程组成立. 因此本例中的模糊关系方程有解, $\underset{\sim}{X_1}$, $\underset{\sim}{X_2}$ 都是方程的解. 显然, 本例中的模糊关系方程的解不唯一. ■

通过上面的例题我们可以看到, 模糊关系方程不一定有解, 若有解, 解可能不唯一.

命题 7.1.1 设 $\mathcal{X}$ 是模糊关系方程 $\underset{\sim}{X} \circ \underset{\sim}{R} = \underset{\sim}{S}$ 的解集合, $X_1, X_2 \in \mathcal{X}$. 若 $\underset{\sim}{X_1} \subseteq X_2$, 则对任意的 $\underset{\sim}{X} : X_1 \subseteq \underset{\sim}{X} \subseteq X_2$, 有 $\underset{\sim}{X} \in \mathcal{X}$.

证明 由 $\underset{\sim}{X_1}, \underset{\sim}{X_2} \in \mathcal{X}$ 可知,

$$\underset{\sim}{X_1} \circ \underset{\sim}{R} = \underset{\sim}{S}, \underset{\sim}{X_2} \circ \underset{\sim}{R} = \underset{\sim}{S}.$$

于是对任意的 $\underset{\sim}{X} : X_1 \subseteq \underset{\sim}{X} \subseteq X_2$, 有

$$\underset{\sim}{S} = \underset{\sim}{X_1} \circ \underset{\sim}{R} \subseteq \underset{\sim}{X} \circ \underset{\sim}{R} \subseteq \underset{\sim}{X_2} \circ \underset{\sim}{R} = \underset{\sim}{S},$$

故

$$\underset{\sim}{X} \circ \underset{\sim}{R} = \underset{\sim}{S},$$

即

$$\underset{\sim}{X} \in \mathcal{X}. \qquad\qquad ■$$

定义 7.1.1　设 $\mathcal{X}$ 是模糊关系方程 $\underset{\sim}{X} \circ \underset{\sim}{R} = \underset{\sim}{S}$ 的解集合, $\underset{\sim}{X} \in \mathcal{X}$.

(1) 若对任意的 $\underset{\sim}{X'} \in \mathcal{X}$, 有 $\underset{\sim}{X'} \subseteq \underset{\sim}{X}$, 则称 $\underset{\sim}{X}$ 是方程 $\underset{\sim}{X} \circ \underset{\sim}{R} = \underset{\sim}{S}$ 的**最大解**.

(2) 若对任意的 $\underset{\sim}{X'} \in \mathcal{X}$, 有 $\underset{\sim}{X} \subseteq \underset{\sim}{X'}$, 则称 $\underset{\sim}{X}$ 是方程 $\underset{\sim}{X} \circ \underset{\sim}{R} = \underset{\sim}{S}$ 的**最小解**.

(3) 若存在 $\underset{\sim}{X'} \in \mathcal{X}$, 使得 $\underset{\sim}{X} \subseteq \underset{\sim}{X'}$, 必有 $\underset{\sim}{X} = \underset{\sim}{X'}$, 则称 $\underset{\sim}{X}$ 是方程 $\underset{\sim}{X} \circ \underset{\sim}{R} = \underset{\sim}{S}$ 的**极大解**.

(4) 若存在 $\underset{\sim}{X'} \in \mathcal{X}$, 使得 $\underset{\sim}{X'} \subseteq \underset{\sim}{X}$, 必有 $\underset{\sim}{X} = \underset{\sim}{X'}$, 则称 $\underset{\sim}{X}$ 是方程 $\underset{\sim}{X} \circ \underset{\sim}{R} = \underset{\sim}{S}$ 的**极小解**.

在研究模糊关系方程的相容性条件之前, 我们先来讨论模糊关系不等式的解的情况.

引理 7.1.1　设 $\mathcal{X}$ 是模糊关系不等式 $\underset{\sim}{X} \circ \underset{\sim}{R} \subseteq \underset{\sim}{S}$ 的解集合, 令

$$\overline{\underset{\sim}{X}}(u,v) = \bigwedge_{w \in W} \{ \underset{\sim}{S}(u,w) | \underset{\sim}{R}(v,w) > \underset{\sim}{S}(u,w) \}, \quad (u,v) \in U \times V,$$

并约定 $\bigwedge \varnothing = 1$, 则 $\mathcal{X} \neq \varnothing$, 且 $\overline{\underset{\sim}{X}}$ 是最大解.

证明　因为 $\varnothing \circ \underset{\sim}{R} \subseteq \underset{\sim}{S}$, 所以 $\varnothing \in \mathcal{X}$, 即 $\mathcal{X} \neq \varnothing$.

设 $\underset{\sim}{X} \in \mathcal{X}$, 则 $\underset{\sim}{X} \circ \underset{\sim}{R} \subseteq \underset{\sim}{S}$, 于是, 对任意的 $(u,w) \in U \times W$, 有

$$\bigvee_{v \in V} \left(\underset{\sim}{X}(u,v) \bigwedge \underset{\sim}{R}(v,w) \right) \leqslant \underset{\sim}{S}(u,w).$$

分两种情形讨论:

(1) $\underset{\sim}{R}(v,w) > \underset{\sim}{S}(u,w)$, 则

$$0 \leqslant \underset{\sim}{X}(u,v) \leqslant \underset{\sim}{S}(u,w);$$

(2) $\underset{\sim}{R}(v,w) \leqslant \underset{\sim}{S}(u,w)$, 则

$$0 \leqslant \underset{\sim}{X}(u,v) \leqslant 1.$$

因此, 对任意的 $(u,v) \in U \times V$, 有

$$0 \leqslant \underset{\sim}{X}(u,v) \leqslant \bigwedge_{w \in W} \{ \underset{\sim}{S}(u,w) | \underset{\sim}{R}(v,w) > \underset{\sim}{S}(u,w) \} = \overline{\underset{\sim}{X}}(u,v),$$

即 $\underset{\sim}{X} \subseteq \overline{\underset{\sim}{X}}$.

往证 $\overline{\underset{\sim}{X}} \in \mathcal{X}$. 对任意的 $(u,w) \in U \times W$, $v \in V$, 分两种情形讨论:

(1) 若 $\underset{\sim}{R}(v,w) > \underset{\sim}{S}(u,w)$, 则

$$\overline{\underset{\sim}{X}}(u,v) \bigwedge \underset{\sim}{R}(v,w) \leqslant \overline{\underset{\sim}{X}}(u,v) = \bigwedge_{w \in W} \{ \underset{\sim}{S}(u,w) | \underset{\sim}{R}(v,w) > \underset{\sim}{S}(u,w) \} \leqslant \underset{\sim}{S}(u,w);$$

(2) 若 $\underset{\sim}{R}(v,w) \leqslant \underset{\sim}{S}(u,w)$, 则

$$\overline{\underset{\sim}{X}}(u,v) \bigwedge \underset{\sim}{R}(v,w) \leqslant \underset{\sim}{R}(v,w) \leqslant \underset{\sim}{S}(u,w).$$

于是对任意的 $(u,w) \in U \times W$, 有

$$\bigvee_{v \in V} \left(\overline{\underset{\sim}{X}}(u,v) \bigwedge \underset{\sim}{R}(v,w) \right) \leqslant \underset{\sim}{S}(u,w),$$

也就是 $\overline{\underset{\sim}{X}} \circ \underset{\sim}{R} \subseteq \underset{\sim}{S}$, 即 $\overline{\underset{\sim}{X}} \in \mathcal{X}$. 故 $\overline{\underset{\sim}{X}}$ 是模糊关系不等式 $\underset{\sim}{X} \circ \underset{\sim}{R} \subseteq \underset{\sim}{S}$ 的最大解. ■

定理 7.1.1 模糊关系方程 $\underset{\sim}{X} \circ \underset{\sim}{R} = \underset{\sim}{S}$ 相容当且仅当 $\overline{\underset{\sim}{X}} \in \mathcal{X}$, 且 $\overline{\underset{\sim}{X}}$ 是最大解, 其中

$$\overline{\underset{\sim}{X}}(u,v) = \bigwedge_{w \in W} \left\{ \underset{\sim}{S}(u,w) \big| \underset{\sim}{R}(v,w) > \underset{\sim}{S}(u,w) \right\}, \quad (u,v) \in U \times V.$$

证明 必要性 设 $\mathcal{X} \neq \varnothing$. 对任意的 $\underset{\sim}{X} \in \mathcal{X}$, 满足 $\underset{\sim}{X} \circ \underset{\sim}{R} = \underset{\sim}{S}$, 则 $\underset{\sim}{X}$ 也是模糊关系不等式 $\underset{\sim}{X} \circ \underset{\sim}{R} \subseteq \underset{\sim}{S}$ 的解. 由引理 7.1.1 可知, $\underset{\sim}{X} \subseteq \overline{\underset{\sim}{X}}$, 且

$$\overline{\underset{\sim}{X}} \circ \underset{\sim}{R} \subseteq \underset{\sim}{S}.$$

于是

$$\underset{\sim}{S} = \underset{\sim}{X} \circ \underset{\sim}{R} \subseteq \overline{\underset{\sim}{X}} \circ \underset{\sim}{R} \subseteq \underset{\sim}{S},$$

因此 $\overline{\underset{\sim}{X}} \circ \underset{\sim}{R} = \underset{\sim}{S}$, 即 $\overline{\underset{\sim}{X}} \in \mathcal{X}$, 显然, $\overline{\underset{\sim}{X}}$ 是方程的最大解.

充分性 设 $\overline{\underset{\sim}{X}} \in \mathcal{X}$, 则 $\mathcal{X} \neq \varnothing$, 即模糊关系方程 $\underset{\sim}{X} \circ \underset{\sim}{R} = \underset{\sim}{S}$ 相容. 由必要性的证明可知, 此时, $\overline{\underset{\sim}{X}}$ 是最大解. ■

下面讨论有限论域上的模糊关系方程的相容性条件及其最大解.

若 $U = \{u_1, u_2, \cdots, u_n\}, V = \{v_1, v_2, \cdots, v_m\}, W = \{w_1, w_2, \cdots, w_l\}$, 则模糊关系 $\underset{\sim}{X} \in \mathcal{F}(U \times V), \underset{\sim}{R} \in \mathcal{F}(V \times W), \underset{\sim}{S} \in \mathcal{F}(U \times W)$ 可以用模糊矩阵表示, 记

$$\underset{\sim}{X} = (x_{ik})_{n \times m}, \quad \underset{\sim}{R} = (r_{kj})_{m \times l}, \quad \underset{\sim}{S} = (s_{ij})_{n \times l},$$

其中 $x_{ik} = \underset{\sim}{X}(u_i, v_k), r_{kj} = \underset{\sim}{R}(v_k, w_j), s_{ij} = \underset{\sim}{S}(u_i, w_j), i = 1, 2, \cdots, n; k = 1, 2, \cdots, m;$ $j = 1, 2, \cdots, l.$ 此时, 模糊关系方程即为模糊矩阵方程

$$\begin{pmatrix} x_{11} & x_{12} & \cdots & x_{1m} \\ x_{21} & x_{22} & \cdots & x_{2m} \\ \vdots & \vdots & & \vdots \\ x_{n1} & x_{n2} & \cdots & x_{nm} \end{pmatrix} \circ \begin{pmatrix} r_{11} & r_{12} & \cdots & r_{1l} \\ r_{21} & r_{22} & \cdots & r_{2l} \\ \vdots & \vdots & & \vdots \\ r_{m1} & r_{m2} & \cdots & r_{ml} \end{pmatrix} = \begin{pmatrix} s_{11} & s_{12} & \cdots & s_{1l} \\ s_{21} & s_{22} & \cdots & s_{2l} \\ \vdots & \vdots & & \vdots \\ s_{n1} & s_{n2} & \cdots & s_{nl} \end{pmatrix}.$$

$$\tag{7.1.3}$$

若存在 $\underset{\sim}{X} \in \mathcal{F}(U \times V)$, 使得 (7.1.3) 式成立, 即对任意的 $(u_i, w_j) \in U \times W$, 有

$$\bigvee_{v_k \in V} \big(\underset{\sim}{X}(u_i, v_k) \bigwedge \underset{\sim}{R}(v_k, w_j)\big) = \underset{\sim}{S}(u_i, w_j),$$

也就是

$$\bigvee_{k=1}^{m} (x_{ik} \bigwedge r_{kj}) = s_{ij}, \quad i = 1, 2, \cdots, n; j = 1, 2, \cdots, l,$$

则称 $\underset{\sim}{X}$ 是模糊关系方程 (7.1.3) 的一个解.

特别地, 当 $U = \{u_0\}$ 时, 模糊关系 $\underset{\sim}{X} \in \mathcal{F}(U \times V), \underset{\sim}{S} \in \mathcal{F}(U \times W)$ 可以用模糊向量表示, 即 $\underset{\sim}{X} = (x_1, x_2, \cdots, x_m), \underset{\sim}{S} = (s_1, s_2, \cdots, s_l)$, 此时, 模糊关系方程的形式为

$$(x_1, x_2, \cdots, x_m) \circ \underset{\sim}{R} = (s_1, s_2, \cdots, s_l). \tag{7.1.4}$$

若存在 $\underset{\sim}{X} = (x_1, x_2, \cdots, x_m)$, 使得

$$\bigvee_{k=1}^{m} (x_k \bigwedge r_{kj}) = s_j, \quad j = 1, 2, \cdots, l,$$

则称 $\underset{\sim}{X}$ 是模糊关系方程 (7.1.4) 的一个解.

关于有限论域上的模糊关系方程的相容性, 我们有如下的结论.

推论 7.1.1 设 $\underset{\sim}{X} = (x_{ik})_{n \times m}, \underset{\sim}{R} = (r_{kj})_{m \times l}, \underset{\sim}{S} = (s_{ij})_{n \times l}$. 模糊关系方程 $\underset{\sim}{X} \circ \underset{\sim}{R} = \underset{\sim}{S}$ 相容当且仅当 $\overline{\underset{\sim}{X}} \in \mathcal{X}$, 且 $\overline{\underset{\sim}{X}} = (\overline{x}_{ik})_{n \times m}$ 是最大解, 其中

$$\overline{x}_{ik} = \bigwedge_{j=1}^{l} \{s_{ij} | r_{kj} > s_{ij}\}, \quad i = 1, 2, \cdots, n; k = 1, 2, \cdots, m.$$

推论 7.1.2 设 $\underset{\sim}{X} = (x_1, x_2, \cdots, x_m), \underset{\sim}{R} = (r_{kj})_{m \times l}, \underset{\sim}{S} = (s_1, s_2, \cdots, s_l)$. 模糊关系方程 $\underset{\sim}{X} \circ \underset{\sim}{R} = \underset{\sim}{S}$ 相容当且仅当 $\overline{\underset{\sim}{X}} \in \mathcal{X}$, 且 $\overline{\underset{\sim}{X}} = (\overline{x}_1, \overline{x}_2, \cdots, \overline{x}_m)$ 是最大解, 其中

$$\overline{x}_k = \bigwedge_{j=1}^{l} \{s_j | r_{kj} > s_j\}, \quad k = 1, 2, \cdots, m.$$

例 7.1.3 判断下列模糊关系方程是否有解, 若有解, 求出其最大解:

(1) $(x_1, x_2, x_3, x_4) \circ \begin{pmatrix} 0.4 & 0.5 & 0.3 \\ 0.3 & 0.1 & 0.3 \\ 0.1 & 0.7 & 0.2 \\ 0.3 & 0.5 & 0.4 \end{pmatrix} = (0.3, 0.4, 0.3),$

(2) $(x_1, x_2, x_3) \circ \begin{pmatrix} 0.8 & 0.4 & 0.3 \\ 0.6 & 0.5 & 0.7 \\ 0.8 & 0.6 & 0.9 \end{pmatrix} = (0.7, 0.5, 0.8).$

解 (1) 由推论 7.1.2, 有

$$\overline{x}_1 = \bigwedge_{j=1}^{3}\{s_j|r_{1j} > s_j\} = 0.3 \wedge 0.4 = 0.3,$$

$$\overline{x}_2 = \bigwedge_{j=1}^{3}\{s_j|r_{2j} > s_j\} = \bigwedge \varnothing = 1,$$

$$\overline{x}_3 = \bigwedge_{j=1}^{3}\{s_j|r_{3j} > s_j\} = 0.4,$$

$$\overline{x}_4 = \bigwedge_{j=1}^{3}\{s_j|r_{4j} > s_j\} = 0.4 \wedge 0.3 = 0.3.$$

于是

$$\underset{\sim}{\overline{X}} = (\overline{x}_1, \overline{x}_2, \overline{x}_3, \overline{x}_4) = (0.3, 1, 0.4, 0.3),$$

且

$$(0.3, 1, 0.4, 0.3) \circ \begin{pmatrix} 0.4 & 0.5 & 0.3 \\ 0.3 & 0.1 & 0.3 \\ 0.1 & 0.7 & 0.2 \\ 0.3 & 0.5 & 0.4 \end{pmatrix} = (0.3, 0.4, 0.3).$$

因此原方程有解, 且最大解为

$$\underset{\sim}{\overline{X}} = (0.3, 1, 0.4, 0.3).$$

(2) 由推论 7.1.2, 有

$$\overline{x}_1 = \bigwedge_{j=1}^{3}\{s_j|r_{1j} > s_j\} = 0.7,$$

$$\overline{x}_2 = \bigwedge_{j=1}^{3}\{s_j|r_{2j} > s_j\} = \bigwedge \varnothing = 1,$$

$$\overline{x}_3 = \bigwedge_{j=1}^{3}\{s_j|r_{3j} > s_j\} = 0.7 \wedge 0.5 \wedge 0.8 = 0.5.$$

于是

$$\underset{\sim}{\overline{X}} = (\overline{x}_1, \overline{x}_2, \overline{x}_3) = (0.7, 1, 0.5),$$

且

$$(0.7, 1, 0.5) \circ \begin{pmatrix} 0.8 & 0.4 & 0.3 \\ 0.6 & 0.5 & 0.7 \\ 0.8 & 0.6 & 0.9 \end{pmatrix} = (0.7, 0.5, 0.7) \neq (0.7, 0.5, 0.8).$$

因此原方程无解. ■

我们已经知道, 一个模糊关系方程不一定有解, 若有解, 解也不一定唯一. 在本章后面的几节里, 我们将继续讨论有限论域上模糊关系方程解集的结构以及如何求得有限论域上的模糊关系方程全部的解.

7.2   Tsukamoto 法

本节将介绍求解有限论域上的模糊关系方程的 Tsukamoto 法. 我们先来看一个例题.

例 7.2.1   判断下列模糊关系方程是否有解, 若有解求出其解集:

$$(x_1, x_2) \circ \begin{pmatrix} 0.4 & 0.2 \\ 0.6 & 0.7 \end{pmatrix} = (0.4, 0.3).$$

解   由例 7.1.2 可知, 此模糊关系方程有解, 且原方程等价于下列模糊线性方程组:

$$\begin{cases} (x_1 \bigwedge 0.4) \bigvee (x_2 \bigwedge 0.6) = 0.4, & (7.2.1) \\ (x_1 \bigwedge 0.2) \bigvee (x_2 \bigwedge 0.7) = 0.3. & (7.2.2) \end{cases}$$

方程 (7.2.1) 对应着

$$\begin{cases} x_1 \bigwedge 0.4 = 0.4 \text{ 或 } x_2 \bigwedge 0.6 = 0.4, & (7.2.3) \\ x_1 \bigwedge 0.4 \leqslant 0.4 \text{ 且 } x_2 \bigwedge 0.6 \leqslant 0.4. & (7.2.4) \end{cases}$$

方程 (7.2.1) 有解当且仅当存在 (x_1, x_2), 使得 (7.2.3) 式中至少有一个模糊方程 $x_i \bigwedge a_i = b$ 成立, 且 (7.2.4) 式中每一个模糊不等式 $x_i \bigwedge a_i \leqslant b$ 都成立.

下面分别讨论上述每一个模糊方程和模糊不等式解的情形:

(1) $x_1 \bigwedge 0.4 = 0.4$ 的解集为 $\{x_1 | x_1 \in [0.4, 1]\}$, 简记为 $[0.4, 1]$;

(2) $x_2 \bigwedge 0.6 = 0.4$ 的解集为 $\{x_2 | x_2 = 0.4\}$, 简记为 0.4;

(3) $x_1 \bigwedge 0.4 \leqslant 0.4$ 的解集为 $[0, 1]$;

(4) $x_2 \bigwedge 0.6 \leqslant 0.4$ 的解集为 $[0, 0.4]$.

以区间向量的形式表示 (7.2.3) 式中两个模糊方程的解集, 记

$$Y = \big([0.4, 1], 0.4\big).$$

再以区间向量的形式表示 (7.2.4) 式中两个模糊不等式的解集, 记

$$\hat{Y} = \big([0, 1], [0, 0.4]\big).$$

以 Y 中的第一个分量替换 $\hat{Y}$ 中的第一个分量, 得到模糊关系方程 (7.2.1) 的一个部分解集, 记为

$$W_{11} = ([0.4, 1], [0, 0.4]) = \big\{(x_1, x_2) | x_1 \in [0.4, 1], x_2 \in [0, 0.4]\big\}.$$

再以 Y 中的第二个分量替换 $\hat{Y}$ 中的第二个分量, 得到模糊关系方程 (7.2.1) 的另一个部分解集, 记为

$$W_{12} = ([0, 1], 0.4) = \big\{(x_1, x_2) | x_1 \in [0, 1], x_2 = 0.4\big\}.$$

故模糊关系方程 (7.2.1) 的解集为

$$W_{11} \bigcup W_{12} = ([0.4, 1], [0, 0.4]) \bigcup ([0, 1], 0.4).$$

同样地, 方程 (7.2.2) 对应着

$$\begin{cases} x_1 \bigwedge 0.2 = 0.3 \ \text{或} \ x_2 \bigwedge 0.7 = 0.3, & (7.2.5) \\ x_1 \bigwedge 0.2 \leqslant 0.3 \ \text{且} \ x_2 \bigwedge 0.7 \leqslant 0.3. & (7.2.6) \end{cases}$$

模糊关系方程 (7.2.2) 有解当且仅当存在 (x_1, x_2), 使得 (7.2.5) 式中至少有一个模糊方程 $x_i \bigwedge a_i = b$ 成立, 且 (7.2.6) 式中每一个模糊不等式 $x_i \bigwedge a_i \leqslant b$ 都成立.

下面分别讨论上述每一个模糊方程和模糊不等式解的情形:

(1) $x_1 \bigwedge 0.2 = 0.3$ 的解集为 $\varnothing$;

(2) $x_2 \bigwedge 0.7 = 0.3$ 的解集为 $\{x_2 | x_2 = 0.3\}$, 简记为 0.3;

(3) $x_1 \bigwedge 0.2 \leqslant 0.2$ 的解集为 $\{x_1 | x_1 \in [0, 1]\}$, 简记为 $[0, 1]$;

(4) $x_2 \bigwedge 0.7 \leqslant 0.3$ 的解集为 $\{x_2 | x_2 \in [0, 0.3]\}$, 简记为 $[0, 0.3]$.

以区间向量的形式表示 (7.2.5) 式中两个模糊方程的解集, 记

$$Y = (\varnothing, 0.3).$$

再以区间向量的形式表示 (7.2.6) 式中两个模糊不等式的解集, 记

$$\hat{Y} = ([0, 1], [0, 0.3]).$$

Y 中的第一个分量为 $\varnothing$, 故以其替换 $\hat{Y}$ 中的第一个分量, 得到模糊关系方程 (7.2.2) 的一个部分解集, 记为

$$W_{21} = (\varnothing, [0, 0.3]) = \left\{ (x_1, x_2) \middle| x_1 \in \varnothing, x_2 \in [0, 0.3] \right\} = \varnothing.$$

再以 Y 中的第二个分量替换 $\hat{Y}$ 中的第二个分量, 得到模糊关系方程 (7.2.2) 的一个部分解集, 记为

$$W_{22} = ([0, 1], 0.3) = \left\{ (x_1, x_2) \middle| x_1 \in [0, 1], x_2 = 0.3 \right\}.$$

故模糊关系方程 (7.2.2) 的解集为

$$W_{21} \bigcup W_{22} = \varnothing \bigcup W_{22} = ([0, 1], 0.3).$$

本例中, 原模糊关系方程相当于方程 (7.2.1) 和 (7.2.2) 构成的方程组, 故原模糊关系方程的解集为 (7.2.1) 和 (7.2.2) 这两个方程的解集的交集, 即

$$\begin{aligned} \mathcal{X} &= (W_{11} \bigcup W_{12}) \bigcap W_{22} \\ &= \left(([0.4, 1], [0, 0.4]) \bigcup ([0, 1], 0.4) \right) \bigcap ([0, 1], 0.3) \\ &= ([0.4, 1], 0.3). \end{aligned}$$

■

上例中的解法具有一般性, 受这个例子的启发, 我们从最简单的情形开始一般性的讨论, 逐步得出解有限论域上模糊关系方程的 Tsukamoto 法.

情形 1　设模糊关系方程

$$x \bigwedge a = b. \tag{7.2.7}$$

分三种情况讨论其解集的情形:

(1) 当 $a > b$ 时, 方程 (7.2.7) 的解集为 $\{b\}$, 简记为 b;

(2) 当 $a = b$ 时, 方程 (7.2.7) 的解集为 $[b, 1]$;

(3) 当 $a < b$ 时, 方程 (7.2.7) 的解集为 $\varnothing$.

将方程 (7.2.7) 的解集记为 $b\varepsilon a$, 则

$$b\varepsilon a = \begin{cases} b, & a > b, \\ [b,1], & a = b, \\ \varnothing, & a < b. \end{cases}$$

设模糊关系不等式

$$x \bigwedge a \leqslant b. \tag{7.2.8}$$

分两种情况讨论其解集的情形:

(1) 当 $a > b$ 时, 不等式 (7.2.8) 的解集为 $[0, b]$;

(2) 当 $a \leqslant b$ 时, 不等式 (7.2.8) 的解集为 $[0, 1]$.

将不等式 (7.2.8) 的解集记为 $b\hat{\varepsilon}a$, 则

$$b\hat{\varepsilon}a = \begin{cases} [0,b], & a > b, \\ [0,1], & a \leqslant b. \end{cases}$$

情形 2　设模糊关系方程

$$(x_1, x_2, \cdots, x_m) \circ \begin{pmatrix} a_1 \\ a_2 \\ \vdots \\ a_m \end{pmatrix} = b, \tag{7.2.9}$$

即

$$(x_1 \bigwedge a_1) \bigvee (x_2 \bigwedge a_2) \bigvee \cdots \bigvee (x_m \bigwedge a_m) = b,$$

相当于

$$\begin{cases} x_1 \bigwedge a_1 = b \ \text{或} \ x_2 \bigwedge a_2 = b \ \text{或} \ \cdots \ \text{或} \ x_m \bigwedge a_m = b, \\ x_1 \bigwedge a_1 \leqslant b \ \text{且} \ x_2 \bigwedge a_2 \leqslant b \ \text{且} \ \cdots \ \text{且} \ x_m \bigwedge a_m \leqslant b. \end{cases} \begin{matrix} (7.2.10) \\ (7.2.11) \end{matrix}$$

模糊关系方程 (7.2.9) 有解当且仅当存在 $(x_1, x_2, \cdots, x_m)$, 使得 (7.2.10) 式中至少有一个模糊方程 $x_i \bigwedge a_i = b$ 成立, 同时 (7.2.11) 式中每一个模糊不等式 $x_i \bigwedge a_i \leqslant b$ 都成立.

模糊方程 $x_i \bigwedge a_i = b$ 的解集为 $b\varepsilon a_i$, 由 (7.2.10) 式中每一个模糊方程 $x_i \bigwedge a_i = b$ 的解集 $b\varepsilon a_i$, $i = 1, 2, \cdots, m$ 组成一个向量

$$Y = (b\varepsilon a_1, b\varepsilon a_2, \cdots, b\varepsilon a_m).$$

模糊不等式 $x_i \bigwedge a_i \leqslant b$ 的解集为 $b\hat{\varepsilon} a_i$, 由 (7.2.11) 式中每一个模糊不等式 $x_i \bigwedge a_i \leqslant b$ 的解集 $b\hat{\varepsilon} a_i$, $i = 1, 2, \cdots, m$ 组成一个向量

$$\hat{Y} = (b\hat{\varepsilon} a_1, b\hat{\varepsilon} a_2, \cdots, b\hat{\varepsilon} a_m).$$

以 Y 中的第 i 个分量 $b\varepsilon a_i$ 替代 $\hat{Y}$ 中的第 i 个分量 $b\hat{\varepsilon} a_i$ 得模糊关系方程 (7.2.9) 的一个部分解集, 将其记为 W_i, 即

$$W_i = (b\hat{\varepsilon} a_1, \cdots, b\hat{\varepsilon} a_{i-1}, b\varepsilon a_i, b\hat{\varepsilon} a_{i+1}, \cdots, b\hat{\varepsilon} a_m).$$

于是, 模糊关系方程 (7.2.9) 的解集为

$$\mathcal{X} = W_1 \bigcup W_2 \bigcup \cdots \bigcup W_m.$$

情形 3 设模糊关系方程

$$(x_1, x_2, \cdots, x_m) \circ \begin{pmatrix} r_{11} & r_{12} & \cdots & r_{1l} \\ r_{21} & r_{22} & \cdots & r_{2l} \\ \vdots & \vdots & & \vdots \\ r_{m1} & r_{m2} & \cdots & r_{ml} \end{pmatrix} = (s_1, s_2, \cdots, s_l), \qquad (7.2.12)$$

即

$$(x_1, x_2, \cdots, x_m) \circ \begin{pmatrix} r_{1j} \\ r_{2j} \\ \vdots \\ r_{mj} \end{pmatrix} = s_j, \quad j = 1, 2, \cdots, l. \qquad (7.2.13)$$

构造两个矩阵

$$
Y = \begin{pmatrix}
s_1\varepsilon r_{11} & s_2\varepsilon r_{12} & \cdots & s_l\varepsilon r_{1l} \\
s_1\varepsilon r_{21} & s_2\varepsilon r_{22} & \cdots & s_l\varepsilon r_{2l} \\
\vdots & \vdots & & \vdots \\
s_1\varepsilon r_{m1} & s_2\varepsilon r_{m2} & \cdots & s_l\varepsilon r_{ml}
\end{pmatrix},
$$

$$
\hat{Y} = \begin{pmatrix}
s_1\hat{\varepsilon} r_{11} & s_2\hat{\varepsilon} r_{12} & \cdots & s_l\hat{\varepsilon} r_{1l} \\
s_1\hat{\varepsilon} r_{21} & s_2\hat{\varepsilon} r_{22} & \cdots & s_l\hat{\varepsilon} r_{2l} \\
\vdots & \vdots & & \vdots \\
s_1\hat{\varepsilon} r_{m1} & s_2\hat{\varepsilon} r_{m2} & \cdots & s_l\hat{\varepsilon} r_{ml}
\end{pmatrix},
$$

其中 Y 和 $\hat{Y}$ 的第 j 列对应着 (7.2.13) 式中的第 j 个方程, $j = 1, 2, \cdots, l$.

若 Y 中的第 j 列的第 i 个分量 $s_j\varepsilon r_{ij} \neq \varnothing$, 则以其替代 $\hat{Y}$ 中的第 j 列的第 i 个分量, $i \in \{1, 2, \cdots, m\}$, 即得 (7.2.13) 式中的第 j 个方程的一个部分解集,

$$
\begin{pmatrix}
s_j\hat{\varepsilon} r_{1j} \\
\vdots \\
s_j\hat{\varepsilon} r_{i-1,j} \\
s_j\varepsilon r_{ij} \\
s_j\hat{\varepsilon} r_{i+1,j} \\
\vdots \\
s_j\hat{\varepsilon} r_{mj}
\end{pmatrix}, \quad j = 1, 2, \cdots, l.
$$

记 $G = G_1 \times G_2 \times \cdots \times G_l$, 其中

$$
G_j = \{i \in \{1, 2, \cdots, m\} | s_j\varepsilon r_{ij} \neq \varnothing\}, \quad j = 1, 2, \cdots, l.
$$

若存在 $j \in \{1, 2, \cdots, l\}$, 使得 $G_j = \varnothing$, 则 (7.2.13) 式中的第 j 个方程无解, 令 $G = \varnothing$, 此时, 原方程无解.

若 $G_j \neq \varnothing$, $j \in \{1, 2, \cdots, l\}$, 则 $G \neq \varnothing$. 对任意的 $g = (k_1, k_2, \cdots, k_l) \in G$, 令 $W_g = W_{k_1 k_2 \cdots k_l}$ 表示分别以 Y 中第 j 列的第 k_j 个分量替代 $\hat{Y}$ 中的第 j 列的第 k_j 个分量所得的矩阵, $j = 1, 2, \cdots, l$.

对矩阵 W_g 按行求交集, 即得一个 m 元的向量. 若此向量的每一个分量都不等于空集, 则此向量即为模糊关系方程 (7.2.11) 的一个部分解集, 仍将其记为 W_g; 若此向量中有一个分量为空集, 则对应的部分解集为空集. 令 g 遍历 G, 将所有的部分解集并起来, 即得原方程组的解集

$$
\mathcal{X} = \bigcup_{g \in G} W_g.
$$

这个方法最初是由 Tsukamoto Y. 提出的, 故称 **Tsukamoto 法**. 下面我们通过一个例题来进一步说明用 Tsukamoto 法求解此类问题的一般步骤.

例 7.2.2 判断下列模糊关系方程是否有解, 若有解求出其最大解、极小解及解集:

$$(1)\ (x_1, x_2, x_3) \circ \begin{pmatrix} 0.8 & 0.4 & 0.3 \\ 0.6 & 0.5 & 0.7 \\ 0.8 & 0.6 & 0.9 \end{pmatrix} = (0.7, 0.6, 0.8);$$

$$(2)\ (x_1, x_2, x_3) \circ \begin{pmatrix} 0.3 & 0.5 & 0.2 \\ 0.2 & 0 & 0.2 \\ 0 & 0.6 & 0.1 \end{pmatrix} = (0.2, 0.4, 0.2).$$

解 (1) 首先构造矩阵 Y 和 $\hat{Y}$, 有

$$Y = \begin{pmatrix} 0.7\varepsilon0.8 & 0.6\varepsilon0.4 & 0.8\varepsilon0.3 \\ 0.7\varepsilon0.6 & 0.6\varepsilon0.5 & 0.8\varepsilon0.7 \\ 0.7\varepsilon0.8 & 0.6\varepsilon0.6 & 0.8\varepsilon0.9 \end{pmatrix} = \begin{pmatrix} 0.7 & \varnothing & \varnothing \\ \varnothing & \varnothing & \varnothing \\ 0.7 & [0.6, 1] & 0.8 \end{pmatrix},$$

$$\hat{Y} = \begin{pmatrix} 0.7\hat{\varepsilon}0.8 & 0.6\hat{\varepsilon}0.4 & 0.8\hat{\varepsilon}0.3 \\ 0.7\hat{\varepsilon}0.6 & 0.6\hat{\varepsilon}0.5 & 0.8\hat{\varepsilon}0.7 \\ 0.7\hat{\varepsilon}0.8 & 0.6\hat{\varepsilon}0.6 & 0.8\hat{\varepsilon}0.9 \end{pmatrix} = \begin{pmatrix} [0, 0.7] & [0, 1] & [0, 1] \\ [0, 1] & [0, 1] & [0, 1] \\ [0, 0.7] & [0, 1] & [0, 0.8] \end{pmatrix},$$

其中 Y 和 $\hat{Y}$ 的第 j 列对应着原方程中的第 j 个方程, $j = 1, 2, 3$.

观察得 $G_1 = \{1, 3\}$, $G_2 = \{3\}$, $G_3 = \{3\}$, 记 $G = G_1 \times G_2 \times G_3$. G 中共有 2 个元素, 对任意的 $g = (k_1, k_2, k_3) \in G, W_g = W_{k_1 k_2 k_3}$ 表示分别以 Y 中的第 j 列的第 k_j 个分量替代 $\hat{Y}$ 中的第 j 列的第 k_j 个分量所得的矩阵, 依次对每一个矩阵按行求交集:

$$W_{133} = \begin{pmatrix} 0.7 & [0, 1] & [0, 1] \\ [0, 1] & [0, 1] & [0, 1] \\ [0, 0.7] & [0.6, 1] & 0.8 \end{pmatrix} \longrightarrow \varnothing,$$

$$W_{333} = \begin{pmatrix} [0, 0.7] & [0, 1] & [0, 1] \\ [0, 1] & [0, 1] & [0, 1] \\ 0.7 & [0.6, 1] & 0.8 \end{pmatrix} \longrightarrow \varnothing,$$

故原方程无解.

(2) 首先构造矩阵 Y 和 $\hat{Y}$, 有

$$
Y = \begin{pmatrix} 0.2\varepsilon0.3 & 0.4\varepsilon0.5 & 0.2\varepsilon0.2 \\ 0.2\varepsilon0.2 & 0.4\varepsilon0 & 0.2\varepsilon0.2 \\ 0.2\varepsilon0 & 0.4\varepsilon0.6 & 0.2\varepsilon0.1 \end{pmatrix} = \begin{pmatrix} 0.2 & 0.4 & [0.2,1] \\ [0.2,1] & \varnothing & [0.2,1] \\ \varnothing & 0.4 & \varnothing \end{pmatrix},
$$

$$
\hat{Y} = \begin{pmatrix} 0.2\hat{\varepsilon}0.3 & 0.4\hat{\varepsilon}0.5 & 0.2\hat{\varepsilon}0.2 \\ 0.2\hat{\varepsilon}0.2 & 0.4\hat{\varepsilon}0 & 0.2\hat{\varepsilon}0.2 \\ 0.2\hat{\varepsilon}0 & 0.4\hat{\varepsilon}0.6 & 0.2\hat{\varepsilon}0.1 \end{pmatrix} = \begin{pmatrix} [0,0.2] & [0,0.4] & [0,1] \\ [0,1] & [0,1] & [0,1] \\ [0,1] & [0,0.4] & [0,1] \end{pmatrix},
$$

其中 Y 和 $\hat{Y}$ 的第 j 列对应着 (2) 中的第 j 个方程, $j = 1, 2, 3$.

观察得 $G_1 = \{1, 2\}$, $G_2 = \{1, 3\}$, $G_3 = \{1, 2\}$, 记 $G = G_1 \times G_2 \times G_3$. G 中共有 8 个元素, 对任意的 $g = (k_1, k_2, k_3) \in G$, $W_g = W_{k_1k_2k_3}$ 表示分别以 Y 中的第 j 列的第 k_j 个分量替代 $\hat{Y}$ 中的第 j 列的第 k_j 个分量所得的矩阵, 依次对每一个矩阵按行求交集, 得部分解集:

$$
W_{111} = \begin{pmatrix} 0.2 & 0.4 & [0.2,1] \\ [0,1] & [0,1] & [0,1] \\ [0,1] & [0,0.4] & [0,1] \end{pmatrix} \longrightarrow \varnothing,
$$

$$
W_{112} = \begin{pmatrix} 0.2 & 0.4 & [0,1] \\ [0,1] & [0,1] & [0.2,1] \\ [0,1] & [0,0.4] & [0,1] \end{pmatrix} \longrightarrow \varnothing,
$$

$$
W_{131} = \begin{pmatrix} 0.2 & [0,0.4] & [0.2,1] \\ [0,1] & [0,1] & [0,1] \\ [0,1] & 0.4 & [0,1] \end{pmatrix} \longrightarrow \begin{pmatrix} 0.2 \\ [0,1] \\ 0.4 \end{pmatrix},
$$

$$
W_{132} = \begin{pmatrix} 0.2 & [0,0.4] & [0,1] \\ [0,1] & [0,1] & [0.2,1] \\ [0,1] & 0.4 & [0,1] \end{pmatrix} \longrightarrow \begin{pmatrix} 0.2 \\ [0.2,1] \\ 0.4 \end{pmatrix},
$$

$$
W_{211} = \begin{pmatrix} [0,0.2] & 0.4 & [0.2,1] \\ [0.2,1] & [0,1] & [0,1] \\ [0,1] & [0,0.4] & [0,1] \end{pmatrix} \longrightarrow \varnothing,
$$

$$
W_{212} = \begin{pmatrix} [0,0.2] & 0.4 & [0,1] \\ [0.2,1] & [0,1] & [0.2,1] \\ [0,1] & [0,0.4] & [0,1] \end{pmatrix} \longrightarrow \varnothing,
$$

$$W_{231} = \begin{pmatrix} [0,0.2] & [0,0.4] & [0.2,1] \\ [0.2,1] & [0,1] & [0,1] \\ [0,1] & 0.4 & [0,1] \end{pmatrix} \longrightarrow \begin{pmatrix} 0.2 \\ [0.2,1] \\ 0.4 \end{pmatrix},$$

$$W_{232} = \begin{pmatrix} [0,0.2] & [0,0.4] & [0,1] \\ [0.2,1] & [0,1] & [0.2,1] \\ [0,1] & 0.4 & [0,1] \end{pmatrix} \longrightarrow \begin{pmatrix} [0,0.2] \\ [0.2,1] \\ 0.4 \end{pmatrix}.$$

观察可知, $W_{111} = W_{112} = W_{211} = W_{212} = \varnothing$, $W_{132} = W_{231} \subseteq W_{131}$, 故原方程有解且其最大解为 $\overline{\underset{\sim}{X}} = (0.2, 1, 0.4)$, 极小解为 $\underset{\sim}{X_1} = (0.2, 0, 0.4)$ 与 $\underset{\sim}{X_2} = (0, 0.2, 0.4)$, 解集为

$$\mathcal{X} = (0.2, [0,1], 0.4) \bigcup ([0,0.2], [0.2,1], 0.4). \qquad \blacksquare$$

Tsukamoto 法的优点是理论依据直观易懂, 缺点是当模糊关系方程 $\underset{\sim}{X} \circ \underset{\sim}{R} = \underset{\sim}{S}$ 中模糊矩阵 $\underset{\sim}{R}$ 的行数、列数较多的时候, 计算量增加的速度将非常快. 设 $G = G_1 \times G_2 \times \cdots \times G_l$, 其中, G_j 中元素个数分别为 $|G_j|, j = 1, 2, \cdots, l$, 则需要考察 $|G_1| \times |G_2| \times \cdots \times |G_l|$ 个 W_g 矩阵, 而且其中可能包含着数量可观的对应的部分解集为空集或者所得的部分解集为另外的部分解集所包含的情形.

7.3 简化矩阵法[①]

由命题 7.1.1 及定理 7.1.1, 并结合例 7.2.2 可得如下结论: 模糊关系方程不一定有解, 若有解必有最大解, 但是未必有最小解. 因此, 研究如何高效率地找出其全部的极小解就显得非常有意义.

7.3.1 简化矩阵法的理论依据

设 $\underset{\sim}{X} = (x_1, x_2, \cdots, x_m)$, $\underset{\sim}{R} = (r_{kj})_{m \times l}$, $\underset{\sim}{S} = (s_1, s_2, \cdots, s_l)$, 则模糊关系方程

$$\underset{\sim}{X} \circ \underset{\sim}{R} = \underset{\sim}{S}$$

可写成如下形式:

$$(x_1, x_2, \cdots, x_m) \circ \underset{\sim}{R} = (s_1, s_2, \cdots, s_l). \qquad (7.3.1)$$

求解方程 (7.3.1), 即求出满足

$$\bigvee_{k=1}^{m} (x_k \bigwedge r_{kj}) = s_j, \quad j = 1, 2, \cdots, l$$

[①] 简化矩阵法, 也称简捷列表法, 由李必祥、曹志强、罗承忠和徐文立等人提出并完善, 故也称徐罗曹李法.

的全部 $X = (x_1, x_2, \cdots, x_m)$ 组成的集合, 即方程 (7.3.1) 的解集 $\mathcal{X}$.

设 $\underset{\sim}{\overline{X}} = (\overline{x}_1, \overline{x}_2, \cdots, \overline{x}_m)$, 其中

$$\overline{x}_k = \bigwedge_{j=1}^{l} \{s_j | r_{kj} > s_j\}, \quad k = 1, 2, \cdots, m.$$

由推论 7.1.2 可知, 方程 (7.3.1) 有解当且仅当 $\underset{\sim}{\overline{X}} \in \mathcal{X}$, 且 $\underset{\sim}{\overline{X}} = (\overline{x}_1, \overline{x}_2, \cdots, \overline{x}_m)$ 是最大解. 记 $G = G_1 \times G_2 \times \cdots \times G_l$, 其中

$$G_j = \{k_j \in \{1, 2, \cdots, m\} | \overline{x}_{k_j} \bigwedge r_{k_j j} = s_j\}, \quad j = 1, 2, \cdots, l.$$

若 $G \neq \varnothing$, 对任意的 $g = (k_1, k_2, \cdots, k_l) \in G$, 令 $\underset{\sim}{X_g} = (x_g^1, x_g^2, \cdots, x_g^m)$, 其中

$$x_g^k = \bigvee_{j=1}^{l} \{s_j | k_j = k\}, \quad k = 1, 2, \cdots, m.$$

引理 7.3.1　若模糊关系方程 (7.3.1) 有解, 则 $G \neq \varnothing$, 且对任意的 $\underset{\sim}{X} \in \mathcal{X}$, 存在 $g \in G$, 使得

$$\underset{\sim}{X_g} \subseteq \underset{\sim}{X} \subseteq \overline{\underset{\sim}{X}}.$$

证明　设模糊关系方程 (7.3.1) 有解, 由推论 7.1.2 可知 $\underset{\sim}{\overline{X}} \in \mathcal{X}$, 故 $\underset{\sim}{\overline{X}} \circ \underset{\sim}{R} = \underset{\sim}{S}$, 即

$$\bigvee_{k=1}^{m} (\overline{x}_k \bigwedge r_{kj}) = s_j, \quad j = 1, 2, \cdots, l.$$

故对任意的 $j \in \{1, 2, \cdots, l\}$, 存在 $k_j \in \{1, 2, \cdots, m\}$, 使得 $\overline{x}_{k_j} \bigwedge r_{k_j j} = s_j$, 因此

$$G_j = \{k_j \in \{1, 2, \cdots, m\} | \overline{x}_{k_j} \bigwedge r_{k_j j} = s_j\} \neq \varnothing,$$

进而 $G = G_1 \times G_2 \times \cdots \times G_l \neq \varnothing$.

设 $\underset{\sim}{X} \in \mathcal{X}$, 则 $\underset{\sim}{X} \circ \underset{\sim}{R} = \underset{\sim}{S}$, 故

$$\bigvee_{k=1}^{m} (x_k \bigwedge r_{kj}) = s_j, \quad j = 1, 2, \cdots, l.$$

因此, 对任意的 $j \in \{1, 2, \cdots, l\}$, 存在 $k_j \in \{1, 2, \cdots, m\}$, 使得 $x_{k_j} \bigwedge r_{k_j j} = s_j$. 又由于 $\mathcal{X} \neq \varnothing$, 故 $\underset{\sim}{\overline{X}} \in \mathcal{X}$, 且 $\underset{\sim}{X} \subseteq \overline{\underset{\sim}{X}}$, 即 $x_k \leqslant \overline{x}_k, k = 1, 2, \cdots, m$, 特别地, $x_{k_j} \leqslant \overline{x}_{k_j}$, 于是

$$s_j = x_{k_j} \bigwedge r_{k_j j} \leqslant \overline{x}_{k_j} \bigwedge r_{k_j j} \leqslant \bigvee_{k=1}^{m} (\overline{x}_k \bigwedge r_{kj}) = s_j.$$

因此, $\overline{x}_{k_j} \bigwedge r_{k_j j} = s_j$.

令 $g = (k_1, k_2, \cdots, k_l)$, 由 g 的构造可知 $g \in G$. 令 $\underset{\sim}{X_g} = (x_g^1, x_g^2, \cdots, x_g^m)$, 其中

$$x_g^k = \bigvee_{j=1}^{l} \{s_j | k_j = k\}, \quad k = 1, 2, \cdots, m.$$

往证 $X_g \subseteq \underset{\sim}{X}$. 对任意的 $k \in \{1, 2, \cdots, m\}$, 分两种情形讨论:

(1) 若存在 k_j, 使得 $k_j = k$, 则由 k_j 的选法可知

$$x_k \bigwedge r_{kj} = x_{k_j} \bigwedge r_{k_j j} = s_j,$$

也就是, 对任意的 $k_j(k_j = k)$, 有 $x_k \geqslant s_j$, 于是

$$x_k \geqslant \bigvee_{j=1}^{l} \{s_j | k_j = k\} = x_g^k.$$

(2) 若不存在 k_j, 使得 $k_j = k$, 则

$$x_g^k = \bigvee_{j=1}^{l} \{s_j | k_j = k\} = \bigvee \varnothing = 0.$$

总之, 对任意的 $k \in \{1, 2, \cdots, m\}$, 有 $x_g^k \leqslant x_k$, 也就是 $X_g \subseteq \underset{\sim}{X}$. ∎

引理 7.3.2 若 $G \neq \varnothing$, 则模糊关系方程 (7.3.1) 有解, 且

$$\mathcal{X} = \bigcup_{g \in G} \{ \underset{\sim}{X} \big| X_g \subseteq \underset{\sim}{X} \subseteq \overline{X} \}.$$

证明 设 $G \neq \varnothing$, 对任意的 $g = (k_1, k_2, \cdots, k_l) \in G$, 令 $X_g = (x_g^1, x_g^2, \cdots, x_g^m)$, 其中

$$x_g^k = \bigvee_{j=1}^{l} \{s_j | k_j = k\}, \quad k = 1, 2, \cdots, m.$$

往证 $X_g \in \mathcal{X}$. 对任意的 $k \in \{1, 2, \cdots, m\}$, 分两种情形讨论:

(1) 若存在 k_j, 使得 $k_j = k$, 则由 k_j 的选法可知, $\overline{x}_{k_j} \bigwedge r_{k_j j} = s_j$, 于是, $\overline{x}_{k_j} \geqslant s_j$, 而 $k_j = k$, 故 $\overline{x}_k = \overline{x}_{k_j} \geqslant s_j$. 因此,

$$\overline{x}_k \geqslant \bigvee_{j=1}^{l} \{s_j | k_j = k\} = x_g^k.$$

(2) 若不存在 k_j, 使得 $k_j = k$, 则

$$x_g^k = \bigvee_{j=1}^{l} \{s_j | k_j = k\} = 0.$$

显然, $x_g^k = 0 \leqslant \overline{x}_k$.

所以, 对任意的 $k \in \{1, 2, \cdots, m\}$, 有 $x_g^k \leqslant \overline{x}_k$, 故 $X_g \subseteq \overline{X}$, 因此, $X_g \underset{\sim}{\circ} R \subseteq \overline{X} \underset{\sim}{\circ} R$. 由引理 7.1.1 可知, $\overline{X} \underset{\sim}{\circ} \underset{\sim}{R} \subseteq \underset{\sim}{S}$, 故 $X_g \underset{\sim}{\circ} \underset{\sim}{R} \subseteq \underset{\sim}{S}$.

另一方面, 对任意的 $j \in \{1, 2, \cdots, l\}$, 有

$$\bigvee_{k=1}^{m} (x_g^k \bigwedge r_{kj}) \geqslant x_g^{k_j} \bigwedge r_{k_j j} = (\bigvee_{i=1}^{l} \{s_i | k_i = k_j\}) \bigwedge r_{k_j j} \geqslant s_j \bigwedge r_{k_j j}.$$

而由 k_j 的选法可知, $\overline{x}_{k_j} \bigwedge r_{k_j j} = s_j$, 于是, $r_{k_j j} \geqslant s_j$, 故

$$\bigvee_{k=1}^{m}(x_g^k \bigwedge r_{kj}) \geqslant s_j,$$

即 $\underset{\sim}{X_g} \circ \underset{\sim}{R} \supseteq \underset{\sim}{S}.$

因此, $\underset{\sim}{X_g} \circ \underset{\sim}{R} = \underset{\sim}{S}$, 即

$$\underset{\sim}{X_g} \in \mathcal{X}.$$

由定理 7.1.1 可知, $\underset{\sim}{\overline{X}}$ 是最大解, 于是

$$\bigcup_{g \in G}\{\underset{\sim}{X} \mid \underset{\sim}{X_g} \subseteq \underset{\sim}{X} \subseteq \underset{\sim}{\overline{X}}\} \subseteq \mathcal{X}.$$

又由引理 7.3.1 可知, 对任意的 $\underset{\sim}{X} \in \mathcal{X}$, 存在 $g \in G$, 使得 $\underset{\sim}{X_g} \subseteq \underset{\sim}{X} \subseteq \underset{\sim}{\overline{X}}$, 于是

$$\mathcal{X} \subseteq \bigcup_{g \in G}\{\underset{\sim}{X} \mid \underset{\sim}{X_g} \subseteq \underset{\sim}{X} \subseteq \underset{\sim}{\overline{X}}\}.$$

综上所述,

$$\mathcal{X} = \bigcup_{g \in G}\{\underset{\sim}{X} \mid \underset{\sim}{X_g} \subseteq \underset{\sim}{X} \subseteq \underset{\sim}{\overline{X}}\}. \qquad \blacksquare$$

定理 7.3.1　模糊关系方程 (7.3.1) 有解的充要条件是 $G \neq \varnothing$, 且当方程有解时,

$$\mathcal{X} = \bigcup_{g \in G}\{\underset{\sim}{X} \mid \underset{\sim}{X_g} \subseteq \underset{\sim}{X} \subseteq \underset{\sim}{\overline{X}}\}.$$

证明　由引理 7.3.1 和引理 7.3.2 即得. 　　　　　　　　　　　　　■

我们称 $X_g(g \in G)$ 为**拟极小解**. 由以上的讨论可知, 从所有的拟极小解中筛选出极小解, 再和最大解一起组成部分解集, 最后将这些部分解集并起来, 即得模糊关系方程 (7.3.1) 的解集.

7.3.2　简化矩阵法的一般步骤

若 $s_j > 0, j = 1, 2, \cdots, l$, 我们可以用简化矩阵法求解有限论域上的模糊关系方程. 简化矩阵法的一般步骤如下:

第 1 步　排序.

将 $\underset{\sim}{S}$ 写在模糊矩阵 $\underset{\sim}{R}$ 的上方, 然后按照 $s_j, j = 1, 2, \cdots, l$ 的大小顺序重新排序, 同时, 矩阵 $\underset{\sim}{R}$ 各列的位置也要作相应的变更, 当 $s_i = s_j$ 时, 可任意指定顺序. 将调整顺序后的 $\underset{\sim}{S}$ 的各分量仍记为 $s_j, j = 1, 2, \cdots, l$, 此时, $s_1 \geqslant s_2 \geqslant \cdots \geqslant s_l > 0$.

第 2 步 上铣.

用 s_j 上铣第 j 列, $j = 1, 2, \cdots, l$, 即若 $r_{kj} > s_j$, 则将 r_{kj} 变为 s_j; 若 $r_{kj} \leqslant s_j$, 则将 r_{kj} 变为空白.

第 3 步 求解集合的上界.

对任意的 $k \in \{1, 2, \cdots, m\}$, 按照行求下确界, 并将求得的下确界记于矩阵的右侧, 称之为 "解集合的上界".

第 4 步 平铣.

用 s_j 平铣第 j 列, $j = 1, 2, \cdots, l$, 即若 $r_{kj} \geqslant s_j$, 则将 r_{kj} 变为 s_j; 若 $r_{kj} < s_j$, 则将 r_{kj} 变为空白.

第 5 步 划去大于上界的元素.

在步骤 4 所得的矩阵中, 逐行划去大于右端上界的元素.

第 6 步 判别.

原方程有解的充要条件是: 在步骤 5 所得的矩阵中, 每一列都有非空白且未被划去的元素. 若原方程有解, 则步骤 3 得到的解集合的上界就是最大解.

第 7 步 求出拟极小解并筛选出极小解.

若原方程有解, 在步骤 6 所得的矩阵中, 每一列任选一个非空白且未被划去的元素, 然后在所得到的矩阵中按行取上确界, 即得一个拟极小解. 从全部拟极小解中筛选得出极小解.

第 8 步 写出解集.

将极小解与最大解一起组成部分解集, 再将所有的部分解集并起来, 得到方程的解集.

简化矩阵法的理论依据是引理 7.1.1、定理 7.1.1、定理 7.3.1, 详细说明如下:

(1) 步骤 1 的依据是 $\underset{\sim}{S}$ 和 $\underset{\sim}{R}$ 同时作变更, 不改变原方程的解集.

(2) 步骤 2 和步骤 3 的依据是 $\underset{\sim}{\overline{X}} = (\overline{x}_1, \overline{x}_2, \cdots, \overline{x}_m)$, 其中

$$\overline{x}_k = \bigwedge\nolimits_{j=1}^{l} \{s_j | r_{kj} > s_j\}, \quad k = 1, 2, \cdots, m.$$

这一步得到的解的上界即为 $\overline{X}$. 若在这一步将 $\overline{X}$ 代回原方程, 也可以判断原方程是否相容, 若相容, 这一步得到的 $\overline{X}$ 就是最大解.

(3) 因为 $G_j = \{k_j \in \{1, 2, \cdots, m\} | \overline{x}_{k_j} \bigwedge r_{k_j j} = s_j\}, j = 1, 2, \cdots, l$, 而由引理 7.1.1 可知, $\underset{\sim}{\overline{X}} \circ \underset{\sim}{R} \subseteq \underset{\sim}{S}$, 故对任意的 $j \in \{1, 2, \cdots, l\}$, 有

$$\overline{x}_{k_j} \bigwedge r_{k_j j} \leqslant \bigvee\nolimits_{k=1}^{m} (\overline{x}_k \bigwedge r_{kj}) \leqslant s_j.$$

于是

$$\overline{x}_{k_j} \bigwedge r_{k_j j} = s_j \Longleftrightarrow r_{k_j j} \geqslant s_j, \overline{x}_{k_j} \geqslant s_j.$$

条件 $r_{k_jj} \geqslant s_j$ 是步骤 4 的依据, 而条件 $\overline{x}_{k_j} \geqslant s_j$ 是步骤 5 的依据.

(4) 步骤 6 的依据是, 模糊关系方程 (7.3.1) 有解的充要条件是 $G \neq \varnothing$.

(5) 步骤 7 的依据是, 对任意的 $g = (k_1, k_2, \cdots, k_l) \in G$, $X_g = (x_g^1, x_g^2, \cdots, x_g^m)$, 其中

$$x_g^k = \bigvee_{j=1}^{l} \{s_j | k_j = k\}, \quad k = 1, 2, \cdots, m.$$

(6) 步骤 8 的依据是, $\mathcal{X} = \bigcup_{g \in G} \{X \,|\, X_g \subseteq X \subseteq \overline{X}\}$.

我们通过一个例子来熟悉简化矩阵法的步骤.

例 7.3.1 判断下列模糊关系方程是否有解, 若有解, 求出其最大解、全部极小解, 以及解集合:

$$(x_1, x_2, x_3, x_4) \circ \begin{pmatrix} 0.4 & 0.9 & 0.6 & 0.3 & 0.3 \\ 0.9 & 0.4 & 0.4 & 0.3 & 0.3 \\ 0.4 & 0.8 & 0.9 & 0.5 & 0.5 \\ 0.4 & 0.5 & 0.5 & 0.5 & 0.5 \end{pmatrix} = (0.7, 0.8, 0.6, 0.4, 0.4).$$

解 应用简化矩阵法, 步骤如下:

第 1 步 排序.

$$\begin{matrix} 0.7 & 0.8 & 0.6 & 0.4 & 0.4 \\ \begin{pmatrix} 0.4 & 0.9 & 0.6 & 0.3 & 0.3 \\ 0.9 & 0.4 & 0.4 & 0.3 & 0.3 \\ 0.4 & 0.8 & 0.9 & 0.5 & 0.5 \\ 0.4 & 0.5 & 0.5 & 0.5 & 0.5 \end{pmatrix} \end{matrix} \longrightarrow \begin{matrix} 0.8 & 0.7 & 0.6 & 0.4 & 0.4 \\ \begin{pmatrix} 0.9 & 0.4 & 0.6 & 0.3 & 0.3 \\ 0.4 & 0.9 & 0.4 & 0.3 & 0.3 \\ 0.8 & 0.4 & 0.9 & 0.5 & 0.5 \\ 0.5 & 0.4 & 0.5 & 0.5 & 0.5 \end{pmatrix} \end{matrix}.$$

第 2 步 上铣.

$$\begin{matrix} 0.8 & 0.7 & 0.6 & 0.4 & 0.4 \\ \begin{pmatrix} 0.8 & & & & \\ & 0.7 & & & \\ & & 0.6 & 0.4 & 0.4 \\ & & & 0.4 & 0.4 \end{pmatrix} \end{matrix}.$$

第 3 步 求解集合的上界.

$$\begin{matrix} 0.8 & 0.7 & 0.6 & 0.4 & 0.4 \\ \begin{pmatrix} 0.8 & & & & \\ & 0.7 & & & \\ & & 0.6 & 0.4 & 0.4 \\ & & & 0.4 & 0.4 \end{pmatrix} & \begin{matrix} 0.8 \\ 0.7 \\ 0.4 \\ 0.4 \end{matrix} \end{matrix}.$$

第 4 步 平铣.

$$
\begin{array}{ccccc}
0.8 & 0.7 & 0.6 & 0.4 & 0.4
\end{array}
$$

$$
\left(\begin{array}{ccccc}
0.8 & & 0.6 & & \\
& 0.7 & & & \\
0.8 & & 0.6 & 0.4 & 0.4 \\
& & & 0.4 & 0.4
\end{array}\right)
\begin{array}{c}
0.8 \\
0.7 \\
0.4 \\
0.4
\end{array}.
$$

第 5 步 划去大于上界的元素.

$$
\begin{array}{ccccc}
0.8 & 0.7 & 0.6 & 0.4 & 0.4
\end{array}
$$

$$
\left(\begin{array}{ccccc}
0.8 & & 0.6 & & \\
& 0.7 & & & \\
\cancel{0.8} & & \cancel{0.6} & 0.4 & 0.4 \\
& & & 0.4 & 0.4
\end{array}\right)
\begin{array}{c}
0.8 \\
0.7 \\
0.4 \\
0.4
\end{array}.
$$

第 6 步 判别.

在步骤 5 所得的矩阵中, 每一列都有非空白且未被划去的元素, 故原方程有解, 步骤 3 得到的解的上界, 即为最大解 $\widetilde{X} = (0.8, 0.7, 0.4, 0.4)$.

第 7 步 求出拟极小解并筛选出极小解.

观察得

$$
G_1 = \{1\}, \quad G_2 = \{2\}, \quad G_3 = \{1\}, \quad G_4 = \{3,4\}, \quad G_5 = \{3,4\},
$$

故 $G = G_1 \times G_2 \times G_3 \times G_4 \times G_5$ 中有 $1 \times 1 \times 1 \times 2 \times 2 = 4$ 个元素.

(1) 若 $g = (1,2,1,3,3)$, 则得到矩阵

$$
\left(\begin{array}{ccccc}
0.8 & & 0.6 & & \\
& 0.7 & & & \\
& & & 0.4 & 0.4
\end{array}\right),
$$

对应的拟极小解为 $X_{12133} = (08, 0.7, 0.4, 0)$.

(2) 若 $g = (1,2,1,3,4)$, 则得到矩阵

$$
\left(\begin{array}{ccccc}
0.8 & & 0.6 & & \\
& 0.7 & & & \\
& & & 0.4 & \\
& & & & 0.4
\end{array}\right),
$$

对应的拟极小解为 $X_{12134} = (08, 0.7, 0.4, 0.4)$.

(3) 若 $g = (1, 2, 1, 4, 3)$, 则得到矩阵

$$\begin{pmatrix} 0.8 & & 0.6 & & \\ & 0.7 & & & \\ & & & & 0.4 \\ & & & 0.4 & \end{pmatrix},$$

对应的拟极小解为 $X_{12143} = (08, 0.7, 0.4, 0.4)$.

　　(4) 若 $g = (1, 2, 1, 4, 4)$, 则得到矩阵

$$\begin{pmatrix} 0.8 & & 0.6 & & \\ & 0.7 & & & \\ & & & & \\ & & & 0.4 & 0.4 \end{pmatrix},$$

对应的拟极小解为 $X_{12144} = (08, 0.7, 0, 0.4)$.

　　从拟极小解中筛选出极小解, 有

$$X_{12133} = (08, 0.7, 0.4, 0), \quad X_{12144} = (08, 0.7, 0, 0.4).$$

第 8 步　写出解集:

$$\mathcal{X} = (08, 0.7, 0.4, [0, 0.4]) \bigcup (08, 0.7, [0, 0.4], 0.4).$$　■

上例解题过程中的步骤 (1)~(6) 可以连续地写出来, 即

$$\begin{matrix} 0.7 & 0.8 & 0.6 & 0.4 & 0.4 \\ \begin{pmatrix} 0.4 & 0.9 & 0.6 & 0.3 & 0.3 \\ 0.9 & 0.4 & 0.4 & 0.3 & 0.3 \\ 0.4 & 0.8 & 0.9 & 0.5 & 0.5 \\ 0.4 & 0.5 & 0.5 & 0.5 & 0.5 \end{pmatrix} \end{matrix} \xrightarrow{\text{排序}} \begin{matrix} 0.8 & 0.7 & 0.6 & 0.4 & 0.4 \\ \begin{pmatrix} 0.9 & 0.4 & 0.6 & 0.3 & 0.3 \\ 0.4 & 0.9 & 0.4 & 0.3 & 0.3 \\ 0.8 & 0.4 & 0.9 & 0.5 & 0.5 \\ 0.5 & 0.4 & 0.5 & 0.5 & 0.5 \end{pmatrix} \end{matrix}$$

$$\xrightarrow{\text{上铣}} \begin{matrix} 0.8 & 0.7 & 0.6 & 0.4 & 0.4 \\ \begin{pmatrix} 0.8 & & & & \\ & 0.7 & & & \\ & & 0.6 & 0.4 & 0.4 \\ & & & 0.4 & 0.4 \end{pmatrix} \begin{matrix} 0.8 \\ 0.7 \\ 0.4 \\ 0.4 \end{matrix} \end{matrix} \xrightarrow{\text{平铣}} \begin{matrix} 0.8 & 0.7 & 0.6 & 0.4 & 0.4 \\ \begin{pmatrix} 0.8 & & 0.6 & & \\ & 0.7 & & & \\ 0.8 & & 0.6 & 0.4 & 0.4 \\ & & & 0.4 & 0.4 \end{pmatrix} \begin{matrix} 0.8 \\ 0.7 \\ 0.4 \\ 0.4 \end{matrix} \end{matrix}.$$

我们再来看一个例题.

例 7.3.2 判断下列模糊关系方程是否有解, 若有解, 求出其最大解、全部极小解, 以及解集合:

$$(x_1, x_2, x_3, x_4) \circ \begin{pmatrix} 0.6 & 0.8 & 0.6 & 0.4 & 0.3 \\ 0.4 & 0.2 & 0.7 & 0.4 & 0.3 \\ 0.5 & 0.7 & 0.4 & 0.3 & 0.2 \\ 0.5 & 0.5 & 0.4 & 0.3 & 0.2 \end{pmatrix} = (0.5, 0.7, 0.5, 0.4, 0.3).$$

解 应用简化矩阵法, 有

$$\begin{matrix} 0.5 & 0.7 & 0.5 & 0.4 & 0.3 \\ \begin{pmatrix} 0.6 & 0.8 & 0.6 & 0.4 & 0.3 \\ 0.4 & 0.2 & 0.7 & 0.4 & 0.3 \\ 0.5 & 0.7 & 0.4 & 0.3 & 0.2 \\ 0.5 & 0.5 & 0.4 & 0.3 & 0.2 \end{pmatrix} \end{matrix} \xrightarrow{\text{排序}} \begin{matrix} 0.7 & 0.5 & 0.5 & 0.4 & 0.3 \\ \begin{pmatrix} 0.8 & 0.6 & 0.6 & 0.4 & 0.3 \\ 0.2 & 0.4 & 0.7 & 0.4 & 0.3 \\ 0.7 & 0.5 & 0.4 & 0.3 & 0.2 \\ 0.5 & 0.5 & 0.4 & 0.3 & 0.2 \end{pmatrix} \end{matrix}$$

$$\xrightarrow{\text{上铣}} \begin{matrix} 0.7 & 0.5 & 0.5 & 0.4 & 0.3 \\ \begin{pmatrix} 0.7 & 0.5 & 0.5 & & \\ & & 0.5 & & \\ & & & & \\ & & & & \end{pmatrix} \end{matrix} \begin{matrix} 0.5 \\ 0.5 \\ 1 \\ 1 \end{matrix} \xrightarrow{\text{平铣}} \begin{matrix} 0.7 & 0.5 & 0.5 & 0.4 & 0.3 \\ \begin{pmatrix} \cancel{0.7} & 0.5 & 0.5 & 0.4 & 0.3 \\ & & 0.5 & 0.4 & 0.3 \\ 0.7 & 0.5 & & & \\ & 0.5 & & & \end{pmatrix} \end{matrix} \begin{matrix} 0.5 \\ 0.5 \\ 1 \\ 1 \end{matrix} .$$

在上一步所得的矩阵中, 每一列都有非空白且未被划去的元素, 故原方程有解, 最大解为

$$\overline{\underset{\sim}{X}} = (0.5, 0.5, 1, 1).$$

观察得

$$G_1 = \{3\}, \quad G_2 = \{1, 3, 4\}, \quad G_3 = \{1, 2\}, \quad G_4 = \{1, 2\}, \quad G_5 = \{1, 2\},$$

故 $G = G_1 \times G_2 \times G_3 \times G_4 \times G_5$ 中有 $1 \times 3 \times 2 \times 2 \times 2 = 24$ 个元素, 共有 24 个拟极小解, 其中有两个是极小解, 即

$$X_{33111} = (0.5, 0, 0.7, 0),$$
$$X_{33222} = (0, 0.5, 0.7, 0).$$

它们分别和最大解一起组成部分解集, 再将所有的部分解集并起来, 进而得到方程的解集为

$$\mathcal{X} = (0.5, [0, 0.5], [0.7, 1], [0, 1]) \bigcup ([0, 0.5], 0.5, [0.7, 1], [0, 1]). \quad \blacksquare$$

7.3.3　拟极小解的筛选原则

当拟极小解的个数比较多的时候, 若将这些拟极小解全部写出来, 再从中筛选出真正的极小解, 将会非常麻烦, 且其中通常都包含着许多非极小解. 在求解模糊关系方程时, 如何能够有效地减少非极小解的出现, 进而减少 "无用功", 是一个值得讨论的问题.

设 $G \neq \varnothing$, $g = (k_1, k_2, \cdots, k_l) \in G$ 对应着简化矩阵法中步骤 5 之后, 每一列任选一个非空白且未被划去的元素的行指标, 相应的拟极小解为 $X_g = (x_g^1, x_g^2, \cdots, x_g^m)$, 其中

$$x_g^k = \bigvee_{j=1}^{l} \{s_j | k_j = k\}, \quad k = 1, 2, \cdots, m.$$

此时, 称 g 为拟极小解 X_g 的一条**路径**.

对任意的 $k \in \{1, 2, \cdots, m\}$, 若存在 $k_j = k$, 令 $p = \min\{j | k_j = k\}$, 则

$$x_g^k = \begin{cases} s_p, & 存在 \ k_j = k, \\ 0, & 其他. \end{cases}$$

这是因为, 若存在 $k_j = k$, 则 k_p 是路径中第一个等于 k 的分量, 而简化矩阵法的第 1 步就已经将 $s_j, j = 1, 2, \cdots, l$ 从大到小排序.

当路径 $g = (k_1, k_2, \cdots, k_l)$ 中存在相等的分量时, 保留最前面的一个 k_j, 将其他与之相等的分量变为 0, 即将路径 g 正规化, 得到的路径称为拟极小解 X_g 的一条**正规路径**, 将其记为 $g = (h_1, h_2, \cdots, h_l)$, 其中 $h_j = k_j$ 或 0. 对任意的 $k \in \{1, 2, \cdots, m\}$, 有

$$x_g^k = \begin{cases} s_p, & 存在 \ h_p = k, \\ 0, & 其他. \end{cases}$$

通过上面的分析, 我们可以得到以下的**极小解筛选方法**, 步骤如下:

第 1 步　令 $h_1 = k_1, k_1$ 遍历 G_1, 得到的 (待完成) 路径为 $(h_1, *, *, \cdots, *)$, 其中 $*$ 表示待定.

第 2 步　对步骤 1 中得到的每一条路径 $(h_1, *, \cdots, *)$, 若存在 $k_2 \in G_2$, 使得 $k_2 = h_1$, 则令 $h_2 = 0$; 否则, h_2 遍历 G_2, 得到的路径为 $(h_1, h_2, *, \cdots, *)$.

第 3 步　对步骤 2 中得到的每一条路径, 若存在 $k_3 \in G_3$, 使得 $k_3 = h_1$ 或 h_2, 则令 $h_3 = 0$; 否则, h_3 遍历 G_3, 得到的路径为 $(h_1, h_2, h_3, *, \cdots, *)$.

　　……

第 l 步　对步骤 $l - 1$ 中得到的每一条路径, 若存在 $k_l \in G_l$, 使得 $k_l = h_1$ 或 h_2 或 $\cdots$ 或 h_{l-1}, 则令 $h_l = 0$; 否则, h_l 遍历 G_l, 得到的路径为 $(h_1, h_2, h_3, \cdots, h_l)$.

例 7.3.3　将筛选原则用于求解例 7.3.2.

解 已经求得 $G_1 = \{3\}$, $G_2 = \{1,3,4\}$, $G_3 = \{1,2\}$, $G_4 = \{1,2\}$, $G_5 = \{1,2\}$. 下面应用筛选原则, 步骤如下:

第 1 步 因为 $G_1 = \{3\}$, 故令 $h_1 = 3$, 得到的路径为 $(3,*,*,*,*)$, 其中 $*$ 表示待定.

第 2 步 因为 $G_2 = \{1,3,4\}$, 对步骤 1 中得到的路径 $(3,*,*,*,*)$, 存在 $k_2 \in G_2$, 使得 $k_2 = h_1 = 3$, 故令 $h_2 = 0$, 得到的路径为 $(3,0,*,*,*)$;

第 3 步 因为 $G_3 = \{1,2\}$, 对步骤 2 中得到的路径 $(3,0,*,*,*)$, 不存在 $k_3 \in G_3$, 使得 $k_3 = h_1$ 或 h_2, 故 h_3 遍历 G_3, 得到的路径为 $(3,0,1,*,*)$ 和 $(3,0,2,*,*)$.

第 4 步 因为 $G_4 = \{1,2\}$, 对步骤 3 中得到的路径 $(3,0,1,*,*)$, 存在 $k_4 \in G_4$, 使得 $k_4 = h_3 = 1$, 故令 $h_4 = 0$, 得到的路径为 $(3,0,1,0,*)$; 对步骤 3 中得到的路径 $(3,0,2,*,*)$, 存在 $k_4 \in G_4$, 使得 $k_4 = h_3 = 2$, 故令 $h_4 = 0$, 得到的路径为 $(3,0,2,0,*)$.

第 5 步 因为 $G_5 = \{1,2\}$, 对步骤 4 中得到的路径 $(3,0,1,0,*)$, 存在 $k_5 \in G_4$, 使得 $k_5 = h_3 = 1$, 故令 $h_5 = 0$, 得到的路径为 $(3,0,1,0,0)$; 对步骤 4 中得到的路径 $(3,0,2,0,*)$, 存在 $k_5 \in G_5$, 使得 $k_5 = h_3 = 2$, 故令 $h_5 = 0$, 得到的路径为 $(3,0,2,0,0)$.

经筛选, 有两条拟极小解正规路径保留下来, 分别是 $(3,0,1,0,0)$ 和 $(3,0,2,0,0)$, 对应的拟极小解分别为

$$X_{30100} = (0.5, 0, 0.7, 0),$$
$$X_{30200} = (0, 0.5, 0.7, 0).$$

经观察, 这两个拟极小解都是极小解, 将它们和最大解一起组成部分解集, 再将所有的部分解集并起来, 进而得到原方程的解集为

$$\mathcal{X} = (0.5, [0, 0.5], [0.7, 1], [0, 1]) \bigcup ([0, 0.5], 0.5, [0.7, 1], [0, 1]).$$ ∎

虽然仅应用这个筛选原则并不能保证将拟极小解中的非极小解全部剔除, 但是, 这是一个 "性价比" 较高的筛选原则.

本节最后给出一个求解有限论域上一般形式的模糊关系方程的例题.

例 7.3.4 求解下列模糊关系方程:

$$\begin{pmatrix} 0.8 & 0.6 \\ 0.2 & 0.7 \end{pmatrix} \circ \begin{pmatrix} x_{11} & x_{12} \\ x_{21} & x_{22} \end{pmatrix} = \begin{pmatrix} 0.7 & 0.4 \\ 0.7 & 0.2 \end{pmatrix}. \tag{7.3.2}$$

解 对原方程 (7.3.2) 两边分别取转置, 得

$$\begin{pmatrix} x_{11} & x_{21} \\ x_{12} & x_{22} \end{pmatrix} \circ \begin{pmatrix} 0.8 & 0.2 \\ 0.6 & 0.7 \end{pmatrix} = \begin{pmatrix} 0.7 & 0.7 \\ 0.4 & 0.2 \end{pmatrix}, \tag{7.3.3}$$

故原方程 (7.3.2) 等价于方程组

$$\begin{cases} (x_{11}, x_{21}) \circ \begin{pmatrix} 0.8 & 0.2 \\ 0.6 & 0.7 \end{pmatrix} = (0.7, 0.7), & (7.3.4) \\[4mm] (x_{12}, x_{22}) \circ \begin{pmatrix} 0.8 & 0.2 \\ 0.6 & 0.7 \end{pmatrix} = (0.4, 0.2). & (7.3.5) \end{cases}$$

首先, 用简化矩阵法求解方程 (7.3.4):

$$\begin{matrix} 0.7 & 0.7 \\ \begin{pmatrix} 0.8 & 0.2 \\ 0.6 & 0.7 \end{pmatrix} \end{matrix} \xrightarrow{\text{排序}} \begin{matrix} 0.7 & 0.7 \\ \begin{pmatrix} 0.8 & 0.2 \\ 0.6 & 0.7 \end{pmatrix} \end{matrix} \xrightarrow{\text{上铣}} \begin{matrix} 0.7 & 0.7 \\ \begin{pmatrix} 0.7 & \\ & \end{pmatrix} \end{matrix} \begin{matrix} 0.7 \\ 1 \end{matrix} \xrightarrow{\text{平铣}} \begin{matrix} 0.7 & 0.7 \\ \begin{pmatrix} 0.7 & \\ & 0.7 \end{pmatrix} \end{matrix} \begin{matrix} 0.7 \\ 1 \end{matrix}.$$

每一列均有非空白且未被划去的元素, 故原方程有解, 且最大解为

$$\overline{X}_1 = (0.7, 1).$$

观察得

$$G_1 = \{1\}, \quad G_2 = \{2\},$$

故 $G = G_1 \times G_2$ 中共有 $1 \times 1 = 1$ 个元素. 取 $g = (1, 2)$, 则得到矩阵

$$\begin{pmatrix} 0.7 & \\ & 0.7 \end{pmatrix}.$$

对应的拟极小解为 $X_{12} = (0.7, 0.7)$, 即为极小解.

因此, 方程 (7.3.4) 的解集为

$$\mathcal{X}_1 = (0.7, [0.7, 1]).$$

其次, 用简化矩阵法求解方程 (7.3.5):

$$\begin{matrix} 0.4 & 0.2 \\ \begin{pmatrix} 0.8 & 0.2 \\ 0.6 & 0.7 \end{pmatrix} \end{matrix} \xrightarrow{\text{排序}} \begin{matrix} 0.4 & 0.2 \\ \begin{pmatrix} 0.8 & 0.2 \\ 0.6 & 0.7 \end{pmatrix} \end{matrix} \xrightarrow{\text{上铣}} \begin{matrix} 0.4 & 0.2 \\ \begin{pmatrix} 0.4 & \\ 0.4 & 0.2 \end{pmatrix} \end{matrix} \begin{matrix} 0.4 \\ 0.2 \end{matrix} \xrightarrow{\text{平铣}} \begin{matrix} 0.4 & 0.2 \\ \begin{pmatrix} 0.4 & 0.2 \\ 0.4 & 0.2 \end{pmatrix} \end{matrix} \begin{matrix} 0.4 \\ 0.2 \end{matrix}.$$

每一列均有非空白且未被划去的元素, 故原方程有解, 且最大解为

$$\overline{X}_2 = (0.4, 0.2).$$

观察得

$$G_1 = \{1\}, \quad G_2 = \{1, 2\},$$

故 $G = G_1 \times G_2$ 中共有 $1 \times 2 = 2$ 个元素. 应用筛选原则, 得 $g = (1, 0)$, 则得到矩阵

$$\begin{pmatrix} 0.4 & 0.2 \end{pmatrix}.$$

对应的拟极小解为 $X_{10} = (0.4, 0)$, 即为极小解.

因此, 方程 (7.3.5) 的解集为

$$\mathcal{X}_2 = (0.4, [0, 0.2]).$$

综上可得, 方程 (7.3.3) 的解集为

$$\begin{pmatrix} 0.7 & [0.7, 1] \\ 0.4 & [0, 0.2] \end{pmatrix}.$$

在此基础上得到原方程 (7.3.2) 的解集为

$$\begin{pmatrix} 0.7 & 0.4 \\ [0.7, 1] & [0, 0.2] \end{pmatrix}. \qquad \blacksquare$$

习　题　七

1. 判断下列模糊关系方程是否有解, 若有解, 求出其最大解:

(1) $(x_1, x_2, x_3, x_4) \circ \begin{pmatrix} 0.5 & 0.5 & 0.6 \\ 0.9 & 0.1 & 0.3 \\ 0.1 & 0.7 & 0.2 \\ 0.5 & 0.5 & 0.4 \end{pmatrix} = (0.6, 0.7, 0.3);$

(2) $(x_1, x_2, x_3) \circ \begin{pmatrix} 0.7 & 0.4 & 0.3 \\ 0.2 & 0.5 & 0.7 \\ 0.6 & 0.6 & 0.9 \end{pmatrix} = (0.6, 0.5, 0.7).$

2. 用 Tsukamoto 法判断下列模糊关系方程是否有解, 若有解, 求出解集、最大解及极小解:

$$(x_1, x_2, x_3, x_4) \circ \begin{pmatrix} 0.4 & 0.5 & 0.3 \\ 0.2 & 0.1 & 0.3 \\ 0.1 & 0.7 & 0.2 \\ 0.3 & 0.2 & 0.2 \end{pmatrix} = (0.3, 0.4, 0.3).$$

3. 求解下列模糊关系方程:

(1) $(x_1, x_2, x_3, x_4) \circ \begin{pmatrix} 0.2 & 0.3 & 0.5 & 0.8 \\ 0.6 & 0.9 & 0.6 & 0.2 \\ 0.4 & 0.6 & 0.5 & 0.3 \\ 0.7 & 0.7 & 0.4 & 0.1 \end{pmatrix} = (0.7, 0.7, 0.5, 0.4);$

(2) $(x_1, x_2, x_3, x_4, x_5) \circ \begin{pmatrix} 0.5 & 0.4 & 0.5 \\ 0.4 & 0.5 & 0.4 \\ 0.6 & 0.4 & 0.6 \\ 0.5 & 0.8 & 0.4 \\ 0.3 & 0.7 & 0.4 \end{pmatrix} = (0.5, 0.6, 0.5);$

(3) $\begin{pmatrix} 0.5 & 0.2 & 0.6 & 0.4 \\ 0.5 & 0.6 & 0.6 & 0.7 \\ 0.4 & 0.2 & 0.5 & 0.6 \\ 0.4 & 0.4 & 0.4 & 0.7 \end{pmatrix} \circ \begin{pmatrix} x_1 \\ x_2 \\ x_3 \\ x_4 \end{pmatrix} = \begin{pmatrix} 0.5 \\ 0.6 \\ 0.5 \\ 0.4 \end{pmatrix}.$

4. 求解下列模糊关系方程:

(1) $\begin{pmatrix} x_{11} & x_{12} & x_{13} \\ x_{21} & x_{22} & x_{23} \end{pmatrix} \circ \begin{pmatrix} 0.3 & 0.8 \\ 0.6 & 0.4 \\ 0.7 & 0.2 \end{pmatrix} = \begin{pmatrix} 0.3 & 0.4 \\ 0.6 & 0.3 \end{pmatrix};$

(2) $\begin{pmatrix} x_{11} & x_{12} \\ x_{21} & x_{22} \\ x_{31} & x_{32} \end{pmatrix} \circ \begin{pmatrix} 0.5 & 0.7 & 0.4 \\ 0.8 & 0.3 & 0.3 \end{pmatrix} = \begin{pmatrix} 0.5 & 0.5 & 0.4 \\ 0.5 & 0.6 & 0.4 \\ 0.8 & 0.3 & 0.3 \end{pmatrix}.$

5. 求解下列模糊关系方程 (注意筛选原则):

(1) $(x_1, x_2, x_3, x_4, x_5, x_6) \circ \begin{pmatrix} 0.5 & 0.3 & 0.4 & 0.6 \\ 0.5 & 0.4 & 0.4 & 0.2 \\ 0.3 & 0.3 & 0.5 & 0.3 \\ 0.4 & 0.4 & 0.4 & 0.5 \\ 0.4 & 0.5 & 0.7 & 0.3 \\ 0.3 & 0.4 & 0.4 & 0.6 \end{pmatrix} = (0.5, 0.4, 0.5, 0.3);$

(2) $(x_1, x_2, x_3, x_4, x_5) \circ \begin{pmatrix} 0.7 & 0.8 & 0.4 \\ 0.4 & 0.4 & 0.8 \\ 0.6 & 0.4 & 0.6 \\ 0.4 & 0.6 & 0.4 \\ 0.9 & 0.4 & 0.6 \end{pmatrix} = (0.6, 0.4, 0.6).$

部分习题参考答案

习 题 一

8. $\dfrac{a+b}{1+ab}$.

9. $\dfrac{ab}{1+(1-a)(1-b)}$.

11. $\{(a,b) \in [0,1]^2 | a=1 \text{ 或 } b=1\} \bigcup \{(0,0)\}$,

$\{(a,b) \in [0,1]^2 | a=0 \text{ 或 } b=0\} \bigcup \{(1,1)\}$.

12. $\{(a,b) \in [0,1]^2 | a=1 \text{ 或 } b=1\} \bigcup \{(0,0)\}$,

$\{(a,b) \in [0,1]^2 | a=0 \text{ 或 } b=0\} \bigcup \{(1,1)\}$.

13. $d_1(\underset{\sim}{A}) = 0.1667, d_2(\underset{\sim}{A}) = 0.2449, d_1(\underset{\sim}{B}) = 0.6, d_2(\underset{\sim}{B}) = 0.6429$.

习 题 二

6. $\underset{\sim}{A} = \dfrac{0.3}{x_1} + \dfrac{0.7}{x_2} + \dfrac{0.8}{x_3} + \dfrac{0.8}{x_4} + \dfrac{0.3}{x_5}$.

7. $\underset{\sim}{A} = \dfrac{0.2}{x_1} + \dfrac{0.6}{x_2} + \dfrac{0.9}{x_3} + \dfrac{0.9}{x_4} + \dfrac{0.2}{x_5}$.

9. $f(\underset{\sim}{A})(y) = \begin{cases} \sqrt{y}, & 0 < y \leqslant 1, \\ 2 - \sqrt{y}, & 1 < y < 4, \\ 0, & \text{其他}. \end{cases}$

10. $f^{-1}(\underset{\sim}{B})(x) = \begin{cases} 1+x, & -1 < x \leqslant 0, \\ 1-x, & 0 < x < 1, \\ 0, & \text{其他}. \end{cases}$

13. $f(\underset{\sim}{A}) = \dfrac{0.9}{y_1} + \dfrac{0.6}{y_2} + \dfrac{0}{y_3} = \dfrac{0.9}{y_1} + \dfrac{0.6}{y_2}, f^{-1}(\underset{\sim}{B}) = \dfrac{0.2}{x_1} + \dfrac{0.2}{x_2} + \dfrac{0.2}{x_3} + \dfrac{0.8}{x_4} + \dfrac{0.8}{x_5}$.

14. $\underset{\sim}{A} + \underset{\sim}{A} = \dfrac{0.3}{2} + \dfrac{0.3}{3} + \dfrac{0.7}{4} + \dfrac{0.7}{5} + \dfrac{1}{6} + \dfrac{0.7}{7} + \dfrac{0.7}{8} + \dfrac{0.3}{9} + \dfrac{0.3}{10}$.

习　题　三

2. (2) $A_\lambda = [\lambda, 3-\lambda], 0 < \lambda \leqslant 1.$

3. (2) $A_\lambda = [\ln\lambda, -\ln\lambda], 0 < \lambda \leqslant 1.$

4. $\underset{\sim}{A}(x) = \begin{cases} \dfrac{x}{6}, & 0 < x \leqslant 2, \\ \dfrac{6-x}{12}, & 2 < x < 6, \\ 0, & \text{其他}. \end{cases}$

5. $\underset{\sim}{A}(x) = \mathrm{e}^{-\frac{x^2}{2}}, x \in (-\infty, \infty).$

6. (1) $(\underset{\sim}{A} + \underset{\sim}{A})(z) = \begin{cases} \dfrac{z-8}{2}, & 8 < z \leqslant 10, \\ \dfrac{12-z}{2}, & 10 < z < 12, \\ 0, & \text{其他}; \end{cases}$

(2) $(\underset{\sim}{A} - \underset{\sim}{A})(z) = \begin{cases} \dfrac{z+2}{2}, & -2 < z \leqslant 0, \\ \dfrac{2-z}{2}, & 0 < z < 2, \\ 0, & \text{其他}. \end{cases}$

7. (1) $(\underset{\sim}{A} + \underset{\sim}{A})(z) = \begin{cases} \mathrm{e}^{\frac{z}{2}}, & z < 0, \\ \mathrm{e}^{-\frac{z}{2}}, & z \geqslant 0; \end{cases}$

(2) $(\underset{\sim}{A} - \underset{\sim}{A})(z) = \begin{cases} \mathrm{e}^{\frac{z}{2}}, & z < 0, \\ \mathrm{e}^{-\frac{z}{2}}, & z \geqslant 0. \end{cases}$

8. (1) $(\underset{\sim}{A} \cdot \underset{\sim}{B})_\lambda = [\lambda^2 + \lambda, \lambda^2 - 6\lambda + 9], \lambda \in (0, 1];$

(2) $(\underset{\sim}{A} \cdot \underset{\sim}{B})(z) = \begin{cases} \dfrac{-1 + \sqrt{1+4z}}{2}, & 0 < z < 2, \\ 1, & 2 \leqslant z \leqslant 4, \\ 3 - \sqrt{z}, & 4 < z < 9, \\ 0, & \text{其他}. \end{cases}$

习　题　四

7. (1) $\underset{\sim}{A_1}$; (2) $\underset{\sim}{A_1}$; (3) $\underset{\sim}{A_1}$.

8. 0.8688, 0.7788.

习　题　五

3. (1) $\begin{pmatrix} 0.3 & 0.8 \\ 0.5 & 0.6 \\ 0.7 & 0.4 \end{pmatrix}$, $\begin{pmatrix} 0.2 & 0.5 & 0.8 \\ 0.3 & 0.7 & 0.9 \end{pmatrix}$; (2) $\begin{pmatrix} 0.7 & 0.7 \\ 0.5 & 0.6 \end{pmatrix}$, $\begin{pmatrix} 0.3 & 0.3 & 0.3 \\ 0.7 & 0.6 & 0.5 \\ 0.8 & 0.6 & 0.7 \end{pmatrix}$;

(3) $\begin{pmatrix} 0.7 & 0.5 \\ 0.7 & 0.6 \end{pmatrix}$, $\begin{pmatrix} 0.3 & 0.7 & 0.8 \\ 0.3 & 0.6 & 0.6 \\ 0.3 & 0.5 & 0.7 \end{pmatrix}$.

7. $\begin{pmatrix} 0.6 & 0.6 & 0.5 \\ 0.6 & 0.6 & 0.5 \\ 0.5 & 0.5 & 0.5 \end{pmatrix}$.

8. $\begin{pmatrix} 1 & 0.9 & 0.7 & 0.6 & 0.6 & 0.5 \\ 0.7 & 1 & 0.7 & 0.6 & 0.6 & 0.5 \\ 0.5 & 0.5 & 1 & 0.6 & 0.5 & 0.5 \\ 0.5 & 0.5 & 0.7 & 1 & 0.5 & 0.5 \\ 0.7 & 0.7 & 0.7 & 0.6 & 1 & 0.5 \\ 0.7 & 0.7 & 0.7 & 0.6 & 0.8 & 1 \end{pmatrix}$.

9. $\begin{pmatrix} 1 & 0.8 & 0.7 & 0.7 & 0.7 & 0.5 & 0.5 \\ 0.8 & 1 & 0.7 & 0.7 & 0.7 & 0.5 & 0.5 \\ 0.7 & 0.7 & 1 & 0.7 & 0.7 & 0.5 & 0.5 \\ 0.7 & 0.7 & 0.7 & 1 & 0.8 & 0.5 & 0.5 \\ 0.7 & 0.7 & 0.7 & 0.8 & 1 & 0.5 & 0.5 \\ 0.5 & 0.5 & 0.5 & 0.5 & 0.5 & 1 & 0.6 \\ 0.5 & 0.5 & 0.5 & 0.5 & 0.5 & 0.6 & 1 \end{pmatrix}$.

习　题　六

8. (1) $\{y_1, y_2, y_3, y_4\}$, $\dfrac{0.3}{y_1} + \dfrac{0.5}{y_2} + \dfrac{0.5}{y_3} + \dfrac{0.3}{y_4}$;

(2) $\dfrac{0.2}{y_1} + \dfrac{0.5}{y_2} + \dfrac{0.7}{y_3} + \dfrac{0.9}{y_4}, \dfrac{0.2}{y_1} + \dfrac{0.5}{y_2} + \dfrac{0.5}{y_3} + \dfrac{0.5}{y_4}$.

9. $\dfrac{0.2}{y_1} + \dfrac{0.5}{y_2} + \dfrac{0.4}{y_3} + \dfrac{0.2}{y_4}, \dfrac{0.4}{y_1} + \dfrac{0.5}{y_2} + \dfrac{0.3}{y_3} + \dfrac{0.2}{y_4}$.

11. (1) v_2, 即 "欢迎"; (2) $\underset{\sim}{A_2}$.

习　题　七

1. (1) $(0.3, 0.6, 1, 0.3)$; (2) $(0.6, 1, 0.5)$.

2. $(0.3, [0, 1], 0.4, [0, 1]) \bigcup ([0, 0.3], [0.3, 1], 0.4, [0.3, 1])$.

3. (1) $(0.4, 0.5, [0, 1], [0.7, 1]) \bigcup (0.4, [0, 0.5], [0.5, 1], [0.7, 1])$;

　　(2) $([0.5, 1], [0, 1], [0, 0.5], 0.6, [0, 0.6]) \bigcup ([0, 1], [0, 1], 0.5, 0.6, [0, 0.6])$

　　　　$\bigcup ([0.5, 1], [0, 1], [0, 0.5], [0, 0.6], 0.6) \bigcup ([0, 1], [0, 1], 0.5, [0, 0.6], 0.6)$;

　　(3) $\begin{pmatrix} [0, 1] \\ [0.6, 1] \\ 0.5 \\ [0, 0.4] \end{pmatrix}$.

4. (1) $\begin{pmatrix} 0.4 & [0, 0.3] & 0.3 \\ 0.3 & [0, 0.3] & 0.6 \end{pmatrix} \bigcup \begin{pmatrix} 0.4 & [0, 0.3] & 0.3 \\ [0, 0.3] & 0.3 & 0.6 \end{pmatrix}$;

　　(2) $\begin{pmatrix} 0.5 & [0, 0.5] \\ 0.6 & [0, 0.5] \\ [0, 0.3] & [0.8, 1] \end{pmatrix}$.

5. (1) $([0, 0.3], [0.5, 1], [0.5, 1], [0, 0.3], [0, 0.4], [0, 0.3])$;

　　(2) $([0, 0.4], [0, 0.6], [0.6, 1], [0, 0.4], [0, 0.6] \bigcup ([0, 0.4], [0, 0.6], [0, 1], [0, 0.4], 0.6)$.

参 考 文 献

[1] 罗承忠. 模糊集引论:上册 [M]. 2 版. 北京: 北京师范大学出版社, 2005.

[2] 刘普寅, 吴孟达. 模糊理论及其应用 [M]. 长沙: 国防科技大学出版社, 1998.

[3] 陈水利, 李敬功, 王向公. 模糊集理论及其应用 [M]. 北京: 科学出版社, 2005.

[4] 杨纶标, 高英仪. 模糊数学原理及应用 [M]. 4 版. 广州: 华南理工大学出版社, 2006.

[5] 李洪兴, 汪培庄. 模糊数学 [M]. 北京: 国防工业出版社, 1994.

[6] 汪培庄. 模糊集合论及其应用 [M]. 上海: 上海科学技术出版社, 1983.

[7] 吴从炘, 马明. 模糊分析学基础 [M]. 北京: 国防工业出版社, 1991.

[8] Rosen K H. 离散数学及其应用: 英文版 [M]. 7 版. 北京: 机械工业出版社, 2012.

[9] Klir G J, Yuan B. Fuzzy sets, fuzzy logic, and fuzzy systems: selected papers by Lotfi A. Zadeh [M]. Singapore: World Scientific Publishing, 1996.

[10] Zhang B K. On measurability of n-dimensional fuzzy-number-valued functions[J]. Fuzzy sets and systems, 2001, 120(3): 505-509.

[11] Zhang B K. On integrals of n-dimensional fuzzy-number-valued functions [J]. Fuzzy sets and systems, 2002, 127(2): 371-376.

[12] Zhang B K, Wu C X. On the representation of n-dimensional fuzzy numbers and their informational content [J]. Fuzzy sets and systems, 2002, 128(2): 227-235.